Ordnung – Organisation – Organismus

Verhandlungen zur
Geschichte und Theorie der Biologie

Band 18

Herausgegeben von der

Deutschen Gesellschaft für
Geschichte und Theorie der Biologie

ISSN 1435-7852

Ordnung – Organisation – Organismus

Beiträge zur
20. Jahrestagung der DGGTB
in Bonn 2011

Im Auftrag des Vorstandes herausgegeben von

Michael Kaasch
und
Joachim Kaasch

VWB – Verlag für Wissenschaft und Bildung
2014

Bibliografische Information der Deutschen Nationalbibliothek

Die Deutsche Nationalbibliothek verzeichnet diese Publikation
in der Deutschen Nationalbibliografie;
detaillierte bibliografische Daten
sind im Internet über http://dnb.ddb.de abrufbar.

ISBN 978-3-86135-398-0

ISSN 1435-7852

Verlag und Vertrieb:
VWB – Verlag für Wissenschaft und Bildung, Amand Aglaster
Postfach 11 03 68 • 10833 Berlin
Tel. 030 / 2 51 04 15 • Fax 030 / 2 51 11 36
http://www.vwb-verlag.com

Copyright:
© VWB – Verlag für Wissenschaft und Bildung, 2014

Inhalt

KAASCH, Michael, und KAASCH, Joachim: Vorwort und Einleitung 7

SCHURIG, Volker: Leitwissenschaft Biologie? Einige kritische Anmerkungen zum Gegenstand und der Funktion einer Theoretischen Biologie 15

TOEPFER, Georg: Biophilosophy, General Biology, Theoretical Biology, and the Philosophy of Biology: Topics, Traditions, and Transformations 47

KNAPPITSCH, Markus Pierre: Towards a New Theory of Bioinformation Core Ideas and Issues 63

BUKOW, Gerhard C.: Scheitert der Experimentelle Realismus in der Biologie? 75

FEUERSTEIN-HERZ, Petra: Organismus – Verbreitung – Ordnung: Tiergeographie und Organismuskonzept im ausgehenden 18. Jahrhundert 93

KRISCHEL, Matthis, und KRESSING, Frank: Netzwerke statt Stammbäume? – „Lateraler Transfer" in Evolutionstheorien von Sprachen, Arten und Kultur 103

BRESTOWSKY, Michael: Evolutionsphilosophie – Versuch einer Synthese zweier gegensätzlicher Evolutionstheorien. Ein Gedankenexperiment im Sinne von Diltheys Weltanschauungslehre anlässlich seines 100. Todesjahres 117

KRAFT, Arne VON: Die Vitalismus-Mechanismus-Kontroverse auf dem Hintergrund experimentell gewonnener Entwicklungsphänomene im Lichte der Philosophie des Aristoteles 139

KAASCH, Michael: „Was wir brauchen sind fruchtbare Arbeitshypothesen ..." – Uexküll, Driesch, Hartmann und Meyer-Abich in Diskussionen über eine Theorie der Biologie in der Leopoldina in den 1930er Jahren 153

KAASCH, Michael, und KAASCH, Joachim: „Die Entwicklung gab ihm aber recht ..." – Ludwig von Bertalanffy und die Theoretische Biologie in der Leopoldina in den 1960er Jahren 181

SCHMIDT, Kirsten: Zwischen Genotyp und Phänotyp – Erklärung epigenetischer Phänomene in der ersten Hälfte des 20. Jahrhunderts 203

KAASCH, Michael, und KAASCH, Joachim: 21. Jahrestagung der DGGTB in Winterthur 2012 „Objektbiographien, Sammel- und Präsentationsstrategien" 221

LUX, Stefan: Der Tiersprachendiskurs des ausgehenden 18. Jahrhunderts im deutschsprachigen Raum 223

Nachrufe und Gedenken der Deutschen Gesellschaft für Geschichte und Theorie der Biologie

Roth, Hermann Josef: Nachruf: Hans Engländer (*31. August 1914 – †13. April 2011) 239

Brestowsky, Michael: Nachruf: Arne von Kraft (*6. Juli 1928 – †24. März 2012)......... 247

Personenregister 249

Vorwort und Einleitung

„Leben lässt sich nicht allein aus ‚Kraft und Stoff', aus Physik plus Chemie, erklären. Es ist das Produkt aus der Dreiheit von Energie, Stoff und Information."[1] So heißt es bei Heinz PENZLIN (*1932) im Vorwort zu seinem Buch *Das Phänomen Leben. Grundfragen der Theoretischen Biologie* (2014). Das Zitat umreißt den besonderen Anspruch der Biologie auf eigene Theorien, jenseits von Physik und Chemie.

Was aber ist nun „Theoretische Biologie" in ihrem jeweiligen historischen Kontext, der von einer Biologiehistorikergesellschaft unter der Überschrift „Ordnung – Organisation – Organismus" zu verhandeln ist? PENZLIN sieht als zentralen Gegenstand einer Theoretischen Biologie die „Organisation der lebendigen Systeme". Es geht dieser also um die *„allgemeinsten,* d. h. auf *alle* Lebewesen zutreffenden Prinzipien und Gesetzmäßigkeiten des Lebendigen".[2] Eine andere Definition stellt in den Mittelpunkt, dass die Theoretische Biologie „nach charakteristischen Ordnungsprinzipien in der Vielfalt der biologischen Phänomene" sucht, „indem sie die organisatorische Dynamik lebender Systeme auf formale Art und Weise beschreibt". So habe sie „nicht nur ein tieferes Verständnis singulärer Phänomene gebracht, sondern auch neue Ansatzpunkte für die Suche nach Antworten auf die fundamentalen Fragen der Biologie: Was ist Leben? Wie haben sich die Organismen entwickelt?"[3]

Bei historischen Betrachtungen zur Theoretischen Biologie ist besonders zu berücksichtigen, dass sie nicht mit einer philosophischen, mathematischen oder physikalischen Biologie verwechselt oder gleichgesetzt werden darf,[4] wenngleich sich im geschichtlichen Verlauf immer wieder zahlreiche Zusammenhänge und Überschneidungen ergaben.

Die Idee einer „Theoretischen Biologie" entwickelte sich um 1900. Hier wird meist zunächst auf den vor allem in Göttingen und Kiel wirkenden Botaniker, Neo-Vitalisten und Darwinkritiker Johannes REINKE (1849–1931) verwiesen, der 1901 seine *Einleitung in die theoretische Biologie* veröffentlichte. REINKE hielt zur Bestimmung seines Gegenstandes fest: „Die Ergebnisse der empirischen Biologie sind das Object der theoretischen. Es hat aber die theoretische Biologie nicht nur die Grundlagen des biologischen G e s c h e h e n s festzustellen, sondern auch die Grundlagen zu prüfen, auf denen unsere biologischen A n s c h a u u n g e n ruhen. Der Werth theoretisch-biologischer Erörterungen ist danach zu bemessen, dass eine Erkenntniss um so wichtiger ist, je allgemeiner sie ist, je weiter ihre Tragweite, je mehr Einzelheiten sie umspannt."[5] Dabei war ihm von Anfang an durchaus klar, dass es einem Einzelnen nicht gelingen

---

1 PENZLIN 2014, S. VIII.
2 PENZLIN 2014, S. X.
3 Internetseite: Was ist Theoretische Biologie? Theoretische Biologie an der Universität Bonn. http://theobio.uni-bonn.de/infos/what_is_theoretical_biology.html.
4 PENZLIN 2014, S. X.
5 REINKE 1901, S. III.

werde, eine solche umfassende Aufgabe wie die Schaffung einer „Theoretischen Biologie" zu bewältigen. Daher beschränkte er sich auf eine *Einleitung* und hoffte, dass sie „vielleicht der Zukunft die Anregung gibt, eine theoretische Biologie zu schaffen".[6]

Die Theoretische Biologie hat im historischen Umfeld somit zunächst die Aufgabe, zu einer konzeptionellen Grundlegung der Lebenswissenschaft im Prozess der Formierung der Biologie als Disziplin beizutragen, indem sie den gemeinsamen Theorienbestand von verschiedenen Einzeldisziplinen wie Zoologie, Botanik und Anthropologie auf Basis der Deduktion erfasst.

Neben REINKE sind für die Frühzeit einer Theoretischen Biologie insbesondere Julius SCHAXEL (1887–1943) und Jakob Johann VON UEXKÜLL (1864–1944) wichtig. Der viele Jahrzehnte als Privatgelehrter wirkende Zoologe VON UEXKÜLL veröffentlichte 1920 die erste Auflage seiner *Theoretischen Biologie*. Der zunächst in Jena wirkende Zoologe und Entwicklungsbiologe SCHAXEL, der schließlich unter tragischen Umständen in der Emigration in Moskau ums Leben kam, publizierte bereits 1919 seine einschlägigen *Grundzüge der Theorienbildung in der Biologie*; seit 1919 gab er *Abhandlungen zur theoretischen Biologie* heraus. Für das entsprechende Umfeld in Verbindung mit und in Abgrenzung zur Theoretischen Biologie sind für die Herausbildung und Strukturierung einer Allgemeinen Biologie z. B. der Zoologe und Protozoenforscher Max HARTMANN (1876–1962), der 1925 bis 1927 seine *Allgemeine Biologie* herausbrachte, und für die Mathematisierung der Biologie der Chemiker und Mathematiker Alfred J. LOTKA (1880–1949) und der Mathematiker und Physiker Vito VOLTERRA (1860–1940) zu nennen, die Gesetze für eine idealisierte Räuber-Beute-Beziehung ableiteten.

Der in Hamburg wirkende Biotheoretiker und Wissenschaftshistoriker Adolf MEYER(-ABICH) (1893–1971) sah zu Beginn der 1930er Jahre die Biologie aus drei verschiedenen Forschungszweigen zusammengesetzt: der experimentellen, der allgemeinen und der theoretischen Biologie.[7] Die „Theoretische Biologie" sollte dabei eine seinerzeit noch nicht existierende Disziplin bilden, die sich als „biologische Schwester der theoretischen Physik" bewähren werde.[8] Für MEYER(-ABICH) unterschied sich die Theoretische Biologie von den beiden anderen Herangehensweisen, indem sie niemals induktiv, sondern stets nur deduktiv vorgehe: „**Theoretische Biologie ist also deduktive Biologie, nicht mehr und nicht weniger.**"[9]

Vor diesem Hintergrund konnte MEYER(-ABICH) 1934 einschätzen, dass es nunmehr zwar eine Reihe von Publikationen mit Beziehung zur Thematik einer Theoretischen Biologie gäbe, diese aber eigentlich meist die in sie zu setzenden Erwartungen nach dem von ihm postulierten Anspruch nicht erfüllen könnten.[10] Er nannte neben VON UEXKÜLLS Buch von 1920, Rudolf EHRENBERGS (1884–1969) *Theoretische Biologie* von 1923, Hans DRIESCHS (1867–1941) *Philosophie des Organischen* von 1928, Helmuth PLESSNERS (1892–1985) *Die Stufen des Organischen und der Mensch* von 1928, Richard WOLTERECKS (1877–1944) *Grundzüge einer allgemeinen Biologie* von 1932, Hans ANDRÉS (1891–1966) *Urbild und Ursache in der Biologie* von 1931 und Richard GOLDSCHMIDTS (1878–1958) *Physiologische Theorie der Vererbung* von 1927. Eine gewisse Ausnahme konzedierte MEYER(-ABICH) für Ludwig VON BERTALANFFYS (1901–1972) *Theoretische Biologie*, deren 1. Band 1932

---

6 REINKE 1901, S. IV.
7 MEYER 1934, S. 475.
8 Ebenda, S. 474–475.
9 Ebenda, S. 475.
10 Siehe dazu KAASCH 2014 (in diesem Band, S. 153–179).

erschienen war und die „eine ausgezeichnete Generalbereinigung der Allgemeinen Biologien zum Zwecke ihrer Überführung in eine wirkliche theoretische Biologie" darstellte.[11]

BERTALANFFY hatte mit der Formulierung entsprechender Vorstellungen bereits mit seinem Buch *Kritische Theorie der Formbildung* (1928) begonnen, das in SCHAXELS Schriftenreihe *Abhandlungen zur theoretischen Biologie* als Nr. 27 erschien. Dort finden sich auch relevante Veröffentlichungen weiterer für unser Thema bedeutender Protagonisten, so von Hans DRIESCH *Der Begriff der organischen Form* (1919), von Emil UNGERER (1888–1976) *Die Teleologie Kants und ihre Bedeutung für die Logik der Biologie* (1921/1922) oder von Paul Alfred WEISS (1898–1989) *Morphodynamik. Ein Einblick in die Gesetze der organischen Gestaltung an Hand von experimentellen Ergebnissen* (1926).

BERTALANFFY definierte in seinem Buch von 1932: „Theoretische Biologie im ersten Sinn ist Erkenntnistheorie und Methodologie der Lebenswissenschaft. Sie stellt die Grundlagen der Erkenntnis in der Biologie fest und bildet so einerseits eine Abzweigung der allgemeinen Logik und Wissenschaftslehre, wie sie andererseits häufig auch für die biologische Forschung wichtig ist. [...] Der zweite Sinn der theoretischen Biologie aber ist der einer Naturwissenschaft, die sich zur beschreibenden und experimentellen Biologie ungefähr ebenso verhält wie die theoretische Physik zur Experimentalphysik."[12]

War die erste Hälfte des 20. Jahrhunderts durch Entwicklungen auf dem Gebiet der Physik geprägt, die auch mit der Theoretischen Physik das Vorbild für eine Theoretische Biologie liefert, so scheint seit der Aufklärung der Struktur der Erbsubstanz, der Desoxyribonukleinsäure (DNA), durch James D. WATSON (*1928) und Francis H. C. CRICK (1916–2004) im Jahr 1953 und dem danach beginnenden Siegeszug der Molekularbiologie bei der Erklärung grundlegender Phänomene des Lebens das Zeitalter der Biologie anzubrechen. Dieser Eindruck wird verstärkt durch die faszinierenden Erkenntnisse auf weiteren Gebieten der nunmehr zu „Biowissenschaften" aufgefächerten wissenschaftlichen Beschäftigung mit dem Lebendigen, so etwa in der Ökologie und Neurobiologie.

Volker SCHURIG (†) beschäftigt sich daher mit der Frage, ob der Aufstieg des Wissenschaftssystems *Biologie* zu einer „Leitwissenschaft Biologie" geführt hat. Er setzt sich kritisch mit dem Terminus „Leitwissenschaft" auseinander und analysiert die Konkurrenz verschiedener biologischer Teilgebiete um einen Führungsanspruch im Gesamtsystem. Dabei entwickelt er quantitative und qualitative Wissenschaftskriterien, die den Metabegriff „Leitwissenschaft" präzisieren können. Seine Ausführungen widmen sich insbesondere auch der Theoretischen Biologie, zu der auch die inhaltlichen Debatten um eine „Leitwissenschaft/Jahrhundertwissenschaft" Biologie gehören, da zu den Gegenstandsbereichen der Theoretischen Biologie auch die Fragen der inneren Ordnung und Struktur des Wissenschaftssystems Biologie, die Konstruktion ihrer Wissenschaftsbegriffe und Klassifikationskalküle, aber auch die Positionierung unter Bezug auf normative und wissenschaftsethische Bewertungen gehören.

Georg TOEPFER (Berlin) verortet die Theoretische Biologie in Abgrenzung von Biophilosophie, Allgemeiner Biologie und Philosophie der Biologie. Er definiert und charakterisiert dabei die verschiedenen Zugangsweisen, die das Verhältnis der empirischen Biologie zu biologischen Theorien bzw. zur Philosophie analysieren. Dabei werden sowohl die Unterschiede im Herangehen als auch die verschiedenen Traditionslinien herausgearbeitet und in ihrer Bedeutung für die Entwicklung des Diskurses im historischen Kontext beschrieben.

---

11 MEYER 1934, S. 474.
12 BERTALANFFY 1932, S. 6.

Das Phänomen Information in der Biologie steht im Zentrum des Beitrags von Markus Pierre KNAPPITSCH (Münster). Er zeigt an der vielgestaltigen Verwendung des Begriffes „Information" im Kontext der Biowissenschaften, dass erst das Zusammenwirken zahlreicher Konzepte aus verschiedenen Disziplinen, von der Mathematik über die Biologie und die Philosophie bis hin zur Semiotik, eine Analyse der Phänomene ermöglicht. Als Beispiel für seine Darlegung wählt er die Anwendung des Shannonschen Kommunikations- und Informationsbegriffes auf biologische Problemstellungen und führt die Diskussion mit der Beschreibung grundlegender Eigenschaften eines neuen Informationsbegriffs und einem alternativen Entwurf darüber hinaus.

In den Grenzbereich zur Philosophie begibt sich Gerhard C. BUKOW (Magdeburg), indem er der spannenden Frage nachgeht, ob der Experimentelle Realismus in der Biologie scheitern werde. Er tritt für eine Ontologie der Biologie auf Grundlage von Tropen, Teil-Ganzes-Beziehungen und Kausalbeziehungen ein.

Historische Problemstellungen um die Begriffe „Organismus", „Verbreitung" und „Ordnung" bestimmen die Ausführungen von Petra FEUERSTEIN-HERZ (Wolfenbüttel). Sie wendet sich der Tiergeographie und dem Organismuskonzept im ausgehenden 18. Jahrhundert am Beispiel des Naturhistorikers Eberhard August Wilhelm (VON) ZIMMERMANN (1743–1815) zu. Der zunächst als Professor für Mathematik, Naturlehre und Naturgeschichte am *Collegium Carolinum* in Braunschweig wirkende und später nur seinen publizistischen Arbeiten lebende ZIMMERMANN gehört zu den Begründern der Tiergeographie. Der Beitrag analysiert den Versuch, „die unterschiedlichen Muster der globalen Säugetierverbreitung auf den Grundlagen der physischen Gegebenheiten der Arten und zugleich der physikalischen Bedingungen verschiedener Lebensräume zu erklären".[13]

Matthis KRISCHEL (Aachen) und Frank KRESSING (Ulm) weisen in ihren Ausführungen zur Darwinischen Evolutionstheorie darauf hin, dass der Evolutionsgedanke zunächst in Sozial- und Geisteswissenschaften zirkulierte, bevor er in die sich im 19. Jahrhundert formierende Biologie Einzug hielt. Es ist daher erforderlich, die entsprechenden Querverbindungen zwischen den Natur- und Geisteswissenschaften nachzuzeichnen. Der Evolutionsgedanke wurde dann von der biologischen Anthropologie, den vergleichenden Sprachwissenschaften und der Ethnologie/Kulturanthropologie ausgehend auch auf die Entwicklung von menschlichen Populationen, Sprachen und Kulturen angewandt. Der Beitrag führt u. a. an der Beziehung des Zoologen Ernst HAECKEL (1834–1919) und des Sprachforschers August SCHLEICHER (1821–1868), die beide in Jena wirkten und Stammbäume zur Darstellung ihrer Aussagen nutzten, auf die Bedeutung entsprechender interdisziplinärer Netzwerke in der Theoriengenese bzw. der Wissenschaftsgeschichte allgemein hin. Damit wird in gewisser Weise an die Ausführungen des Anatomen Joachim-Hermann SCHARF (*1921) angeknüpft, der bereits 1973 auf das Beispiel von SCHLEICHER und HAECKEL für die wechselseitige Befruchtung von Natur- und Geisteswissenschaften hinwies.[14]

Michael BRESTOWSKY (Gersfeld/Rhön) begibt sich auf das Feld der Evolutionsphilosophie. Er geht auf das Wirken des Philosophen Wilhelm DILTHEY (1833–1911) zurück und behandelt die auf entgegengesetzten weltanschaulichen Standpunkten beruhenden Evolutionstheorien von Charles DARWIN (1809–1882) bzw. Karl SNELL (1806–1886) im Lichte von DILTHEYS *Antinomie-Methode*.

Die Vitalismus-Mechanismus-Kontroverse wird durch Arne VON KRAFT (†) mit Bezug auf die Philosophie des ARISTOTELES (384 v. Chr. – 322 v. Chr.) dargestellt. Er befasst sich mit

---

13 FEUERSTEIN-HERZ 2014 (in diesem Band, S. 93–102).
14 SCHARF 1975, siehe KAASCH und KAASCH 2012, S. 479–480.

dem Gegensatz einer geistbetonten („Vitalismus") und einer materiebetonten („Mechanismus") Auffassung vom Lebendigen und verfolgt dessen Ursprung bis in die griechische Philosophie zurück. Darüber hinaus verweist er auf Traditionslinien der Auseinandersetzungen und kritische Stimmen im Diskurs.

Heinz PENZLIN schreibt in seinem Buch *Das Phänomen Leben. Grundfragen der Theoretischen Biologie* (2014): „Das größte Hindernis in der langen Geschichte der Lebenswissenschaft auf dem Wege zu einer Theoretischen Biologie, die ihren Namen verdient, war und ist das Phänomen des **Plan- und Zweckmäßigen** in allen lebendigen Entitäten. Seine Anerkennung fiel und fällt auch heute noch vielen Biologen schwer, weil sie sich Planmäßiges ohne einen Planenden, Zweckmäßiges ohne einen Zwecksetzer nicht vorstellen können. Den Ausweg aus diesem Dilemma sahen die Mechanisten in der (vorläufigen?) Verdrängung des Problems, während die Vitalisten Zuflucht in einen hypothetischen Naturfaktor suchten, auf dessen Wirken das Plan- und Zweckmäßige im Organischen zurückzuführen sei. Es ist deshalb nur folgerichtig, wenn sich in erster Linie Vitalisten mit den theoretischen Fragen der Biologie beschäftigten."[15]

In diese theoretische Diskussion führt der Beitrag von Michael KAASCH (Halle/Saale) an einem konkreten Fall hinein: einer Aussprache über eine Theorie der Biologie in der Schriftenreihe *Nova Acta Leopoldina* der Deutschen Akademie der Naturforscher Leopoldina unter Emil ABDERHALDEN (1877–1950), ihrem XX. Präsidenten, Anfang der 1930er Jahre. Die Debatte eröffnete der Biologe Jakob VON UEXKÜLL mit seiner Feststellung: „Was wir brauchen sind fruchtbare Arbeitshypothesen. Zu diesen gehört in erster Linie die Hypothese der Planmässigkeit der Natur."[16] Neben UEXKÜLL beteiligten sich der Entwicklungsphysiologe und Philosoph Hans DRIESCH, der Biologe und Psychiater Gustav WOLFF (1865–1941) und der Zoologe Max HARTMANN an der Kontroverse, und der Biotheoretiker und Wissenschaftshistoriker Adolf MEYER(-ABICH) veröffentlichte in diesem Kontext seine „Axiome der Biologie".[17] Der Beitrag nutzt den im Leopoldina-Archiv vorhandenen Briefwechsel zu diesen Veröffentlichungen, um inhaltliche und persönliche Differenzen zu analysieren.

„Erst in der Mitte des vergangenen Jahrhunderts – noch vor der Begründung der Kybernetik durch Norbert WIENER[18] – löste sich der jahrhundertelang geführte, aber völlig ergebnislos gebliebene Streit zwischen Vertretern des Mechanismus und Vitalismus langsam auf und wich systemtheoretischen Denkansätzen jenseits dieser Denkrichtungen", heißt es bei PENZLIN.[19]

Der Beitrag von Michael und Joachim KAASCH unter dem Motto „Die Entwicklung gab ihm aber recht [...]" beschäftigt sich mit dem entscheidenden Protagonisten dieser Entwicklung Ludwig VON BERTALANFFY und seiner Aufnahme in die Naturforscherakademie Leopoldina 1968 unter der Präsidentschaft des Botanikers und Biochemikers Kurt MOTHES (1900–1983). Dabei spiegeln sich in einem kontrovers diskutierten Wahlvorgang Fragen nach der Behandlung von Grundlagen der Biologie und der Bewertung der Theoretischen Biologie in der Biologengemeinschaft an einem konkreten Fall wider.

Auf das Feld der Erklärung epigenetischer Phänomene in der ersten Hälfte des 20. Jahrhunderts führt der Beitrag von Kirsten SCHMIDT (Bochum). Nachgezeichnet werden Diskussionen

---

15 PENZLIN 2014, S. VIII.
16 UEXKÜLL an ABDERHALDEN, Hamburg 18. 5. 1932, Halle (Saale), Archiv der Leopoldina (HAL), 110/2/1, Bl. 143.
17 MEYER 1934.
18 Norbert WIENER (1894–1964) war ein US-amerikanischer Mathematiker.
19 PENZLIN 2014, S. IX.

epigenetischer Phänomene und zur Genotyp-Phänotyp-Problematik. Sie führen bis an die gegenwärtige besondere Relevanz der Epigenetik in den Biowissenschaften heran.

2012 weilte die Deutsche Gesellschaft für Geschichte und Theorie der Biologie auf Einladung von Konrad SCHMUTZ in Winterthur in der Schweiz. Dort hatte sie Gelegenheit, an der Jahrestagung der Schweizerischen Gesellschaft für Geschichte der Medizin und Naturwissenschaften teilzunehmen. Ein eigenes Tagungsprogramm fand nicht statt, so dass hier nur ein Kurzbericht und der Beitrag des Trägers des Caspar-Friedrich-Wolff-Preises der DGGTB für 2012 Stefan LUX veröffentlicht werden.

Stefan LUX erhielt die Auszeichnung für seine Publikation *Der Tiersprachendiskurs des ausgehenden 18. Jahrhunderts im deutschsprachigen Raum*. LUX zeigt in seinen Ausführungen, dass im 18. Jahrhundert das Verhältnis von menschlicher und tierischer Sprache ein zentraler Gegenstand wissenschaftlicher Auseinandersetzungen war. Anhand einer großen Anzahl von Veröffentlichungen gibt er einen Überblick über die einflussreichsten Auffassungen zur Tiersprache in der Zeit von 1750 bis 1830. Dabei kann er an einer Vielzahl von Beispielen nachweisen, dass der Sprachfähigkeit für das Menschenbild und die Grenzziehung zwischen Mensch und Tier zu jener Zeit besondere Bedeutung zukam. Für seine Untersuchungen hat LUX vor allem bisher für diese Thematik noch wenig betrachtete Autoren gewissenhaft erschlossen.

Der Band wird mit einem Anhang beschlossen, der Nachrufe auf unsere Mitglieder Hans ENGLÄNDER (von Hermann Josef ROTH) und Arne VON KRAFT (von Michael BRESTOWSKY) bringt.

Die Fertigstellung des Bandes hat sich aus verschiedenen Gründen wiederholt verzögert. Das bedauern die Herausgeber außerordentlich. Sie hoffen, das Projekt jetzt aber doch noch mit einem guten Ergebnis abschließen zu können.

Halle (Saale), im Februar 2014   Michael KAASCH und Joachim KAASCH

Literatur

ANDRÉ, H.: Urbild und Ursache in der Biologie. München u. a.: Oldenbourg 1931
BERTALANFFY, L. VON: Kritische Theorie der Formbildung. (Abhandlungen zur theoretischen Biologie Nr. *27*) Berlin: Borntraeger 1928
BERTALANFFY, L. VON: Theoretische Biologie. Bd. *1*. Allgemeine Theorie, Physikochemie, Aufbau und Entwicklung des Organismus. Berlin: Borntraeger 1932
DRIESCH, H.: Der Begriff der organischen Form. (Abhandlungen zur theoretischen Biologie Nr. *3*) Berlin: Borntraeger 1919
DRIESCH, H.: Philosophie des Organischen. 4. Aufl. Leipzig: Quelle & Meyer 1928
EHRENBERG, R.: Theoretische Biologie. Berlin: Springer 1923
GOLDSCHMIDT, R.: Phyiologische Theorie der Vererbung. Berlin: Springer 1927
HARTMANN, M.: Allgemeine Biologie. Jena: Fischer 1925–1927 (2 Teile), 2. vollst. neubearb. Aufl. 1933
KAASCH, M., und KAASCH, J.: Die Leopoldina auf den Spuren Darwins. In: GERSTENGARBE, S., KAASCH, J., KAASCH, M., KLEINERT, A., und PARTHIER, B. (Hrsg.): Vorträge und Abhandlungen zur Wissenschaftsgeschichte 2011/2012. Acta Historica Leopoldina Nr. *59*, 435–491 (2012)
MEYER, A.: Die Axiome der Biologie. Nova Acta Leopoldina N. F. Bd. *1*, Heft 4 und 5, 474–551 (1934)

PENZLIN, H.: Vorwort. In: PENZLIN, H.: Das Phänomen Leben. Grundfragen der Theoretischen Biologie. S. VII–XI. Berlin, Heidelberg: Springer 2014
PLESSNER, H.: Die Stufen des Organischen und der Mensch. Berlin, Leipzig: de Gruyter 1928
REINKE, J.: Einleitung in die theoretische Biologie. Berlin: Paetel 1901
SCHARF, J.-H.: Bemerkenswertes zur Geschichte der Biolinguistik und des sogenannten Sprach-Darwinismus als Einführung in das Thema „Aspekte der Evolution menschlicher Kultur". In: SCHARF, J.-H. (Hrsg.): Evolution. Vorträge anläßlich der Jahresversammlung vom 11. bis 14. Oktober 1973 zu Halle (Saale). Nova Acta Leopoldina N. F. Bd. *42*, Nr. 218, 323–341 (1975)
SCHAXEL, J.: Grundzüge der Theorienbildung in der Biologie. Jena: Fischer 1919
UEXKÜLL, J. VON: Theoretische Biologie. 1. Aufl. Berlin: Paetel 1920. 2. Aufl. Berlin: Springer 1928
UNGERER, E.: Die Teleologie Kants und ihre Bedeutung für die Logik der Biologie. (Abhandlungen zur theoretischen Biologie Nr. *14*) Berlin: Borntraeger 1921/1922
WEISS, P. A.: Morphodynamik. Ein Einblick in die Gesetze der organischen Gestaltung an Hand von experimentellen Ergebnissen. (Abhandlungen zur theoretischen Biologie Nr. *23*) Berlin: Borntraeger 1926
WOLTERECK, R.: Grundzüge einer allgemeinen Biologie. Die Organismen als Gefüge/Getriebe, als Normen und als erlebende Subjekte. Stuttgart: Enke 1932

Leitwissenschaft Biologie?
Einige kritische Anmerkungen zum Gegenstand und der Funktion einer Theoretischen Biologie*[1]

Volker SCHURIG (†)

Zusammenfassung

Der gegenwärtige Aufstieg des Wissenschaftssystems *Biologie* wird mit drei verschiedenen Formeln und Metabegriffen bezeichnet: als „Beginn eines biologischen Zeitalters" in den Naturwissenschaften (FLOREY 1970), als „Jahrhundertwissenschaft Biologie" (SITTE 1999) und als „Leitwissenschaft *Biologie*" (ENGELS 1989, VOLLMER 1999). Auch im System der *Biologie* selbst konkurrieren wieder Teilgebiete der angewandten Biologie (*Gentechnik, Biotechnologie*) und die Disziplinen *Genetik* und *Ökologie* um einen Führungsanspruch. In den Ausführungen werden zehn quantitative und zwei qualitative Wissenschaftskriterien entwickelt, die den Metabegriff „Leitwissenschaft" für die Biologie präzisieren können.

Summary

The actual rise of *biology* as a scientific system is related to and justified by three met-notions: the "beginning of a biological era" in natural science (FLOREY 1970), *biology* as a "centenarian science" (SITTE 1999) and as a "leading science" (ENGELS 1989, VOLLMER 1999). Also, subdisciplines of *applied biology* (*gene technology, biotechnology*) compete with the disciplines *genetics* and *ecology* for leadership within *biology* as a system. In this paper we present ten quantitative and two qualitative science based criteria which we developed in order to specify the meta-notion of a "leading science".

> Welches ist aber die führende Wissenschaft in der zweiten Hälfte des 20. Jahrhunderts. Kein Zweifel, es ist die Biologie.
>
> Gerhard VOLLMER (1999)[2]

Unter den Wissenschaftssystemen erheben sowohl die Vertreter der *Mathematik* und *Physik*[3] als auch der *Biologie*[4] für ihr Wissenschaftssystem indirekt oder direkt den Anspruch einer „Leitwissenschaft", was inhaltlich unterschiedlich begründet wird. In den Naturwissenschaften

---

* Überarbeitete Fassung eines Vortrages auf der 20. Jahrestagung der *Deutschen Gesellschaft für Geschichte und Theorie der Biologie* vom 16. bis 19. Juni 2011 in Bonn.
1 Der Wissenschaftsbegriff „Theoretische Biologie" besitzt inhaltlich mehrere Bedeutungen: (*1.*) als Mathematisierung biologischer Prozesse und als ein Synonym von *Biomathematik*; (*2.*) als Variante der *Allgemeinen Biologie* und deren Grundsätze und (*3.*) als metatheoretische Anwendung der Wissenschaftstheorie, Semantik, Erkenntnistheorie, Wissenspsychologie usw. auf das System der *Biologie*. Hier wird der Terminus in der 3. Bedeutungsvariante verwendet.
2 VOLLMER 1999, S. 2.
3 HERRMANN 1977.
4 BAMME 1989, MAYR 2007, HÖXTERMANN und HILGER 2007.

konkurrieren wieder vor allem die *Physik* und *Biologie* um die Position einer „Leitwissenschaft", in der *Biologie* begleitet von Begründungen ihrer Eigengesetzlichkeit, Autonomie und einer Analyse der wissenschaftstheoretischen Eigenarten gegenüber der Physik.[5] Zu dem Metabegriff „Leitwissenschaft" kommt für die *Physik* und *Biologie* um die Jahrtausendwende 2000 außerdem noch eine Etikettierung als „Jahrhundertwissenschaft".[6] Der Wissenschaftshistoriker Armin HERRMANN publizierte z. B. eine mehrfach aufgelegte Publikation mit dem Titel *Die Jahrhundertwissenschaft*.[7] Darunter verstand er jedoch nur die *Physik* und unterstrich diesen Anspruch durch einen Bezug auf Werner HEISENBERG (1901–1976).

Während die Position der *Physik* als naturwissenschaftliche „Leitwissenschaft/Jahrhundertwissenschaft" zunächst unbestritten blieb – gestützt auch von der auf ihrer Grundlage entwickelten Wissenschaftstheorie des logischen Positivismus und kritischen Rationalismus –, werden die gleichen ranghohen Attribute und Begriffe zunehmend auch von Systematikern, Genetikern, Physiologen und Ökologen für das Wissenschaftssystem *Biologie* oder deren einzelne Disziplinen beansprucht. In einem Fachaufsatz hat der Physiologe Ernst FLOREY (1927–1997) 1970 darüber hinaus den „Anbruch eines Biologischen Zeitalters"[8] prognostiziert und mit der möglichen Konstruktion künstlich im Labor hergestellter Lebensfunktionen begründet. Welches Wissenschaftssystem also ist eine „Leitwissenschaft", wie wird dieser Führungsanspruch begründet: psychologisch,[9] zeitlich, wissenschaftsorganisatorisch, politisch oder normativ – und ist eine derartige wertende Begründung der Position von Wissenschaftssystemen überhaupt sinnvoll?

Der Metabegriff „Leitwissenschaft", ein wissenschaftsspezifischer Ableger des ebenfalls umstrittenen politischen Terminus „Leitkultur", stößt aus mehreren Gründen auch auf Ablehnung. Er wird trotzdem immer wieder eingesetzt, da er auf neue, schnell wachsende oder riskante biologische Wissenschaftssysteme ein Schlaglicht werfen kann und für aktuelle Wachstumstendenzen, Paradigmenwechsel oder veränderte Erkenntniskriterien innerhalb der Naturwissenschaften eine erste Orientierung liefert. In der Fachliteratur existieren ca. 50–80 unterschiedliche Positionsbestimmungen für ganz verschiedene Zeiten und Wissenschaftssysteme, selbst für die *Geologie* in der ersten Hälfte des 19. Jahrhunderts. Da in einer engeren Fassung des Begriffs „Leitwissenschaft" als Spitzenposition in Rangordnungen nur ein Wissenschaftssystem, also entweder die *Physik* oder die *Biologie*, in der *Biologie* dann wieder die *Genetik* oder die *Ökologie*, eine Alphaposition beansprucht, stößt eine Etablierung dieses Terminus und seines Bewertungsrasters bei anderen Wissenschaftsvertretern verbreitet auf Ablehnung, führt zur Benennung alternativer Leitwissenschaften oder wird ignoriert.

---

5 GUTMANN und WEINGARTEN 1988.
6 SITTE 1999, PRÄVE 1999.
7 Erste Auflage 1977, dritte Auflage 1996.
8 Zeitabläufe sind ein Kriterium, um z. B. kurzlebige aktuelle Modewissenschaften von langfristig wirkenden Leitwissenschaften zu unterscheiden. Die Metaphern des „biologischen Zeitalters" oder der „Jahrhundertwissenschaft" sind aber zu ungenau, da sowohl das 19., 20. als auch das 21. Jahrhundert als ein „biologisches Zeitalter" definiert werden kann. So hat die Wissenschaftstheoretikerin Eve-Marie ENGELS einen Artikel „Biologie als Leitwissenschaft seit dem 19. Jahrhundert" (1989) verfasst und DARWIN zu ihrem Schutzpatron ernannt.
9 Der Aufstieg der *Ethologie* nach 1951 wurde auch durch die charismatischen Forscherpersönlichkeit Konrad LORENZ (1903–1889), sein populärwissenschaftliches Buch *Er redete mit dem Vieh, den Vögeln und den Fischen*, den Bestseller *Das sogenannte Böse* 1963 und das Auftreten von LORENZ in der Öffentlichkeit begünstigt.

Der Metabegriff „Leitwissenschaft" wird auch gerne gezielt eingesetzt, um spezifische Forschungs- und Wissenschaftsinteressen durchzusetzen, Anwendungsbereiche zu favorisieren oder in der Öffentlichkeit Interesse zu wecken. Häufig bleibt der Anspruch ein Propagandavorstoß und eine Marketingstrategie, um ein Wissenschaftssystem publik zu machen oder gegenüber konkurrierenden Systemen abzugrenzen und aufzuwerten. In einigen Fällen handelt es sich um einen Werbebegriff, im Extremfall um einen Etikettenschwindel, der Erkenntnisfortschritte vortäuscht. Andererseits bleibt kein Zweifel: Der Wissenszuwachs innerhalb der Naturwissenschaften beschleunigt sich permanent, vollzieht sich aber nicht synchron auf breiter Front. Neben stagnierenden oder absteigenden Wissenschaftssystemen existieren immer wieder besondere Spitzen, die für den gesamten wissenschaftlichen Erkenntnisprozess eine Leitbildfunktion besitzen können, wenn sie eine neue Richtung in der wissenschaftlichen Erkenntnisgewinnung oder deren praktischen Anwendung einschlagen, so dass einzelne Teilgebiete in der *angewandten Biologie – Biotechnologie, Gentechnik, Bionik, Synthetische Biologie* – ebenfalls häufig Favoriten für den Status einer Leitwissenschaft sind (SITTE 1999). In den Naturwissenschaften existieren zeitgleich real, aber nicht nur eine, sondern zwei oder mehr Leitwissenschaften – etwa *Physik, Biologie* und *Mathematik* – und im System der *Biologie* ebenfalls wieder mehrere parallele Leitwissenschaften – etwa die *Genetik* und die *Ökologie* (vgl. *1.*) – als Spitzen der Forschung und des Erkenntnisfortschrittes, was eine Differenzierung des Begriffs „Leitwissenschaft" erfordert. Auffällig bleibt, dass im Bereich der Sozial-, Geistes- und Gesellschaftswissenschaften der Begriff „Leitwissenschaft" nicht oder nur selten eingesetzt wird und keine metatheoretische Wissenschaftsdebatte auslöst.

Erkenntnistheoretisch bleibt das schillernde Etikett „Leitwissenschaft" in seinem Kernbereich ein subjektives Werturteil, das auch in diesen damit bezeichneten Wissenschaftssystemen keineswegs nur auf Zustimmung stößt. Die in verschiedenen Wertnuancen abgestufte Subjektivität eines Führungsanspruches zeigt sich bereits daran, dass Physiker die *Biologie* nicht als „Leitwissenschaft" anerkennen, ebenso wie die Biologen nicht die *Physik*, sondern nur das eigene Wissenschaftssystem anerkennen. Damit wird letztlich eine Selbstbewertung vorgenommen, die schnell zu Fehleinschätzungen führen kann, da Bewertungen von Wissenschaftssystemen durch ihre Träger verbreitet dem Trugschluss auf ein normatives Sollen oder fiktives Können unterliegen. In diesen Sollzustand gehen psychologische Komponenten – Hoffnungen, Wünsche, Forderungen und Zielvorstellungen – mit ein, die dem realen Ist-Zustand des Wissenschaftssystems in einer Analyse durch externe Gutachter so nicht entsprechen. Außerdem durchlaufen sowohl spezielle Einzelwissenschaften – z. B. die *Immunologie* (WAGNER 1999), *Zellbiologie* (SITTE 1999) oder *Verhaltensforschung* (SCHURIG 2010) – als auch die sie umfassenden komplexeren Wissenschaftssysteme wie die *Biologie*, aber auch die Naturwissenschaften Phasen hoher Produktivität und schnellen Wachstums, die von Stagnationsepochen und methodologischen Krisen unterbrochen werden. Die Zeitdauer des Führungsanspruchs ist für eine Leitwissenschaft deshalb ein vergleichsweise objektiver Parameter, dieser wird aber gerne in unbestimmbare Metaphern wie „Jahrhundertwissenschaft" oder „Zeitalter" aufgelöst.

Für naturwissenschaftliche Aussagen gilt erkenntnistheoretisch die Maxime, dass sie keine Werturteile begründen können, auch nicht über sich selbst (KEUTH 1991). Der Wertungsbegriff „Leitwissenschaft" kann deshalb nur wissenschaftsextern – erkenntnistheoretisch, metabiologisch, wissenschaftsorganisatorisch, wissenschaftspolitisch, metaphysisch – begründet werden und entspricht hochschuldidaktisch im günstigen Fall einer externen Evaluation, die die Stellung des so titulierten Wissenschaftssystems in der Gesellschaft reflektiert, die innere Struktur analysiert und spekulativ in die nähere Zukunft extrapoliert.

Eine erkenntnistheoretische Barriere für die inflationäre Positionierung des Begriffs „Leitwissenschaft" und seiner Ableitung aus einzelnen Erkenntniskriterien des jeweiligen Wissenschaftssystems bildet der naturalistische Fehlschluss, wonach die am häufigsten eingesetzten Bewertungen für ihre Führungsfunktion – „erfolgreich", „gut" „wichtig", „schnell", „nützlich" – nicht aus dem System selbst abgeleitet werden können, sondern ein externes, bereits allgemein akzeptiertes Wertesystem für die Bewertung operationalisieren, das dann häufig nochmals gesteigert wird: „Die Biologie ist eine erfolgreiche Wissenschaft, eine der erfolgreichsten überhaupt, und ohne sie würden wir nicht nur weniger wissen, sondern auch weniger können und auch deshalb weniger gut leben."[10] „Erfolgreich", „mehr wissen" oder „nützlich" sind aber gebräuchlich normative Bewertungskriterien aller Systemelemente einer Leistungsgesellschaft. Sie gelten sowohl für den Abiturienten, der sich um einen Biologiestudienplatz bewirbt, weil er mehr wissen will, für einen Diplombiologen, der einen Arbeitsplatz anstrebt, um besser zu leben, für einen Wissenschaftler, der seinen Forschungsantrag mit fehlendem Wissen begründet, und für eine stürmisch wachsende biologische Einzelwissenschaft, durch die wir mehr wissen wollen, und sie bleiben damit für die Begründung als „Leitwissenschaft" trivial. Es entsteht deshalb die Frage, ob und wie man den freischwebenden, subjektiv getönten Terminus „Leitwissenschaft" wissenschaftlich eingrenzt und präzisiert, da er sich im Sprachgebrauch eingebürgert hat. Historisch ist er bereits seit 1913 in der biowissenschaftlichen Literatur nachweisbar. Das wird aber nicht gerne zitiert, da zu dieser Zeit die Rassenproblematik, eugenische Wissenschaftskonzepte und sozialdarwinistische Ableger der Evolutionstheorie als „Leitwissenschaften" im Focus des wissenschaftlichen und öffentlichen Interesses standen.

Es bleibt auffällig, dass der umstrittene, ganz unterschiedlich eingesetzte und bestimmte Metabegriff „Leitwissenschaft" nicht in wissenschaftstheoretischen Wörterbüchern angeführt wird, obwohl er den wissenschaftlichen Erkenntnisprozess reflektiert und bewertet.[11] Ein Grund dafür liegt darin, dass die bevorzugt am Beispiel von physikalischen Theorien entwickelten klassischen Wissenschaftstheorien eine stabile Barriere für einen Transfer des Metabegriffs „Leitwissenschaft" von der *Physik* auf das Wissenschaftssystem *Biologie* bilden. So stellte der Wissenschaftstheoretiker Karl Raimund POPPER (1902–1994) den Wissenschaftsanspruch induktiv begründeter biologischer Theorien wie der Zelltheorie oder der Evolutionstheorie im Sinne des Falsifikationsprinzips in Frage, da seiner Meinung nach ihre empirisch gewonnenen Allsätze wie die zelluläre Organisation des Lebens, Rudolf VIRCHOWS (1821–1902) 1855 formulierte These „ommnis cellua e cellua", der Mutationsselektionsmechanismus, die Reiz-Summen-Regel oder das biogenetische Grundgesetz Ernst HAECKELS (1834–1919) nicht endgültig bestätigt werden können, aber auch nicht falsifizierbar sind, sondern immer nur eine bestimmte Wahrscheinlichkeit besitzen.[12] Nach POPPER haben biologische Theorienkonstrukte wie die Evolutionstheorie deshalb einen „narrativen Status", da sie als die „große Erzählungen" ständig um – und neu – geschrieben werden und selbst ein „Darwinscher Dämon" keine Aussagen

---

10 VOLLMER 1999, S. 2.
11 ENGELS 1989.
12 Das Verifikations- und Falsifikationsprinzip als Kontrollinstanzen scheitern auch bereits an der Überprüfung einfacher biologischer Fachtermini wie das 1940 von Adrian KORTLANDT und Nico TINBERGEN beschriebene „Übersprungverhalten" (*displacement activity*). Es existieren gegenwärtig an unterschiedlichen Tiergruppen (Möwen, Hühnervögeln) dafür entwickelte Erklärungsmuster, die weder verifiziert noch falsifiziert, sondern nur aufgezählt werden können.

über zukünftige Entwicklungen zulässt.[13] Auch wissenschaftssystematisch wird die *Biologie* seit ihrer Entstehung um 1800 von den „exakten Naturwissenschaften" *Chemie*, *Physik* und *Astronomie* explizit und gezielt unterschieden und ihr damit als ein „weiches" Wissenschaftssystem implizit ein Führungsanspruch abgesprochen. Die unbestrittene Sonderstellung und die erkenntnistheoretischen Eigenarten des Wissenschaftssystems *Biologie* beruhen empirisch darauf, dass sie eine historische Naturwissenschaft ist, deren Aussagen sich auf vergangene (phylogenetische, taxonomische, evolutionsbiologische) Sachverhalte der Artbildung beziehen und Abstammungslehre, Entstehung des Lebens, Phylogenese, Deszendenztheorie u. a. Teiltheorien und hypothetische Konstrukte der Stammesgeschichte lebender Organismen bilden. Der abwertende Ausschluss aus den „exakten Naturwissenschaften", begründet durch die begrenzten Möglichkeiten des Experimentes als letzter Kontrollinstanz[14] von Ökosystemen und Evolutionsprozessen, den fehlenden direkten empirischen Zugang zu den als Naturgeschichte bereits vergangenen Ereignissen und durch einen geringen Grad der Mathematisierung trotz einer Subdisziplin *Biomathematik*, wiederholt sich im System der *Biologie* methodologisch spezifiziert in der Unterscheidung von *Laborbiologie* und *Freilandbiologie*. Die Laborwissenschaften *Physiologie* und *Genetik* beanspruchen im System der *Biologie* einen höheren Status als z. B. die *Systematik*, *Ethologie* und *Ökologie*, institutionell, aber auch – und damit die Heftigkeit von Diskussionen um vermeintliche Rangpositionen sowie das Interesse an der Position einer „Leitwissenschaft" erklärend – mehr Finanzmittel und Personalstellen.

Eine Umwertung der Führungsposition im Verhältnis *Physik – Biologie* würde wissenschaftstheoretisch einen Paradigmenwechsel bedeuten, da evolutionsbiologische Erklärungsmuster und die erkenntnistheoretische Begründung einer Autonomie des Lebens[15] anderen Wissenschaftskriterien folgen als physikalische Theorien, wie der Evolutionstheoretiker Ernst MAYR (1904–2005) sowie die Biotheoretiker Peter JANICH und Michael WEINGARTEN (1999) u. a. begründen. Es handelt sich bei der Zelltheorie, der speziellen Endosymbiontentheorie, dem Irreversibilitätsprinzip (Dollosche Regel), der Bergmannschen Regel (Größenregel), der Glogerschen Regel (Färbungsregel) oder bei der Mosaik-Zyklus-Theorie der Waldentwicklung usw. nicht um Gesetzmäßigkeiten und Theorien im klassischen Sinn, sondern um komplexe Hypothesensysteme und Verallgemeinerungen mit zahlreichen Annahmen und Ausnahmen, die deshalb auch mit den metatheoretischen Terminus „Konzept"[16] oder als „Regel" bezeichnet werden. Der ursprüngliche deterministische Terminus „biogenetisches Grundgesetz" wird in

---

13 Ein narrativer Aspekt der Evolutionstheorie zeigt sich in der großen Anzahl von Lehr- und Sachbüchern, die jährlich neu erscheinen und häufig redundante Wiederholung der bekannten Grundannahmen sind, aber auch an der inhaltlichen Fortschreibung seit 1859 als Neodarwinismus und Synthetische Evolutionstheorie.

14 Klassische Wissenschaftskriterien sind Präzision, Genauigkeit sowie eine perfekte Kontrolle, die im Extremfall in Dogmatismus und utopischen Allmachtsphantasien enden. Wissenschaft als Kontrolle wird dann zu einer besonderen Form von Herrschaft, in der Naturwissenschaft der vermeintlichen Herrschaft des Menschen über die Natur. Psychoanalytisch gesehen handelt es sich nach Sigmund FREUD (1856–1936) bei den kontrollierenden Verhaltensweisen um anale Charaktereigenschaften.

15 GUTMANN und WEINGARTEN 1988.

16 „Konzept" (lat.: *conceptus*: Zusammenfassung, Erfassung, Auffassung) ist ein in der Hochscholastik von Wilhelm VON OCCAM (1300–1349) gebildeter Systembegriff. „Evolution" als ein Konzept kann man deshalb erlernen, konstruieren, modellieren, bilden und entwickeln, es ist deshalb trotz der gängigen Bezeichnung „Evolutionstheorie" keine starre und geschlossene Theorie, sondern es bleibt offen für Veränderungen (MAYR 2007).

der Literatur deshalb auch unter der Bezeichnung „biogenetische Grundregel" zu einer statistisch geltenden Gesetzmäßigkeit herabgestuft. Der Begriff „Naturgesetz" wird in der Biologie methodologisch ebenfalls unterschiedlich interpretiert, historisch im 19. Jahrhundert zunächst teleologisch und kausal, später funktional und statistisch.[17]

Außer verschiedenen inhaltlichen (historischen, wissenschaftstheoretischen, wissenschaftsethischen) Wissenschaftskriterien als Indikator für den verdeckten oder offenen Führungsanspruch eines Wissenschaftssystems mit dem Titel einer „Leitwissenschaft" besitzt dieser Status auch formale, organisatorische und gesellschaftlich-repräsentative Aspekte, was eine Stabübergabe *Physik* → *Biologie* ebenfalls erschwert. So werden Nobelpreise, die ranghöchste naturwissenschaftliche Wissenschaftsauszeichnung, im System der *Biologie* nur an experimentelle (*Physiologie*, *Genetik*) und eine angewandte Teilwissenschaft (*Biomedizin*) verliehen, aber nicht an Morphologen, Systematiker, Evolutionstheoretiker oder Ökologen. Ihre Verleihung ist damit aber für die Erkenntnisfortschritte im gesamten System der *Biologie* nicht repräsentativ. Seit der ersten Verleihung 1904 an den Physiologen Iwan Petrowitsch PAWLOW (1849–1936) werden Nobelpreise nur für verschiedene Teilgebiete der *Physiologie* (*Immunbiologie, Sinnesphysiologie, Neurophysiologie*), der *Medizin* und nach 1953 verstärkt für *Genetik* verliehen, so dass diese im System der *Biologie*, unabhängig von ihrem Erkenntniswert und der Stellung gegenüber anderen wichtigen Teilwissenschaften (z. B. der *Ökologie, phylogenetischen Systematik, Anthropologie*), formal eine starke Position und einen hohen Status besitzen. Erkenntnistheoretisch kontrastiert die Begrenzung der Nobelpreisverleihung auf *Physiologie* und *Genetik* aber mit dem erkenntnistheoretischen Leitsatz des Genetikers Theodosius G. DOBZHANSKY (1900–1975), dass nichts in der *Biologie* Sinn mache außer im Lichte der Evolutionstheorie, dessen Formulierung 1973 – neben der Diskussion um die Erzeugung „künstlichen Lebens" im Labor und der Entstehung einer *Synthetischen Biologie* (FLOREY) – ebenfalls einen Einstieg in das beginnende „biologische Zeitalter"[18] markiert. Evolutionstheoretiker – z. B. der Begründer des Neodarwinismus August WEISMANN (1829–1915), der Systematiker Ernst MAYR als Mitbegründer der Synthetischen Evolutionstheorie oder nach 1975 der Soziobiologe Edmund O. WILSON (*1929) – erhielten trotz ihrer für die *Biologie* und ihren Erklärungsanspruch bahnbrechenden Leistungen keinen Nobelpreis. Was für die Wissenschaftssysteme *Chemie* und *Physik* formal Gültigkeit besitzt, gilt als ranghöchste Auszeichnung im System der *Biologie* nur eingeschränkt für die Erkenntnisfortschritte in den Einzelwissenschaften *Physiologie* und *Genetik*, ist als Maßstab für andere biologische Einzelwissenschaften sowie die *Biologie* insgesamt aber nur bedingt repräsentativ.

Inhaltlich sind Debatten um eine „Leitwissenschaft/Jahrhundertwissenschaft" *Biologie* ein Themenbereich der *Theoretischen Biologie*. Zu deren Gegenstandsbereichen gehören neben der inneren Ordnung und Struktur des Wissenschaftssystems *Biologie*, der Konstruktion ihrer Wissenschaftsbegriffe und Klassifikationskalküle auch die Reflektion normativer und wissenschaftsethischer Bewertungen, also auch ihre Positionierung als „Leitwissenschaft".[19] Es handelt sich bei ihren Untersuchungen um metatheoretische Analysen der biologischen Wissenschaftsterminologie und des Systemcharakters, ihre institutionelle Organisation und favorisierten Wissenschaftskriterien.[20] Die Debatten um eine „Leit-

---

17 JANICH und WEINGARTEN 1999.
18 FLOREY 1970.
19 ALT 2010, KANZ 2007, SCHURIG 2010.
20 BAYERTZ 1991, POSER 2007, TOEPFER 2010.

wissenschaft Biologie" sind deshalb zugleich ein wissenschaftstheoretischer Diskurs über die Klassifikation und Positionierung neu entstehender Einzelwissenschaften, die Zukunftsorientierung der Wissenschaftsentwicklung, gesellschaftliche Relevanz und neu entstehende Praxisbereiche und Berufsmöglichkeiten in der *angewandten Biologie*. In diesem Prozess kann der Begriff „Leitwissenschaft" eine erste Orientierung liefern, besitzt als Begriff aber auch wieder eine engere hochschuldidaktische und eine weitere wissenschaftslogische Bedeutung. In der hochschuldidaktischen Version wird der Begriff „Leitwissenschaft" in Studienführern häufig lediglich im Sinne eines Leitfadens verwendet, der durch das Labyrinth von Curricula- und Modulbezeichnungen des Studiums führt. In einer zweiten hier verwendeten Version markiert der Begriff „Leitwissenschaft" die Spitzen im Forschungs- und Erkenntnisprozess. Aussagen auf dem Niveau „Die Biologie ist eine großartige Wissenschaft. Sie ist vielseitig, unerschöpflich, erfolgreich, praktisch anwendbar und dabei auch noch besonders nützlich."[21] helfen allerdings wenig, um eine Führungsfunktionen der Biologie inhaltlich zu begründen, da sie für jedes andere Wissenschaftssystem ebenfalls gelten.

1. Problemebenen der Debatten um eine „Leitwissenschaft" *Biologie*

Die Geschichte der Biologie zeigt höchst unterschiedliche Typen von systematischen Verknüpfungen ihrer Erklärungen.

Hans POSER (2007)[22]

In dem Diskurs um die Funktion des Wissenschaftssystems *Biologie* als einer „Leitwissenschaft/Jahrhundertwissenschaft" existieren drei Komplexitätsebenen des Wissenschaftsdisputs:

– eine erkenntnistheoretische Abgrenzung unterschiedlicher Wissenschaftskriterien in den Naturwissenschaften, darunter der *Biologie,* gegenüber Sozial-, Geistes- und Gesellschaftswissenschaften (*Ökonomie, Soziologie, Geschichte*);
– innerhalb der Naturwissenschaften die Gegenüberstellung und Abgrenzung des spezifischen Wissenschaftscharakters von *Physik* und *Biologie* und
– die Konkurrenz einzelner Disziplin – *Genetik, Physiologie* und *Ökologie* – im System der *Biologie* um eine Leitbildfunktion in Forschung und Lehre.

Auf jeder dieser drei Problemebenen werden unterschiedliche Wissenschaftskriterien verglichen, gegenübergestellt und auseinander abgeleitet, so dass der Metabegriff „Leitwissenschaft" in Abhängigkeit von seinem Verwendungskontext jeweils auch unterschiedliche Bedeutungen erhält.

Eine erkenntnistheoretisch begründete Frontlinie der wechselseitigen Abgrenzung unterschiedlicher Wissenschaftskulturen in den Natur- und Gesellschaftswissenschaften wurde Ende des 19. Jahrhunderts von dem Philosophen Wilhelm WINDELBAND (1847–1915) formuliert. In seiner Antrittsvorlesung „Naturwissenschaft und Geschichte" 1894 an der Universität Straßburg unterschied WINDELBAND zwischen *nomothetisch* und *idiographisch* begründeten Wissenschaftssystemen. In nomothetischen (griech.: *nomos*: Gesetz, *thesis*: aufbauen) Wissen-

---

21 VOLLMER 1999, S. 16.
22 POSER 2007, S. 13.

schaften, zu denen die Naturwissenschaften gehören, ist das Erkenntnisziel nach einer präzisen Beschreibung des Ist-Zustandes die Formulierung allgemeingültiger Gesetze (Allsätze) und die Ableitung mathematischer Modelle, indem experimentell empirische Daten überprüft und ihre Erklärungen damit objektiviert werden. *Idiographisch* (griech. *idios*: eigen, *graphein*: beschreiben) ist dagegen eine wissenschaftliche Erkenntnisgewinnung dann, wenn deren Gegenstand die Analyse einzigartiger Prozesse, ihrer sozialen und kulturellen Bedeutung und der Symbolgehalt von Zeichen, Riten und Abbildungen ist. Prototyp einer *idiografischen* Wissenschaft ist für WINDELBAND die *Geschichte*.[23]

Durch die methodologischen und erkenntnistheoretischen Unterschiede zwischen Natur- und Gesellschaftswissenschaften haben Erkenntnisfortschritte in den *Biologie* bis in die Gegenwart zu Debatten über den Status der benachbarten Sozial- und Geisteswissenschaften geführt, zu Kontroversen über die Struktur wissenschaftlicher Erklärungen und einen Zusammenstoß unterschiedlicher Wissenschaftskulturen, begleitet von Versuchen einer hierarchischen Über- und Unterordnung und dem Verständnis der eigenen Wissenschaftsposition als einer „Leitwissenschaft". Neuzeitlich prallten beide Fronten besonders hart nach der Begründung einer *Soziobiologie*[24] im Verhältnis *Soziobiologie* ↔ *Soziologie* aufeinander, da der Entomologe Edward O. WILSON die *Soziologie* menschlicher Gesellschaften als einen empirischen Spezialfall der *Soziobiologie* ansah, weil diese die Evolution aller Sozialsysteme von Organismen, also auch die biologischen Grundlage menschlichen Sozialverhaltens, untersucht.[25] Da eine empirische Basis der *Soziobiologie* das Sozialverhalten von Ameisen und Termiten war, deren Arten in der Evolution hochkomplexe Sozialsysteme ausgebildet haben, waren Konflikte im Verhältnis *Tiersoziologie – Humansoziologie* programmiert.[26] Die missionarische Aussage des Evolutionsbiologen Ulrich KUTSCHERA, nichts mache auch in den Geisteswissenschaften Sinn außer im Lichte der *Biologie*, kann den überzogenen Führungsanspruch der Leitwissenschaft *Biologie* gegenüber einzelnen Sozial- und Geisteswissenschaften verdeutlichen, enthält aber auch den Hinweis, dass die *Soziologie* nicht mehr „rein" als Sozialwissenschaft betrieben werden kann, sondern die Entstehung des menschlichen Sozialverhaltens seit dem Tier-Mensch-

---

23 Die dichotome Unterscheidung der unterschiedlichen Erklärungsmodi *nomothetisch-idiographisch* wurde auch in Wissenschaftsklassifikationen wie der Unterscheidung von *Sach-* und *Sinnwissenschaften* umgesetzt.

24 WILSON 1975. WILSON hat nicht nur die *Soziobiologie* als Einzelwissenschaft begründet, sondern methodologisch das Prinzip des „egoistischen Gens" als evolutionsbiologische Basis der reproduktiven Fitness als ethologisches Erklärungsprinzip durchgesetzt. Eine seiner weiteren bahnbrechenden Leistungen ist die Begründung der *Biodiversitätsforschung*.

25 VOLAND 2009. Das soziobiologische Argumentationsmuster, an der Optimierung der *Darwin-Fitness* ausgerichtet, lautet in einer aphoristischen Variante: „Auf die Frage, ob J. B. S. HALDANE sich für einen Bruder opfern würde, antwortete er: ‚Für einen nicht, wohl aber für drei – oder auch für neun Vettern.'" (PAUL 2005, S. 87.) Der Grundgedanke der *Soziobiologie*, die evolutive Fitnessoptimierung im Reproduktionsprozess und die Ressourcenoptimierung durch Investment in die Nachkommen und in die Verwandten, gilt auch für den Menschen (VOLAND 2009) und kann viele soziale und sexuelle Verhaltensweisen besser erklären als bloße soziologische Beschreibungen der Sachverhalte.

26 Die Ergebnisse der 1878 von Alfred V. ESPINAS (1844–1922) in dem Buch *Des sociétés animales* begründete *Tiersoziologie* sind in der *Soziologie* kaum rezipiert worden, obwohl die klassische *Tiersoziologie* im Rahmen sozialer Kategorien (Vater- und Mutterfamilien, Harems, Königinnen usw.) betrieben wurde. In der *Humansoziobiologie* wird menschliches Sozialverhalten dagegen selektionstheoretisch erklärt, Altruismus, Heiratsverbote oder Inzestverbote z. B. als Verhältnis von Fitnessoptimierung, Konkurrenz und Kooperation (VOLAND 2009).

Übergangsfeld vor 3,5 Million Jahren sich auch evolutiv unter den Prämissen einer Fitnessoptimierung der Sozial- und Geschlechtspartner vollzogen hat. Durch die Unvereinbarkeit der natur- und sozialwissenschaftlichen Erklärungsmuster hat sich wissenschaftssystematisch neben der *Soziologie* eine eigenständige *Humansoziobiologie* (VOLAND 2009) als Teilgebiet der *Soziobiologie*, aber nicht der *Soziologie* etabliert.

Wissenschaftstheoretisch wird bei einer Gegenüberstellung und Abgrenzung *nomothetisch – idiographisch* bzw. Naturwissenschaft – Geschichte die erkenntnisspezifische Besonderheit der *Biologie* insofern verfehlt, da ihre Eigengesetzlichkeit gerade in der widersprüchlichen Einheit von *nomothetischen* Gesetzmäßigkeiten (z. B. exponentielle und logarithmische Wachstumsgesetze, Mutationsraten, Mendelsche Gesetze) und *idiographischen* Wissenschaftsmerkmalen – phylogenetische (naturgeschichtliche) Entwicklung, irreversible Evolution – besteht. Von den teleologischen/teleonomen, statistischen und kausalen/funktionalen Erklärungen und Denkweisen ist die komplexere evolutionäre Sichtweise dadurch unterschieden, dass sie zeitlich retrospektive Erklärungen vergangener Ereignisse in der Phylogenese und Stammesgeschichte einzelner Organismengruppen und Organisationsmerkmale des Lebens liefert, die empirisch, wie die erstmalige Entstehung der Photosynthese, nur indirekt erschlossen werden können.[27]

Auf einer zweiten Diskurs- und Komplexitätsebene der Diskussion um die Funktion von „Leitwissenschaften" stehen innerhalb der Naturwissenschaften die konkurrierenden Führungsansprüche von *Physik* und *Biologie*[28] zur Debatte. Eine Stabübergabe des Begriffs „Leitwissenschaft" von der *Physik* auf die *Biologie* würde aber keinen grundsätzlichen Wechsel bedeuten, da beide Wissenschaftssysteme – jeweils auf die Erforschung der anorganischen und organischen Natur spezialisiert – methodologisch und erkenntnistheoretisch in vieler Hinsicht nicht kompatible Antipoden sind und unabhängig voneinander existieren. Eine Aufwertung der *Biologie* als Leitwissenschaft führt deshalb nicht automatisch zu einer Abwertung der *Physik*, da es in den Naturwissenschaften synchron zwei komplementäre Jahrhundert- und Leitwissenschaften gibt, im weiteren mathematisch-naturwissenschaftlichen Geltungsbereich mit der Mathematik sogar noch eine dritte. Jede von ihnen besitzt ihre eigenen Wissenschaftskriterien.

Mit der Entstehung der *Quantenphysik* und der *Relativitätstheorie* nach 1900 beanspruchte historisch unter den Naturwissenschaften zunächst die *Physik* die Position einer „Leitwissenschaft",[29] flankiert von charismatischen Forscherpersönlichkeiten wie Max PLANCK (1858–1947) und Albert EINSTEIN (1879–1955). Bereits im 19. Jahrhundert versuchte deshalb Emil Heinrich DUBOIS-REYMOND (1818–1896) auch die *Physiologie*, die sich 1852 von der *Anatomie* institutionell getrennt hatte, wissenschaftssystematisch als eine *organische Physik*[30] gegenüber der

---

27 JANICH und WEINGARTEN 1999, POSER 2007, TOEPFER 2010.
28 Seit Immanuel KANT (1724–1804) in den metaphysischen Voraussetzungen der Naturwissenschaften das Wissenschaftsprinzip formuliert hat, dass jede andere Wissenschaft in ihrem Wissenschaftsanspruch daran gemessen werden kann, wie viel *Mathematik* in ihr enthalten ist, wird die *Mathematik* auch als „Königin" der Wissenschaften apostrophiert. Die Mathematisierung gilt als ein ultimatives Wissenschaftsideal „exakter Naturwissenschaften" und besitzt damit in den Debatten um eine Leitwissenschaft eine starke Position.
29 HERRMANN 1977, 1996.
30 „Organische Physik" ist ein wissenschaftshistorischer Begriff des 19. Jahrhunderts, der in der Naturphilosophie bei Georg Wilhelm Friedrich HEGEL (1770–1831) die Position der Lebenslehre *Biologie* einnimmt. Er wird von Physikern (z. B. André-Marie AMPÈRE [1775–1836]) und Physiologen (z. B. DUBOIS-REYMOND) zwar übernommen, als Begriff, anders als bei HEGEL, aber methodologisch im Sinne einer deterministischen Kausalforschung definiert.

Morphologie als Leitwissenschaft im System der *Biologie* zu begründen. Aktuell bleibt die *Biophysik* ein Hort des *nomothetischen* (physikalischen) Wissenschaftsverständnisses: „Biophysik ist alles an der Biologie, was Physiker und Physikochemiker interessiert, also Fragestellungen und Systeme, die sich soweit vereinfachen und eingrenzen lassen, dass sie sich für exaktes Experimentieren eignen."[31] Für viele experimentelle Biologen bleibt traditionell die *Physik* das heimliche oder offizielle Erkenntnisideal des biologischen Wissens, so dass die Einzelwissenschaften der *Freilandbiologie*, deren populäres Leitbild der Biologe mit einem Schmetterlingsnetz ist, einen methologisch rangniederen Status besitzen. Dazu tragen auch die biophysikalischen Voraussetzungen der Entstehung des Lebens und von Lebensvorgängen bei, die immer physikalischen Gesetzen unterliegen, anderseits kann die *Physik* die Eigengesetzlichkeit des Lebens biophysikalisch nicht erklären. Der Physiker und Nobelpreisträger von 1933 Erwin SCHRÖDINGER (1887–1961) hatte 1948 das Phänomen der Entstehung und Funktion von Leben systemtheoretisch und energetisch mit dem Argument entzaubert, dass lebende Systeme als Ungleichgewichtsprozesse dem Entropiegefälle zeitlich begrenzt widerstehen, indem sie als offene Systeme die für ihre Organisation notwendige Energie über Fließgleichgewichte aus der Umwelt aufnehmen. Eine speziell morphologische Begründung der Unterscheidung *Physik – Biologie* findet sich in dem Aufsatz „Organismen als Konstruktion. Theoreme, die eine Eigenständigkeit der Biologie gegenüber der Physik begründen" (GUTMANN und WEINGARTEN 1988) sowie als Phänomen der Selbstorganisation. Der Reduktionismus, also die Auflösung der Lebensvorgänge in physikalische und chemische Prozesse, bleibt in der *Physiologie* aber weiterhin ein häufig eingesetztes methodologisches Verfahren, um sich dem physikalischen (nomothetischen) Erkenntnis- und Wissenschaftsideal anzunähern. Neben der allgemeinen Akzeptanz einer Leitwissenschaft *Physik* besitzt diese deshalb auch innerhalb des Systems der *Biologie* mehrere Trojaner, die ihre Umwertung als neue Leitwissenschaft in den Naturwissenschaften ausbremsen.

In der 2. Hälfte des 20. Jahrhunderts wurde von mehreren Biologen, Sachbuchautoren, Wissenschaftspublizisten, Wirtschaftsvertretern, im Feuilleton führender Zeitungen oder populärwissenschaftlichen Artikeln rhetorisch die Frage formuliert: „Wird die Biologie zur Leitwissenschaft des ausgehenden 20. Jahrhunderts?"[32] Der Anspruch blieb zunächst noch eine verhaltene Feststellung: „Die Biologie scheint sich im zunehmenden Maße zur Leitwissenschaft zu entwickeln."[33] Keiner der Autoren, die den Status einer „Leitwissenschaft"[34] oder, scheinbar noch schlagkräftiger, einer „Jahrhundertwissenschaft" für das biologische Wissenschaftssystem begründen, zweifelt aber daran, dass dieses Wissenschaftssystem im aktuellen Wissenschaftsbetrieb eine Führungsposition einnimmt. PRÄVE (1999) begründet die Führungsrolle der *Biologie* mit den Erkenntnisfortschritten in mehreren spezifischen Einzelwissenschaften, darunter der *Mikrobiologie*, der *Immunologie* und der *Biophysik*. „Es zeigte sich, dass es herausragende Leistungen gibt, dass viele eher als Randfächer apostrophierte biologische Disziplinen außerordentliche Entwicklungen durchlaufen."[35]

---

31 JUNGE 1999, S. 69. Einen ersten biophysikalisch ausgerichteten Nobelpreis für *Physik* erhielt 1901 Wilhelm Conrad RÖNTGEN (1845–1923) für die Entdeckung der Röntgenstrahlen und ihre medizinische Anwendung. 1943 wurde die „Deutsche Gesellschaft für Biophysik e. V." gegründet. Teilgebiete der *Biophysik* sind die Mechanik von Biomembranen, die *Biomechanik* von Knochen-Muskelsystemen, Viskosität von Zellplasma, Hydrodynamik von Schwimmern und Aerodynamik des Fluges.
32 BAMME 1989.
33 ENGELS 1989, S. 1.
34 ENGELS 1989, VOLLMER 1999, JAHN 2004.
35 PRÄVE 1999, S. XVI.

Die wissenschaftsorganisatorischen oder erkenntnistheoretischen Kriterien der neuen Leitwissenschaft *Biologie* bleiben häufig unklar und verlieren sich in Alltagsbewertungen: „Kurz, es ist selbstverständlich für jedermann, dass die Biologie gut, wichtig und damit Sache aller sein sollte."[36] Für „Jedermann" existieren durch mit *Bio-* gekennzeichnete Konsumprodukte auch überall Hinweise darauf, dass *Biologie* für die allgemeine und eigene Lebenswelt „gut" und „wichtig" ist. Im Gegensatz zu den akademisch gebliebenen traditionellen Leitwissenschaften *Mathematik* und *Physik* ist die neue Leitwissenschaft Biologie damit auch im Lebensalltag angekommen. ENGELS (1989) definierte den Terminus „Leitwissenschaft" deshalb dadurch, dass diese Fächer für eine bestimmte Zeit im Wissenschaftsdisput, der Öffentlichkeit und im gesellschaftlichen Bewusstsein dominieren, was den Begriff „Leitwissenschaft" als zeitlich begrenztes und wechselndes Modephänomen aber eher abwertet. Derart unspezifische und globale Wissenschaftsmerkmale können als Kriterien auch für die negativ getönten Metabegriffe „Populärwissenschaft" oder „Modewissenschaft" eingesetzt werden, die als ein rangniedriges Wertungscluster schnell, überraschend aufsteigende und populäre Wissenschaftsprogramme charakterisieren. In der Nachbardisziplin *Physiologie* wurde die *Ethologie* deshalb auch als eine „Modewissenschaft" definiert, da sie unter dem Einfluss der zahlreichen Bestseller von Verhaltensforschern (z. B. Irenäus EIBL-EIBESFELDT [*1928], Donald R. GRIFFIN [1915–2003], LORENZ, Desmond John MORRIS [*1928], Nikolaas TINBERGEN [1907–1988], Wolfgang WICKLER [*1931]) nach 1948 für einige Jahrzehnte die metabiologischen, bioethischen und weltanschaulichen Wissenschaftsdebatten mitbestimmte. Auch die *Naturschutzbiologie* begann 1959 unter dem Einfluss des Filmes *Die Serengeti darf nicht sterben* des Frankfurter Zoodirektors Bernhard GRZIMEK (1897–1987) ihre Anfänge als eine „Populärwissenschaft",[37] die für richtig und notwendig, aber nicht für besonders wissenschaftlich gehalten wurde. Die Integration beider aufsteigenden Wissenschaftssysteme in den akademischen Wissenschaftsbetrieb sicherte ihnen institutionell deshalb lediglich eine Randposition, da sie trotz ihres überraschenden und schnellen Aufstiegs – gemessen an ihrem breiten publizistischen Widerhall und dem Interesse in der Öffentlichkeit – nur an wenigen Universitäten betrieben werden und ihre Wissenschaftlichkeit teilweise umstritten bleibt (ZIPPELIUS 1992). *Ethologie* (*Verhaltensbiologie*) und *Naturschutzbiologie* sind im System der *Biologie* keine „Leitwissenschaften" geworden, sondern repräsentieren institutionell und personell – trotz ihrer unbestrittenen praktischen und theoretischen Bedeutung – wissenschaftssystematisch einen didaktisch und institutionell an ihrer Randstellung ausgerichteten weiteren traditionellen Metabegriff: Sie existieren im Biologiestudium als „Orchideenfächer" mit den hochschuldidaktisch weichen psychologischen Attributen „selten", „beliebt", „schön" und „interessant".

Eine organisatorische Ursache für die bisher geringe Akzeptanz einer Führungsposition der *Biologie* im Wissenschaftsbetrieb sieht PRÄVE in ihrer fehlenden institutionellen Zentralisierung, da unter dem Systembegriff „Biologie" zahlreiche spezielle wissenschaftliche Gesellschaften versammelt sind. Es handelt sich wissenschaftssystematisch auch nicht um eine Wissenschaft, sondern ein hyperkomplexes Wissenschaftssystem mit mehreren hundert Einzelwissenschaften. Eine tiefer liegende Ursache für den gebremsten Aufstieg der *Biologie* seit 1970 dürfte aber das Fehlen einer für die biologische Erkenntnisgewinnung spezifischen Wissenschaftstheorie sein, die nur in Ansätzen existiert. Ernst MAYR hat einen Führungsanspruch der *Biologie* in

---

36 PRÄVE 1999, S. XV.
37 Die Breitenwirkung von GRZIMEKS Film zeigt sich daran, dass er 1960 als erster deutscher Film nach dem Zweiten Weltkrieg mit einem Oscar ausgezeichnet wurde.

der Abgrenzung zur *Physik* dadurch begründet, dass er mehrere wissenschaftstheoretische Kriterien und Eigenarten der biologischen Erkenntnisgewinnung spezifizierte. Dazu gehören die Komplexität der untersuchten biologischen Systeme, die nomothetische Gesetzesaussagen nur in Grenzfällen zulässt, die Singularität und Individualität von Lebenserscheinungen, der historische (phylogenetische) Charakter, der Mutationsselektionsmechanismus als Zufallsgenerator sowie die Irreversibilität biologischer Evolutionsprozesse (Dollosches Gesetz).

Als eine dritte Problemebene konkurrieren innerhalb der „Leitwissenschaft" Biologie gegenwärtig mehrere Teilwissenschaften um einen Führungsanspruch, so dass die Frage entsteht: „Seit nicht allzu langer Zeit wird die Biologie immer wieder als Leitwissenschaft bezeichnet. Trifft diese Kennzeichnung für die Biologie insgesamt zu, oder gilt sie nur für einige ihrer Disziplinen?"[38] Es gibt innerhalb der *Biologie* gegenwärtig deshalb vor dem Begriff „Leitwissenschaft" einen Stau mehrerer Sammelwissenschaften (z. B. *Biotechnologie*), traditioneller Disziplinen (z. B. *Ökologie*) oder neuer Einzelwissenschaften (*Systembiologie, Synthetische Biologie*) als Anwärter, die für sich das subjektive Attribut einer „Leitwissenschaft" beanspruchen können und dies auch tun. Zu diesem breit gestreuten Wartebereich gehören die *Bioethik, Bionik, Biotechnologie, Evolutionsbiologie, Genetik, Immunologie, Naturschutzbiologie, Nanobiologie, Neurowissenschaften, Ökologie, Systembiologie* und *Technologiefolgenabschätzung*. Sie konkurrieren untereinander unter anderem darum, wer in der Forschung „vorne" ist, am schnellsten wächst oder das größte Risikopotential verwaltet.

Disziplinär existieren im System der *Biologie* vor allem drei Wissenschaftssysteme mit einem Anspruch als Leitwissenschaft.

Für die *Genetik* bildet Aufstellung der Ein-Gen-ein-Enzym-Hypothese 1941, die Entdeckung der DNA als Erbsubstanz durch Oswald Theodore AVERY (1877–1955) 1944 und die Aufklärung von deren Strukturaufbau in Form einer Doppelhelix 1953 durch Francis H. C. CRICK (1916–2004) und James D. WATSON (*1928) den Startpunkt für eine Leitwissenschaft. Es folgten 1958 die Formulierung des zentralen Dogmas der *Molekularbiologie*, dass die genetische Information von der DNA zur RNA und dann zum Protein fließt sowie 1961–1966 die Entschlüsselung des genetischen Codes. Durch mehrere Forscher gelang 1998 erstmals die Klonierung eines Säugetiers, des Schafes Dolly. Einen weiteren Meilenstein der 1906 als *Genetik* benannten biologischen *Erblehre* bildete das milliardenschwere *Human Genome Project* zur Entschlüsselung des menschlichen Genoms. Der Aufstieg der *Genetik* als einer Leitwissenschaft im System der *Biologie* wird nach 1953 von der Verleihung zahlreicher Nobelpreise begleitet.

Seit 1990 bestimmt auch die *Neurobiologie* – hier speziell die Hirnforschung – zunehmend die biologischen Wissenschaftsdebatten.[39] Der Anspruch der *Neurowissenschaften* auf das Attribut „Jahrhundertwissenschaft" resultiert daraus, dass neue empirische Details der Informationsübertragung durch neurophysiologische Prozesse, also in den biochemischen und elektrophysiologischen Grundlagen von Gedächtnis, Lernen, Denken und Wahrnehmung entdeckt werden. Diese Erkenntnisse verursachen Verschiebungen und Neuerungen im Verhältnis von Natur- und Geisteswissenschaften, indem die neurobiologischen Grundlagen von Empfindungen, Bewusstseinseinsfunktionen und künstlicher Intelligenz in der *physiologischen Psychologie, Biopsychologie, Tierpsychologie* und *Kognitionspsychologie* beim Menschen sowie in der *kognitiven Ethologie* bei Tieren erforscht werden. „Voller neuer Kenntnisse und

---

38 ENGELS 1989, S. 1.
39 FLOREY und BREIDBACH 1993.

Selbstvertrauen richten die Biologen ihre Aufmerksamkeit auf ihr höchstes Ziel: die biologische Erklärung des menschlichen Geistes."[40] Die Fortschritte in den *Neurowissenschaften* erfüllen auch insofern den Anspruch auf das Prädikat einer „Leitwissenschaft", da sie mit seit Jahrhunderten ungelösten philosophischen Fragen wie dem psycho-physischen Problem, der Existenz von Ideellem und dessen materieller Basis, der Entstehung der Willensfreiheit und der Konstruktion eines „Ich" verbunden sind. „Die Neurobiologie gehört heute zu den sich besonders rasant entwickelnden Wissenschaftszweigen mit vielfältigen Auswirkungen auf unser Menschenbild."[41]

Der Aufstieg der *Ökologie* als biologische Leitwissenschaft begann mit der Publikation des Buches *The Silent Spring* 1962 von Rachel CARSON (1907–1964). Er wurde institutionell, gesellschaftlich und politisch mit der Gründung des Umweltbundesamtes 1974 in Berlin, des Bundes für Naturschutz und Umwelt Deutschland (BUND) 1975 durch Horst STERN (*1922) und GRZIMEK, der Gründung der ersten deutschen Nationalparks Bayrischer Wald (1970) und Berchtesgaden (1976) in Bayern und politisch mit der Gründung der Öko-Partei „Die Grünen" gefördert. Seit 1968 wurde in der politischen Publizistik von Herbert GRUHL (1921–1993) die Frage gestellt: „Ökologie als Leitwissenschaft?", die in der *Ökologie* aufgenommen und variiert wurde (TREPL 1983). Die *Ökologie* hat sich seit 1960 erfolgreich und auf einer breiten Front als dritter disziplinärer Favorit einer biologischen Leitwissenschaft etabliert. Ein hochschuldidaktischer und wissenschaftssystematischer Schrittmacher ihres Aufstiegs wurde der Wissenschaftsbegriff *Umweltwissenschaften*, der an deutschsprachigen Universitäten gegenwärtig in einer mehrstelligen Zahl von Studiengängen studiert werden kann.[42] *Umweltrecht*, *Umweltsoziologie*, *Umweltethik*, *Umweltchemie*, *Umweltinformatik*, *Umwelttechnik*, *Umweltmanagement* und *Umweltgeschichte* sind einige seiner interdisziplinären Subdisziplinen. In der Leibnizgesellschaft existiert neben dem Bereich *Lebenswissenschaften* auch eine eigenständige Sektion *Umweltwissenschaft* mit neun Forschungsschwerpunkten, darunter die *Tropenökologie*.

Die Diskussion um eine Leitwissenschaft *Biologie*, Ende des 20. Jahrhundert in der Literatur noch mit einem Fragezeichen versehen,[43] wird für das 21. Jahrhundert bereits mit einem Ausrufezeichen markiert. „Populärwissenschaft", „Modewissenschaft" und „Leitwissenschaft" sind als Metabegriffe und Wertungscluster gleichermaßen Versuche, die zahlreichen nach 1950 entstehenden biologischen Teilwissenschaften in ihrem Verhältnis untereinander zumindest grob zu ordnen und zu bewerten. Der Terminus „Leitwissenschaft" wird seitdem auch in mehreren Studienführern (z. B. der Universitäten Freiburg, Münster, Potsdam, Rostock u. a.) eingesetzt, allerdings hochschuldidaktisch im Sinne einer Wegfindung innerhalb des Biologiestudiums. Seine Funktion bleibt vielschichtig, da der aktuelle gebrauchte Metabegriff „Leitwissenschaft" wissenschaftshistorisch in der *Biologie* unterschiedliche Facetten besitzt, von denen hier exemplarisch nur drei Ansätze angeführt werden können.

- Seit 1859 bleiben die Ansprüche empirisch-experimenteller Teilwissenschaften auf die Anerkennung als Leitwissenschaft aus evolutionsbiologischer Sicht Makulatur und finden wissenschaftssystematisch nur in der zweiten Reihe statt. Es gilt unwidersprochen als Maßstab der biologischen Erkenntnisgewinnung das Axiom der Synthetischen Evolutions-

---

40 KANDEL 2009, S. 11.
41 MENZEL 2007, S. 359.
42 Ein erster Studiengang *Umweltwissenschaften* wurde 1987 an der ETH Zürich 1987 eingerichtet.
43 BAMME 1989, PRÄVE 1999.

theorie: „Nothing in biology make sense except in the ligth of evolution."[44] Historisch ist die Frage nach einer Leitwissenschaft im System der *Biologie*, jedenfalls wenn die Tiefe wissenschaftlicher Erklärungen zum Maßstab genommen wird, seit 1859 mit der Publikation *The Origin of Species* durch Charles DARWIN (1809 – 1882) entschieden: Es ist die Synthetische Evolutionstheorie bzw. die aus ihr abgeleitete *Evolutionsbiologie* (ENGELS 1989). Kompliziert wird die Funktion von „Leitwissenschaften" innerhalb der Naturwissenschaften, wenn auch die transdisziplinären und historischen Vernetzungen zwischen verschiedenen Wissenschaftssystemen berücksichtigt werden. So waren DARWINS Evolutionsvorstellungen von den Ideen und Entwicklungsvorstellungen der 1830 – 1833 erschienenen dreibändigen *Principles of Geology* des Geologen Charles LYELL (1797 – 1875) beeinflusst, zumal DARWIN 1838 auch Sekretär der *Geological Society* war, so dass vor 1859 historisch zunächst die *Geologie* gegenüber der *Biologie* Aspekte einer Leitwissenschaft besaß.

– Ein erkenntnistheoretischer Hintergrund des Metabegriffs „Leitwissenschaft" ist die Annahme eines permanenten wissenschaftlichen Fortschrittes, der aber auch negativ über den Stand unseres *Nichtwissens* definiert werden kann.[45] DUBOIS-REYMOND, der als erster Physiologe Nervenprozesse als elektrische Ströme interpretierte und damit eine wichtige neue Erkenntnis formulierte, hatte 1872 in seiner Leipziger Rede vor der Deutschen Gesellschaft der Naturforscher und Ärzte den Stand der Lösung des psycho-physischen Problems (Leib-Seele-Problem), die kausalen Zusammenhänge zwischen physiologischen Prozessen des Nervensystems und psychischen Phänomenen zu erklären, erkenntnistheoretisch mit der seitdem umstrittenen These eines *Ignorabimus* charakterisiert, deren Gültigkeit von Hirnforschern bis heute diskutiert wird. „Völlig uneins ist man hinsichtlich der Erklärbarkeit oder prinzipiellen Unerklärbarkeit der definierenden Eigenschaften von Bewusstseinszuständen."[46] Die Funktion der *Neurophysiologie* als einer Leitwissenschaft kann erkenntnistheoretisch deshalb auch über das Nichtwissens der phylogenetischen Entstehung des Bewusstseins im Tier-Mensch-Übergangsfeld, der Wechselwirkung zwischen der elektrophysiologischen und biochemischen (materiellen) Basis und psychischen (ideellen) Phänomenen, emergenten Gehirnfunktionen und der Spezifik des menschlichen Bewusstseins gegenüber psychischen Phänomenen bei Tieren begründet werden.[47] Die *Neurobiologie* als Leitwissenschaft ist erkenntnistheoretisch nicht nur *positiv* über das Tempo und den Umfang von Wissenszuwächsen definiert worden, sondern auch *negativ* durch den Umfang unseres *Nichtwissens*, das Forschungsaktivitäten, Neugier und Ehrgeiz und damit das Wissenschaftswachstum antreibt. DUBOIS-REYMOND hatte 1872 zwei

---

44 DOBZHANSKY 1973.
45 Selbst in einigen der ältesten biologischen Disziplinen wie der *Taxonomie*, die seit Jahrhunderten betrieben werden, ist der Umfang des Nichtwissens größer als der des Wissens. So beträgt die Zahl der taxonomisch systematisierten Arten 3 Millionen, die Zahl der real existierenden Arten wird aber auf 30 Millionen geschätzt, so dass der Umfang des Nichtwissens gegenüber dem Wissen in der *Taxonomie* numerisch etwa zehnmal größer ist.
46 *Lexikon der Biologie* Bd. *II*, S. 348 (1999).
47 Über das erkenntnistheoretisch fundamentale Verhältnis von *Wissen* ↔ *Nichtwissen* lassen sich auch zwei auf diesen Unterschied begründete Typen von Leitwissenschaften unterscheiden. Ein Beispiel für die Antriebsfunktion des Nichtwissens für die Entstehung einer Leitwissenschaft ist die *Biodiversitätsforschung*. Die von 168 Staaten und 193 Vertragspartnern unterzeichnete Biodiversitätskonvention von Rio de Janeiro 1993 basiert auf der Kenntnis über das Nichtwissen aussterbender Arten, das durch verstärkte Forschungsaktivitäten verringert werden soll.

allgemeine Formen des Nichtwissens unterschieden: ein relatives *Ignoramus* (wir wissen es nicht) und ein absolutes agnostizistisches *Ignorabimus* (wir werden es nicht wissen).
- Seit der Publikation *Essai sur l'inègalitè des races humaines* (1853–1855) des französischen Diplomaten Arthur DE GOBINEAU (1816–1884) dominierten historisch in der *Sozialanthropologie* spekulative Rassenkonzepte, ergänzt 1897 durch Francis GALTONS (1822–1911) populationsgenetisch begründete Vorstellungen über eine gezielte Kontrolle der Vererbung beim Menschen als Auslese, wofür er den Wissenschaftsbegriff *Eugenik* neu einführte. Nach 1933 wurde die *Rassenbiologie* zu einer Leitwissenschaft der Nazis, auf deren Grundlage Millionen Menschen in KZs ermordet wurden. Die Annahme, dass der Metabegriff „Leitwissenschaft" nur dem Guten und dem wissenschaftlichen Fortschritt verpflichtet sei, ist in der Geschichte der *Biologie* historisch jedenfalls nicht haltbar. Die Entstehung und Funktion einer *Rassenbiologie* in der ersten Hälfte des 20. Jahrhunderts zeigt die dunklen Seiten des Konstruktes „Leitwissenschaft", das unmittelbar mit dem politischen Begriff „Herrschaft" verschwistert ist. Wenn als „Leitwissenschaft" fungierende Wissenschaftssysteme nicht allein über Wissenschaftskriterien und Wissen definiert werden, sondern, wie die *Populationsgenetik* und *Anthropologie* in den Rassen- und Euthanasieprogrammen der Nazis, ideologischen Zielen unterworfen werden (SCHMUHL 2005), mutieren sie kulturell zu einer fragwürdigen politischen „Leitkultur". Es lassen sich deshalb „positive", wissenschaftlich begründete Leitwissenschaften von „negativen", durch politische und ideologische Interessen übersteuerten Leitwissenschaften unterscheiden.[48]

2. Quantitative Kriterien der Bewertung biologischer Wissenschaftssysteme

> Was ist es aber, was eine Wissenschaft zur Jahrhundertwissenschaft macht?
>
> Gerhard VOLLMER (1999)[49]

Der Anspruch der *Biologie* auf die Funktion einer „Leitwissenschaft" kann im einfachsten Fall über eine quantitative Analyse ökonomischer, wissenschaftsorganisatorischer oder wissenschaftssoziologischer Daten definiert werden. Dabei zeigt sich, dass über die Struktur und den institutionellen Umfang des Wissenschaftssystems *Biologie* zwar viele Meinungen und Bewertungen existieren, jedoch kaum systematische Untersuchungen.

- Ökonomisch ist der Umfang einer Finanzierung des Wissenschaftsbetriebes und einzelner Forschungsvorhaben eine Kenngröße, die Hinweise auf Rang und Bedeutung der jeweiligen Wissenschaft liefern kann. Eines der organisatorisch und finanziell aufwendigen genetischen Forschungsprogramme war das über vier Milliarden Dollar teure *Human Genome Project*, in dem 1990–2001 die Sequenzierung der 2,9 Milliarden Basenpaare der menschlichen DNA gelang. Noch teurer sind anspruchsvolle Naturschutzprojekte. So

---

48 Die Deformationen und der Inhalt politisch gesteuerter „Leitwissenschaften" sind historisch durchaus vielfältig. In der Sowjetunionen besetzten die Theorie der Höheren Nerventätigkeit PAWLOWS und die Konzepte Iwan W. MITSCHURINS (1855–1935) und Trofim D. LYSSENKOS (1898–1976) Evolutionsvorstellungen (MEDWEDJEW 1974, HÖXTERMANN 2000) bis 1953 die Position politisch gesteuerter Wissenschaftskonzepte als „Leitwissenschaft".
49 VOLLMER 1999, S. 31.

kostet allein die Regeneration des gestörten Wassermanagements im Nationalpark Everglades (Florida) 6,8 Milliarden Dollar. Die finanziellen Ausgaben im Umweltschutz, in der *Molekulargenetik* und der *Medizin* insgesamt sichern der *Biologie* im Finanzbereich in den Naturwissenschaften eine Spitzenstellung, sind aber nicht einzigartig. In einer ähnlichen Größenordnung bewegen sich die finanziellen Aufwendungen für langfristige meteorologische, geophysikalische und astrophysikalische Forschungsprojekte. In der *Atomphysik* liegt der Kostenaufwand für das bis 2050 laufende Forschungsprogramm des internationalen Kernfusionsreaktors ITER (Cadarache, Süd-Frankreich) bei 16 Milliarden Euro.

- Den Umfang einer Institutionalisierung und Organisation des Wissenschaftssystems in Lehre und Forschung. 2010 existierten an 203 deutschen Universitäten 1385 biologisch ausgerichtete Studiengänge, darunter 570 mit dem Masterabschluss. Wissenschaftsorganisation (die Untergliederung in Abteilungen, Institute, Fachbereiche oder Departements) und Wissenschaftsstruktur (z. B. Klassifikation der Subsysteme, Hierarchien, Zentrenbildung) werden um so wichtiger, je komplexer das biologische Wissenschaftssystem seinerseits aus Einzelwissenschaften (z. B. Ökologie) oder interdisziplinären Sammelwissenschaften (z. B. Molekularbiologie) aufgebaut ist.
- Die Zahl und die Mitgliederzahlen in den einzelnen biologischen Gesellschaften, die zwischen einigen hundert und mehreren tausend registrierten Mitgliedern schwanken, ermöglichen als wissenschaftssoziologische Kenngröße eine Einschätzung der Bedeutung der jeweiligen Einzelwissenschaft sowie des gesamten Wissenschaftssystems. Während 1999 unter dem Systembegriff „Biologie" 29 Fachgesellschaften zusammengefasst wurden, waren es 2011 bereits 35. Die Zahl der organisierten und in der Wissenschaft und Wirtschaft tätigen Biologen beträgt gegenwärtig ca. 40 000, die Mitgliederzahl in den Umwelt- und Naturschutzverbänden BUND und Nabu über 250 000.
- Eine beliebte, da kaum prüfbare Metapher, um eine Führungsposition zu beanspruchen, ist die Postulierung eines schnellen Wachstums, das fast alle Wissenschaftssysteme beanspruchen, darunter auch die *Verhaltensforschung* (*Ethologie*), so dass es nur noch darum geht, wer am schnellsten wächst: „Animal behaviour has been one of the most exciting and fastest growing scientific disciplines of recent years."[50] Im System der *Biologie* existieren für die einzelnen Teilgebiete tatsächlich ganz unterschiedliche Wachstumstrends. So gelten klassische, im 19. Jahrhundert begründete Wissenschaftsgebiete – *Biogeographie*, *Morphologie* oder *Systematik* – im Verhältnis zu dem Wachstum neuerer biologischer Wissenschaftsgebiete wie *Bioinformatik*, *Immunologie*, *Systembiologie* oder *Neurowissenschaften* als stagnierend oder sogar absteigend. Innerhalb der *Botanik* nehmen die phytopathologische, molekularbiologische sowie die Photosyntheseforschung Spitzenplätze ein (BECK 1999). Die Wissenschaftsbegriffe *Zoologie* und *Botanik* werden selten mit Wachstumsmetaphern oder dem Anspruch einer Leitwissenschaft verknüpft.
- Insgesamt gelten für alle real existierenden biologischen Wissenschaftssysteme rhythmische Wachstumsmodelle und damit auch fluktuierende Spitzenpositionen: „Die meisten Wissenschaftsdisziplinen – selbst die ganz jungen – gehen durch Phasen der Spannung und Produktivität, die von Perioden der Stagnation unterbrochen werden."[51]

---

50 BARNARD 2004, S. XV.
51 WAGNER 1999, S. 49. Als Beispiel eines diskontinuierlichen Wachstumsmusters führt WAGNER die Entwicklung der *Immunologie* an, die als Seitenzweig der von Louis PASTEUR und Robert KOCH (1843–1963) um 1870 begründeten *Bakteriologie* entstand, nach 1910 stagnierte und seit 1960 erneut schnell wächst.

- Charakteristisch für die Expansion der *Biologie* als *Biowissenschaft* ist die Entstehung angewandter Teilwissenschaften: *Biotechnologie, Gentechnik, Nutztierethologie, Tierschutz, biologische Schädlingsbekämpfung, Züchtungsforschung, Hydrobiologie* und *Umweltforschung* sind einige wichtige Teilgebiete, die unter dem Sammelbegriff *angewandte Biologie* zusammengefasst werden (SITTE 1999). Industrielle Produktionsverfahren in Biotech-Start-ups sind häufig Innovationen für biotechnologisch hergestellte Wirkstoffe und Diagnostika, die schnell zu finanziellen Rückflüssen in den Wissenschaftsbetrieb führen. In der Geschichte der *Biotechnologie* war 1928 die Gewinnung des Penicillins aus dem Pilz *Penicillium chrysogenum* als erstes Antibiotikum durch den Bakteriologen und Nobelpreisträger 1945 Alexander FLEMING (1881–1955) eine wichtige Entdeckung, der damit die „rote" (medizinische) *Biotechnologie* (Biotechnik, Biotech) begründete, während gegenwärtig die *Gentechnik* ein Schrittmacher ist. Das allgemeine Wertemuster der *angewandten Biologie* sind nicht Erkenntnisfortschritte, sondern ökonomische Wachstumskriterien sowie allgemein ihre Nützlichkeit und – wie im Fall des Tier-, Umwelt- und Naturschutzes – die Einhaltung normativer Wertsetzungen.
- Zu den Besonderheiten der *Biologie* gehört eine multidisziplinäre Verbindung zur *Technik*, die Entstehung spezieller technikaffiner Wissenschaften und neue Berufsbezeichnungen (z. B. Bioingenieur). Die Verbindung zur *Technik ↔ Biologie*, insbesondere der *Kybernetik* und *Informatik*, führte zur Entstehung der *Biokybernetik*, der *Bioinformatik* und der *Bionik* (NACHTIGALL 1998). Während in der *Evolutionsbionik* versucht wird, die in der Evolution entstanden Strukturen in technische Konstruktionen umzusetzen (z. B. als Klettverschluss, Lotuseffekt), werden in der *Bioinformatik* Entwicklungen in der Informationstechnologie für die Gewinnung und Verarbeitung biologischer Erkenntnisse genutzt. Der Aufstieg der *Bioinformatik* beruht vor allem auf der Verwaltung, der Speicherung und der Organisation der immensen Datenmenge in der *Molekularbiologie* sowie von DNA-Sequenzanalysen und -Sequenzvergleichen innerhalb der *Genetik, Gentechnik* und *Gentechnologie*.
- Neben der traditionell interdisziplinären Vernetzung der *Biologie* mit etablierten benachbarten Naturwissenschaften – *Biophysik, Biomechanik, Biochemie* und *Biogeographie* – sind in neuerer Zeit auch in den Sozialwissenschaften, den Geisteswissenschaften, der *Ökonomie* und der Politik Spezialwissenschaften wie *Biopsychologie, Biosoziologie, Bioökonomie* und *Biopolitologie* entstanden. Das Spannungsverhältnis *Ökologie ↔ Ökonomie* wird durch in der *Bioökonomik* entwickelte nachhaltige Wissenschaftskonzepte gemildert. Das Wissenschaftssystem *Biologie* insgesamt ist „nach unten" multidisziplinär und transdisziplinär mit der *Physik* (*Biophysik, Biomechanik*) und der *Chemie* (*Biochemie*) vernetzt, „seitlich" mit der *Geographie* (*Pflanzengeographie, Tiergeographie, Bodenkunde, Landschaftsökologie, Geoökologie*), „nach oben" mit verschiedenen Gesellschaftswissenschaften (*Psychologie, Soziologie* und *Ökonomie*) sowie mit den Technikwissenschaften. Durch ihre zentrale Stellung zwischen diesen verschiedenen Wissenschaftssystemen fällt der *Biologie* die Position einer inter-, multi- und transdisziplinären Schaltstelle zu, die sie wissenschaftssystematisch als „Leitwissenschaft" prädestiniert.
- Elemente biologischer Wissenschaftsbegriffe werden nach ihrer Entkopplung in die Alltagssprache und Lebenspraxis integriert. Entkoppelte Sprachelemente von Wissenschaftsbegriffen wie „Bio-" und „Öko-" fungieren in der Wirtschaft als Werbeartikel, die nicht nur Lebensmittel bezeichnen, sondern auch Benzin, Reisen und weitere Konsumartikel. „Bio-" steht als ein Synonym für gesund und natürlich, „Öko-" für eine umweltfreundliche und nachhaltige Orientierung, wodurch die hinter ihnen stehenden biologischen Wissenschaften „positiv" emotional aufgewertet werden.

– Der Wissenschaftsbegriff *Biopolitik* geht auf den französischen Strukturalisten Michel FOUCAULT (1926–1984) zurück, der ihn 1979 einführte, um den Zugriff des modernen Staates auf biologische und medizinische Daten (Sexualität, Gesundheitsdaten, Geburtsraten, Sterberaten) des Menschen zu kennzeichnen. Charakteristisch für die *Biopolitik* sind die Befragung von Experten, die Einrichtung von Enquetekommissionen und die Erarbeitung von Gesetzesvorlagen, deren parlamentarische Abstimmung häufig keinem Parteienzwang unterliegt, da sie grundlegenden ethischen und weltanschaulichen Normen zuzuordnen sind. Die Politisierung biologischen Wissens im Rahmen eines autonomen Wissenschaftsbegriffs *Biopolitik* ist wissenschaftssystematisch ein Aspekt, der einer Leitwissenschaft *Physik* fehlt.
– Eng verbunden mit biotechnischen und gentechnischen Anwendungsproblemen sowie bio-politischen Debatten ist die Bewertung und Abschätzung des Risikopotentials in der Anwendung biologischen Wissens. Lehrreiche tierökologische Modellfälle für die Irrtumswahrscheinlichkeit und das Risikopotentials bilden die ökologischen und ökonomisch negativen Folgewirkungen der Einbürgerung von Neozooen in Mitteleuropa, wie des amerikanischen Flusskrebses (*Oronectes limosus*) oder das Vordringen des Marderhundes (*Nyctereutes procyonoides*), sowie botanisch von Neophyten, z. B. des Indischen Springkrautes (*Impatiens glandulifera*). Sie wurden zunächst als nützlich eingeführt und eingeschätzt, verdrängen aber gegenwärtig nicht nur einheimische Arten, sondern verursachen wie der Bisam (*Ondatra zibethica*) oder die Spätblühende Traubenkirche (*Prunus serotina*) volkswirtschaftlich Schäden in Millionenhöhe. Als Eldorado für die Analyse der Kosten, ökologischen Folgeschäden und Risiken von freigesetzten Tierarten, vor allem von bestimmten Buntbarschen (*Cichliden*), der Aga-Kröte (*Bufo marinus*) und verschiedener Boa-Arten, gilt Südflorida. Die Wissenschaftsdebatten um die Chancen und Risiken der Freisetzung gentechnisch veränderter Organismen, wie der Gelbfiebermücke (*Aedes aegypti*) als Überträgerin des sich expansiv ausbreitenden Dengue-Fiebers, von der Wirtschaft als „grüne Gentechnik" apostrophiert, haben im System der *Biologie* zur Institutionalisierung neuer Wissenschaftsgebiete wie der *Technikfolgenabschätzung* geführt.

Jede der hier angeführten zehn Problemfelder, die durch weitere ergänzt werden können, bietet Ansätze für eine präzisere Begründung einer Leitfunktion der *Biologie* sowie der Position und Bedeutung einzelner Wissenschaftssysteme im System der *Biologie*. Ein Vorteil quantitativer ökonomischer, wissenschaftsorganisatorischer und wissenschaftssoziologischer Parameter des Wissenschaftsbetriebes besteht darin, dass naturwissenschaftliche – z. B. physikalische und biologische – Wissenschaftssysteme untereinander in ihrem Systemcharakter (finanzieller Input-Output, Personalbestand, Organisationsgrad) verglichen und die beanspruchten Leitfunktionen dann vergleichsweise objektiv analysiert und beurteilt werden können.

3. Qualitative Trends der biologischen Wissenschaftsentwicklung: *Synthetische Biologie* und *Bioethik*

> Für den Fortgang der Wissenschaft sind die Bewegungen einer Amöbe ein brauchbares Bild. Langsam tasten sich die feinen Pseudopodien voran, bis ihr Plasma an einer bestimmten Stelle wieder massiv austritt und so wie eine wissenschaftliche Revolution die Bewegung bestimmt.
>
> Kurt KOTRSCHAL 2003[52]

Neben verschiedenen *quantitativen* Wissenschafts- und Wachstumsparametern existieren auch *qualitative* Trends der biologischen Wissenschaftsentwicklung.[53] Vor allem in der *Genetik* haben sich in letzten Jahrzehnten Subsysteme herausgebildet, die qualitative Richtungsänderungen ihrer Wissensentwicklung systematisieren und kanalisieren. Dazu gehört ein partieller Übergang natürlicher, in der Evolution entstandener Lebensformen zu experimentell im Labor erzeugten künstlichen Lebensfunktionen und Organismen[54] durch die *In-vitro*-Rekombination und experimentelle Abwandlung von Gensequenzen in der *Gentechnik* und zum anderen die wissenschaftsethischen Konsequenzen aus dieser Entwicklung, die zunächst als Selbstverpflichtung von den Forschern formuliert, dann aber auch häufig in Gesetze gefasst wurden. Die durch diese Entwicklung entstandenen neuen Subsysteme sind in der *angewandten Biologie* die *Gentechnik*, in der *Laborbiologie* die *Synthetische Biologie* und bioethisch die *Genethik*.

Nach Ansicht einiger Autoren markiert die Konstruktion von künstlicher Natur den Beginn eines „biologischen Zeitalters" als Genesis II.[55] Als neuer Systembegriff für diesen Trend einer qualitativen Wissenschaftsentwicklung hat sich die Bezeichnung *Synthetische Biologie* (griech. *syn*: zusammen, gleichartig)[56] eingebürgert (BENNER und SISMOUR 2005). Es handelt sich bei der *Synthetischen Biologie* um ein transdisziplinäres Wissenschaftsprogramm aus *Informationstheorie*, *Nanobiotechnologie*, *Gentechnik* und ingenieurwissenschaftlichen Ansätzen.

Erste Versuche, Lebensvorgänge in Experimenten künstlich zu erzeugen, nachdem die Urzeugungsdebatte, nach der hochorganisierte Lebewesen aus Schlamm spontan entstehen können,

---

52 KOTRSCHAL 2003, S. 19.
53 Qualitative Trends der Wissenschaftsentwicklung durch die Entstehung neuer Teilwissenschaften existieren auch in der Physik. Dazu gehört die von Hermann HAKEN 1969 entwickelte neue Wissenschaft *Synergetik* (Griech.: *synergetikos*, Lehre vom Zusammenwirken). Das Erkenntnisziel der *Synergetik* ist die Erforschung von Prinzipien und Gesetzmäßigkeiten der Selbstorganisation komplexer technischer Modelle, lebender Systeme und von Bewusstseinsfunktionen.
54 Der qualitative Übergang natürlich – künstlich bzw. anorganisch – organisch ist auch für die Geschichte und Entwicklung der *Chemie* bedeutsam. So gelang es 1828 Friedrich WÖHLER (1800–1882) erstmals Harnstoff, ein organisches Molekül, aus anorganischen Ammoniumcyanat experimentell herzustellen.
55 FLOREY 1970, HOBOHM 1988.
56 „Synthetisch" wird als Bezeichnung in der biologischen Wissenschaftsterminologie dann eingesetzt, wenn sich in der Entwicklung einer Theorie oder eines Wissenschaftssystems z. B. durch die Integration bisher separater Wissensgebiete qualitative Entwicklungssprünge ergeben. Das bekannteste Beispiel ist die Etablierung der Bezeichnung „Synthetische Evolutionstheorie", die sich durch einen Brückenschlag zwischen *Genetik* und *Evolutionstheorie* nach 1930 einbürgerte.

1860 von Louis PASTEUR (1822–1895) durch die Vorstellung einer Biogenese des Lebens ersetzt worden war, unternahm der russische Forscher Alexander Iwanowitsch OPARIN (1894–1980), der mehrere Hypothesen über die Abiogenese vor 4,2–3,8 Milliarden Jahren aufstellte. Ihm folgten 1953 die bahnbrechenden Experimente von Stanley MILLER (1930–2007) und Harold UREY (1893–1981). Die Erkenntnisse der *Molekularbiologie*, *Genetik* und *Gentechnologie* haben dann dazu geführt, dass Lebensfunktion und partiell auch Organismen künstlich in Experimenten hergestellt werden können (SITTE 1999). In der *Gentechnik* werden dabei im einfachsten Fall künstlich erzeugte Bausteine (BioBricks) in den Organismus eingeführt. Dabei können neben Adenin, Cytosin, Guanin und Thymin auch neue DNA-Basen synthetisiert werden, so dass im Extremfall ein neuer Organismus geschaffen werden könnte. Ein Forschungsziel ist die Konstruktion eines Minimalgenoms, das alle Lebensfunktionen besitzt und geschätzt aus 151 Genen besteht. In der *Synthetischen Biologie* werden zwei Forschungsstrategien angewandt:

- *Bottom-up*-Ansatz. Aus unbelebten Stoffen werden Bausteine des Lebens synthetisiert und diese zu einem lebenden Organismus zusammengesetzt. So ist 2002 erstmals die Synthese eines künstlichen Poliovirus aus kommerziell verfügbaren Genabschnitten durch die Molekularbiologen Jeronimo CELLO, Anilo PAUL und Eckard WIMMER gelungen. Entschlüsselte Erbgutabschnitte können seitdem eins zu eins abgeschrieben werden, so dass Pharmafirmen z. B. Genabschnitte des Schweinegrippenvirus bestellen, um einen passenden Impfstoff herzustellen. 2003 gelang die Komplettsynthese eines Bakteriophagen mit 5386 Basenpaaren. 2007 synthetisierte der Genforscher Craig VENTER das aus 521 Genen bestehende Genom des Bakteriums *Mycoplasma genitalum* bis auf die übrigen Zellbestandteile und die Zellhülle. Weitere Modelltiere der *Synthetischen Biologie* sind die Taufliege (*Drosophila melanogaster*), ein Fadenwurm (*Caenorhabditis elegans*) und Darmbakterien (z. B. *Escherichia coli*). Trotz aller experimentellen Erfolge bleibt bisher eine Grenze zwischen organismischem und künstlichem Leben, da gentechnisch veränderten Agglomeraten und Viren weiterhin wichtige Lebenseigenschaften (Stoffwechsel, Vermehrung) fehlen. Auch eine vollständige Synthese der gegenüber Viren ungleich komplexeren Bakterien ist bisher noch nicht gelungen. Das Ziel der *Synthetischen Biologie* bleibt aber die Erschaffung eines künstlich konstruierten Organismus durch *De-novo*-Synthesen aus chemischen Bausteinen.
- *Top-down*-Ansatz. In diesem Verfahren werden Bestandteile aus einem natürlichen Organismus entfernt und durch andere ersetzt, so dass partiell künstliche Lebensformen geschaffen werden. So gelingt es bei gentechnisch veränderten Hefen, industriell Vorstufen eines Malariamedikamentes zu produzieren. Ob durch ein Umschreiben des genetischen Codes neuartige Einweißformen entwickelt werden können, für die es in der Natur kein Vorbild gibt, bleibt wissenschaftlich umstritten.

Die in der *Synthetischen Biologie* molekularbiologisch und gentechnisch unternommenen Versuche, Leben in verschiedenen Abstufungen bis zu einem vollständig künstlichen Organismus zu erzeugen, können wissenschaftssystematisch als höchste und letzte Entwicklungsstufe der *Biotechnologie* verstanden werden.[57] 2004 wurde ein erster internationaler Kongress für *Synthe-*

---

57 Die Wissenschaftsbezeichnung „Synthetische Biologie" wurde in Analogie zu dem Systembegriff „Synthetische Chemie" gewählt. Wissenschaftshistorisch ist in den Naturwissenschaften die Entstehung von synthetischen Wissenschaftsgebieten, die Naturstoffe und -prozesse künstlich herstellen, deshalb nicht einmalig, besitzt in der *Biologie* aber eine besondere Qualität.

tische Biologie durchgeführt und die Fachzeitschrift *Systems and Synthetic Biology* gegründet. Die experimentelle Herstellung von „künstlichem Leben" in der *Synthetischen Biologie*, ein Synonym für den genaueren, aber emotional negativ besetzten Terminus *künstliche Biologie*, begründet einen neuen Empiriebereich „Leben II", dessen Konstrukteur nicht die Evolution, sondern der Mensch ist.[58] Gezielte Eingriffe in das Genmaterial einzelner Arten werden als Tierzüchtung mit dem Einsetzen der Domestikation von 20 bis 30 Wildtierarten allerdings bereits seit der neolithischen Revolution vor ca. 10 000 Jahren vorgenommen, in der *Synthetischen Biologie* aber gentechnisch perfektioniert.

Ein zweiter qualitativer Trend und eine wissenschaftstheoretisch bedeutsame Wachstumszone, die den Wissenschaftscharakter der *Genetik* inhaltlich verändert, ist die Entstehung einer eigenständigen normativen Subdisziplin *Genethik* (BAYERTZ 1987). Führende Disziplinen, die im System der *Biologie* um einen Führungsanspruch konkurrieren, wie *Genetik* und *Ökologie*, haben auch eigene Subsysteme mit normativen Wertkalkülen ausgebildet. Dies gilt auch für die *Biologie* insgesamt. Das wird u. a. in dem Aufsatz „Wissenschaft als moralisches Problem. Die ethischen Besonderheiten der Biowissenschaften" (BAYERTZ 1991) zu einem Thema.[59] Einen besonderen Schwerpunkt innerhalb der *Genetik* bilden die *Reproduktionsmedizin* und die *Gentechnologie* sowie ihre sozialen Auswirkungen, deren normative Wertsetzungen in den Aufsätzen „Moderne Fortpflanzungsmedizin und Gentechnik: Rechtliche und sozialpolitische Aspekte der Humangenetik" (ESER 1991) oder „Forschungsethik, Gentechnik und Biotechnologie" (IRRGANG 1997) analysiert werden. Die *Zoologie* ist traditionell mit Aspekten des Tierschutzes in der experimentellen Tierforschung befasst, um Leiden und Schmerzen in Tierexperimenten zu begrenzen. Besonders breit ist das Spektrum ökologischer Wertkalküle im Umwelt- und Naturschutz sowie der *Biodiversitätsforschung*. Biotopschutz, Artenschutz[60] sowie die Erhaltung der Natur sind normative Teilgebiete, die, z. B. durch die Novellierung des Naturschutzgesetzes, zu einer stärkeren Verrechtlichung moralischer Werte in der Wissenschaftsethik und *Umweltethik* führen. Die Systembegriffe *Genethik* (BAYERTZ 1987), *Ökoethik* (BIRNBACHER 1980), *Umweltethik* (BREMER 2008) und *Naturschutzethik* und *Naturethik* (ERZ 1994, KREBS 1997) fassen disziplinär unterschiedene normativen Wertcluster zusammen, während in der *Bioethik* vor allem ethische Aspekte des Lebensbegriffs beim Menschen als Problem der *Medizin* (z. B. Definition des Hirntodes, Sterbehilfe, PID, pränatale Diagnostik) systematisiert werden. Später wird unter dem Begriff *Bioethik* auch allgemeiner der moralische und ethisch begründete

---

58 Die Einzigartigkeit „natürlichen Lebens" wird nicht nur durch die Entstehung der *Synthetischen Biologie* relativiert, sondern auch durch die Exobiologie (= *Astrobiologie*, *Kosmobiologie*). Ihr Empiriebereich ist die Untersuchung der Möglichkeiten und Erscheinungsformen extraterrestrischen Lebens auf den ca. 100 bisher bekannten Exoplaneten. Dazu gehört auch die Frage, ob Lebensprozesse immer an Kohlenstoff gebunden sein müssen, oder auch andere Stoffe wie Silizium eine materielle Basis bilden können.

59 Der wichtigste empirisch begründete Unterschied zwischen den Leitwissenschaften *Biologie* und *Physik* besteht darin, dass der Mensch der wichtigste, aber auch schwierigste Gegenstand der *Biologie* und ihrer Teilwissenschaften – z. B. der *Anthropologie*, *Humangenetik* und *Humanethologie* – ist. Für die *Physik* bleibt der Mensch dagegen nur als das Erkenntnissubjekt mit seinen spezifischen sinnesphysiologischen und kognitiven Grenzen und Möglichkeiten bedeutsam.

60 Gegner des Naturschutzes und selbst universell gültiger bioethischer Grundsätze finden sich auch unter den Biologen: „Vom Standpunkt der natürlichen Evolution aus ist die Arterhaltungsperspektive eine idyllische Ideologie. Auch das seit Albert Schweitzer beliebte Grundaxiom ‚Ehrfurcht vor dem Leben' bringt uns in unüberwindliche Schwierigkeiten." (MOHR 2001, S. 407.)

normative Umgang von Medizinern und Biologen mit allen Lebensformen und allgemein der lebenden Natur verstanden (LENK 1991, KREBS 1997). Die *Biologie/Biowissenschaften* unterscheiden sich von der *Physik* qualitativ damit dadurch, dass sie ein umfangreiches System normativer Teilwissenschaften besitzen, deren Werte und Prinzipien langfristig in Gesetzen (z. B. im Embryonenschutzgesetz 1990, Tierschutzgesetz, Naturschutzgesetzen) verankert werden. Die Wertfreiheit von Naturwissenschaft kontra der Entstehung normativer biologischer Teilwissenschaften wird damit zu einem neuen vielschichtigen Grundlagenproblem des biologischen Wissenschaftsverständnisses. Im Alltagsbewusstsein kommen die sich daraus ergebenden Konflikte zunächst häufig als Kuriositäten an, wenn etwa der Baubeginn eines milliardenschweren Bahnhofsprojektes davon abhängt, ob die Winterruhe zweier Fledermausarten gestört wird und ob für seltene Insekten wie den Juchtenkäfer (*Osmoderma eremita*), dessen Larven sich im Mulm alter Laubbäume entwickeln, ‚neue' Habitate gefunden werden. Seltene, in Deutschland vom Aussterben bedrohte Arten wie der Hamster (*Cricetus cricetus*) und der Wachtelkönig (*Crex crex*) haben bereits millionenschwere Bauvorhaben gestoppt, denn es gilt naturschutzrechtlich das gleiche Lebensrecht für alle Arten, was vor allem im Fall des Schutzes vom Aussterben bedrohter oder seltener Pflanzen- und Tierarten ohne Ausgleichsmöglichkeiten zu Konflikten führt (ERZ 1994).

Im Gegensatz zu dem *quantitativen* Wissenszuwachs durch neue empirischen Daten in Einzelwissenschaften bedeutet die Entstehung ethischer Subsysteme wie *Genethik*, *Ökoethik*, *Naturschutzethik* und *Bioethik*[61] einen *qualitativen* Wachstumstrend und wissenschaftslogisch die Begründung einer werteorientierten Leitfunktion, da nun die Ziele menschlichen Handelns, darunter auch in der wissenschaftlichen Forschung, durch Gebote und Verbote definiert und Einschränkungen juristisch durchsetzt werden.[62] Praktisch kann dies dazu führen, dass einem Zoologen oder Ökologen, der eine Tierart, eine Biozönose oder ein Habitat in der Kernzone eines Naturschutzgebiet wissenschaftlich untersuchen will, da dies nur noch in dem geschützten Naturbereich möglich ist, der Zutritt per Naturschutzgesetz nicht gestattet wird, um diese Tierart auch vor dieser Störung zu schützen. Grundsätzlich gilt entsprechend dem Naturschutzgesetz, dass der Erhalt einer biologischen Art einen höheren Schutzwert besitzt als seine wissenschaftliche Erforschung, da auch diese, wie zahlreiche historische Beispiele zeigen, zum Aussterben führen kann. Der Erwerb von Wissen durch Forschung in der *Naturschutzbiologie* ist damit wissenschaftsethisch nicht mehr das höchste Gut, was eine Umwertung bisher geltender Wertnormen bedeutet. Andererseits kann man eine biologische Art um so besser erhalten, je genauer das Ethogramm, der biozönotische Konnex und die Habitatansprüche bekannt sind. Hans JONAS (1903–1993) hat diesen Konflikt in dem Artikel „Wissenschaft und Forschungsfreiheit. Ist erlaubt was machbar ist?" (1991) genauer beleuchtet.[63] Die für die Öffentlichkeit häufig nur spielerischen Naturschutzkonflikte werden dann existentiell, wenn es darum geht, ob alle Erkenntnis und die Möglichkeiten der Reproduktionsmedizin, pränatalen *Medizin* und *Gentechnologie* auch auf das menschliche Leben praktisch angewendet werden,

---

61 Die Bedeutung und der Umfang bioethischer Problemstellungen und Begriffe zeigt sich daran, dass sie 1997 in einem dreibändigen *Lexikon der Bioethik* zusammengefasst wurden.
62 ENGELS et al. 1998, BREMER 2008.
63 Eine derartige Werteverschiebung auch im Bereich Forschungsfreiheit hat nicht nur Anhänger: „Eine Überbetonung bioethischer Argumente könnte wichtige Zweige der biologischen, medizinischen und pharmazeutischen Forschung und Entwicklung zum Erliegen bringen – mit unabsehbaren Folgen für das Leben und die Gesundheit des Menschen." (MOHR 1999, S. 404.) Dazu auch IRRGANG 1997.

da es hier nicht nur um ökonomische Interessen und Wissen, sondern auch den Wert und die Normbestimmungen menschlichen Lebens geht. Mit der Entstehung bioethischer Teilsysteme innerhalb der *Biowissenschaften* kommt es damit zu einer bemerkenswerten Einschränkung und Spaltung der wissenschaftlichen Wissensproduktion. Während der durch die Verfassung abgesicherte Grundsatz der Forschungsfreiheit weiter gilt, gibt es für die praktische Anwendung der Forschungsergebnisse im zunehmenden Maße ethische und juristische Grenzen. Nicht alles, was biologisch erforscht ist, kann durch die Gültigkeit der Normen und Wertsetzungen bioethischer Grundsätze auch angewendet werden: Gebote und Verbote sind damit neue, rechtlich normierte metabiologische Aussagen.

Mit der *Bioethik* und ihren Teilgebieten (*Ökoethik*, *Genethik*) sind normativ begründete, qualitativ neue Klassifikationskalküle und Wissenschaftssysteme entstanden, die eine praktische Anwendung biologischer Forschungserkenntnisse steuern. Zwischen wissenschaftlicher Grundlagenforschung und der als *angewandte Biologie* bezeichneten Praxis in der Industrie und der *Laborbiologie* entsteht dadurch zunehmend eine Kluft, da nicht alles, was erkannt und praktisch möglich ist, auch gemacht werden kann und soll. Die normative Grundlegung menschlichen Handelns durch Ergebnisse der in der biologischen Forschung und ihrer Anwendung begründeten Wertnormen, deren Festsetzung für den Menschen, für Tier- und Pflanzenarten und die Natur negative Auswirkungen begrenzen und verhindern soll, versetzt die *Biologie/Biowissenschaft* endgültig und begründet in den Stand einer Leitwissenschaft.

4. Die Begriffe „Leitwissenschaft/Jahrhundertwissenschaft" als Gegenstand der *Theoretischen Biologie*

> Es ist jedoch kaum möglich oder wäre wohl Aufgabe einer eigenen Disziplin festzustellen, was eine biologische Disziplin eigentlich ist.
>
> Raimund APFELBACH und Jürgen DÖHL (1980)[64]

Die Bezeichnungen der *Biologie/Biowissenschaft(en)* als „Leitwissenschaft" und „Jahrhundertwissenschaft" oder mit der Metapher „biologisches Zeitalter" sind *metatheoretische* Prädikate des Wissenschaftssystems *Biologie*, ihrer Geschichte, der zukünftigen Entwicklung und praktischen Bedeutung für Industrie, Technik und das alltägliche Leben. Einige Themen- und Problemstellungen der *Theoretischen Biologie*, die sich im Zusammenhang mit der Bewertung der *Biologie* als einer „Leitwissenschaft" stellen, sind:

– Klärung der Funktion der neu entstandenen Systembezeichnungen *Biowissenschaften*, *Life Science* und *Lebenswissenschaften* und ihres Verhältnisses zu dem seit zweihundert Jahren erfolgreich operierenden Wissenschaftsbegriff *Bio-Logie* (vgl. 5.), der mehrere Aspekte der gegenwärtigen Wissenschaftsentwicklung nicht mehr integrieren kann. Spezielle Fragen betreffen die Konstruktionsmechanismen neuer nicht-griechisch stämmiger Wissenschaftsbegriffe und deren Klassifikation als Folge eines expansiven, unter der Bezeichnung *Biowissenschaften* lose systematisierten Wissenschaftswachstums.

– Analyse der inter-, multi- und transdisziplinären Vernetzungen biologischer Einzelwissenschaften mit der *Informatik*, *Psychologie*, *Ökonomie*, *Technik* und *Politik* und die Entstehung

---

64 APFELBACH und DÖHL 1980, S. 1.

neuer interdisziplinärer Teilwissenschaften (*Bioökonomik*, *Biotechnologie*, *Systembiologie*, *Synthetische Biologie*), aber auch einer eigenständigen *Bioethik* und *Biophilosophie*. Die in der akademischen Organisation der *klassischen Biologie* scharfen begrifflichen und institutionellen Grenzziehungen zwischen ihren Einzelwissenschaften sowie Natur-, Gesellschafts- und Technikwissenschaften verlieren in der Wissenschaftsentwicklung unter dem Begriff *Biowissenschaften* an Bedeutung.

– Ursachen und Folgen des Aufstiegs des Subsystems der *angewandten Biologie* mit den Teilgebieten *Biotechnologie*, *Bionik*, *Gentechnik*, *Bioinformatik* und *Synthetische Biologie* und der Untersuchung von Risikopotentialen durch Umweltschäden, Klimaänderungen oder durch Freisetzungsversuche genetisch veränderter Organismen in der „Grünen Gentechnik". So erhält z. B. der Empirie- und Praxisbereich „Wald" – bereits seit 1816 Gegenstand der *Forstwissenschaft* und 1866 der *Ökologie* – durch die Umwelt- und Klimaänderungen, das gehäufte Auftreten von Forstschädlingen und Windschäden in Waldmonokulturen und die neuartigen Waldschäden (wie das 1975 einsetzende Tannensterben) neue Forschungsbereiche wie die Züchtung resistenter Baumarten und die Einrichtung von Waldschutzgebieten als Schon- und Bannwälder. Risikoabschätzungen sowie finanzielle und ökologische Schadensbegrenzung werden zum Gegenstand neuer Forschungsgebiete, z. B. der *Waldschadensforschung*, und neuer biologischer Teilwissenschaften, z. B. der *Technologiefolgenabschätzung*.

– Die Entstehung und Funktion normativer biologischer Subsysteme – *Artenschutz*, *Genethik*, *Ökoethik*, *Naturschutzethik*, *Tierschutz* – und die Systematisierung ihrer Gebote und Verbote in der *Bioethik*. Klärung der Gültigkeit und Reichweite des naturalistischen Fehlschusses im Bereich der biologischen Forschung und Praxis, d. h. der Frage des Verhältnisses von empirischen Aussagen, die den Ist-Zustand des Seins beschreiben und dem normativen Sollen als ethisch begründete Zielstellungen und Grenzen im wissenschaftlichen Erkenntnisprozess dienen.

– Lebensdefinitionen: „Leben" tritt uns ausschließlich als das „Lebendigsein" von Wesenheiten entgegen, die wir kurz als „Lebe-Wesen" bezeichnen.[65] Zu den neuen Aspekten von biologischen Lebensdefinitionen gehören die Unterscheidung von „natürlichen" und im Labor „künstlich" erzeugten Lebensfunktionen in der *Synthetischen Biologie* sowie terrestrische und extraterrestrische Lebensprozesse in der *Exobiologie/Kosmobiologie*.

Der innere Ordnungsgrad und die Terminologie der Metaebene im gegenwärtigen System der *Biologie/Biowissenschaft* unter dem Gesichtspunkt als eine „Leitwissenschaft" entspricht diesem Anspruch nur eingeschränkt. Selbst einfache Fragen, etwa aus wie vielen Einzelwissenschaften das System der *Biologie* besteht und wie diese in welchen Klassifikationskalkülen geordnet werden, können ebensowenig präzise beantwortet werden wie die eindeutige Bezeichnung des Gesamtsystem geklärt ist. Selbst der Verband VBIOL als Dach zahlreicher wissenschaftlicher Gesellschaften kann sich nicht für eine Wissenschaftsbezeichnung entscheiden, sondern zählt additiv drei auf: *Biologie*, *Biowissenschaft* und *Biomedizin*, da zwischen ihnen möglicherweise ein Unterschied besteht, aber welcher? Die expansive Wachstumstendenz „nach außen", von der neuen Systembezeichnung *Biowissenschaft* und inhaltlich von Synergieeffekten interdisziplinärer Wissenschaftsprogramme getragen, kann deshalb auch schnell zu einer Implosion oder Abspaltungen von Teilbereichen führen, wenn die innere Struktur des

---

65 PENZLIN 2012, S. 56.

Wissenschaftssystems *Biologie* und seiner Einzelwissenschaften und Methodologien nicht besser organisiert und präzisiert wird. Hier können nur einige Anmerkungen zu der Funktion der neuen Systembegriffe *Biowissenschaften*, *Life Science* und *Lebenswissenschaften* und ihrem Verhältnis zu der klassischen Wissenschaftsbezeichnung *Biologie* gemacht werden.

5. *Biologie*, *Biowissenschaften* oder *Life Science*?

„Life Science", „Lebenswissenschaften" und „Biowissenschaften" sind Schlagwörter, die aus der akademischen und industriellen Forschung stammen und Eingang in unsere Alltagssprache gefunden haben, ohne dass immer ganz klar wird, was ihr Thema ist.

Barbara HOFFBAUER (2011)[66]

Das expansive Wissenschaftswachstum des biologischen Wissenschaftssystems, für das die in den Abschnitten *2.* und *3.* angeführten quantitativen und qualitativen Items exemplarisch sind, hat auf der Metaebene zu Verschiebungen bzw. Ablösungen geführt und die Entstehung einer neuen Generation von Wissenschaftsbezeichnungen eingeleitet, angeführt von der Systembezeichnung *Biowissenschaften*, die seit einigen Jahrzehnten den traditionellen Systembegriff *Biologie* begleitet und im wissenschaftlichen Sprachgebrauch häufig bereits dominiert. Die aus griechischen und lateinischen Wortstämmen gebildete klassische biologische Fachterminologie wird seitdem durch die transdisziplinäre Expansion der *Biologie* als *Biowissenschaften* und die Entstehung neuartiger Wissenschaftsbezeichnungen mehrschichtig. Exemplarisch für die Begriffsneubildung, häufig aus Elementen unterschiedlicher Terminologien und deren Kombination abgeleitet, ist das 1958 aus der ersten Silbe des Wortes *Biologie* und der zweiten Silbe des Wortes *Technik* neu konstruierte Kunstwort *Bionik* als Wissenschaftsbezeichnung. Bis zu diesem Zeitpunkt galt: „Historisch gesehen haben biologische und technische Wissenschaften nur wenige aufgabenbezogene Berührungspunkte."[67] 2011 wird die *Bionik* bereits in mehrere Teilwissenschaften untergliedert – *Konstruktionsbionik*, *Gerätebionik*, *Baubionik* u. a –, so dass es zu einer Vervielfachung von Ableitungen aus der Wortneuschöpfung *Bionik* kommt (NACHTIGALL 1998). Es gilt nun: „Bionik: wissenschaftliches Integrationsgebiet, mit einer durch technische Ziele bestimmten Problemorientierung heterogener wissenschaftlicher Disziplinen."[68]

Die zwei häufigsten Konstruktionsverfahren neuer biologischer Wissenschaftsbegriffe sind die Separierung der Vorsilbe „Bio-" und der Wissenschaftsbezeichnung „-biologie" sowie ihre Kombination mit etablierten Wissenschaftsbegriffen. *Bioinformatik*, *Biokybernetik*, *Biomedizin*, *Biomechanik*, *Biowissenschaft* sowie *Abfallbiologie*, *Hydrobiologie*, *Neurobiologie*, *Nutztierbiologie*, *Umweltbiologie*, *Verhaltensbiologie*, *Zellbiologie* sind einige der neu konstruierten Systembegriffe. Sie werden ihrerseits wieder untergliedert, so dass durch diesen Multiplikationseffekt Hunderte von allgemeinen und speziellen mit Bio- sowie -biologie verbundene Einzelwissenschaften entstanden sind. Ein drittes Konstruktionsverfahren, das den Aufstieg der *Biologie* zu einer Leitwissenschaft auf der Metaebene begleitet, ist die Kombination von etablierten Wissenschaftsbezeichnungen mit dem Klassifikationskalkül „-wissenschaft" und damit

---

66 HOFFBAUER 2011, S. 1.
67 *Bionik. Meyers Taschenlexikon* 1976, Vorwort.
68 Ebenda, S. 58.

die Entstehung eines Netzes von Sammelwissenschaften, darunter die *Biowissenschaft*, die *Umweltwissenschaft* und die *Verhaltenswissenschaft*. Dabei bleibt häufig unklar, was der Unterschied etwa zwischen den zwei neuen Systembezeichnungen *Neurobiologie* und *Neurowissenschaften* ist, außer dass sie beide „mehr" sind als die klassische Bezeichnung *Neurophysiologie*. „Der Terminus „Neurobiologie" bezeichnet keine klar umrissene klassische Disziplin und wird heute auch synonym mit Neurowissenschaften verwendet."[69] Im Falle der *Verhaltensforschung* führten die zwei Wortneuschöpfungen *Verhaltenswissenschaften* und *Verhaltensbiologie* seit 1980 zur Verdrängung des wissenschaftslogisch hochrangigen, 1911 eingeführten disziplinären Begriffs *Ethologie* (SCHURIG 2010), so dass dieser Wissenschaftsbereich langfristig möglicherweise umbenannt wird. In der *Zellbiologie* wird diese Wissenschaftsbezeichnung ebenfalls häufiger gebraucht als die griechischstämmige Wissenschaftsbezeichnung *Cytologie*.

Insgesamt entsteht durch den Einsatz der separierten Begriffselemente Bio- bzw. -biologie und -wissenschaft auf der Metaebene ein inflationärer Gebrauch von teilweise nur kurzlebigen, synonym und beliebig verwendeter neuer Systembezeichnungen. Andere mit der Vorsilbe „Bio-" markierte stabile Wissenschaftssysteme wie die *Biotechnologie* (griech.: *bios*: Leben, *techne*: Kunstfertigkeit), deren Bezeichnung sich zwischen 1950–1960 allmählich in den wissenschaftlichen Sprachgebrauch einbürgerte, werden in der Alltagspraxis wie im Fall von Gärungsprozessen zwar bereits seit Jahrtausenden betrieben, aber erst durch die technisch perfektionierte industrielle Nutzung von Mikroorganismen (Bakterien, Pilzen, Algen) als anwendungsbezogene Teilgebiete unter einem integrierenden Systembegriff zusammengefasst. Eine methodologische Grundlage der modernen *Biotechnologie* ist die transdisziplinäre Verknüpfung von *Verfahrenstechnik*, *technischer Chemie*, *Molekularbiologie* und *Genetik*. Ihre neuen Untersuchungsmethoden wie Gensequenzanalysen haben zur Entstehung neuer Spezialdisziplinen geführt, die, wie im Fall der *Transkriptomonik*, *Proteomik*, *Metabolomik*, gegenüber der traditionellen biologischen Wissenschaftsterminologie ungewöhnliche Namen tragen. Außerdem entstehen mehrere für eine Naturwissenschaft bisher unübliche artifizielle Klassifikationsverfahren. So wird die Biotechnologie in verschiedene Anwendungsbereiche untergliedert, die mit Farben gekennzeichnet werden: graue (Abfall), grüne (Pflanzen), blaue (Nutzung von Meeresressourcen), weiße (Industrie), braune (Technik) und rote *Biotechnologie* (*Medizin*).

Insgesamt können in der Logik der biologischen Wissenschaftsentwicklung auf der Metaebene begrifflich in einer ersten Annäherung zwei Expansionsstufen auf dem Weg zu einer „Leitwissenschaft" unterschieden werden: Die als „-biologie" bezeichneten Wissenschaftssysteme sammeln interdisziplinär durch Vernetzung andere Wissenschaftsbegriffe im System der *Biologie* auf, die mit „-wissenschaft" bezeichneten Kalküle sind darüber hinaus multi- und transdisziplinär „offen" organisierte Wissenschaftssysteme.

Der auffälligste Indikator für den Aufstieg der *Biologie* zu einer „Leitwissenschaft" bleibt auf der Metaebene die Durchsetzung eines sie ergänzenden und überlagernden Wissenschaftsbegriffs „Biowissenschaften".[70] Die aus dem *nomos*-Begriff (griech.: Gesetz) und dem *logos*-Begriff (griech.: Rede, Lehre, Wissen) abgeleiteten Einzelwissenschaften und Klassifikationskalküle der klassischen Biologie (KANZ 2007), darunter als Prototyp und Leit-

---

69 *Lexikon der Biologie* 2002, Bd. *10*, S. 72.
70 In den Naturwissenschaften sind Neubezeichnung mit einem zweiten Namen als -wissenschaft nicht außergewöhnlich, sondern existieren auch für die Geologie, die zusammen mit ihren Randgebieten als Geowissenschaften bezeichnet wird.

bild *Bio-Logie* werden gegenwärtig allmählich durch die neuen Klassifikationsbegriffe mit -wissenschaft – z. B. als *Biowissenschaft*, *Life Science*[71] oder *Lebenswissenschaft* – überlagert. *Biologie* und *Biowissenschaften* sind inhaltlich keine synonymen Wissenschaftsbegriffe. Neben dem „harten" disziplinären Kernbereich des biologischen Wissenschaftssystems, mit dem seit 1800 von Carl Friedrich BURDACH (1776–1846), Gottfried Reinhold TREVIRANUS (1776–1837) und Jean Baptiste DE LAMARCK (1744–1829) unabhängig voneinander eingeführten Systembegriff *Biologie* bezeichnet (KANZ 2007), existiert deshalb gegenwärtig eine „weiche" expansive Wachstumszone unter der Bezeichnung *Biowissenschaften*, begleitet von zwei weiteren englisch/deutschen Bezeichnungen mit unterschiedlicher Gewichtung: *Life Science* und *Lebenswissenschaften*. Wissenschaftssystematisch und historisch lassen sich auf dem Weg der *Biologie* zu einer „Leitwissenschaft" damit zwei Phasen unterscheiden:

– Das disziplinär nach außen „geschlossene" Wissenschaftssystem *Biologie* mit einer einheitlichen Nomenklatur, standardisierten disziplinären Wissenschaftsbezeichnungen (z. B. *Morpho-Logie*, *Physio-Logie*, *Etho-Logie*, *Öko-Logie*) und definierten Klassifikationskalkülen als *klassische Biologie*, expandiert seit einigen Jahrzehnten, begleitet von dem Anspruch auf den Status einer Leitwissenschaft/Jahrhundertwissenschaft, zu einem „offenen" interdisziplinären Wissenschaftssystem mit den Systembezeichnungen *Biowissenschaften* = *Life Science* = *Lebenswissenschaften* ohne feste innere Struktur und mit weichen Geltungsgrenzen.

– Der im angelsächsischen Sprachraum entstandene Wissenschaftsterminus *Life Science*, der sich zuerst in der pharmazeutischen Industrie und Lebensmittelindustrie einbürgerte, wird bevorzugt dann eingesetzt, wenn angewandte oder interdisziplinäre Aspekte des biologischen Wissenschaftsbetriebes betont werden. *Biotechnologie*, *Gentechnik*, *Bionik*, *Bioinformatik*, *Life Science Engineering* sowie Publikationen zur biologischen Berufspraxis (HOFFBAUER 2011) sind einige ihrer aufsteigenden Teilgebiete. Ein Schrittmacher ist der neue Systembegriff *Synthetische Biologie*. Der Begriff *Life Science* bezeichnet außer biologischen Wissenschaftssystemen auch Laboratorien als *Life Science Labs* und biotechnologisch ausgerichtete Industrieunternehmen im Bereich *Life Science Engineering* als transdisziplinäre Verbindung von *Ingenieurwissenschaften* und *Biologie*.

– Die deutschsprachige Bezeichnung *Lebenswissenschaften* wird dagegen dann vorgezogen, wenn die Grundlagenforschung etwa im Bereich von *Zellbiologie*, *Embryologie* und *Medizin* betont werden soll. Zu ihren wichtigsten neuen Wissenschaftsbezeichnungen gehört der Begriff *Systembiologie*. Die Leibniz-Gesellschaft fasst unter dem Systembegriff „Lebenswissenschaften" neun unterschiedliche Forschungsinstitute, u. a. für *Diabetesforschung*, *Rheumaforschung* und *Primatenforschung*, zusammen.

– Eine Ordnungsfunktion der Sammelwissenschaft *Biowissenschaft* ist dann der über die Bezeichnungen *Lebenswissenschaften* und *Life Science* hinausgehende Versuch, alle Wissenschaftsbegriffe, neuere Forschungs- und Praxisbereiche, Berufsbezeichnungen und interdisziplinäre Teilwissenschaften der *angewandten Biologie*, der *Medizin*, der *Pharmazie*, der *Neurowissenschaften* sowie der *Bioinformatik* in einem Wissenschaftssystem zu platzieren (SITTE 1999). Obwohl mit dem Konstrukt „Biowissenschaften" zunächst nur ein Schulterschluss zwischen *Biologie* und *Medizin* als *Biomedizin* bezeichnet wurde,

---

[71] Semantisch ist der *Science*-Begriff für die Konstruktion stabiler Wissenschaftssysteme ungeeignet, da er mehrere Bedeutungen besitzt: *(1.)* als Wissen, *(2.)* als Naturwissenschaft im Unterschied zu den *Social Sciences* und *(3.)* allgemein im Sinn von Wissenschaft.

umfasst er gegenwärtig im weitesten Sinne alle traditionellen angewandten biologischen Wissenschaftsbereiche – *Hydrobiologie, Fischereikunde, Imkerei, Land-* und *Forstwirtschaft, Lebensmittelwirtschaft, Tier-* und *Pflanzenzüchtung, Nutztierbiologie, Umwelt-* und *Naturschutz* –, wenn sie sich in der Praxis mit Lebensvorgängen beschäftigen. Eine weitere Dimension innerhalb der *Biowissenschaften* bilden erkenntnistheoretische, methodologische und politische Auseinandersetzungen mit biologischen Themen in der *Biophilosophie, Biopolitk, Bioethik* und *Biologiedidaktik*, deren wissenschaftliche Gesellschaften wie die Gesellschaft für Didaktik der Bio-Wissenschaft durch ihren weiteren Einzugsbereich den Biologiebegriff ebenfalls nicht mehr verwenden.

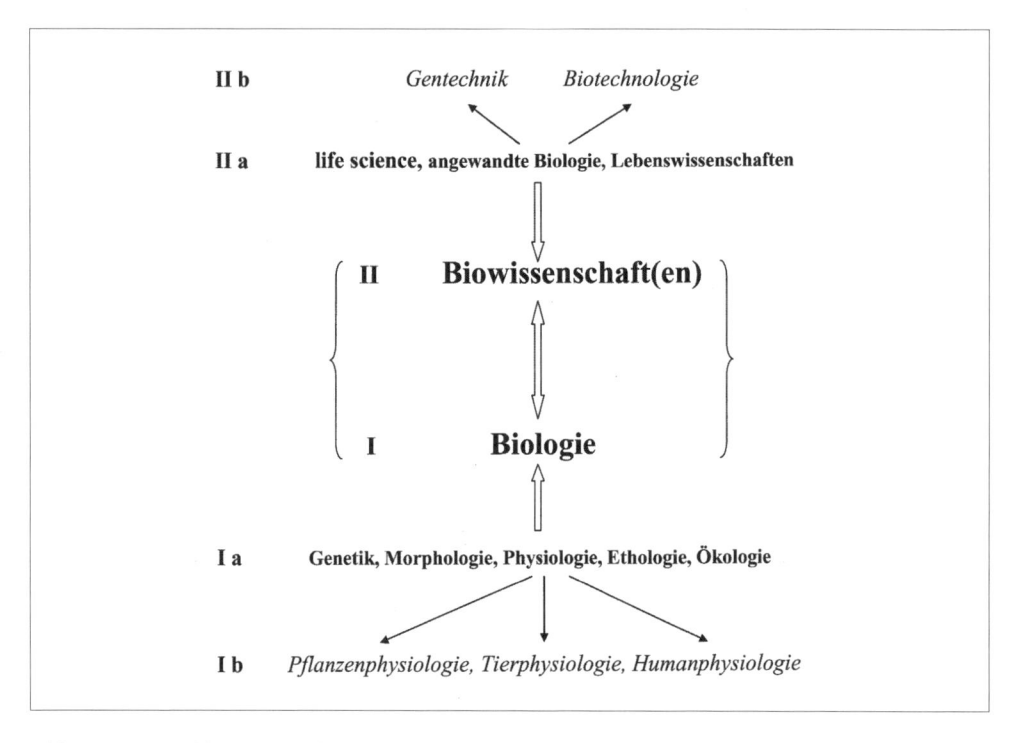

```
II b           Gentechnik    Biotechnologie
                     ↖    ↗
II a      life science, angewandte Biologie, Lebenswissenschaften
                          ⇓
        ⎧   II    Biowissenschaft(en)   ⎫
        ⎨                ⇕               ⎬
        ⎩   I           Biologie         ⎭
                          ⇑
I a       Genetik, Morphologie, Physiologie, Ethologie, Ökologie
                     ↙    ↓    ↘
I b       Pflanzenphysiologie, Tierphysiologie, Humanphysiologie
```

Abb. 1 Ausgewählte Strukturebenen im System der *Biologie*. I, Ia und Ib repräsentieren den universitären Kernbereich der *Biologie*. Die einzelnen Disziplinen der Strukturebene Ia können z. B. durch das organismische Klassifikationskalkül *Botanik* (Pflanzen), *Zoologie* (Tiere) und *Anthropologie* (Mensch) weiter in Subdisziplinen als Strukturebene Ib untergliedert werden. Die Strukturebenen II, IIa und IIb organisieren dagegen bevorzugt einen Praxis- und Anwendungsbereich der *Biologie*, der durch seine wachsende Bedeutung und den Umfang gesondert als *Biowissenschaft* bezeichnet wird.

Die Konstruktion und Bezeichnung angewandter Teilwissenschaften und ihre Klassifikation als *Life Science* oder *Lebenswissenschaften* in den *Biowissenschaften* folgt wissenschaftslogisch anderen Regeln als der disziplinäre Kernbereich *Biologie*, so dass allmählich Strukturen von zwei terminologisch unterschiedlich organisierten Wissenschaftssystemen entstehen. Wissenschaftslogisch bildet die unscharfe Verkopplung der zwei Systembegriffe *Biologie* ↔ *Biowissenschaften* deshalb in der weiteren Wissenschaftsentwicklung möglicherweise eine Sollbruchstelle.

Wissenschaftssystematisch repräsentiert die Bezeichnung *Biowissenschaft* eine intern kaum strukturierte Sammelwissenschaft, die, vergleichbar einer Sphinx, zwei Gesichter zeigt: im Singular als *Biowissenschaft* bezeichnet oder als *Biowissenschaften* im Plural gebraucht, ohne dass in diesem Fall die genaue Anzahl der integrierten Teilwissenschaften genannt werden kann.

Es geht bei dem Gebrauch der neuen Systembegriffe *Biowissenschaften*, *Life Science* und *Lebenswissenschaften* weniger um die Bezeichnung von Neuentdeckungen, Wissenschaftsprogrammen oder Methodenentwicklungen, sondern um den Versuch einer inneren Vernetzung der vielfältigen biologisch orientierten Forschungs- und Praxisbereiche zu einem losen Wissenschaftskomplex und dessen praktische Anwendungsbereiche in Forschung und der Industrie. Der klassische Wissenschaftsbegriff *Biologie* bezeichnet seit 1800 damit einen harten, disziplinär organisierten Wissenschaftskern, die neue Sammelwissenschaft *Biowissenschaften* dagegen eine komplexe, schnell wachsende Weichzone neuer Wissenschaftsbegriffe (z. B. *Systembiologie*, *Synthetische Biologie*) und artifizieller, auch mit Farben, Zahlen und Buchstaben organisierter Klassifikationskalküle, die in den disziplinären Kern nicht mehr integriert werden können und außen angelagert werden. Im Gegensatz zur organismischen und disziplinär organisierten Grundstruktur der *klassischen Biologie* als „reiner" Wissenschaft entsteht die neue Systembezeichnung *Biowissenschaft* durch eine zunehmende Schichtung im Verhältnis von Theorie und Praxis, Grundlagenforschung und Anwendung sowie universitärer Forschung und Industrieforschung. Unabhängig davon, ob die *Biologie* explizit auch als eine „Leitwissenschaft" tituliert wird, dokumentiert die Einführung und der verbreitete Gebrauch der neuen Systembegriffe *Biowissenschaften*, *Life Science* und *Lebenswissenschaften*, für die es in der *Chemie* und *Physik* keine vergleichbaren Entwicklungen gibt, ein besonders expansives und produktives Wissenschaftswachstum. Deshalb gilt bis auf weiteres auch unter der neuen Systembezeichnung: „Die Biowissenschaften zählen zu den Leitwissenschaften des 21. Jahrhunderts."[72]

Literatur

ALT, W.: Entwicklung der Theoretischen Biologie und ihre Auswirkung auf die Disziplingenese im 20. Jahrhundert. In: KAASCH, M., und KAASCH, J. (Hrsg.): Disziplingenese im 20. Jahrhundert. Beiträge zur 17. Jahrestagung der DGGTB in Jena 2008. Verhandlungen zur Geschichte und Theorie der Biologie Bd. *15*, S. 103–135. Berlin: VWB – Verlag für Wissenschaft und Bildung 2010

APFELBACH, R., und DÖHL, J.: Verhaltensforschung. Stuttgart: Georg Fischer Verlag 1980

BAMME, A.: Wird die Biologie zur Leitwissenschaft des ausgehenden 20. Jahrhunderts? Naturwissenschaften 76/10, 441–446 (1989)

BARNARD, C.: Animal Behaviour. Mechanism, Development, Ecology and Evolution. Prentice-Hall: Pearson 2004

BAYERTZ, K.: GenEthik. Reinbek: Rowohlt 1987

BAYERTZ, K.: Wissenschaft als moralisches Problem. Die ethischen Besonderheiten der Biowissenschaften. In: LENK, H. (Hrsg.): Wissenschaft und Ethik. S. 286–305. Stuttgart: Reclam 1991

BECK, E.: Stand und Perspektiven der Forschung in der Botanik. In: PRÄVE, P.: Jahrhundertwissenschaft Biologie?! Aktueller Stand der Biowissenschaften in Deutschland. S. 19–31. Weinheim, New York, Basel, Cambridge: VCH 1999

BENNER, S. A., and SISMOUR, A. M.: Synthetic biology. Nature Rev. Genet. *6*, 533–543 (2005)

Bionik. Meyers Taschenlexikon: Bionik. Meyers Taschenlexikon. Leipzig: Bibliographisches Institut 1976

---

72 HÖXTERMANN und HILGER 2007, S. 9.

BIRNBACHER, D.: Ökologie und Ethik. Stuttgart: Reclam 2001
BREMER, A.: Umweltethik. Fribourg: Paulus 2008
DOBZHANSKY, T.: Nothing make in biology sense except in the light of evolution. Amer. Biol. Teacher 35, 9–125 (1973)
DUBOIS-REYMOND, E.: Über die Grenzen des Naturerkennens. Leipzig 1872
ENGELS, E.-M.: Biologie als Leitwissenschaft seit dem 19. Jahrhundert. Wikipedia
ENGELS, E.-M., JUNKER, T., und WEINGARTEN, M. (Hrsg.): Ethik der Biowissenschaften. Geschichte und Theorie. Beiträge zur 6. Jahrestagung der DGGTB in Tübingen 1997. Verhandlungen zur Geschichte und Theorie der Biologie Bd. *1*. Berlin: VWB – Verlag für Wissenschaft und Bildung 1998
ESER, A.: Moderne Fortpflanzungsmedizin und Gentechnik: Rechtliche und sozialpolitische Aspekte der Humangenetik. In: LENK, H. (Hrsg.): Wissenschaft und Ethik. S. 306–330. Stuttgart: Reclam 1991
ESPINAS, A. V.: Des sociétés animales. Paris: Librairie Germer Baillière 1878
ERZ, W.: Bewerten und Erfassen für den Naturschutz in Deutschland: Anforderungen und Probleme aus dem Bundesnaturschutzgesetz und der UVP. In: USHER, M., und ERZ, W. (Hrsg.): Erfassen und Bewerten im Naturschutz. Wiesbaden: Quelle & Meyer 1994
FLOREY, E.: Aufgaben und Zukunft der Biologie. Konstanz: Universitätsverlag 1970
FLOREY, E., und BREIDBACH, O. (Hrsg.): Das Gehirn – Organ der Seele? Zur Ideengeschichte der Neurobiologie. Berlin: Akademie Verlag 1993
GUTMANN, W. F., und WEINGARTEN, M.: Organismen als Konstruktion. Theoreme, die eine Eigenständigkeit der Biologie gegenüber der Physik begründen. Biol. Rdschau. *26*, 331–345 (1988)
HERBIG, H.: Die Gen-Ingenieure. Der Weg in die künstliche Natur. Frankfurt (Main): Fischer TB. 1980
HERRMANN, A.: Die Jahrhundertwissenschaft. Werner Heisenberg und die Physik seiner Zeit. Stuttgart, Diepholz: Deutsche Verlagsanstalt 1977, 1996
HOBOHM, G.: Gentechnologie. In: GRAUL, E. H., PÜTTER, S., und LOEW, D. (Hrsg.): Das Gehirn und seine Erkrankungen. Bd. *1*. Medicinale XVIII. S. 479–487. Iserlohn: Medice-Hausdruck 1988
HOFFBAUER, B.: Berufsziel Life Sciences. Heidelberg: Spektrum Akademischer Verlag 2011
HÖXTERMANN, E.: „Klassenbiologen" und „Formalgenetiker". Zur Rezeption Lyssenkos unter den Biologen in der DDR. Acta Historica Leopoldina *36*, 273–300 (2000)
HÖXTERMANN, E., und HILGER, H. H.: Lebenswissen. Eine Einführung in die Geschichte der Biologie. Rangsdorf: Natur und Text 2007
IRRGANG, B.: Forschungsethik, Gentechnik und neue Biotechnologien. Stuttgart: Wissenschaftliche Verlagsgesellschaft 1997
JAHN, I.: Geschichte der Biologie. Hamburg: Nikol 2004
JANICH, P., und WEINGARTEN, M.: Wissenschaftstheorie der Biologie. München: Fink UTB 1999
JONAS, H.: Wissenschafts- und Forschungsfreiheit. Ist erlaubt, was machbar ist? In: PRÄVE, P.: Jahrhundertwissenschaft Biologie?! Aktueller Stand der Biowissenschaften in Deutschland. S. 193–214. Weinheim, New York, Basel, Cambridge: VCH 1999
JUNGE, W.: Biophysik. In: PRÄVE, P.: Jahrhundertwissenschaft Biologie?! Aktueller Stand der Biowissenschaften in Deutschland. S. 69–74. Weinheim, New York, Basel, Cambridge: VCH 1999
KANDEL, E.: Auf der Suche nach dem Gedächtnis. München: Goldmann 2009
KANZ, K. T.: Biologie: die Wissenschaft vom Leben? Vom Ursprung des Begriffs zum System biologischer Disziplinen. In: HÖXTERMANN, E., und HILGER, H. H.: Lebenswissen. Eine Einführung in die Geschichte der Biologie. S. 74–99. Rangsdorf: Natur und Text 2007
KEUTH, H.: Die Abhängigkeit der Wissenschaft von Wertungen und das Problem der Wertfreiheit. In: LENK, H. (Hrsg.): Wissenschaft und Ethik. S. 116–134. Stuttgart: Reclam 1991
KOTRSCHAL, K.: Im Egoismus vereint? Fürth: Filander 2003
KREBS, A.: Naturethik. Grundtexte der gegenwärtigen tier-ökoethischen Diskussion. Frankfurt (Main): Suhrkamp 1997
LENK, H.: Wissenschaft und Ethik. Stuttgart: Reclam 1991
Lexikon der Biologie: Lexikon der Biologie. Bd. *2* und Bd. *10*. Heidelberg: Spektrum Akademischer Verlag 1999, 2002

Mayr, E.: Konzepte der Biologie. Stuttgart: Hirzel 2007
Medwedjew, S. A.: Der Fall Lyssenko. Eine Wissenschaft kapituliert. Müchen: Deutscher Taschenbuch Verlag 1974
Menzel, R.: Von Geistern zum Geist. Aus der Geschichte der Neurobiologie. In: Höxtermann, E., und Hilger, H. H.: Lebenswissen. Eine Einführung in die Geschichte der Biologie. S. 336–363. Rangsdorf: Natur und Text 2007
Mohr, H.: Bioethik. In: Lexikon der Biologie. Bd. *2*, S. 404–408. Heidelberg: Spektrum Akademischer Verlag 1999
Nachtigall, W.: Bionik. Grundlagen und Beispiele für Ingenieure und Naturwissenschaftler. Berlin, Heidelberg: Springer 1998
Paul, A.: Soziobiologie – zwischen Egoismus und Altruismus. In: Freudig, D. (Hrsg.): Faszination Biologie. S. 87–95. München: Spektrum Akademischer Verlag 2005
Penzlin, H.: Was heißt „lebendig"? Biologie in unserer Zeit *1*, 56–63 (2012)
Poser, H.: Zum Wesen wissenschaftlicher Erkenntnisse – Erklärung und Prognose in der Tradition der Biowissenschaften. In: Höxtermann, E., und Hilger, H. H.: Lebenswissen. Eine Einführung in die Geschichte der Biologie. S. 12–31. Rangsdorf: Natur und Text 2007
Präve, P.: Jahrhundertwissenschaft Biologie?! Aktueller Stand der Biowissenschaften in Deutschland. Weinheim, New York, Basel, Cambridge: VCH 1999
Sitte, P.: Jahrhundertwissenschaft Biologie. Die großen Themen. München: Beck 1999
Schmuhl, H.-W.: Grenzüberschreitungen. Das Kaiser-Wilhelm-Institut für Anthropologie, menschliche Erblehre und Eugenik 1927–1945. Göttingen: Wallstein 2005
Schurig, V.: Instinktlehre, vergleichende Verhaltensforschung, Verhaltensbiologie oder doch Ethologie? Die Analyse von Wissenschaftsbegriffen als Gegenstand einer Theoretischen Biologie. In: Kaasch, M., und Kaasch, J. (Hrsg.): Disziplingenese im 20. Jahrhundert. Beiträge zur 17. Jahrestagung der DGGTB in Jena 2008. Verhandlungen zur Geschichte und Theorie der Biologie Bd. *15*, S. 47–85. Berlin: VWB – Verlag für Wissenschaft und Bildung 2010
Speck, T.: Bionik. In: Lexikon der Biologie. Bd. *2*, S. 427–455. Heidelberg: Spektrum Akademischer Verlag 1999
Trepl, L.: Ökologie – eine grüne Leitwissenschaft? Über Grenzen und Perspektiven einer modischen Disziplin. In: Zumutungen an die Grünen. Konkursbuch *74*, 6–27. Berlin: 1983
Toepfer, G.: Was sind die Grundbegriffe der Biologie? In: Kaasch, M., und Kaasch, J. (Hrsg.): Disziplingenese im 20. Jahrhundert. Beiträge zur 17. Jahrestagung der DGGTB in Jena 2008. Verhandlungen zur Geschichte und Theorie der Biologie Bd. *15*, S. 87–101. Berlin: VWB – Verlag für Wissenschaft und Bildung 2010
Voland, E.: Soziobiologie. Die Evolution von Kooperation und Konkurrenz. Heidelberg: Spektrum 2009
Vollmer, G.: Die Wissenschaft vom Leben. Das Bild der Biologie in der Öffentlichkeit. In: Präve, P.: Jahrhundertwissenschaft Biologie?! Aktueller Stand der Biowissenschaften in Deutschland. S. 1–17. Weinheim, New York, Basel, Cambridge: VCH 1999
Wagner, H.: Grundlagenforschung im Bereich der Immunologie. In: Präve, P.: Jahrhundertwissenschaft Biologie?! Aktueller Stand der Biowissenschaften in Deutschland. S. 49–53. Weinheim, New York, Basel, Cambridge: VCH 1999
Wilson, E. O.: Soziobiology: The New Synthesis. Harvard: Belknap Press 1975
Zippelius, H. M.: Die vermessene Theorie. Eine kritische Auseinandersetzung mit der Instinktlehre von Konrad Lorenz und verhaltenskundlicher Praxis. Braunschweig: Vieweg 1992

Ordnung – Organisation – Organismus. Beiträge zur 20. Jahrestagung der DGGTB

Biophilosophy, General Biology, Theoretical Biology, and the Philosophy of Biology: Topics, Traditions, and Transformations*

Georg TOEPFER (Berlin)

Summary

Biophilosophy, general biology, theoretical biology, and *philosophy of biology,* designate four scientific approaches that relate empirical biology to biological theories or to philosophy from different perspectives. These approaches differ in terms of focal points, lines of questioning, and links to specific historical phases of scientific and philosophical debates. In particular, *biophilosophy* addresses basic philosophical questions about the constitution of biological objects, the methodology used to study them and ontological concerns about their unique existence. In contrast, *general biology* investigates the commonalities of all life forms and how the science of biology defines the concept of life. *Theoretical biology*, which is also closely connected to empirical studies, deals with the (mathematical) modeling of biological processes and is just as flexible as empirical biology in terms of the themes that it studies. And finally, *philosophy of biology*, which is also thematically quite diverse, asks fundamental questions about the structure of biological theories and the consistency of biological terms from a philosophical background.

Zusammenfassung

Über die Schlagworte *Biophilosophie, Allgemeine Biologie, Theoretische Biologie* und *Philosophie der Biologie* können vier Ansätze markiert werden, in denen das Verhältnis der empirischen Biologie zu biologischen Theorien bzw. zur Philosophie jeweils unterschiedlich perspektiviert wird. Die Ansätze lassen sich hinsichtlich der Allgemeinheit ihrer Themen und der Fragerichtung unterscheiden, sind aber auch mit bestimmten historischen Phasen in der Geschichte der wissenschaftstheoretischen und philosophischen Auseinandersetzung mit der Biologie verbunden. Zur *Biophilosophie* gehören die grundlegenden philosophischen Fragen zur Konstitution biologischer Gegenstände, der Methodologie ihrer Spezifizierung und Ontologie ihrer besonderen Seinsweise. Die *Allgemeine Biologie* fragt dagegen von biologischer Seite nach dem Gemeinsamen aller Lebewesen und der biologischen Bestimmung des Lebensbegriffs. Ebenfalls ausgehend von der Biologie befasst sich die *Theoretische Biologie* mit der (mathematischen) Modellierung biologischer Prozesse und ist damit thematisch ebenso offen wie die empirische Biologie. Thematisch vielfältig ist auch die *Philosophie der Biologie*, in ihr werden allerdings ebenso wie in der Biophilosophie primär aus einem philosophischen Hintergrund motivierte Fragen nach der Struktur biologischer Theorien und Konsistenz biologischer Begriffe gestellt.

Biology has an inherently skeptical attitude towards philosophy, hence, towards its mother, from which it originates as much as from natural history. The skepticism of natural science towards philosophy was radically expressed into the 1990s by some 20th century writers. In an article from 1992 entitled *Against Philosophy*, physicist Steven WEINBERG (*1903) put this position succinctly, saying that philosophy was not only of no use to science, it was positively

---

* Überarbeitete Fassung eines Vortrags auf der 20. Jahrestagung der *Deutschen Gesellschaft für Geschichte und Theorie der Biologie* vom 16. bis 19. Juni 2011 in Bonn. Übersetzung: Helen CARTER.

destructive, because it impeded scientific progress. In WEINBERG's opinion, philosophy has never solved any scientific problem; in fact, more often than not it has hampered the search for a solution. WEINBERG uses an example from physics to illustrate this thesis: He views the philosophy of logical empiricism, with its skepticism towards unobservable entities, as a fundamental barrier to the acceptance of quantum theory in the early decades of the 20th century (WEINBERG 1992).

Aside from the question of whether it should be the role of philosophy to solve "scientific problems", WEINBERG's position can be seen as symptomatic for many scientists before the end of the 20th century: They are wary of a discipline which claims to deliver insights, but which does not draw those insights from an analysis of empirical objects.

Yet in recent years there are growing signs that this hardline stalemate between biology and philosophy is becoming increasingly less distinct. It seems as though a period of interdisciplinary cooperation is beginning in which interdisciplinarity is not only part of the rhetoric of applications, it also amounts to actual cooperation between the disciplines in practice. The *philosophy of biology*, which has emerged from philosophy and biology, seems to be one of the best examples of successful cooperation between a humanities and a science discipline.

In spite of all the rhetoric of segregation, reflections on the theoretical and conceptual foundations of biology – that is, statements of a philosophical nature – have always been an element of biology. They either began from a philosophical position and concerned such ideas as theoretical and conceptual methods in the constitution of biological objects or they began with biology, in which case they concerned, for instance, the principles of life, i.e. the common properties and functions of all life forms. Four different approaches can be identified under the headings *Biophilosophy, General Biology, Theoretical Biology*, and *Philosophy of Biology,* in which the relation of biology and philosophy can be examined from different perspectives. The approaches are different in terms of their line of questioning (cf. Section 5), but they can also be assigned to different historical phases within the philosophical debate with biology.

1. Biophilosophy

It is not only an open question as to when biology started as a scientific discipline: there is an equally controversial discussion about when biophilosophy first began. Both biologists and biophilosophers, with their focus on the theory of evolution, date the dawn of biology as a discipline from as late as the 19th century, in particular with Charles DARWIN's (1809–1882) seminal work of 1859.[1] Based on this dating, some authors have established the start of philosophy of biology as the mid-19th century.[2] But to the extent as it can be said that biology began before DARWIN, it can be claimed that philosophy of biology began before him as well.[3] Certainly, not only central paradigms in empirical research were developed in pre-Darwinian biology (such as comparative anatomy, physiology and developmental biology), but also theoretical reflections on their methodological background.

By the mid-19th century there was already an awareness of the tradition of the discipline which was referred to as 'biology'. Those classical authors of antiquity who carried out em-

---

1 RUSE 1973, p. 9; MAYR 1982, p. 36.
2 CALLEBAUT 2005, p. 93: "philosophy of biology started not with Aristotle, but with Darwin"; ROSENBERG and ARP 2010, p. 1.
3 HULL 2008, pp. 11–12.

pirical research themselves, in particular ARISTOTLE (384 BC – 322 BC) and GALEN (129 – ca. 200), were regarded as the "Fathers of Biology".[4] In ARISTOTLE's case, this can be justified by his being the first to write systematically complete monographs on biology and to use a methodical approach in which he combined detailed empirical investigations with the aim of generalization and typification throughout his work; this was accompanied by the at least theoretically formulated desire to provide an axiomatic system of argumentation.[5]

Descriptions and analyses of biological subject matter had, indeed, been carried out before ARISTOTLE.[6] However, what makes ARISTOTLE's portrayal so exceptional is the total absence of descriptions of isolated cases. There are no reports of the heroic or wicked deeds of individual animals in ARISTOTLE, as was very typical of later antique and medieval treatises on zoological subjects. By contrast, ARISTOTLE's writing concentrates on what is typical and characteristic for a species or class. In this context, the Aristotelian concept of science is a theoretical attempt which focuses on the general and immutable nature of a thing. ARISTOTLE specifically describes zoology as a *science*.[7]

Alongside his contributions to biology as a positive science, ARISTOTLE counts as the founder of philosophical reflection on this science. Most of his texts on the philosophy of science are to be found in the *Analytica posteriora* (*APo*).[8] Two principles of this general theory of science are: (*1*) Scientific knowledge is axiomatically organized knowledge and occurs in the form of a deductive proof or a demonstration of premises which are seen principally and causally in relation to the conclusion. (*2*) There are several independent sciences which are each defined by their own research fields[9] and whose principles and demonstrations are logically independent of one another.[10] Hence in this case, knowledge is always particulate knowledge which assumes its own pre-knowledge and principles of proof.

ARISTOTLE presents one approach to the science of biology in the first chapter of his treatise on the parts of animals, *De partibus animalium* (*PA*). Here, he describes a number of specific principles which are fundamental to a science of the organic, such as the priority of final cause over efficient cause: ARISTOTLE describes the final cause as being primary because it "invokes the word", in other words, it pertains to the object's essential nature and hence is assumed by its definition.[11] Within the sphere of the living world, as ARISTOTLE sees it, a part is defined by how it performs and not by its form or substance: it follows that for ARISTOTLE, a hand made of stone cannot be called 'hand' in a real sense.[12]

On the basis of these remarks, ARISTOTLE can rightly be called the founder of biological functionalism: He formulated a model for the biological object of research, in which functional analysis plays a key role. The top-down approach to establishing the object is of particular note: The research field is developed and defined assuming complex capacities. These are brought under

---

4   HUXLEY 1853, p. 288; MCRAE 1890.
5   GRENE 1972, KULLMANN 1998, LENNOX 2001.
6   WÖHRLE 1999, FUENTE FREYRE 2002.
7   "φύσικη ἐπιστήμη"; *De partibus animalium* 640a2.
8   For an interpretation see DETEL 1993.
9   *APo* I, 28.
10 *APo* I, 7.
11 *PA* 639b15 – 19.
12 *Politeia* 1253a; *Metaphysica* 1036b; *De anima* 412b; 415b; *PA* 640bf.; *De generatione animalium* 726b; 734bf.

the heading of the *soul* which serves as the central concept for the explanation of the phenomena of life. In the Aristotelian model of life, it is the basic functionally determined capacities which define the object: first of all the capacities of nutrition, growth, reproduction, independent locomotion, and perception. This functional definition of the object already contains a methodological reflection on the basis of biology and as such can be seen as a contribution to biophilosophy.

It follows that biophilosophy and biology have common historical roots: ARISTOTLE is the founder of both biology in the sense of a natural science of living things based upon general statements and the philosophical reflection upon this science, its methodical approach and its conceptual foundation.

ARISTOTLE's contribution to biophilosophy consists in no small part in having established living organisms as a unique class of scientific objects. This achievement becomes all the more apparent in comparison with early modern mechanistic theories which contested this status as applied to living beings. The philosophy of René DESCARTES (1596–1650), in particular, qualifies here as a negative contribution to biophilosophy. His philosophy is, as it were, a contrasting background against which biophilosophy stands out. The crux of the matter is DESCARTES' rejection of the methodical and ontological independence of living things. DESCARTES concluded this step with a radical, absolute denial that animals possessed a soul – i.e. the Antique principle of vitality. In so doing, he also forfeits in his philosophy the category of life to determine an independent, ontological area of being. DESCARTES viewed living things as mechanical automatons which could be explained using the same mechanical principles as non-living natural bodies.

In the centuries following DESCARTES, a position then had to be reestablished which had been naturally accepted before his time: that studying living things represented an area of research in its own right, with specific principles and models of explanation. Although some of DESCARTES' immediate successors in the second half of the 17th century followed his mechanistic program as regards their investigative methods and explanation strategies, from an ontological point of view they continued to assign organisms a special status (DES CHENE 2005). However, the independence of biology from an epistemic point of view, i.e. from its method of constituting research objects and patterns of explanation, was not worked out until later. A significant contribution to the determination of biology's epistemic independence, its constitution as an independent, autonomous science, was made by Immanuel KANT (1724–1804).

According to KANT's philosophy of the organic, which represents a systematic element in the epistemological structure of his philosophy as a whole, organisms are grouped as a specific class of objects within the field of natural bodies. Their particular inner structure, the causal reciprocity of parts, makes them *self-organizing beings*, as KANT calls them. According to KANT, a self-organized system of nature can be determined in its totality and unity only within a functional perspective. This functional perspective, i.e. the concept of purpose, is hence fundamental to the methodical specification of organisms.

For KANT, self-organizing natural beings are "natural purposes" (*Naturzwecke*). He gives two conditions for things as natural purposes: (*1*) the parts of a whole are "(according to their being and form) only possible in their relation to the whole", and (*2*) the parts are bound to the unity of a whole, "in that they are reciprocally cause and effect of their form".[13] However, KANT ascribes the term 'purpose' the status of a mere *regulative* principle: the idea of the whole embod-

---

13 KANT 1913: KU 373.

ies not the *real cause* but only the *epistemic reason* (*Erkenntnißgrund*) of the systematic unity of the form and union of the parts, as KANT puts it;[14] the term 'purpose' represents merely a "maxim of judgment".[15] The principle of purpose serves as a "guideline" so natural things can be observed "according to a new order of laws". The regulative nature of the principle can thus be interpreted, as referring to the internal classification and organization of the natural sciences; the principle is not constitutive for every possible object of experience, but rather regulative in so far as it regulates the specification of a particular class of natural objects: the organized beings of nature.

The philosophy of the organic had a particularly strong influence on the reflections of the fundamentals of biology in the first half of the 19th century. In the period after KANT, it became common practice to determine organisms according to the reciprocity of their parts. For the comparative anatomist Georges CUVIER (1769–1832), writing in 1798, all parts of an organism had a reciprocal action upon one another.[16] The botanist Matthias Jacob SCHLEIDEN (1804–1881) wrote in 1849, in his fundamental work on botany, that the organism was "a complex of vital forces in reciprocal action [...] and a combination of organs working in mutual interplay with one another, being both a cause and means of their continued existence".[17]

2. General Biology

Alongside the philosophical reflections on the fundamentals and characteristics of the science of organisms, there grew the awareness of theoretical and methodical consistency within the field of biological knowledge. Biology since 1800 can be seen as an independent discipline, inasmuch as it can demonstrate its knowledge as a systematic whole and as distinct from the other sciences. For this, biology developed a second order of knowledge, a methodology comprising fundamentals concerning the coherence and further acquisition of knowledge. In this respect, an important role was played by accepting the teleological perspective as a legitimate and fundamental line of reasoning in biology. In this sense, biological knowledge is not yet the isolated and particular knowledge of biological issues, such as the knowledge of the existence and the working mechanism of blood circulation in the 17th century. Rather, it is the systematic coherence and integrity of its knowledge that turns it into a special science.

According to one widespread theory of the historiography of biology, biology came into existence as a coherent theory-based field around 1800. According to this theory, it was around this time that plants and animals were first conceived as being a homogenous class of natural bodies. In fact, around 1800 there was a conceptual convergence between the research areas of natural history, especially botany and zoology – which until then had operated more or less independently –, and with descriptive natural history in general and physiology, which focused on analysis of the functions of individual organisms. Wolf LEPENIES (*1941) identifies for this time the "transition from a science of living beings to a science of life".[18] As regards terminology, this transition was marked by the introduction of the expression 'biology' by different writers independently of one another.

---

14 Ibidem: KU 373.
15 Ibidem: KU 376.
16 "[...] une action réciproque les uns sur les autres"; CUVIER 1798, p. 5.
17 SCHLEIDEN 1849, p. 141.
18 LEPENIES 1976, p. 29; cf. FOUCAULT 1966, p. 20; MAYR 1982, p. 36.

With the integration of biological knowledge in the early 19th century the research field concerning living beings in general emerged and was called *general biology*. This title first appeared in German (*Allgemeine Biologie*) in the first decade of the 19th century, probably initially in Ernst Daniel August BARTELS' (1774–1838) monograph *Systematischer Entwurf einer allgemeinen Biologie* (1808). In 1811, Carl Gustav CARUS (1789–1869) differentiated between a form of biology which represented the general fundamentals (*Biologia generalis*) and a *special biology* which referred to individual natural objects (*Biologia specialis*).[19] For CARUS, this difference was based upon a romantic idea of the philosophy of nature with one all-encompassing concept of biology: accordingly, CARUS' general biology comprised the principles of cosmology and geology as much as his special biology involved certain inorganic bodies alongside organic ones. Within this broad definition of biology, CARUS contrasted an approach dealing with general principles with one dealing with particular forms. The very first lexicon entry on the subject of 'biology' from 1816 already adopted CARUS' separation of "general biology" and "special biology": the first concerned "life in general", the second "individual forms".[20]

In the course of the 19th century, this differentiation spread, and the term 'general biology' was used for every description of biology which did not refer to a specific systematic group.[21] These works contained descriptions and theories on the general structure and different organ systems of the organisms in a group. Since the end of the 19th century, general biology text books have used a similar structure, presenting: (*1*) hierarchical levels in the organization of biological systems from cells, tissue, organs and organ systems to the whole organism, (*2*) the basic, defining characteristics of living beings such as metabolism, development and reproduction, and (*3*) a brief overview of the evolution and systematics of existing organisms.[22] In the last decade of the 19th century 'general biology' established itself as a permanent title for introductory textbooks on biology.[23]

In the 1920s, Julius SCHAXEL (1887–1943) tried to establish general biology as a teaching object in universities, especially in the medical curriculum (SCHAXEL 1919, 1922). But at the beginning, 'general biology' found a secure institutional footing outside academia, for instance, in the 'Kaiser-Wilhelm-Institut für Biologie' opened in Berlin-Dahlem in April 1916. In the course of the 20th century it became one of the key tasks of General Biology to apprehend the "general characteristics" of the phenomena of life.[24]

3. Theoretical Biology

The period since the 1850s has seen an increasing institutionalization of biology by the academic world, accompanied by a certain tradition of reflection on the methodological independence of biology, such as the reference to KANT's Philosophy of the Organic.[25] However, the ad-

---

19 CARUS 1811, p. 16.
20 PIERER 1816, p. 772.
21 TIEDEMANN 1808: Allgemeine Zoologie; AGARDH 1832: Allgemeine Biologie der Pflanzen; HOPPE-SEYLER 1877: Allgemeine Biologie.
22 LAUBICHLER 2006, p. 194.
23 DELAGE 1895, SEDGWICK und WILSON 1895, KASSOWITZ 1899–1906, HERTWIG 1906.
24 KAISER and VOIGT 1967, p. 438.
25 Cf. e.g. MÜLLER 1834, p. 18f.; VIRCHOW (1859) 1862, p. 50; HAECKEL 1866, I, p. 102.

vancement of physiology in the 19th century led in many cases to mechanistic explanations of organic phenomena. At the beginning of the 20th century, this success threatened to jeopardize the independence of biology. The 19th century had, in this respect, a similar effect to that of mechanicism of the Early Modern period: Biology was not perceived as an autonomous science in terms of methodology. Indeed, many of its protagonists felt that the methodical affiliation of biology to physics, its very integration into physics, was a more worthy ideal. The debate around mechanism and vitalism and the subsequent reflection on the conceptual and theoretical distinctiveness of biology in the early 20th century can be thus interpreted as a reaction to the renewed attempt to reduce biology to physics.

The field in which the singularity and distinctiveness of the methodology of biology was discussed in the first decades of the 20th century was called *theoretical biology*.[26] Although the expression had already appeared in isolated instances since the mid-19th century,[27] it did not become programmatic until the start of the 20th century. For most writers at the turn of the century, theoretical biology focused on the constitution of biology as a "basic science in its own right" (*selbständige Grundwissenschaft*), as Hans DRIESCH (1867–1941) expressed it in 1893.

The philosophical debate on biology at the outset of the 20th century is marked by a pronounced influence of metaphysical assumptions by its protagonists: DRIESCH postulated the *entelechy* as an acausal factor – but scarcely any other biologist joins him in this postulation. Johannes REINKE (1849–1931), who in 1901 wrote the first monograph entitled *Theoretische Biologie*, spoke in similar terms of the *dominants* as specific biological causal factors. In his *Theoretical Biology* of 1920, Jakob VON UEXKÜLL (1864–1944) postulated an *Umweltlehre*, according to which an organism is a system spanned between his cognitive observed environment and an effectorial actual environment. Due to the conflicting nature of these positions, theoretical biology never became a unified program of research. It consisted of several theoretical structures existing in isolation alongside one another, which received little attention after the death of its protagonists.

However, some of the writings of theoretical biologists in the early 20th century set the trend for the later philosophy of biology. This was based upon the direct connection of theoretical biology to empirical biology: prior to their forays into philosophy, the theoretical biologists were all empirical scientists. This link to empirical biology becomes evident in the definitions given for theoretical biology.

REINKE used the following description in 1901: The results of empirical biology are the object of its theoretical counterpart. But theoretical biology has not only to establish the foundation of biological events; it also tests the foundations on which our observations of biology rest. The value of theoretical-biological statements can be measured by this: a discovery is all the more important, the broader its approach, the more details it contains.[28]

---

26 ALT 2010.
27 SEGOND 1851, p. 28: "biologie théorique"; WRIGHT 1871, p. 72: "theoretical biology".
28 REINKE 1901, p. 3.

Hence, theoretical biology is a subordinate discipline of empirical biology, focused upon generalization of results. Viewed this way, the aim of theoretical biology is to indentify general principles of life on the basis of empirical biology. Ludwig VON BERTALANFFY (1901–1972) wrote in a very similar vein to this thirty years later: The task of theoretical biology was "to summarise existing theoretical knowledge as found today in individual biological subjects, combined with the attempt to bring the latter into a unified organisation".[29]

The close connection between theoretical biology and empirical biology, and its consequent similarity to the later philosophy of biology is clear from the organization of the subjects it covers. Hence, Johannes REINKE's *Einleitung in die theoretische Biologie*[30] deals first with general biological concepts: *life, psychology, vitalism, finality, stimuli, regulations, adaptation*. The terms *Gestalt* and *Organisation* play an important role here. REINKE's approach is systems-theoretical in that he explains the characteristics of living things in terms of *system conditions*; yet he is being vitalistic when he assumes the existence of specific organic powers, the *dominants*. The descriptions of *cells* as morphological and physiological units of the organism are also clearly oriented towards empirical biology, and the same is true of REINKE's discussion of the *evolution* and *descent* of organisms, i.e. the dynamic processes which transcend the life of the individual.

Jakob VON UEXKÜLL's *Theoretische Biologie*, which first appeared in 1920, is organized in a completely different way. UEXKÜLL approaches biology from the position of physiology of perception and begins with categories of *space* and *time*. Although in so doing he deals with theoretical biology from a very different perspective, there is still a strong affinity with empirical biology. In contrast to the later philosophy of biology, the theory of evolution plays only a subordinate role in the work of both REINKE and UEXKÜLL.

Until mid-century, the philosophical preoccupation with biology was to a great extent bound up with the personal outlook of individual researchers: DRIESCH's vitalism, REINKE's *Dominanten*-theory, UEXKÜLL's *Umwelt*-theory, BERTALANFFY's *systems*-theory (BERTALANFFY 1932–1942) – these were all approaches which, with the possible exception of systems-theory, had no long term potential in research programs.

It was not until after the Second World War (with the exception of Alfred LOTKAS' [1880–1949] *Elements of Physical Biology* of 1925) that theoretical biology developed into an increasingly mathematical sub-discipline which concerned quantitative modeling of biological processes. The focus shifted increasingly from philosophical-ideological *Weltanschauung* and the postulation of theoretically questionable principles such as entelechy or *Dominanten* to approaches which do not introduce additional principles, but instead are based on a mathematical modeling of biological processes. Yet, in contrast to theoretical physics, it was at least in the German context until the 1990s still common to disregard theoretical biology as a primarily mathematical discipline. Thus in 1989, Rudolf HAGEMANN (*1931) defined theoretical biology as "the science of the general laws of the phenomena of life";[31] its content was neither "natural philosophy" nor "metaphysics" nor "mathematical biology".

According to this view, theoretical biology is much more closely aligned with general biology, in which the commonality of all living beings is also a central feature. In order to differentiate theoretical from general biology, any theory-oriented investigation of biological

---

29 BERTALANFFY 1930, p. 9.
30 REINKE 1901, 2nd ed. 1911.
31 HAGEMANN 1989, p. 47f.; in a similar vein PENZLIN 1993, p. 100.

conditions could be established as the object of Theoretical Biology. Theoretical Biology could then deal not just with the "most general characteristics and activities of all living systems",[32] but also specific characteristics and activities of particular living beings – where they are not just described but also analyzed in theories, particularly mathematically formulated theories. Theoretical biology could then be distinguished from philosophy of biology by being seen as a part of biology, i.e. as a part of the investigations of empirical objects in *intentio recta* – and not in *intentio obliqua*, i.e. in the characteristic philosophical approach, which consists in a reflection on the structure and status of concepts and theories (cf. section 5).

4. Philosophy of Biology

Seen in this light, the philosophy of biology is – just as the older biophilosophy (section 1) but in contrast to general and theoretical biology (sections 2 and 3) – not a subsection of biology, but of philosophy. Following the literal meaning of the term, the philosophy of biology could be regarded as the section of philosophy which concerns all philosophical questions in connection with biology.

As to the history of the term *philosophy of biology*, it first appeared in the mid-19th century, as did *theoretical biology*. The first to use it seems to have been William WHEWELL (1794–1866) in his *Philosophy of the Inductive Sciences* from 1840. WHEWELL classified the "philosophy of biology" as a part of the "philosophy of science" and placed it alongside the philosophy of physics.[33] In the 19th century it was commonplace to highlight the contribution of great biologists as a contribution to the philosophy of biology.[34] This emphasized the great affinity of the philosophy of biology with biology, indeed, its continuity.

In the 20th century, however, the focus of the philosophy of biology shifts from an object internal to biology to a reflection on the theoretical foundations of this science. This is clear as early as 1914, with the publication of the first monograph to carry that name in its title: the *Philosophy of Biology* by James JOHNSTONE (1870–1932). JOHNSTONE is at pains to describe the distinctive nature of organisms and their separation from objects described in physics.[35]

In the early decades of the 20th century traditional basic questions of biology, in particular those referring to KANT's theory on the teleology of nature, played a key role in the philosophy of biology. Several authors, such as Eugen KÜHNEMANN (1868–1946) in 1924, went so far as to align it with this issue: "Teleology is the philosophy of the organic, or of life; it is the philosophy of biology. It is about understanding in what sense biology conceptualizes nature from a particular point of view."[36]

Since the mid-20th century, other issues have come to the attention of philosophers of biology, among them cybernetics (SOMMERHOFF 1950), genetics and systematics (BECKNER 1959)

---

32 PENZLIN 1993, p. 100.
33 WHEWELL 1840, *II*, p. 4; GAYON 2009, p. 92.
34 Cf. e.g. COMTE 1852, p. 195: "vrai fondateur de la philosophie biologique, l'incomparable Bichat"; HUXLEY, 1869, p. 13: "perhaps the most remarkable service to the philosophy of Biology rendered by Mr. Darwin is the reconciliation of Teleology and Morphology, and the explanation of the facts of both, which his views afford"; for further evidence cf. www.biological-concepts.com.
35 JOHNSTONE 1914, p. viii: "That which it [*viz.* Biology] describes – the object-matter of its Science – is not that which Physics describes. There are two domains of Givenness, the organic and the inorganic."
36 KÜHNEMANN 1924, p. 494.

and since the 1970s, evolutionary theory (RUSE 1973, HULL 1974). The period from the late 1950s to the early 1970s counts as the actual founding phase for the philosophy of biology. The consistency of the research programs initiated during this period is evident in the similarity of subjects and research topics studied by various authors. Alongside traditional questions such as the autonomy of biology *vis-à-vis* physics, key questions included the reducibility of older theories to newer ones, e.g. classical genetics to molecular genetics, the role of historicity of biological objects and the related question of laws in biology, the structure of the theory of evolution and the explication of key terms in evolutionary theory such as fitness or adaptation.

The starting point is no longer the main philosophical categories such as *space and time, law and force, life and organism* or *origin and development* (as in UEXKÜLL 1920), but rather biological concepts linked to individual sub-disciplines such as the term *gene*, the concept of *selection* or the term *monophyletic groups*. The most important innovation, however, is the discovery of a unified framework with a supraindividual approach. The philosophy of biology is no longer the philosophy of a sole researcher, but a collaborative project with a unified methodology, although it is not always clear what this methodology consists of.

There is common ground in just one area: The analysis of concepts and the reconstruction of theories are seen as key tasks for the philosophy of biology. In this respect, the philosophy of biology has become integrated into the theory of science. Compared with the (in many respects) foundational claims of older philosophies, the self-image of the theory of science is more modest. It sees itself, in the words of Wolfgang STEGMÜLLER (1923–1991) in 1973, as "applied logic", concerning the "rational reconstruction of scientific knowledge". According to STEGMÜLLER, the logical reconstruction of scientific methods involves "the semantic analysis and clarification of concepts and structures of theories, the logical-mathematical structures in theories, methods of scientific validation and the practical application of theories". So, according to this self-image, philosophy of science is a subordinate inquiry, the philosopher of science can only follow the empirical sciences, they amount to, in STEGMÜLLER's words, "the data with which he is presented".[37]

This modest self-image has since become firmly embedded in philosophy of science. Addressing the programmatic aspect, Paul CHURCHLAND (*1942) spoke in 1986 against "the insular view of philosophy", as he called it, and advocated for the continuity of philosophy and the natural sciences, saying: philosophy can claim no higher authority for itself than the empirical sciences, furthermore, according to CHURCHLAND, it is a task of philosophy to remain open with regard to the empirical sciences. CHURCHLAND saw the task of philosophy as a synoptic overview of scientific knowledge.[38]

Most present-day philosophers of biology also share this view: They presuppose a continuity of biology and philosophy in their methods and matters: "the philosophy of a science is part and parcel of that science itself", wrote Alexander ROSENBERG (*1946) in 1985.[39] And he continues, the questions posed by philosophers do not differ in kind from those of natural scientists. According to this view, philosophy is dependent upon the empirical sciences. Both occupy the same territory. Consequently, fundamentalist claims for justification which stem from *apriori* principles have been largely relinquished in the philosophy of biology. The main current of the philosophy of biology follows the ideal of Analytical Philosophy, according to

---

37 STEGMÜLLER 1973, p. 7f.
38 CHURCHLAND 1986, p. 6.
39 ROSENBERG 1985, p. 2.

which the primary task of philosophy lies in the explanation of terms and statements; it cannot contribute to the creation of positive knowledge, only to clarification of language. James GRIESEMER calls such instrumental understanding of philosophy "philosophy *for* science" instead of philosophy *of* science.[40]

On the basis of a distinction made by Niklas LUHMANN (1927–1998), the philosophy of biology as a whole can be called *naturalistic*. For LUHMANN describes as naturalistic those epistemological theories which do not claim a separate status as research objects, but rather depend in their content and scope on empirical research. LUHMANN distinguishes these types of theories from transcendental theories, which reject "the conditions of knowledge being called into question by the results of knowledge". They "block the autological conclusion about themselves", as LUHMANN says.[41]

As regards its systematic representation, present-day philosophy of biology is also firmly orientated towards biology. This is apparent, for example, in the internal organization of the numerous reference books on the philosophy of biology which have been published recently[42] One particularly pertinent example is the *Companion to the Philosophy of Biology*, edited in 2008 by Sahotra SARKAR (*1962) and Anya PLUTYNKSI. The organization of this book reads like the list of contents in a textbook of biology: beginning with *Molecular Biology and Genetics*, taking in *Evolution and Developmental Biology, Medicine, Ecology and Behavioural Theory* to the section entitled *Experimentation, Theory and Themes*, in which the traditional philosophical questions of biophilosophy, teleology and reductionism are found.

It is also indicative of the strong orientation of the philosophy of biology to biology that individual researchers withdraw behind the joint project. For example, Michael RUSE (*1940) maintains he claims no special laurels for himself, but sees himself more within the normal ongoing dynamics of the research process.[43] Although they may have originally been biologists, DRIESCH, UEXKÜLL or even BERTALANFFY would never have said anything of the sort about themselves. So there is a convergence of natural sciences and humanities within the philosophy of biology, not just regarding subjects but also research style.

The philosophy of biology is, however, in danger of losing its methodological independence by bonding so entirely with, and becoming practically a sub-discipline of biology. Although the philosophy of biology is close to biology in its topics and methods, the directions of questioning in both fields are distinct: Whereas biology is focused on empirical objects, philosophy of biology deals with the conceptual structure and organization of biological knowledge. One of the main tasks of the philosophy of biology remains, therefore, to analyze the conceptional uniformity and theoretical structure of biology. In so doing, it fulfils an important integrative function, one which can no longer be achieved by biologists in an increasingly specialized research process. In this role, the philosophy of biology is called upon to test the consistency and coherence of the central concepts, to investigate the relationship of biological theories and the relevance of biological statements for extra-biological fields. Beyond that, it remains a central philosophical goal of the philosophy of biology to clarify the specific preconditions

---

40 GRIESEMER 2008, p. 270.
41 LUHMANN 1990, p. 13.
42 HULL and RUSE 1998, 2007, MATTHEN and STEPHENS 2007, RUSE 2008, SARKAR and PLUTYNKSI 2008, ROSENBERG and MCSHEA 2008, ROSENBERG and ARP 2010, AYALA and ARP 2010, KAMPOURAKIS 2013.
43 RUSE 1988, p. 270.

for biological terms and theories, in other words, to present its conceptual and methodological approach and to distinguish it from other approaches.

This last area of the philosophy of biology could be called *transcendental philosophy of biology*. It inquires into the central organizing principles of biology and highlights the role teleological reflections play for many basic terms in biology, for example for the term *organism*.[44] Two further tasks for a transcendental philosophy of biology could be, on the one hand, to examine established perspectives within current research practice and look for alternatives, as called for by Gertrudis VAN DE VIJVER and colleagues in 2005: "Reflexive activity of philosophy of science does not have in the first place a justificatory or synthetic function with regard to the sciences. It has a function of opening perspectives, i.e. a liberating function with regard to the (practical and theoretical) evidences at play in the sciences."[45]

On the other hand, it should also be a function of the philosophy of biology to illuminate the methodological *limitations* of biology and by doing so to ask whether, for instance, *life*, *human*, *consciousness*, *mind*, and *culture* can be entirely biological terms. Finding answers to these questions is a specific philosophical function of the philosophy of biology, one which prevents it from becoming a sub-discipline of biology, a theoretical or *philosophical biology* instead of an actual philosophical doctrine of a *biological philosophy*, as Jean-Baptiste DE LAMARCK (1744–1829) described it in 1815,[46] or a *biophilosophy*, as Hans DRIESCH wrote in 1910.[47]

5. Cross-Classification of the Four Approaches

The philosophy of biology can thus be approached from two sides: from the side of philosophy and biology, and it can address general questions about biological objects and theories or specific questions about particular aspects or local phenomena of living beings. When these two criteria are combined, it results in a four-part table (Tab. 1.).

Tab. 1 Cross-classification of four disciplines, which have as their object general or philosophical questions of biology.

		Direction of viewpoint	
		Biology as starting point	Philosophy as starting point
Object	Specific questions	1. Theoretical Biology (Mathematical) Modeling of biological processes	3. Philosophy of Biology Structure of biological theories and explication of terms
	General questions	2. General Biology Principles of life	4. Biophilosophy Ontology and ethics of living beings, e.g. concept of life, role of teleology

---

44 Cf. TOEPFER 2012.
45 VAN DE VIJVER et al. 2005, p. 72.
46 LAMARCK 1815, p. 63: "Philosophie biologique".
47 DRIESCH 1910, p. 36; cf. id. 1913, p. 69.

(1.) Theoretical biology arises from biology and concerns the structure and organization of its theories. These theories can refer to details, so theoretical biology, too, can deal with very specific issues about particular phenomena. Typical for theoretical biology are mathematical models of biological processes, but semantic questions of the usage of terms and their relation to biological theories can also be an object of theoretical biology.

(2.) General biology also originates in biology but focuses on characteristics common to all life forms and the general principles of their explanation. Hence, general biology is determined by its subject and can count as a sub-discipline of biology, treated in own separate sections in textbooks.

(3.) Philosophy of biology can be seen as a sub-discipline of philosophy, in which on one hand the conditions and implications of biological knowledge are analyzed and on the other, old philosophical questions are illuminated from the perspective of contemporary biology. The first approach includes scientific practices and experimental systems, the structure of the apparatus of biological theories (axiomatic-deductive *versus* local models; fundamental character of certain theories such as the theory of evolution) or the consistency of term usage beyond various theories (such as the term *gene* as used in genetics and developmental biology). Within the second approach, the much-debated issues in philosophy such as the status of teleology, the term *consciousness* or the unique position of humans can be discussed against the background of advancements in biology.

(4.) Biophilosophy as distinct from the philosophy of biology can be understood as concerning those general fundamental questions of biology which are traditionally the focus of the philosophical debate with biology, such as the ontological self-sufficiency of the organism or the determination of the term *life*. So the focus here is on the most general ontological and methodological questions of biology, i.e. the question of specific biological powers (vitalism) or general biological laws and its allied conceptual and theoretical basis, which allows a delimitation of biology as a special science. General bioethical questions such as the ethical relevance of vitality or the ethical status of unconscious life-forms, for example embryos or animals, can also be assigned to biophilosophy.

References

AGARDH, C. A.: Lehrbuch der Botanik. Abt. 2. Allgemeine Biologie der Pflanzen. Greifswald: Koch 1832

ALT, W.: Entwicklung der Theoretischen Biologie und ihre Auswirkung auf die Disziplingenese im 20. Jahrhundert. In: KAASCH, M., und KAASCH, J. (Hrsg.): Disziplingenese im 20. Jahrhundert. Beiträge zur 17. Jahrestagung der DGGTB in Jena 2008. Verhandlungen zur Geschichte und Theorie der Biologie Bd. *15*, S. 103–135. Berlin: VWB – Verlag für Wissenschaft und Bildung 2010

AYALA, F., and ARP, R. (Eds.): Contemporary Debates in Philosophy of Biology. Malden, Mass.: Wiley-Blackwell 2010

BARTELS, E.: Systematischer Entwurf einer allgemeinen Biologie. Ein Beitrag zur Vervollkommnung der Naturwissenschaft überhaupt und der Erregungstheorie insbesondere. Frankfurt (Main): Wilmans 1808

BECKNER, M.: The Biological Way of Thought. Berkeley: University of California Press 1959

BERTALANFFY, L. VON: Lebenswissenschaft und Bildung. Erfurt: Stenger 1930

BERTALANFFY, L. VON: Theoretische Biologie. 2 Bde. Berlin: Borntraeger 1932–1942

CALLEBAUT, W.: Again, what the philosophy of biology is not. Acta Biotheoretica *53*, 93–122 (2005)

CARUS, C. G.: Specimen biologiae generalis. Leipzig: Tauchnitz 1811

CHURCHLAND, P.: The continuity of philosophy and the sciences. Mind and Language *1*, 5–14 (1986)

COMTE, A.: Catéchisme positiviste: ou, sommaire exposition de la religion universelle (1852). Paris: En Vente 1891

CUVIER, G.: Tableau élémentaire de l'histoire naturelle des animaux. Paris: Baudouin 1798

DELAGE, Y.: La structure du protoplasma et les théories sur l'hérédité et les grandes problèmes sur la biologie générale. Paris: Reinwald 1895

DES CHENE, D.: Mechanisms of life in the seventeenth century: Borelli, Perrault, Régis. Studies in History and Philosophy of Biological and Biomedical Sciences *36*, 245–260 (2005)

DETEL, W.: Erläuterungen zu Aristoteles' Analytica posteriora. In: ARISTOTELES: Werke in deutscher Übersetzung. Vol. *3*, Part II. Berlin: Akademie-Verlag 1993

DRIESCH, H.: Die Biologie als selbständige Grundwissenschaft. Eine kritische Studie. Leipzig: Engelmann 1893

DRIESCH, H.: Über Aufgabe und Begriff der Naturphilosophie. In: DRIESCH, H.: Zwei Vorträge zur Naturphilosophie. S. 21–38. Leipzig: Engelmann 1910

DRIESCH, H.: Ueber die Bestimmtheit und die Voraussagbarkeit des Naturwerdens. Logos *4*, 62–84 (1913)

FOUCAULT, M.: Les mots et les choses (1966). Germ.: Die Ordnung der Dinge. Frankfurt (Main): Suhrkamp 1974

FUENTE FREYRE, J. A. DE LA: La biología en la antigüedad y la edad media. Salamanca: Ed. Univ. de Salamanca 2002

GAYON, J.: De la biologie à la philosophie de la biologie. In: MONNOYEUR, F. (Ed.): Questions vitales. Vie biologique, vie psychique; pp. 83–95. Paris: Ed. Kimé 2009

GRENE, M.: Aristotle and modern biology. Journal for the History of Ideas *33*, 395–424 (1972)

GRIESEMER, J.: Philosophy and tinkering. Biology and Philosophy *26*, 269–279 (2008)

HAECKEL, E.: Generelle Morphologie der Organismen. 2 Bde. Berlin: Reimer 1866

HAGEMANN, R.: Inhalt und Prinzipien einer „Theoretischen Biologie". In: Kolloquium „Die Problematik der theoretischen Biologie". S. 46–52. Berlin 1989

HERTWIG, O.: Allgemeine Biologie. Jena: Fischer 1906

HOPPE-SEYLER, F.: Physiologische Chemie. Teil 1. Allgemeine Biologie. Berlin: Hirschwald 1877

HULL, D. L.: What philosophy of biology is not. Synthese *20*, 157–184 (1969)

HULL, D. L.: Philosophy of Biological Science. Englewood Cliffs, N. J.: Prentice-Hall 1974

HULL, D. L.: Philosophy and biology. In: Contemporary Philosophy. A New Survey. Vol. *2*; pp. 281–316. The Hague: Nijhoff 1982

HULL, D. L.: The history of the philosophy of biology. In: RUSE, M. (Ed.): The Oxford Handbook of Philosophy of Biology; pp. 11–33. Oxford: Oxford University Press 2008

HULL, D. L., and RUSE, M. (Eds.): The Philosophy of Biology. Oxford: Oxford University Press 1998

HULL, D. L., and RUSE, M. (Eds.): The Cambridge Companion to the Philosophy of Biology. New York: Cambridge University Press 2007

HUXLEY, T. H.: [Review: The Cell Theory]. The British and Foreign Medico-Chirurgical Review *12*, 285–314 (1853)

HUXLEY, T. H.: [Review: Haeckel, E. (1868). The Natural History of Creation]. The Academy *1*, 13–14 (1869)

JOHNSTONE, J.: The Philosophy of Biology. Cambridge: Cambridge University Press 1914

KAISER, H., und VOIGT, W.: Probleme einer allgemeinen oder theoretischen Biologie. Deutsche Zeitschrift für Philosophie *15*, 435–445 (1967)

KAMPOURAKIS, K. (Ed.): The Philosophy of Biology. A Companion for Educators. Dordrecht: Springer 2013

KANT, I.: Kritik der Urtheilskraft (1790/93). In: *Königlich Preußische Akademie der Wissenschaften* (Hrsg.): Kant's gesammelte Schriften. Bd. *V*, 165–485. Berlin: Reimer 1913

KASSOWITZ, M.: Allgemeine Biologie. 4 Bde. Wien: Perles 1899–1906

KÜHNEMANN, E.: Kant. Bd. *2*. Das Werk Kants und der europäische Gedanke. München: Beck 1924

KULLMANN, W.: Aristoteles und die moderne Wissenschaft. Stuttgart: Steiner 1998

LAMARCK, J. B. DE: Histoire naturelle des animaux sans vertèbres. Vol. *1*. Paris: Verdiere, Lanoe 1815

LAUBICHLER, M. D.: Allgemeine Biologie als selbständige Grundwissenschaft und die allgemeinen Grundlagen des Lebens. In: HAGNER, M., und LAUBICHLER, M. D. (Hrsg.): Der Hochsitz des Wissens. Das Allgemeine als wissenschaftlicher Wert. S. 185–205. Zürich: Diaphanes 2006

LENNOX, J. G.: Aristotle's Philosophy of Biology. Studies in the Origins of Life Science. Cambridge: Cambridge University Press 2001

LEPENIES, W.: Das Ende der Naturgeschichte. Wandel kultureller Selbstverständlichkeiten in den Wissenschaften des 18. und 19. Jahrhunderts. München: Hanser 1976

LOTKA, A. J.: Elements of Physical Biology. Baltimore: Williams & Wilkins 1925 (= Elements of Mathematical Biology. New York: Dover 1956)

LUHMANN, N.: Die Wissenschaft der Gesellschaft. Frankfurt (Main): Suhrkamp 1990

MATTHEN, M., and STEPHENS, C. (Eds.): Philosophy of Biology. Amsterdam: Elsevier 2007

MAYR, E.: The Growth of Biological Thought. Diversity, Evolution, and Inheritance. Cambridge, Mass.: Harvard University Press 1982

MCRAE, C.: Fathers of Biology. London: Percival 1890

MÜLLER, J.: Handbuch der Physiologie des Menschen für Vorlesungen. Bd. *1*. Coblenz: Hölscher 1834

PENZLIN, H.: Was ist theoretische Biologie? Biologisches Zentralblatt *112*, 100–107 (1993)

PIERER, J. F.: Biologie. Anatomisch-physiologisches Realwörterbuch. Bd. *1*, S. 771–773. 1816

REINKE, J.: Einleitung in die theoretische Biologie. Berlin: Paetel 1901

ROSENBERG, A.: The Structure of Biological Science. Cambridge: Cambridge University Press 1985

ROSENBERG, A., and ARP, R. (Eds.): Philosophy of Biology. An Anthology. Malden, Mass.: Wiley-Blackwell 2010

ROSENBERG, A., and MCSHEA, D. W.: Philosophy of Biology. A Contemporary Introduction. New York: Routledge 2008

RUSE, M.: The Philosophy of Biology. London: Hutchinson 1973

RUSE, M.: The philosophy of biology comes of age. Philosophia naturalis *25*, 269–284 (1988)

RUSE, M. (Ed.): The Oxford Handbook of Philosophy of Biology. Oxford: Oxford University Press 2008

SARKAR, S., and PLUTYNKSI, A. (Eds.): A Companion to the Philosophy of Biology. Malden, Mass.: Blackwell 2008

SCHAXEL, J.: Grundzüge der Theorienbildung in der Biologie. Jena: Fischer 1919

SCHAXEL, J.: Grundzüge der Theorienbildung in der Biologie. 2., neubearb. und vermehrte Aufl. Jena: Fischer 1922

SCHLEIDEN, M. J.: Grundzüge der wissenschaftlichen Botanik nebst einer methodologischen Einleitung als Anleitung zum Studium der Pflanze. Bd. *1*, 3. Aufl. Leipzig: Engelmann 1849

SEDGWICK, W. T., and WILSON, E. B.: An Introduction to General Biology. New York: Holt 1895

SEGOND, L. A.: Histoire et systématisation générale de la biologie. Paris: Baillière 1851

SOMMERHOFF, G.: Analytical Biology. London: Oxford University Press 1950

STEGMÜLLER, W.: Probleme und Resultate der Wissenschaftstheorie und Analytischen Philosophie. Bd. *4*. 1. Personelle und statistische Wahrscheinlichkeit. Berlin: Springer 1973

TIEDEMANN, F.: Allgemeine Zoologie. Landshut: Heidelberg 1808

TOEPFER, G.: Teleology and its constitutive role for biology as the science of organized systems in nature. Studies in History and Philosophy of Biological and Biomedical Sciences *43*, 113–119 (2012)

UEXKÜLL, J. VON: Theoretische Biologie (1920/28). Frankfurt (Main): Suhrkamp 1973

VAN DE VIJVER, G., VAN SPEYBROECK, L., WAELE, D. DE, KOLEN, F., and PREESTER, H. DE: Philosophy of biology: outline of a transcendental project. Acta Biotheoretica *53*, 57–75 (2005)

VIRCHOW, R.: Atome und Individuen (1859). In: VIRCHOW, R.: Vier Reden über Leben und Kranksein. S. 35–76. Berlin: Reimer 1862

WEINBERG, S.: Against philosophy. In: WEINBERG, S.: Dreams of a Final Theory; pp. 166–190. New York: Pantheon 1992

WHEWELL, W.: The Philosophy of the Inductive Sciences. 2 Vols. London: Parker 1840

WÖHRLE, G. (Hrsg.): Geschichte der Mathematik und der Naturwissenschaften in der Antike. Bd. *1*. Biologie. Stuttgart: Steiner 1999

WRIGHT, C.: The genesis of species. North American Review *113*, 63–104 (1871)

Dr. Georg TOEPFER
Leiter des Forschungsbereichs LebensWissen
Zentrum für Literatur- und Kulturforschung
Schützenstraße 18
10117 Berlin
Bundesrepublik Deutschland
Tel.: +49 30 20192176
E-Mail: toepfer@zfl-berlin.org

Ordnung – Organisation – Organismus. Beiträge zur 20. Jahrestagung der DGGTB

Towards a New Theory of Bioinformation
Core Ideas and Issues*

Markus Pierre KNAPPITSCH (Münster)

Summary

The concept of information plays a key role in the life sciences. We talk about the information content of genes, structural information of tissue and the information content of biological signals. The interplay of concepts of multiple disciplines as mathematics, biology, philosophy and semiotics is necessary to enable us to access these phenomena. Many scientific articles deal with the application of Shannon information to biology. A core problem is the statistical-syntactical structure of SHANNON's theory of Information. SHANNON's communication model neglects both the meaning of a transmitted message and its influence on the recipient, what makes the application of these concepts to biology really difficult. Here, we want to expand this critique in order to identify the main problems. We also propose an alternative draft, and sketch concrete an alternative concept of information called *dynamic information*.

Zusammenfassung

Die große Komplexität des Phänomens Information in der Biologie ist unbestreitbar. Wir sprechen von der Information von Gensequenzen, von der Strukturinformation von Gewebe, vom Informationsgehalt biologischer Signale. Nur das Zusammenspiel zahlreicher Konzepte aus so verschieden erscheinenden natur- und geisteswissenschaftlichen Disziplinen wie der Mathematik, Biologie, Philosophie und Semiotik ermöglicht einen breiten Zugang zu dieser Erscheinung. Zahlreiche Arbeiten setzen sich mit der Anwendung des Shannonschen Kommunikations- und Informationsbegriffes auf biologische Problemstellungen auseinander. Ein grundlegendes Problem bei derartigen Ansätzen besteht in der statistisch-syntaktischen Natur des Shannonschen Begriffsapparates. Das Shannonsche Kommunikationsmodell lässt sowohl die Bedeutung einer übermittelten Nachricht als auch deren Wirkung auf den Empfänger außen vor, was eine Anwendung dieser Konzepte auf die Biologie stark erschwert. Wir möchten diesen Gedanken im Folgenden weiter ausführen und grundsätzliche Probleme des Begriffes Information in den Lebenswissenschaften aufzeigen. Anschließend schlagen wir grundlegende Eigenschaften vor, die ein neuer Informationsbegriff besitzen sollte, und skizzieren *dynamic information* als einen alternativen Entwurf.

Introduction

The communication between cooperating and adversary organisms is central to the understanding of biological ecosystems.[1] During the last years, biological communication has often been defined in terms of information transfer. Commonly, the underlying information theory

---

* Überarbeitete Fassung eines Vortrages auf der 20. Jahrestagung der *Deutschen Gesellschaft für Geschichte und Theorie der Biologie* vom 16. bis 19. Juni 2011 in Bonn.
1 See FARINA 1996, GREENE and GORDON 2003, RENDALL et al. 2009, SCARANTINO 2010, SCOTT-PHILLIPS 2008, 2010, SEYFARTH et al. 2010.

is Claude E. Shannon's[2] Mathematical Theory of Communication, published in 1948.[3] Here, information is treated as a measurable, mathematical quantity from a statistical point of view. Numerous researchers have presented their ideas concerning the application of Shannon information to biological issues.[4]

Although this approach produced plenty of interesting results, there are some central problems: since Shannon information is a statistical quantity, it just deals with syntactic aspects of the communication process and neglects the levels of semantics (meaning of a sign), pragmatics (context dependent influence of a sign) and dynamics. Arising problems for biology are evident: as a message has always an adaptive effect for living systems, the pragmatic-dynamic level seems to be of stronger interest for life scientists than the syntactic one. We agree with Andrea Scarantino's conclusion that, "if animal communication theorists want to use information for theoretical purposes, they should provide a rigorous theory of information that successfully addresses the semantic problem of communication".[5]

Obviously, a new concept and a new interpretation of information is required. In this article we first summarize some core problems of Shannon information in the life sciences. We then sketch an alternative draft of a biological relevant information concept, and give a short review of *dynamic information*.

In this approach agents can be seen as nonlinear coupled systems of ordinary differential equations with input terms.

Communication in Biology

Historical Remarks

In 1974 Ernst von Glaserfeld (1917–2010), a proponent of radical constructivism, published his famous article *Signs, Communication and Language*. The following quote gives an account of some central thoughts of this article: "In everyday usage we are not often bothered by doubts as to what is meant by 'communication'. We take it to mean that one conveys to another what he feels, thinks, knows, or does – and often also what he would like the other to do. Yet, when the life sciences investigate the phenomenon, the everyday concept quickly disintegrates."[6]

From von Glaserfeld's viewpoint, at least two concepts are essential to our understanding of communication: The concept of sign and the concept of feedback. We will work out these points in detail later.

One of the most general approaches to the question "what is communication?" is given in Norbert Wiener's[7] book *Cybernetics: Or Control and Communication in the Animal and the Machine*, published in 1948. Cybernetics is by definition the science of communication and control of living beings and machines and explores the basic concepts of regulation of systems of any form. Wiener noticed so the importance of communication to our understanding of

---

2 Claude Elwood Shannon (1916–2001).
3 See Shannon 1948.
4 See Lyre 2002, Quastler 1953, Yockey 2005.
5 See Scarantino 2010.
6 See von Glaserfeld 1974.
7 Norbert Wiener (1894–1964).

humans and animals. He states, "[...] it is completely impossible to understand social communities, [...] without a thorough investigation of their means of communication."[8]

Obviously, communication is a versatile phenomenon. Hence, some specifications are necessary to make it a useful concept in scientific explanations.

Syntax, Semantics and Pragmatics

The biosemiotic approach to communication[9] states the so-called semiotic three-dimensionality of a sign, meaning that each sign has three different *aspects* or *levels*:

– *Syntax* refers to the formal relations among signs.
– *Semantics* refers to relation between signs and the things to which they refer.
– *Pragmatics* refers to the relation between signs and the effects they have on the individuals which receive them.

Semantics and pragmatics are often merged to semanto-pragmatics, what refers to the context-dependent meaning for and hence influence on the recipient of a sign. We will use this term below for those influence-effects in biology, since we hold the view, that both levels cannot be seen fully separated in biological communication processes. The adaptive effect of a biological sign to a receiver defines its meaning in a pragmatic way by its potential influence on an organism.

Signs and Signals

We distinguish signs and signals. Different signals may encode the same sign, but not *vice versa*. For instance, an alarm call may have multiple forms, differing in sound intensity and complex tone. We assume a signal to be the physical realization of a sign in form of a spatio-temporal transmitted, ordered pattern. Hence, the same sign can be transmitted by plenty of signals of multiple modalities: acoustically, visually, chemically, *via* vibrations and so on.

Communication and Information

There is a close relationship between communication and information. What do we mean when we say, that two organisms communicate? A typical answer to that question could be: "We mean, that one conveys information to the other." But here, we just replaced one unknown concept (communication) by another (information), which leads us to the question: "What is information?" Can information really be transmitted? Is information a property of a message itself, which has been transmitted from its sender to its recipient? In order to understand what communication is, we first need to specify what we mean by information. Hence, the next paragraph gives an account on the classical information theory by SHANNON.

---

8 See WIENER 1948.
9 See SHAROV 1991.

Information and Organization

There is a close relation between information and organization in the realm of biology.[10] Whenever living beings organize themselves, there is a need to interpret signs in any form. There could, for instance, be environmental cues or signs from other organisms.

If we see biological organization as a dynamic process involving interacting organisms, it is henceforth necessary to specify these (sign-mediated) forms of interaction. This is the point, where communication and hence information comes into play.

Shannon Information

The landmark event that established the concepts of information theory was the publication of Claude E. SHANNON's classical paper *A Mathematical Theory of Communication* in the *Bell System Technical Journal* in 1948. We will now recall the basic ideas of this article.[11] We abbreviate Shannon information in the following by 'SI'.

The Self-information of a Sign

Assume, we observe some communicating entities. One of them, the sender, wants to send a message to another, which we call the recipient, by transmitting a sign.

Consider now a finite Message set M with n messages (signs) $x_1,...,x_n$. We assume, that we know the probability of each sign to be sent, and denote this probability by $p_i = p(x_i)$. SHANNON defined the *self-information* (also called *surprise*) of the sign x_i as

$$I(x_i) = \log_2\left(\frac{1}{p_i}\right) = -\log_2(p_i). \quad [1]$$

This is a measure for the information content of a transmitted sign, expressed in the unit *bits*. As a consequence, rare signs have a high self-information. On the other hand, frequently occurrent signs have a low self-information.

Information as Entropy

Shannon entropy represents the mean information content of our source. It is defined as the expected value of the self-information of the sign-source. Usually, this notion is meant, when we speak about information in a scientific context. Mathematically we can write:

$$H = \sum_{x \in M} p(x)\log_2\left(\frac{1}{p(x)}\right). \quad [2]$$

Note that the entropy above is maximized for the uniform distribution, which means, that information is maximized in case of highest uncertainty. This fact seems to be inappropriate for biological communication issues. Hence, it is necessary to construct another notion of information. Now, we will first specify the basic problems of Shannon information, when applied to biology.

---

10 See HAKEN and HAKEN-KRELL 1989, HAKEN 2006, CAMAZINE et al. 2003.
11 For a more detailed presentation see also SHANNON 1948.

Why Shannon Information is Not Adequate

Shannon information encompasses significant shortcomings, which limit the applicability to communication in the life sciences. Since Shannon information is a purely statistical quantity, it treats only syntactic aspects of the communication process. In contrast, the levels of semantics, pragmatics, and dynamics are not under consideration. Clearly, a message has always an impact on living systems, because it leads to a certain adaptive response. Yet this active response is part of the pragmatic-dynamic level and integral part of biological communication. A modification of Shannon information is henceforth necessary.

In general, the process of communication can be defined in terms of semiotics as a sender-receiver system. Here, a sender transmits a message by providing signs to a receiver, in order to manipulate the receiver's behavior. Thus, a sign achieves its meaning for the receiving organism through the context-dependent interpretation of the sign. Meaning is not a property of the sign itself, but of the sender-receiver system, also depending on the spatio-temporal background.

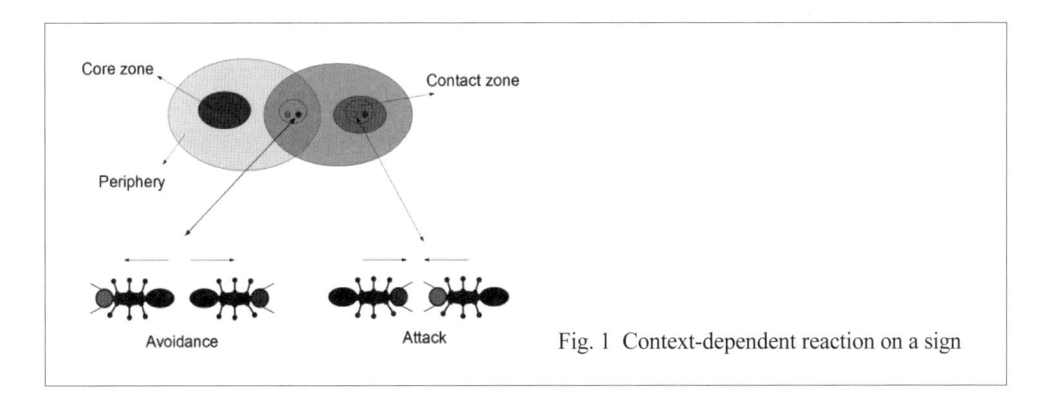

Fig. 1 Context-dependent reaction on a sign

An example may clarify this.[12] Consider two ant colonies with adjacent territories. Each territory consists of a core zone, that can be seen as a "no go area" for non-nest mates, and a peripheral zone. It has been observed, that the core zones of each colonies territory may not be entered by members of another colony. Usually, territories of adjacent colonies overlap in their peripheries. While the contact of two ants from distinct colonies in the periphery leads to rapid escape, respectively, avoidance (see Fig. 1, *left*), contact in the core zones leads to defensive behavior, ending in a heavy fight up to death (Fig. 1, *right*).

Experiments have shown that two fighting ants, put from the core zone into periphery, directly desist from each other. This example shows that the meaning of a sign depends on the spatio-temporal context, since the same sign varies its meaning depending on the place it is received.

Thus, we should focus on the receiver if we want to understand the emergence of information in biological communication systems, since the same sign could have different meanings in different situations for an organism.

SHANNON's theory neglects the adaptive effect of a message for the receiver, since it is not important for the engineering problem. SHANNON states: "The fundamental problem of commu-

---

12 See HÖLLDOBLER and WILSON 2010 for the following explanation.

nication is that of reproducing at one point either exactly or approximately a message selected at another point. Frequently the messages have meaning; that is they refer to or are correlated according to some system with certain physical or conceptual entities. These semantic aspects of communication are irrelevant to the engineering problem. The significant aspect is that the actual message is one selected from a set of possible messages."[13]

We collect some main critique points of Shannon Information in a short form[14]:

- Shannon Information just takes the syntactic structure of a sign into account.
- Shannon Information neglects the levels of semantics, pragmatics and dynamics of a message.
- It is a global defined quantity.
- In the life sciences a local, dynamic quantity would be more appropriate.
- Different organisms react in a different way on the same message.
- The reaction of an organism to a message depends on the spatio-temporal background of the message.

From this point of view, a modification of Shannon information theory is necessary, and will be given below.

An Alternative Draft

How should an alternative draft should look like? What should be the basic and necessary properties of an alternative concept of information? We will work out three core points: How to focus on the recipient, how to include the levels of semantics, pragmatics and dynamics, and how to make information a local quantity.[15]

Focus on the Recipient

We already argued that one core problem of SI is, that it focuses on the sender of a message, instead on the recipient. The information content of a message depends on the (sender-specific) probability. In contrast, the life sciences require a recipient-centered concept of information, which takes the influence and the adaptive effect of a message into account. We think, that one of the main differences between biological and purely physical systems is, that in the first case messages are always interpreted in any form, and that they have an adaptive effect on an organism. Similar observations have never been made for physical systems. One first step towards a biological relevant theory of information is a Copernican Revolution within the meaning of turning away from the passive, sender-centered concept of information towards an active, recipient-centered one. The information content of a message should no longer be a sender-dependent property of a message, but a whole sender-message-recipient-system property.

---

13 See SHANNON and WEAVER 1949.
14 See KNAPPITSCH and WESSEL 2011.
15 See KNAPPITSCH and WESSEL 2011.

Information as a Local Quantity

In SHANNON's framework the information content of a message is a global defined quantity, accessible to the whole environment of the sender of the message. But biological observations show, that the same message leads to absolutely different adaptive effects for different organisms. Thus, the information content of a message is located in the recipient, and is so a local quantity. Outside of an organism the message has no meaning, and no information content, since it is not interpreted. Hence, a new concept of information should be able to describe the information content of a message as a local quantity. As shown above, one possibility could be to replace classical probabilities of a sign by time-dependent quantities, which should be coupled to the internal dynamics of an organism. This is the approach of *dynamic information*.

Semanto-Pragmatics and Dynamics

Classical information theory neglects both the meaning of a message and its influence on the recipient. From the viewpoint of biology it is eligible to be able to measure the semantic content of a message in a quantitative way by its adaptive effect on the recipient. Thus, a new concept of information should take the levels of semantics (meaning), pragmatics (influence) and dynamics (temporal variability) into account. Messages which cause a relevant change in the recipient's behavior should have a high information content. It is clear, that this value is not correlated to the probability of occurrence of the message, since it is possible that a rare message has just slight or even no adaptive effect, and hence a small information content.

Dynamic Information – an Alternative?

This article deals with such an alternative concept of information, called dynamic information: incoming signal channels are rated by a relative importance depending on the internal state (representing the behavior) of an agent. The bigger the change in the agent's behavior by the channel is, the bigger are the relative importance and the dynamic information. Similar to probability distributions, the time-dependent relative importances $p_{ij}(t)$ allow to define the dynamic information of the communication channel $n_{ij}(t)$ from an agent A_i to another agent A_j.

Hence, dynamic information is a quantitative measure for the adaptive effect of a communication channel. As a consequence, information is no longer a property of a message itself, but a property of the message-receiver system. Our approach provides a possibility to localize the information concept and to introduce dynamic information as a local, dynamical quantity that also addresses the semanto-pragmatic level of a message. We follow here Thomas SCOTT-PHILLIPS, concluding his article *Defining Biological Communication* as follows: "The article concludes that signals and hence communication are best defined with reference to adaption, and that if it is to be discussed at all information should be seen only as an emergent property of communication and certainly not as a defining quality."[16]

---

16 See SCOTT-PHILLIPS 2008.

Recipients as Agents

Mathematically it is possible to construct recipients as dynamical systems with input and output.[17] A dynamical system is a mathematical structure that evolves in time, according to specific rules. We now consider some communicating organisms, which we model by some agents A_1 up to A_n. (So, n is the number of communicating individuals.)

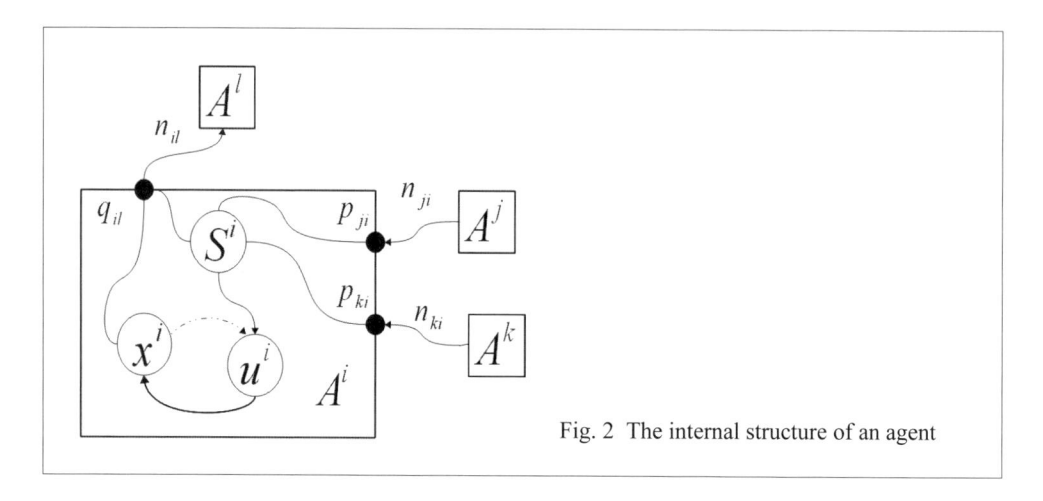

Fig. 2 The internal structure of an agent

We assume that an agent A_i can be formalized as a dynamical system with the following internal structure (see Fig. 2):

- a signal storage $S_i(t)$, representing a signal processing unit,
- an internal state $x_i(t)$, representing the agents behavior,
- a controller $u_i(t)$, that acts on the internal state.

The signal storage unit is supposed to be a pre-processing unit for incoming signals of other agents. *Via* the controller the signal storage can act on the internal state representing the agent's behavior.

Outgoing communication channels can functionally depend on the internal state as well as on the signal storage of an agent. For instance, the channel $n_{ij}(t)$ from agent A_j to agent A_i possibly depends on $S_j(t)$ and $x_j(t)$. Thus, we write $n_{ij}(t) = h_{ij}(x_j(t), S_j(t))$. An incoming channel $n_{ij}(t)$ is rated with the relative importance $p_{ij}(t)$.

Dynamic Information

Now, we introduce the concept of dynamic information as a bridge between the dynamical system framework model and Shannon information theory. With the notion of the relative importance of a communication channel it is possible to define dynamical information as an alternative to Shannon information. The new concept refers to the semanto-pragmatic influence of a channel to the recipient's behavior. Thus, dynamic information is a first approach to make

---

17 See KNAPPITSCH 2010.

the meaning of a message measurable.[18] We define the time-dependent dynamic information of the channel $n_{ij}(t)$ by

$$I(t) = \log\left(\frac{1}{r_{ij}(t)}\right) = \log\left(\frac{1-p_{ij}(t)}{n-2}\right). \qquad [3]$$

For a high relative importance of a channel, its dynamic information is high. Note that our definition depends on the number of individuals taking part in the communication process, and is just for $n \geq 3$ well-defined. Summation over all possible $n - 1$ senders yields the dynamic information agent A_i is provided with at time t:

$$I_i(t) = \sum_{\substack{j=1 \\ j \neq i}}^{n} \log\left(\frac{1-p_{ij}(t)}{n-2}\right). \qquad [4]$$

The specific form of the definition has mathematical reasons. Instead of going into technical details, we will summarize some important properties of dynamic information.

- Dynamic information is always positive.
- The more important a channel is, the higher is its dynamic information.
- An unimportant channel has low dynamic information.
- The dynamic information of a signal channel depends on the recipient's internal state.

Dynamic information seems to be a promising candidate for an informational concept satisfying our requirements from the last paragraph. Since it depends functionally on the internal state of an agent, it is a local quantity. The dynamic information of a message increases and alters with its relative importance, so the dynamic aspect is also satisfied.

Discussion

We showed, that Shannon information is not fully appropriate for the life sciences, and worked out an alternative draft. The new concept of dynamic information has been introduced as an promising candidate.

The new information concept has numerous desirable properties, and can serve as a new basis in discussions on information transfer in biological systems.

- In contrast to Shannon information, dynamic information is a local property of a message-receiver system, and not a property of the message itself.
- Since the relative importances depend functionally on the internal state of an agent, dynamic information features a possibility to determine a semanto-pragmatic information content of a message.
- The above example showed, that an organism's reaction on a message depends on the spatio-temporal background. Our general model also comprises this fact, since environmental factors potentially influence the agent's behavior.

Our new approach focuses on the receiver of a message, instead on its sender. This works similar to the Copernican revolution in philosophy, since the receiver constitutes his communicative

---

18 For more details, see KNAPPITSCH 2010.

reality by the private interpretation of the message. There is no "absolute" information content of a message, rather than a personal value of a message for the receiver, since the meaning of a sign depends on its spatio-temporal background. Many open questions give raise for future research. Is there a general method to derive the relative importances $p_{ij}(t)$ for the channels? What are the philosophical and epistemic implications of the new information concept?

Acknowledgements

Thanks to Wolfgang ALT, Andreas WESSEL and Gerhard BUKOW for many helpful discussions.

References

CAMAZINE, S., DENEUBOURG, J.-L., FRANKS, N. R., SNEYD, J., THERAULAZ, G., and BONABEAU, E.: Self-Organization in Biological Systems. Princeton Studies in Complexity. Princeton University Press 2003
FARINA, W. M.: Food-exchange by foragers in the hive – a means of communications among honey bees? Behav. Ecol. Sociobiol. *28*, 59–64 (1996)
GLASERFELD, E. VON: Signs, communication and language. Journal of Human Evolution *27*, 465–474 (1974)
GREENE, M. J., and GORDON, D. M.: Cuticular hydrocarbons inform task decision. Nature *423*, 32 (2003)
HAKEN, H.: Information and Self-Organisation. Berlin: Springer 2006
HAKEN, H., und HAKEN-KRELL, M.: Entstehung von biologischer Information und Ordnung. Darmstadt: Wissenschaftliche Buchgesellschaft 1989
HÖLLDOBLER, B., und WILSON, E. O.: Der Superorganismus. Berlin: Springer 2010
KNAPPITSCH, M. P.: Konstruktion und Simulation eines mathematischen Rahmenmodells biologischer Kommunikation mittels dynamischer Systeme. Bonner Mathematische Schriften *402*, 1–126 (2010)
KNAPPITSCH, M. P., und WESSEL, A.: Information in der Biologie. ECMTB Communications *14* (2011)
LYRE, H.: Informationstheorie. Eine philosophisch-naturwissenschaftliche Einführung. Stuttgart: UTB Verlag 2002
QUASTLER, H. (Ed.): Information Theory in Biology. Urbana, Illinois: University of Illinois Press, 1953
RENDALL, D., OWREN, M. J., and RYAN, M. J.: What do animal signs mean? Animal Behaviour *78/2*, 233–240 (2009)
SCARANTINO, A.: Animal communication between information and influence. Animal Behaviour *79/6*, 1–5 (2010)
SCOTT-PHILLIPS, T. C.: Defining biological communication. Journal of Evolutionary Biology *21*, 387–395 (2008)
SCOTT-PHILLIPS, T. C.: Animal communication: Insights from linguistic pragmatics. Animal Behaviour *79/1*, 1–4 (2010)
SEYFARTH, R. M., CHENEY, D. L., BERGMAN, T., FISCHER, J., ZUCKERBÜHLER, K., and HAMMERSCHMIDT, K.: The central importance of information in studies of animal communication. Animal Behaviour *80/1*, 3–8 (2010)
SHANNON, C. E.: A mathematical theory of communication. Bell Systems Technical Journal *27*, 379–423 (1948)
SHANNON, C. E., and WEAVER, W.: The Mathematical Theory of Communication. Urbana, Illinois: The University of Illinois Press 1949

SHAROV, A.: Biosemiotics: A functional-evolutionary approach to the analysis of the sense of information. In: SEBEOK, T. A. (Ed.): Biosemiotics. The Semiotic Web. Berlin: Mouton de Gruyter 1991
WAGNER, R. H., and DANCHIN, E.: A taxonomy of biological Information. Oikos *119*/2, 20–29 (2010)
WEIZSÄCKER, C. F. VON: Die Einheit der Natur. München: Carl Hanser Verlag 2003
WIENER, N.: Cybernetics: Or Control and Communication in the Animal and the Machine. New York: MIT Press 1948
WITZANY, G.: Biocommunication and Natural Genome Editing. New York: Springer 2009
YOCKEY, H. P.: Information Theory, Evolution, and the Origin of Life. Cambridge u. a.: Cambridge University Press 2005

Markus Pierre KNAPPITSCH
Institut für Numerische und Angewandte Mathematik
Westfälische Wilhelms-Universität Münster
Raum 120.019
Orleansring 10
48149 Münster
Bundesrepublik Deutschland
Phone: +49 251 8335147
E-Mail: markus.knappitsch@uni-muenster.de

Ordnung – Organisation – Organismus. Beiträge zur 20. Jahrestagung der DGGTB

Scheitert der Experimentelle Realismus in der Biologie?*

Gerhard C. BUKOW (Magdeburg)

Zusammenfassung

Der Text plädiert für eine Ontologie der Biologie auf Grundlage von Tropen, Teil-Ganzes-Beziehungen und Kausalbeziehungen. Funktionale Entitäten der Biologie sind organisiert und haben in spezifischen Kausalbeziehungen zueinander stehende gebündelte Teile. Diese Kausalbeziehungen erlauben die tropenbasierte Neuformulierung des Interventionsarguments.

Summary

The text argues for a trope-based ontology of biology that implicate part-whole-relations and causal connections. Functional entities are organized and are made of bundled parts that hold in specific causal connections with other parts. These causal connections allow for a trope-based reformulation of the intervention argument.

1. Einleitung: Die Rolle von Ontologien in den Wissenschaften

Ontologien sind jene Inventare, die u. a. die Entitäten enthalten, mit denen die Wissenschaften den von ihr erfassten Bereich der Welt beschreiben. Die Einträge in diesen Ontologien sind beispielsweise die theoretischen Entitäten der Physik. Wer glaubt, dass die Wissenschaften auf Wahrheit abzielen, der wird wollen, dass die Ontologien der Wissenschaften auch Einträge beinhalten, deren Existenzbehauptungen wahr sind, also beispielsweise keine nichtexistenten Entitäten für existent behaupten.

Sieht man von der Möglichkeit der völligen Elimination einer Ontologie ab, so stehen zwei Ontologien potentiell in wenigstens drei Verhältnissen zueinander: entweder (*a*) kann die eine Ontologie komplett auf die andere Ontologie reduziert werden, oder (*b*) es kann einige Abbildungen zwischen den Ontologien geben, oder (*c*) aber es kann eine dritte Ontologie geben, die das Produkt der Zusammenführung beider Ontologien darstellt.

Der nachfolgende Aufsatz beschäftigt sich mit dem Verhältnis der Ontologien der Physik und Biologie und diskutiert an einem Beispiel einer solchen Ontologie für die Biologie die Varianten (*a*), (*b*) und (*c*) mit Blick auf das „Zusammenpassen" der physikalischen und biologischen respektive funktionalen Entitäten. Den Biologen mag die „Entität" hier irritieren. In der philosophischen Literatur wird häufiger von Entitäten anstelle von Gegenständen oder Dingen gesprochen, und ich werde diesem Wortlaut in der Regel folgen, weil letztere bereits

---

* Überarbeitete Fassung eines Vortrages auf der 20. Jahrestagung der *Deutschen Gesellschaft für Geschichte und Theorie der Biologie* vom 16. bis 19. Juni 2011 in Bonn.

suggestiv eine bestimmte Ontologie nahelegen: die Ding-mit-Eigenschaften-Ontologie. Von dieser werden wir später noch abweichen – und physikalische und biologische Entitäten scheinen sich grundlegend zu unterscheiden: Biologische Entitäten sind funktionale Entitäten, die auf eine Weise mit Funktionen verbunden sind oder diese immanent haben oder hervorbringen. Funktionen sind Eigenschaften, wobei das Haben dieser Eigenschaften oder das Haben der Verbindung mit diesen Eigenschaften kausal-effizient ist.

Es geht dann zunächst um die Frage, wann wir uns der Existenz der physikalischen Entitäten sicher sein können. Dafür führe ich zunächst das Interventionsargument des Experimentellen Realismus an, der behauptet, wir könnten uns dieser Entitäten besonders dann sicher sein, wenn wir diese nutzen können, um in noch hypothetischere Entitäten zu intervenieren. Nach einer Problembesprechung dieses Ansatzes geht es um den Ansatz der Rollenanalyse, der nahelegt, dass wir Funktionen (Funktionsgerede) auf kausale Beziehungen zwischen organisierten Entitäten (Kausalitätsgerede) vollständig abbilden können. Dies ist also ein Versuch der Kategorie (*a*). Danach lege ich kurz nahe, wieso ein Versuch der Kategorie (*b*) in der Regel nicht tragbar ist – da nicht systematisch –, und komme dann zu einem Versuch der Kategorie (*c*): Dieser Versuch legt nahe, es einmal mit einer Tropenontologie zu versuchen, da die Probleme von (*a*) und (*b*) in ihren Varianten hauptsächlich auf der Ding-mit-Eigenschaften-Ontologie zu beruhen scheinen, die es schwer macht, Funktionen „in die Welt" zu bringen. Dazu werde ich formalere Arbeiten aus den Debatten um Mereologie und Tropenontologien einbeziehen, um zu einer Reformulierung des Interventionsarguments für Funktionale Entitäten zu kommen.

2. Gibt es die theoretischen Entitäten wirklich?

Die Antworten auf diese Fragen sind an ganz verschiedene Ausgangskonstellationen von Positionen geknüpft. Wer z. B. bereit ist, die Welt in zwei völlig disparate Reiche funktionaler Entitäten (oder „belebter Entitäten") und physikalischer Entitäten einzuteilen, wird andere Antworten und Methoden suchen, als hier gegeben werden. Daher werde ich sogleich die Positionen auflisten, die vielleicht ein typischer theoretisierender Naturwissenschaftler oder Philosoph der Naturwissenschaften halten mag, jedoch nicht alle jeweiligen Alternativen. Ich werde auch nicht jede Position einzeln motivieren, sondern diese Positionen zum Experimentellen Realismus hinführen lassen, der eigentlicher Gegenstand des Aufsatzes ist.

Die Realismusdebatte beschäftigt sich mit der Existenz von Entitäten und Ordnungen in der Welt. Kommen wir zuerst zu den Entitäten. Wie sind diese Entitäten, und wann haben wir gute Gründe, die Existenz von Entitäten anzunehmen? Der wissenschaftliche Realismus beschäftigt sich dabei insbesondere mit theoretischen Entitäten der Wissenschaften, wie z. B. der Physik, und unseren Gründen für die Annahme, dass so etwas wie ein Elektron wirklich in der Welt da draußen existiert. In diesem Fahrwasser findet sich auch der „Kombinatorialismus", der in etwa aussagt, dass Entitäten am Ende des Tages aus mehr oder weniger komplexen Kombinationen elementarer Entitäten aufgebaut sind. Spezifischer noch ist der mereologische Physikalismus, der behauptet, diese Kombinationen seien mereologische Summen. Natürlich handelt es sich hierbei um einen Substanz- und Eigenschaftsmonismus. Wenn dem so sein soll, dann haben wir bereits eine ungefähre Vorstellung darüber, wie eine Ordnung der Welt sein könnte. Jede Entität wird ihren Platz in der Welt haben und, falls nötig, aufschlüsselbar sein in elementare Entitäten (Elementarteilchen) der Physik. Diese Ordnung beschreibt also Teil-Ganzes-Relationen zwischen Elementarteilchen und komplexen Entitäten und nach Aufschlüsselung dann Ist-ein-Relationen zwischen Individuen und Elementarteilchen. Natürlich haben – wie immer – die Philosophen unzählige Zwischenpositionen eingenommen, und daher möchte ich diese Position, die aus dem wissenschaftlichen Realismus mit seinem Theorienfokus, dem mereologischen Physikalismus und dem Naturalismus besteht, Theorienrealismus nennen.

Der Theorienrealist hat also eine Vorstellung davon, gegenüber welchen Entitäten er Realist sein kann und wie diese Entitäten in die Welt einzuordnen sind. Der wissenschaftliche Realist wird sich in der Regel auf seine reifsten Theorien berufen. Einmal abgesehen davon, dass es unabhängige wissenschaftstheoretische Motivationen gibt, dieses Bild eines „Theorienrealismus" abzuspecken und den Blick auf Experimente (und Instrumente) zu richten, ist es so, dass die Welt scheinbar nicht nur aus der Physik mit ihren langreichweitigen Theorien besteht.

Wie passt die Biologie in dieses Bild? Die Biologie ist durch zwei Eigenheiten gekennzeichnet, die in der bisherigen Positionensammlung fehlen. *Erstens* hat es die Biologie mit funktionalen Entitäten zu tun. Das sind Entitäten, die Funktionen haben oder ein Funktionieren hervorbringen. Diese Funktionen sind im Sinne der Ding-mit-Eigenschaften-Ontologie erst einmal spezielle Eigenschaften, die vielleicht nicht allen Entitäten in der Welt zukommen. Häufig wird eine „maximale Funktion" angeführt, z. B. das Überleben des Individuums oder das Erhalten der Art, welche im Zusammenhang mit dem zweiten Punkt steht. *Zweitens* nämlich sind die Taxonomien der Biologie auf evolutionärer Basis entstanden und beschreiben Verwandtschaftsverhältnisse zwischen Entitäten statt Teil-Ganzes-Relationen. Dabei postulieren sie theoretische Arten von Entitäten, zu denen komplexe Individuen in einer Ist-ein-Relation stehen. Auf der Individuenebene gibt es eine ganze Reihe weiterer funktionaler Entitäten, wie z. B. Gene, die einerseits strukturell aufschlüsselbar sind (als bestimmte Komplexe), andererseits jedoch Funktionen haben. Funktionen kann man jedoch weder sehen, noch messen, noch scheinen sie irgendwie aus einer simplen Kombination von Elementarteilchen zu bestehen. Es ist auch nicht klar, wie sich Funktionen selbst kombinieren lassen sollten. Funktionale Entitäten sind also in erster Linie theoretische Entitäten der Biologie – wie jene der Physik – aber mit einigen funktionsbezogenen Besonderheiten. Wir werden überlegen müssen, ob etwas dagegen spricht, funktionale Entitäten einfach als mereologische Summen aufzuschlüsseln – ohne den Bereich der Physik zu verlassen.

Damit nun aber alles mit rechten Dingen in der Welt zugeht (im Rahmen eines Naturalismus und Physikalismus), muss das Verhältnis zwischen Biologie und Physik bestimmt werden. Hier bieten sich verschiedene Beziehungen zwischen zwei Ontologien oder Ordnungen an: Reduktion einer Ontologie auf die andere Ontologie, „Mappings" oder Abbildungen zwischen den Ontologien, oder aber das „Merging" oder Zusammenführen beider Ontologien zu einer neuen Ontologie. Ein Problem besteht nun in diesem Zusammenhang aufgrund der verschiedenen „Konstitutionen" dieser Wissenschaften: Während die Physik langreichweitige Theorien hat, ist dies in der Biologie nicht der Fall. Man kann sich also nicht einfach der Existenz theoretischer Entitäten der Biologie sicher sein, weil man – explanatorisch und ontologisch – Theorien der Biologie auf Theorien der Physik in einfacher Weise reduzieren oder abbilden – oder gar zusammenführen – könnte.

Dieser Umstand bereitet die Bühne für die nächsten beiden Abschnitte dieses Aufsatzes. *Erstens*, gibt es Alternativen zu einem auf Theorien basierenden Realismus? *Zweitens*, wie kann das Verhältnis zwischen Biologie und Physik angesichts so eines Realismus gehandhabt werden?

3. Der Experimentelle Realismus – eine Alternative zum Theorienrealismus?

Theorienrealismus wurde als eine realistische Position gegenüber den theoretischen Entitäten unserer besten wissenschaftlichen Theorien eingeführt. Der Theorienrealismus stößt jedoch auf Widerstand: Einerseits gibt es legitime Zweifel am Erfolg der Theorien (pessimistische Metainduktion), andererseits vernachlässigt der Theorienrealismus einen wesentlichen Bestandteil wissenschaftlicher Praxis. Wissenschaft ist nicht nur die Abfolge von Theorien, sondern besteht auch aus Experimenten. Eine Analyse der Rolle von Experimenten und der damit verbundenen Fertigkeiten der Experimentatoren in einzelnen wissenschaftlichen Entdeckungen hat zumindest die Strömung des „Neuen Experimentalismus" hervorgebracht. Hier gibt es auch wichtige explorative Experimente, die keine Hintergrundtheorien fordern. Verschiedene Forscher können auch gemeinsam an einem Experiment arbeiten und trotzdem verschiedene Hintergrundtheorien über die Gegenstände im Experiment haben. So berichtet Ian HACKING (*1936) z. B. von einem Experiment mit der „Elektronenkanone PEGGY II", wobei die Forscher alle unterschiedliche Modelle vom einen geschossenen Elektron besitzen.[1]

Dieser Ausgangspunkt – viele Modelle, keine (langreichweitige) Hintergrundtheorie, und die Betonung des Experiments – war der Ausgangspunkt für den von Ian HACKING benannten Entitätenrealismus oder Experimentellen Realismus. Da sich, wie eine kurze Darstellung zeigen wird, ein „reiner Entitätenrealismus" nicht halten lässt, bevorzuge ich das Label „Experimenteller Realismus".

Die ontologische Position des Experimentellen Realismus ist also, dass wir Realisten sein sollen gegenüber theoretischen Entitäten. Doch zwischen der ontologischen Position und dem epistemischen Zugang, vermittels dem wir uns die Sicherheit verschaffen, an die theoretische Entität auch glauben zu dürfen, klafft eine Lücke. Der Experimentelle Realist liefert daher auch gleich ein epistemisches Argument mit, wann wir eben Realisten gegenüber der Entität sein sollen: *Wir dürfen an eine theoretische Entität glauben, genau dann, wenn wir diese Entität nutzen können, um in andere hypothetische Entitäten zu intervenieren.*

Im Grunde handelt es sich also um einen Manipulationszugang, der auf die kausalen Kräfte oder Eigenschaften der theoretischen Entität referiert. Ian HACKING spricht in diesem Zusammenhang von den sogenannten „home truths", die die Entität ausmachen und die man ohne Hintergrundtheorie kennen könnte. Dabei wird man, etwas formaler dann, kausale Netzwerke zwischen Entitäten rekonstruieren und die Manipulation durch die theoretische Entität unter verschiedenen Umständen austesten. Wenn man sich sicher sein kann, dass die hypothetischen Entitäten, in die man interveniert, eben nur durch Manipulationen an der theoretischen Entität manipuliert werden, so wie die Elektronen der Elektronenkanone allein bestimmte Effekte hervorrufen, dann kann man ein kausales Netzwerk rekonstruieren.

Der Experimentelle Realismus hält also die Rolle der Hintergrundtheorien bewusst niedrig und hebt hingegen die kausalen Zusammenhänge mehr hervor. Diese Zusammenhänge sind einerseits natürliche Relationen, andererseits „spiegeln" sich diese Relationen in Kausalerklärungen, die in den Modellen verwendet werden. (Dabei ist natürlich zu beachten, dass in den Relationen von Kausalerklärungen Propositionen oder Fakten verwendet werden, die transzendent sind.)

Der „reine Entitätenrealismus", der ohne Hintergrundtheorie auskommen möchte, ist jedoch nicht haltbar, argumentiert Gerhard C. BUKOW (*1984).[2] So stellte sich in der nachfolgenden

---

1 HACKING 1983.
2 BUKOW und LYRE 2010.

Debatte heraus, dass die Theorie eine entscheidende Rolle bei der Individuation von Entitäten inne hat. Grob gesagt, können mehrere Entitäten in Kausalnetzwerken unter vielen Umständen so zusammen wirken, als seien sie eine Entität. Ein Physikbeispiel, das im Zusammenhang mit dem Entitätenrealismus diskutiert wurde, war z. B. die Hadron-Parton-Debatte. In der Biologie hingegen hat man über Gene oder funktionelle Gehirnareale und ihre Individuation diskutiert. Insbesondere die „datengetriebenen" Ansätze liefern dabei nur Muster – aber diese Muster müssen nicht auf etwas in der Welt da draußen referieren. Häufig gibt es verschiedene Muster über ein und denselben Datensatz, die auch noch alle mit verschiedenen Theorien in Einklang gebracht werden können. Die Theorie allein liefert die Individuationsbedingungen für diese Entitäten, die sich rein experimentell nicht „trennen" lassen. Nur der, der weiß, wo er hinsehen muss (also individuiert hat), weiß, was er mit den experimentellen Beobachtungen und Daten anfangen soll und welche kausalen Kräfte er nun welcher Entität zuordnen soll. Hintergrundtheorien sind also eminent wichtig, und ein geflügeltes Wort besagt etwa: „No entity without identity!"

Ein weiteres Problem bildet die fundamentale Unterbestimmtheit des „wahren" Kausalnetzwerks bei der Rekonstruktion: Wenn man kausale Netzwerke, wie handelsüblich, als sogenannte gerichtete azyklische Graphen darstellt und rekonstruiert, so gibt es für n Knoten jeweils eine bestimmte Anzahl an Möglichkeiten, wie der Graph aufgespannt werden kann. Diese Anzahl an Möglichkeiten wächst rasend schnell an und ist innerhalb einer Klasse von Möglichkeiten nicht mehr durch Experimentserien zu unterscheiden. Der Experimentelle Realist kann sich hier höchstens auf diese „Klassen" von Netzwerken zurückziehen, wobei das „wahre Netzwerk" im Dunkeln bleibt.

Zuletzt sei hier noch das Problem der Konzeption von Entitäten angesprochen, auf die wir später noch kommen werden: Werden Entitäten ausschließlich durch ihre kausalen Eigenschaften ausgemacht? Es gibt durchaus noch andere Individuationskriterien, die in der Metaphysik gehandelt werden: Numerizität, raumzeitliche Besetzung, Ähnlichkeit, um nur einige zu nennen. Zudem gibt es Alternativen zur Ding-mit-Eigenschaften-Ontologie, die einen Substantialismus favorisiert und insbesondere in der Biologie einige Erklärungsprobleme hat. Doch dazu später mehr. Vorerst soll das Bild nicht allzu negativ gezeichnet werden, denn *prima facie* hat der Experimentelle Realismus in der Biologie ein plausibles Standing – und das nicht nur bei den experimentell arbeitenden Forschern.

Es scheint sich nämlich genau so ein Bild in der Biologie anzubieten: mittelreichweitige Theorien, verschiedene konkurrierende Modelle (z. B. des Gens), Experimente zur Rekonstruktion von Kausalnetzwerken (beispielsweise metabolische oder neuronale Netzwerke). Auf den ersten Blick hat also die „Anwendung" des Experimentellen Realismus in der Biologie gewisse Plausibilität, um z. B. herauszufinden, ob wir uns denn der Existenz bestimmter theoretischer Entitäten, wie der des Gens, sicher sein können.

3.1 Das Interventionsargument in der Biologie mit einer Ding-mit-Eigenschaften-Ontologie

Die Plausibilität der Position des Experimentellen Realisten würde man mit dem Interventionsargument stark machen: Kann der Experimentelle Realismus – bzw. sein Interventionsargument – als epistemisches Kriterium für die Einträge in unserer biologischen Taxonomie dienen? Sollten wir nicht genau gegenüber denjenigen Einträgen in der Taxonomie realistisch eingestellt sein, die wir nutzen können, um in hypothetische Entitäten zu intervenieren? Bei Genen, Neuronen und metabolischen Netzwerken scheint dies doch ohne weitere Umstände der Fall zu sein – einmal alle Komplikationen von Leveln der Welt, Leveln der Erklärung, Unterbestimmtheit und so weiter nicht beachtet.

Die arbeitstechnische Behauptung hier in diesem Abschnitt ist, dass wir diese Schwierigkeiten in den Griff bekommen werden. Die eigentlichen Probleme hingegen liegen in den (*a*) spezifischen Anforderungen an Kausalität in der Biologie, (*b*) der Konstitution von (biologischen) Individuen und dem Status von Funktionen – also funktionale Entitäten, und (*c*) den möglichen Verhältnissen biologischer und physikalischer Ontologien. In dieser Reihenfolge sollen die Probleme nun dargestellt werden.

3.2 Kausalität in der Biologie

Im ontologischen Sinne mag es kausale und non-kausale oder pseudo-kausale Prozesse geben. Ein Beispiel für einen pseudo-kausalen Prozess wäre z. B. ein Schatten, der einen anderen Schatten „anstößt". – Nach der Transfertheorie der Kausalität findet hier z. B. keine Übertragung eines Energiequantums statt. Alternativ wird die kausale Verbindung häufig als Sache von Wahrscheinlichkeiten verstanden, wobei eine Ursache eine Wirkung wahrscheinlicher macht. Wir wollen bis auf Weiteres annehmen, dass das, was Kausalität in der Physik ausmacht, auch eben das ist, was Kausalität in der Biologie ausmacht (obwohl es natürlich mehr als eine Kausalverbindung in der Welt geben könnte).

In der Biologie spielen jedoch andere – und zwar epistemische – Unterscheidungen zwischen kausalen Beziehungen zwischen Entitäten eine wesentliche Rolle. James Woodward (*1961) führt in einem lesenswerten Aufsatz[3] Stabilität, Angemessenheit des Levels von Ursache und Wirkung sowie Spezifität der kausalen Beziehung an. Stabilität meint den „Rang" einer Kausalbeziehung in Anbetracht der Vielfalt und Variabilität von Hintergrundbedingungen, vor denen diese gilt. Insbesondere in der Biologie sind diese „Ränge" vielleicht nicht immer sehr umfassend, sodass eine kleine Änderung in den Hintergrundbedingungen bereits die Kausalbeziehung zusammenbrechen lassen kann. Mit der Stabilitätsdebatte ist offenkundig auch die Debatte um Gesetzmäßigkeiten verbunden: Lassen sich in der Biologie selbst solche Kausalbeziehungen ausfindig machen, die quasi unter vielen Hintergrundbedingungen gelten und als gesetzesartig gelten können? (Dabei spielt es keine Rolle, ob es sich um Beziehungen auf dem Mikro- oder Makrolevel handelt. Zusammenhänge in der Thermodynamik sind vielleicht auch ziemlich stabil.) Das Interventionsargument muss nun eben genau abdecken können, wann Alternativen zum Eintreten dieser Kausalbeziehung auftauchen. In der Biologie kann es jedoch schwierig sein, diese Alternativen zu erkennen. So könnte es z. B. zwei verschiedene Gene in zwei verschiedenen Umgebungsbedingungen geben, die jedoch beide für das gleiche Merkmal enkodieren. Oder unter verschiedenen Bedingungen entwickeln biologische Entitäten hin und wieder auch ein überraschendes neues Eigenleben, so sind beispielsweise Neurone bekannt, die plötzlich Eigenschaften zentraler Mustergeneratoren an den Tag legen, falls man einige Neurone des Netzwerks „kaltstellt".

Die Angemessenheit des Levels bezieht sich nun jedoch genau auf das „Passen" der Level zueinander, auf denen sich Ursache und Wirkung befinden. So kann man z. B. diskutieren, ob Gen-Gen-Interaktionen die Ursache für eine Verhaltensänderung (Wirkung) sein könnten. Je weiter eine Ursache von der Wirkung weg ist, das heißt, je vermittelter eine Kausalbeziehung durch/über andere Kausalbeziehungen ist, desto größer ist die Möglichkeit für das Scheitern des „schwächsten Gliedes" dieser Kette (und dies gilt gerade in fragil organisierten biologischen Entitäten). Wenn sich diese Beziehungen auch über „Level" hinweg strecken, so ist es

---

3 Woodward 2010.

problematisch, die Einflüsse auf jedem Level gegeneinander abzuwägen, insbesondere dann, wenn auf einem Level gänzlich Einflüsse hinzukommen. Wer hier das Interventionsargument anwenden will, muss beachten, dass es Interventionen im Sinne sparsamer Erklärungen rekrutiert. Es sollten also nicht zu viele (oder zu wenige) Zwischenglieder in den Kausalbeziehungen vorhanden sein, sonst besteht die Gefahr, nicht relevante (oder im Gegenzug zu viele) Informationen einzubeziehen.

Die Spezifität einer Kausalbeziehung meint nun, dass es für jede Wirkung genau eine Ursache geben müsse. Ein Gen, das etwa spezifisch einen Proteinkomplex kodiert, soll die einzige Ursache für diese Kodierung sein. Allerdings gilt natürlich nicht allgemeinhin, dass es für jede Wirkung nur eine Ursache geben müsse, so gibt es z. B. Fälle von „Überdetermination" (im Falle redundanter Systeme, oder aber mehreren parallel arbeitenden Systemen, wie z. B. im neuronalen System). Wer nun das Interventionsargument anwenden will, kann nicht darauf hoffen, ausschließlich spezifische Kausalbeziehungen zu finden.

Die wichtige Botschaft hinter diesen spezifizierenden Aspekten von Kausalbeziehungen in der Biologie ist nun, dass es aus prinzipiellen Gründen (Unterbestimmtheit der Rekonstruktion von Kausalnetzwerken, Individuation von Entitäten) und epistemischen Gründen schwierig sein kann, das oben genannte Interventionsargument zu benutzen. Abgesehen von diesen Problemen des Aufdeckens der richtigen kausalen Beziehungen, um das Interventionsargument anwenden zu können, gibt es jedoch eine fundamentale Schwierigkeit, die wir bis jetzt stillschweigend übergangen haben: Wenn das Interventionsargument anwendbar sein will, dann muss es auch erklären können, inwiefern es die spezifischen Funktionen der Entitäten der Biologie einfängt. Handelt es sich bei Funktionen nämlich lediglich um die Disposition, bestimmte kausale Wirkungen hervorzubringen unter bestimmten Umständen? Oder handelt es sich – wie es für den Physikalisten vielleicht wünschenswerterweise wäre – um kompliziertere Kombinationen oder Aggregationen von Elementareigenschaften der Elementarteilchen? Dazu betrachten wir nun zunächst den mereologischen Physikalismus.

3.3 Funktionale Entitäten und der mereologische Physikalismus

Der mereologische Physikalismus behauptet, dass sich komplexe Entitäten als mereologische Summen von Elementarteilchen oder auch Atomen darstellen lassen. Was diese Atome nun sind, also ob es atomare Dinge mit Eigenschaften sind, muss an anderer Stelle noch diskutiert werden. Inbegriffen ist in mereologischen Positionen also in der Regel ein Atomismus, der annimmt, dass es Atome gibt, die sich dadurch auszeichnen, dass sie nur sich selbst als Teile haben. Eine besonders ausgearbeitete Variante dieser Vorstellung hat – mit Bezug auf organisierte Entitäten – Lothar RIDDER (1953–2004) mit einem umfassenden „mereochronologischen" Axiomensystem und daraus folgenden Theoremen vorgelegt.[4] Zunächst wollen wir uns den Gehalt und das Ziel seines Axiomensystems und die daraus deduzierten Theoreme noch einmal kurz verdeutlichen.

RIDDERS Mereologie zielt (u. a.) auf eine Konzeption organisierter Gegenstände ab, deren „innere" Beziehungen von Teilen zueinander man durch die räumlichen und zeitlichen Relationen dieser Teile beschreiben kann. Er legt dabei den Atomismus zugrunde. Ausgehend von der Konzeption, dass Gegenstände und ihre Teile zueinander in zeitlichen Verhältnissen stehen können, entwickelt RIDDER ganz verschiedene Relationen dieser Art (zeitlich beispielsweise:

---

4 RIDDER 2003.

T und Z, räumlich: P). Er geht davon aus, dass sich koinzidierende Teile von Gegenständen zu Momentanphasen und Momentanwelten verallgemeinern lassen und dass diese wiederum als Teile von Teilen von Teilen […] die maximale Entität – die (gesamte) Welt selbst bilden. Die größte Entität ist, wenn man so will, die Welt, und alle anderen Gegenstände sind lediglich Teile der Welt.

Eine besondere Rolle spielt dabei das Axiom der Dichte der Zeitrelation(en), das besagt, dass es zwischen zwei zueinander in einer Zeitrelation stehenden Gegenständen (oder Momentanphasen im Falle organisierter Gegenstände) stets einen dritten Gegenstand gibt, der zeitlich zwischen jenen beiden Gegenständen liegt. Gegenstände sind letztlich nichts anderes als Summen zeitlich und räumlich aufeinander abgestimmter Teile.

Organisierte Entitäten, also z. B. für ihn Menschen oder andere biologische Entitäten wie Zellen, sind ihrer Art nach mehrere, zueinander in Raum- und Zeitrelationen stehende Teile einer größeren Entität (in RIDDERS Terminologie: die Summe der Momentanphasen). Es lassen sich eine Anfangs- und eine Endphase des organisierten Gegenstands ausmachen, was bedeutet, dass organisierte Gegenstände insbesondere keine ausschließlich momentanen Gegenstände sind. Sie „überdauern". Genauer gesagt, besteht der organisierte Gegenstand dann aus den in diesem Zeitraum koinzidierenden Gegenständen, die zueinander in räumlichen Teil-Ganzes-Relationen stehen.

Wenn wir uns Gegenstände als mereologische Summen denken, erscheint es zunächst einfach, sich Interventionsargumente und Kausalitätsbeziehungen zu überlegen. Was auch immer Kausalität ausmacht, eine Intervention in einen Teil wird qua Organisation Änderungen in anderen Teilen nach sich ziehen, und dann kann das oben genannte Inventar an Netzwerkrekonstruktion, Stabilität, Leveln und Spezifität aufgefahren werden.

3.4 Funktionale Entitäten und die Rollenanalyse

Was sich hingegen als Schwierigkeit erweist – und nun kommen wir nicht mehr daran vorbei – ist das Ausbuchstabieren der funktionalen Natur einer funktionalen Entität. Der Hintergrund dieser Frage liegt in der jetzt auftretenden Problematik, Funktionen in eine „gegenständliche" Welt einzubringen. Sind Funktionen dabei immanenter Natur und in naturalistischem Vokabular grundlegender kausaler, räumlicher und zeitlicher Relationen erklärbar? Oder sind sie viel mehr transzendenter Natur und müssen – wie auch immer – mit Gegenständen in der Welt in Relation gesetzt werden und dabei aktualisiert werden?

Beginnen wir mit RIDDERS Ansatz: Wie könnte man sich seine organisierten Gegenstände funktional vorstellen – und das auf eine Weise, die mit dem Interventionsargument vereinbar ist? Funktionen werden in der Debatte einem Vorschlag gemäß als Eigenschaften behandelt, die man einem Kausalnetzwerk zuspricht, das eben diese Funktion durch kausale Verbindungen realisiert. Hier bietet sich im Sinne der Beziehungsoption (*a*) zwischen Ontologien – der „Reduzierung" – sofort der Ansatz der funktionalen Rollenanalyse an, die von Robert CUMMINS entwickelt wurde.[5] Es handelt sich um einen Rollen-Funktionalismus, wobei eine Funktion mit ihrer Rolle identifiziert wird, die kausal (und damit feinkörniger) realisiert wird. Der Rollenansatz beruft sich eine Analysemethode, die das Besitzen einer Eigenschaft von S mit einem Hinweis auf die Eigenschaften der Teile von S und ihrer Organisation beantwortet. Der Ansatz ist also kompatibel zur mereologischen Ansicht, dass Gegenstände aus Teilen bestehen und diese Teile miteinander

---

5 CUMMINS 1975.

organisiert sind. Die Teile eines biologischen Gegenstands demnach stehen im Rahmen ihrer organisierten raumzeitlichen Relationen auch in bestimmten kausalen Verhältnissen zueinander (was auch immer diese Verbindung zwischen ihnen ausmacht), und die *Top-down*-Analyse dieser Verhältnisse liefert ein klares Bild, wie die Teile eine bestimmte Funktion realisieren. *Top-down*-Analyse meint hier, dass in einem komplexen biologischen Gegenstand (in einem System) zuerst die „großen" Funktionen analysiert werden und danach das System in Komponenten zerlegt wird und dadurch die „kleinen" Funktionen analysiert werden können. Jede Funktion eines biologischen Gegenstands ist in der Welt (z. B. neurobiologisch) realisiert, und dadurch kann, so die Behauptung, die Funktion durch die funktionale Rolle ersetzt werden.

Das Interventionsargument kann man demnach auf jeder Stufe der Dekomposition einer biologischen Entität anwenden. Auf jeder Stufe gilt: Wir können uns dann sicher sein, dass eine Entität existiert, wenn wir sie (also in der Regel einen Teil) so manipulieren können, dass wir, gegeben bestimmte Hintergrundbedingungen, in andere Entitäten (also andere Teile) intervenieren können. Unter Umständen kann es sein, dass sich organisierte Teile gemeinsam so verhalten, als seien sie ein Ganzes, sodass wiederum dekompositioniert werden muss. Die Dekomposition endet dem Ansatz gemäß auf der Stufe der vorausgesetzten Atome. Wie es aussieht, würde der Experimentelle Realismus trotz der geschilderten epistemischen Schwierigkeiten und der Schwierigkeit, auszubuchstabieren, was denn die kausale Verbindung ausmacht, eine plausible Grundlage bei den organisierten Gegenständen RIDDERS haben.

Es gibt jedoch einige wichtige Einwände gegen den Rollenansatz, die nun kurz angesprochen werden sollen. Zunächst einmal ist zudem seitens der Biologen etwas gegen die grundsätzliche Strategie des Rollenansatzes einzuwenden: Er verwendet scheinbar nicht mit der Biologie verträgliche Individuationskriterien. Morphologische Strukturen werden in der Biologie nämlich nicht nur funktionell individuiert, sondern z. B. auch morphologisch. Zudem mag der Biologe erschrocken sein: Die ätiologischen und zielorientierten Komponenten von Funktionen spielen für ihn im Rahmen des evolutionären Ansatzes wichtige „Rollen" – *pace* RIDDER und CUMMINS. So kann der Rollenansatz nicht erklären, warum eine Eigenschaft vorhanden ist, und unterscheidet sich dadurch beispielsweise von Konkurrenten, wie dem teleofunktionalistischen Ansatz nach Ruth MILLIKAN (*1933).

Im Rahmen des konkurrierenden teleofunktionalistischen Ansatzes[6] ergibt sich zudem durch Differenz zwischen der evolutionär selektierten Funktion (und ihrer Realisierung) und einer eventuell vorliegenden Abweichung davon eine plausible Erklärung für die Fehlfunktion einer biologischen Entität („malfunction" oder auch „dysfunction"). Auch wenn wir hier nicht den Teleofunktionalismus zum Gegenstand haben, sollte der Rollenansatz wichtige Intuitionen, die andere Ansätze behandeln, entweder selbst treffen oder aber fundiert ablehnen können. Sollte es eine Taxonomie oder Ontologie funktionaler Entitäten geben, so muss der Status von Fehlfunktionen geklärt werden. Die Entgegnung der Rollenvertreter, dass man diese Fehlfunktionen besser „nonfunktional" nennen sollte, kann hingegen nicht überzeugen. Es ist schwer vorstellbar, wie man etwas nonfunktional kennzeichnen könnte, das man nur deshalb so kennzeichnen kann, weil die (epistemisch fundierte) Erwartung von Funktionalität enttäuscht wurde. Sind nonfunktionale biologische Entitäten noch biologische Entitäten? Und wenn nun über verwinkelte Züge doch jene Kapazität realisiert wird, nur nicht über die bisher vorgekommenen Realisierungen, ist es ebenso schwer zu sehen, wieso hier nur die gleiche und nicht noch zudem eine andere Funktion realisiert sein könnte, die die Einordnung der Funktion in die Teil-Ganzes-Relationen völlig ändert.

---

6   MILLIKAN 1984.

Darüber hinaus ist nicht klar, wie man z. B. kausale Rollen (also die Realisierer der funktionalen Rollen) miteinander kombinieren kann, wenn man – nach erfolgreicher Dekomposition – ein komplexeres System wieder „bottom up" aufbauen und durch Funktionen auszeichnen will. Sollte die Rollenanalyse nur *top down* funktionieren, ist es zumindest schwer denkbar, einen systematischen Ansatz funktionaler Entitäten erst einmal auf Atomen aufzubauen – aber sowas würde man sich von einer tragfähigen Ontologie wohl erhoffen.

Letztlich ist auch nicht klar, ob „Rolle" nicht selbst einfach eine Art Funktionskonzept ist, wenn Funktionen ihre Bedeutung durch eine Rolle erhalten, die sie angesichts einer großen Funktion/Kapazität einnehmen. Die „Rolle" befindet sich dabei intrasystemisch mit Bezug auf eine „große Funktion" (z. B. Überleben des Individuums) und intersystemisch mit Bezug auf die ökologische Nische. (Was prinzipiell eine weitere Frage aufwirft: Wann gibt es nämlich eine „größte" Rolle oder Funktion, und wie hängt diese mit den üblichen biologischen Leveln von Organismus, Population, usw. zusammen?)

Kommen wir angesichts der Schwierigkeiten zum Problem der verschiedenen Persistenz- und Identitätsbedingungen, dass der mereologische Physikalismus wohl generell zu haben scheint. Es liegt in diesen Bedingungen, die den „ganzen" Entitäten bzw. Gegenständen zugrunde liegen, und jenen Bedingungen, die den sie aufschlüsselnden Teilen zugrunde liegen. Nehmen wir an, Menschen bestünden einerseits aus Personen, andererseits aus Körpern. So könnten Personen auf eine Weise sicherlich in die Atome aufgeschlüsselt werden, die gerade den Körper ausmachen, mit dem die Person verbunden ist (wie das auch immer geschehen mag). Auf eine andere Weise kann die Person jedoch nicht ernsthaft so mereologisch aufgeschlüsselt werden: Für eine Person gelten z. B. andere Identitäts- und Persistenzbedingungen als für den Körper. Körper (gleich mereologische Summe der Atome) und Person sind nicht unter Einbehaltung der Wahrheitswerte in allen Propositionen beliebig austauschbar. Außerdem gelten andere Teil-Ganzes-Verhältnisse: Die Teile der Person sind wohl nicht die Teile des Körpers. Lässt sich diese Kritik auf das Verhältnis von Funktion und ihrer Realisierung übertragen? Im Rahmen des Rollenansatzes ist dies zu bejahen, sonst wäre klar, wie man aus gegebenen kausalen Netzwerken (mit bestimmten Identitäts- und Persistenzbedingungen) Zuordnungen zu Funktionen (mit gleichen Identitäts- und Persistenzbedingungen) *bottom up* herausarbeiten könnte. Dieses Problem hängt offenbar direkt mit der Ding-mit-Eigenschaften-Ontologie zusammen, die es schwierig macht, durch Rollen gekennzeichnete Eigenschaften an dinghafte Realisierer zu binden und umgekehrt Realisierer völlig kontingent zu Rollen stehen zu lassen scheint.

3.5 *Alternative Ansätze?*

In summa können wir den Rollenansatz als mit großen Schwierigkeiten behaftet ansehen. Neben dem diskutierten naturalistischen Rollenansatz mit seinen Problemen tauchen in der Debatte auch eher „altbackene" nicht-naturalistische Ansätze auf. Ein alternativer – und seiner Art nach sehr bekannter – Universalienansatz würde darin bestehen, Funktionen als zwischen den Entitäten geteilte Universalien zu sehen, sodass Entitäten in Relationen zu Funktionen stehen. So hätte man auf der einen Seite Individuen, auf der anderen Seite jedoch Funktionenuniversalien. So gäbe es vielleicht die Funktion „[…] ist dazu da, um als Flügel zu funktionieren", die gemeinsam mit der Entität das „Flügeln" (einen kausalen Prozess) hervorbringt. Es ist offensichtlich, dass diese Lösung alle Probleme mit sich bringt, die Universalien so an sich haben: Welcher Natur ist diese Relation? Wie kann eine Relation kausal-effizient sein, d. i. wie kann das in-Relation-Stehen einen kausalen Prozess hervorbringen? Ist diese Relation in einer

Weise systematisch, wenn es um Teil-Ganzes-Relationen biologischer Entitäten geht? Wie viele Funktionen gibt es? Sind sie immanent oder transzendent? Werden Universalien irgendwie aktualisiert und werden dann als aktuale Dinge einfach Teile von Individuen? Sicherlich gibt es zu diskutierende Antworten auf diese Fragen in der Aktualismusdebatte, doch entfernt sich diese Debatte sehr weit von unseren eigentlichen Fragestellungen im Rahmen des Experimentellen Realismus, sprengt den Aufsatz, und ich verfolge sie daher hier nicht weiter.

4. Verhältnisse zwischen Ontologien

Um systematisch der Frage nachzugehen, wie Dinge-mit-Eigenschaften aus der Physik und Biologie zueinander in Beziehung gesetzt werden können, wollen wir nun drei Verhältnisse hinterfragen, wie die Ontologien der Physik und Biologie zueinander stehen könnten. Betrachten wir dafür der Einfachheit halber zunächst schematisch eine Ontologie aus der Bioinformatik, die eine „Ordnung" für physikalische und biologische Dinge vorschlägt. Diese Ontologie entstammt der Auszeichnungssprache „Systems Biology Markup Language" und soll der systematischen Beschreibung von Entitäten in den Wissenschaften dienen. In einem zweiten Schritt sollen solche Ontologien auch gewisse automatisierbare Schlussfolgerungen erlauben, so z. B., ob eine Beschreibung angesichts der Ontologie zulässig ist, oder ob eine Kombination mehrerer Beschreibungen gültig ist.

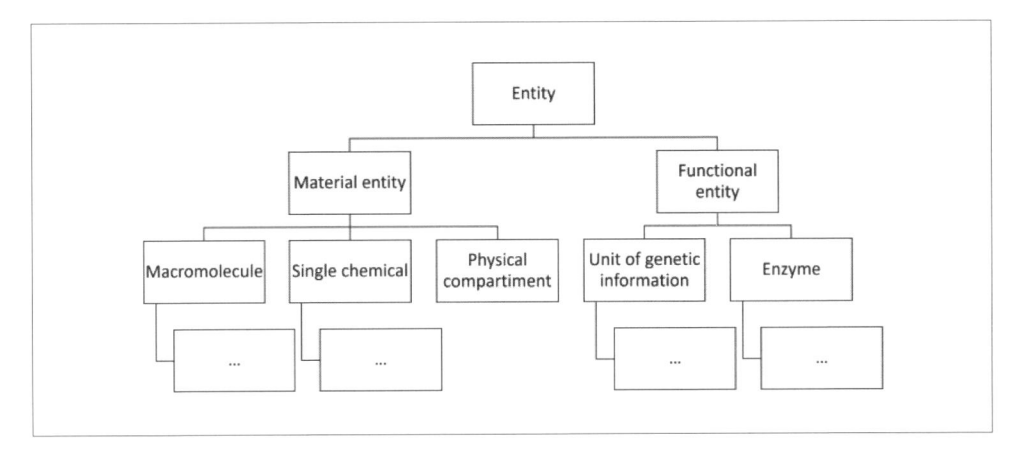

Abb. 1 Systems Biology Markup Language, http://www.sbml.org

Die Wurzel dieser Ontologie wird durch eine Entität besetzt, die scheinbar aus zwei Entitäten zusammengesetzt wird: eine materielle und eine funktionale Entität. Eine materielle Entität könnte hiernach ein Makromolekül sein, während eine funktionale Entität beispielsweise ein Gen sein könnte. Offenkundig müssen diese beiden Teilbäume irgendwie in Verbindung gebracht werden, um eine Entität (Wurzel) auszeichnen zu können. Da es sich um Teilontologien handelt, bieten sich folgende Optionen der „Verbindung" an, wobei ich nachfolgend von der Diskussion der Elimination absehe: (*a*) Reduzierung einer Teilontologie auf eine andere (fundamentalere) Teilontologie, (*b*) Abbildungen zwischen den Teilontologien bei Beibehaltung beider Teilontologien, (*c*) Zusammenführen beider Teilontologien zu einer gemeinsamen Teilontologie.

Dieses Problem ist also einfach eine Variante unseres bisher behandelten Problems: Wie bringen wir Dinge-mit-Eigenschaften materieller Natur und Funktionen zusammen? Die Teilontologielösungen lassen sich hier analog zur bisher angesprochenen Reduzierung auf (*a*) Kausalitätsgerede und (*b*) Relationen zwischen materiellen Entitäten und Funktionen (hier anhand von Funktionenuniversalien) sowie (*c*) der „fundamentalen" Zusammenführung der Teilontologien auf eine einzige Kategorie von Entitäten reduzieren.

4.1 Option (a): Die Reduzierung einer Teilontologie auf die andere Teilontologie

Die Variante Reduzierung ist wahrscheinlich die in den letzten Jahrzehnten am meisten diskutierte Variante im Rahmen der Reduzierung bzw. behaupteten Reduzierbarkeit des Mentalen auf das Physikalische oder der Spezialwissenschaften auf die Physik. Wie können wir diese Debatten fruchtbar für unser Problem machen? *Erstens*: Im Rahmen der Mentales-Physikalisches-Debatte hat sich gezeigt, dass es vielleicht Dinge wie Qualia gibt, die nicht reduzierbar zu sein scheinen. Wenn sie aber nicht reduzierbar sind, dann können sie auch nicht im Rahmen von Kausalitätsbeziehungen erfasst werden, mit denen das Interventionsargument arbeitet. *Zweitens*: Die Reduzierung einer Spezialwissenschaft auf die Physik kann in der Regel nicht unter Beibehaltung der Entitäten und Gesetze der Spezialwissenschaft erfolgen. Das Problem liegt darin, dass die Reduzierung nicht auf folgende Weise erfolgen kann: X_Spezialwissenschaft = Y_Fundamentalwissenschaft. Entweder ist X nämlich richtig, wahr, bietet alle nötigen Einsichten an usw., und es ist gar keine Reduzierung nötig (höchstens aus ökonomischen Gründen). Oder aber X ist falsch, und wenn auf der einen Seite etwas Falsches steht, ist es schwer verständlich, wie auf der anderen Seite etwas Richtiges stehen kann. *Drittens*: Reduzierungen von Theorien beruhen in der Regel auf Gesetzmäßigkeiten und dem deduktiv-nomologischen Modell. Dieses Modell hat jedoch selbst Probleme, die wir hier nicht diskutieren können.

Ein weiteres Problem für diese Lösungsvariante taucht in der Debatte um die Normativität des Funktionenbegriffs auf. Es scheint nicht möglich zu sein, Normativität und Korrektheit auf Kausalitätsbeziehungen zu reduzieren, insbesondere dann nicht, wenn es um Fehlfunktionen geht (eine lehrreiche Debatte ist hier das *Problem der Fehlrepräsentation* in der Philosophie des Geistes). Dieses Projekt kann bisher nicht als erfolgreich angesehen werden.

4.2 Option (b): Abbildungen zwischen Teilontologien

Nun könnte man sich vorstellen, dass keine Reduzierung möglich ist (im ontologischen wie epistemischen Sinne), jedoch beschränkte Abbildungen zwischen den Teilontologien möglich wären. Ein großes Problem stellt dabei die Strukturerhaltung dar: sind die Abbildungen von einer Teilontologie in die andere Teilontologie strukturerhaltend und falls ja, welcher Natur sind diese Abbildungen? Mit Strukturerhaltung ist hier das Erhalten von Kausalitätsgefüge sowie raumzeitlichem Beziehungsgefüge zwischen Entitäten gemeint. Wenn z. B. A ein Teil von B in Ontologie 1 ist, und A auf C und B auf D in Ontologie 2 abgebildet wird, dann sollte auch C ein Teil von D sein. Wenn für den Zusammenhang von A und B das Gesetz X gilt, so sollte nach einer Abbildung X immer noch für A und B gelten – wenigstens als Spezialfall eines Gesetzes Y. Für das Interventionsargument des Experimentellen Realisten stellt sich schließlich hier die Frage, ob er seine beispielsweise im Bereich der Physik gewonnenen Erkenntnisse auch auf den Bereich der Biologie übertragen darf und in welchem Umfang dies geschehen darf, d. h. auf welchen Teilbereichen die Strukturerhaltung gilt. Dabei sind die bereits oben diskutierten Spezifika von Kausalbeziehungen in der Biologie zu beachten. Projekte dieser

Art bilden sicherlich den Alltag der Wissenschaften, und Fragen danach, welche Abbildungen nun haltbar sind, sind empirischer Natur. Ein Problem dieser Projekte ist die Voraussetzung, dass es überhaupt nicht gesichert erscheint, dass die Beziehungen zwischen Funktionen (beispielsweise Ähnlichkeit von Funktionen) in irgendeiner Weise mit materiellen Entitäten einhergehen (beispielsweise Ähnlichkeit neurobiologischer Strukturen), die diese Funktionen realisieren oder als Rollen ausgezeichnet werden. Dies ist auch für die vorgestellte Ontologie der Bioinformatik ein grundlegendes Problem, das systematische Abbildungen zwischen den Teilontologien bzw. Teilentitäten der Entität erschwert.

4.3 Option (c): Zusammenführen von Teilontologien

Eine Zusammenführung von Teilontologien setzt voraus, dass sich eine gemeinsame Grundlage an Klassen, Entitäten, Fakten und Strukturen (basierend auf Axiomen oder Grundannahmen) für die beiden Teilontologien finden lässt. Es sollen prinzipiell mit dieser einen Ontologie Interpretationen gegeben werden können, die über das hinaus gehen, was bisher jede Teilontologie in ihrem Reich leistete, oder als Standardproblem in einem bestimmten Bereich gehandelt wird. Ein Beispiel ist die Erklärung der „Bewegung" von Eigenschaften, wenn wir z. B. einen Ball werfen: Handelt es sich um an jedem Raumzeitpunkt neu instantiierte Universalien, um eine kausale Kette von Instantiierungen, oder um „migrierende Tropen"? Dieses Projekt scheint aus systematischer Sicht am aussichtsreichsten zu sein, falls es gelingen sollte. Welche Anforderungen muss so ein Projekt mit Blick auf die funktionalen Entitäten erfüllen?

Zuerst einmal sind drei wesentliche Intuitionen zu nennen, die auch in den bisherigen Ausführungen implizit immer wieder vorzufinden sind: (*a*) Atomismus bzw. grundlegende Konstituenten und ihre nichtbeliebige Aggregation und Strukturierung („Kombinatorialismus") dieser Atome unter Berücksichtigung raumzeitlicher und kausaler Beziehungen, (*b*) die Klärung des Status von Funktioneneigenschaften und eine Verbindung zu Kausalitätsbeziehungen, (*c*) die Ablehnung von Universalien, zu denen Dinge in Beziehung stehen (beispielsweise Funktionenuniversalien), wobei die Beziehungen zu transzendenten Dingen oder Eigenschaften kausal-effizient sein sollen.

Bisher haben wir für diese Anforderungen eine Ding-mit-Eigenschaften-Ontologie diskutiert. Diese Ontologie hat sich jedoch als problematisch in allen diesen Punkten erwiesen, wenn es um den Einbezug von Funktionen geht. Es wird also Zeit, etwas anderes auszuprobieren. Unsere naturalistische Grundauffassung legt einen Monismus gegenüber Substanzen und/oder Eigenschaften nahe, sodass alles in dieser Welt mit rechten Dingen zugeht und kein Rekurs auf irgendwelche vielleicht niemals spezifizierbaren Beziehungen stattfindet, der mit Dualismen einhergeht. Kandidaten für so eine gemeinsame Grundlage können Substanztheorien oder Eigenschaftstheorien sein, die Ein-Kategorien-Positionen einnehmen und deren Aggregationsmechanismen oder Kombinationen systematisch (oder eventuell gar mereologisch) erfolgen, und die die Existenz von Individuen (also individuellen Entitäten) erklären können. Hier stellt das Aggregationsproblem also mit das wichtigste Problem dar: Welche Aggregationen sind erlaubt und möglich und welche nicht? Wie kann die Aggregation sinnvoll beschränkt werden? Mit Blick auf die Biologie und den Organismus als eine wichtige Grundeinheit erscheint es wenig sinnvoll zu behaupten, dass jedwede Aggregation zur Bildung von (lebensfähigen) Organismen erlaubt ist. Ein weiteres Problem ist es zu erklären, wie sich Organisation bzw. Organisiertheit ergibt. Dies bedeutet z. B., dass es Teil-Ganzes-Relationen oder das systematische „Zusammentreffen" von Substanz oder Eigenschaften geben muss.

Mit Blick auf Substanzen bietet sich zunächst die „stuff theory" an, die behauptet, dass alle Entitäten „zusammengeschabte" Substanzmengen seien. „Stuff" ist dabei eine Art „amorphe"

Masse, wobei vielleicht ein Vergleich mit Knete gar nicht so weit hergeholt ist. Hier ist jedoch nicht klar, wie irgendeine Aggregation sinnvoll eingeschränkt werden kann. Es ist auch nicht klar, wie aus einer in allen Hinsichten gänzlich gleichartigen amorphen „Knete" Organisiertheit entstehen soll, da keine Teil-Ganzes-Relationen ausmachbar sind. (Es hilft nicht, die „Arbeit" der Teil-Ganzes-Relationen in die Raumzeitpunkte auszulagern, die der „stuff" besetzt, um anhand dieser Punkte Relationen auszumachen – wozu dann der stuff?)

Betrachten wir daher eine andere Alternative, die dadurch motiviert wird, dass sie einerseits systematische Kombinationen erlaubt, andererseits Universalien vermeidet und eine „Ein-Kategorien-Ontologie" ist. Mit Blick auf Eigenschaften bieten sich die Tropenontologien an, wobei wir versuchen wollen, ein Interventionsargument in diesem Kontext zu formulieren.

5. Tropenontologien

In den letzten Dekaden haben sich Tropen einer besonderen Beliebtheit und Aufmerksamkeit in der Ontologie erfreut, und das, obwohl sie schon jahrtausendelang zum Inventar gehören. Doch sie gehören nicht zum Standardvokabular in den philosophisch reflektierten Debatten über die Biologie, und wir wollen sie daher hier in etwas formaler Weise einführen. Diese Einführung stützt sich wesentlich auf die Arbeiten von Thomas MORMANN,[7] ebenso wie die Einführung globaler Eigenschaften ohne Rückgriff auf Universalien nehmen zu müssen. Die Idee der Fruchtbarkeit der Tropenmigration in einem Ansatz, Tropen als Relata von Kausalbeziehungen zu nehmen, stammt hingegen von Douglas E. EHRING.[8] Die Debatten um Tropenontologien werde ich hier nicht in negativer Weise nachzeichnen, sondern in positiver Weise einen Vorschlag machen, der weiterer Ausarbeitung bedarf.

Tropen werde ich nachfolgend als abstrakte Partikularien verstehen, wie die Rundheit des Mondes, die Rotheit dieser Tulpe oder auch die Stärke von Mike TYSON (in der Regel als *qua*-Tropen spezifiziert: Stärke qua [...] körperliche Eigenschaften [...]). Alle Tropen stehen jedoch nicht völlig unstrukturiert zueinander, sondern stehen in Kopräsenz- und Ähnlichkeitsrelationen. Eine Rose ist z. B. ein Bündel von Farbe, Masse, Form usw., wobei Tropen raumzeitlich und aufgrund ihrer Ähnlichkeitsrelationen zueinander individuierbar sind und zudem in einer Kopräsenzrelation stehen (sozusagen gleichzeitig präsent sind, um die Rose auszumachen). Tropen sind genau dann verschieden, wenn sie sich nicht absolut ähneln und in einer Kopräsenzrelation stehen, oder aber wenn ihre raumzeitliche Distanz zueinander größer Null ist.

Individuen werden von den Vertretern der Tropentheorien recht verschieden verstanden, und ich werde mich nachfolgend an der Äquivalenzklassenauffassung orientieren: Individuen sind die Äquivalenzklassen der in Kopräsenzrelationen stehenden Tropen. Starke Auffassungen von Individuen lassen Individuen nicht als lose Bündel stehen, sondern verstehen Individuen als mereologische Summen der Tropen, die sie ausmachen, oder z. B. als integrierte Netzwerke atomarer Fakten. Eigenschaften werden nun in der Regel als Äquivalenzklassen von sich zueinander absolut ähnlichen Tropen gebildet. Es wird zwischen „atomaren" (*Qualitons*) und relationalen Eigenschaften (*Relatons*) unterschieden. Ein klassischer Tropenraum besteht also aus einer Menge von Tropen und darauf definierten Kopräsenz- und Ähnlichkeitsrelationen, deren Äquivalenzklassen Individuen und Eigenschaften bilden. Tropen, die in ihren Individuen-

---

7 MORMANN 1995.
8 EHRING 2004.

und Eigenschaftsklassen übereinstimmen, sind identisch. Über so einem klassischen Tropenraum kann man also Eigenschaften ohne Universalien und Individuen ohne „primitive Dinge" einführen – eine Abkehr von der Ding-mit-Eigenschaften-Ontologie. Wie ist das grob vorstellbar? (Für Details und Beweise sei auf MORMANN 1995 verwiesen – hier wird nur ein kurzer allgemeinverständlicher Überblick gegeben, um die Idee von „Ersatzeigenschaften" zu motivieren.)

In dieser Arbeit hat MORMANN einen Vorschlag vorgelegt, wie man Eigenschaften nicht mehr in Äquivalenzrelationen zueinander stehend auffassen kann, sondern in (nicht-transitiven) Ähnlichkeitsrelationen zueinander stehend (von Ähnlichkeit zueinander). Sie bilden somit keine Äquivalenzklasse mehr. Der Vorschlag basiert auf der Garbentheorie über topologischen Räumen. Der Ansatz seiner Arbeit liegt darin, die Struktur der Tropen als nichtbeliebig durch die Relationen wahrzunehmen und nicht von einer bloßen „Menge" von Tropen auszugehen. So arbeitet er in seiner zentralen Behauptung heraus, dass die Ähnlichkeitsrelationen zwischen den Ähnlichkeitskreisen von Tropen (das sind Eigenschaftstropen) und den globalen Eigenschaften von Individuen korrespondieren. Die Abbildungen von Individuen zu den Eigenschaften sind also „strukturerhaltend". Was bedeutet das?

Die Struktur aus Tropen, der Kopräsenzrelation und der (nicht-transitiven) Ähnlichkeitsrelation nennt MORMANN einen verallgemeinerten Tropenraum. In einem verallgemeinerten Tropenraum können nun Bündel aus Eigenschaften (E), Individuen (B) und einer Abbildung p von E nach B definiert werden. Für so ein Bündel $<E, p, B>$ können nun Fasern $p^{-1}(b)$ definiert werden, die jeweils als Argument ein Individuum b nehmen. Damit wird also für ein Individuum jede Menge an Trope „angegeben", die das Individuum ausmacht und somit zugleich seine Eigenschaften „angibt". Globale Eigenschaften – oder aber Ersatzuniversalien – können nun als maximale stetige äquivariante Schnitte zwischen einer offenen Untermenge der Ähnlichkeitskreise der Individuen in die Eigenschaftsmenge definiert werden. Individuelle Eigenschaften werden durch ihre Ähnlichkeiten untereinander als Instanzen eines globalen Schnitts – also einer globalen Eigenschaft – betrachtet. Besonders relevant ist es, dass es *mehrere* Systeme solcher Ersatzeigenschaften geben könnte, sodass MORMANN eine bestimmte Form der Unterbestimmtheit aufzeigen kann. Diese Systeme von Ersatzuniversalien sollten bestimmte Adäquatheitseigenschaften erfüllen, die auf CARNAP (1891–1970) zurückführbar sind (aus MORMANN 1995):

C1. Wenn zwei Elemente sich zueinander ähnlich sind, dann sollten sie mindestens eine Ersatzeigenschaft teilen.

C2. Wenn zwei Elemente sich nicht zueinander ähnlich sind, dann sollten sie gar keine Ersatzeigenschaft teilen.

C3. Wenn zwei Elemente exakt zueinander ähnlich sind, dann sollten sie alle Ersatzeigenschaften teilen.

C4. Es gibt keine Ersatzeigenschaft, die entfernt werden kann, so, dass noch die Bedingungen C1–C3 erfüllt sein würden.

Funktionale Entitäten sind also in der Ein-Kategorien-Ontologie der Tropen in erster Linie ganz „normale" Entitäten, wie jene der Physik auch (ich spreche nun von funktionalen Entitäten weiterhin als Gegenstände der Biologie, meine damit jedoch in diesem Abschnitt Tropenbündel). Es kommt schlichtweg nichts hinzu, das erst auf multiple und nicht nachvollziehbar strukturierte Weise auf Rollen und Realisierer in kausalen Netzwerken abgebildet werden muss. Funktionseigenschaften sind kausal wirksam. Es kommen auch keine „Funktionenuniversalien" hinzu, die aktualisiert werden und dann Teile von immanenten Gegenständen sind. Es könnte sich kontingenterweise herausstellen, dass bestimmte zueinander ähnliche Individuen nur bestimmte zueinander ähnliche Eigenschaften haben, und mit diesen Eigenschaften auch bestimmte Organisationsweisen (z. B. als die Instantiierung bestimmter komplexer Eigenschaften nur in funktionalen Entitäten) einhergehen.

In der tropenontologischen Debatte um Eigenschaften gibt es einen Streitpunkt, der sich um eine Unterscheidung zwischen elementaren bzw. einfachen Eigenschaften (sozusagen „Elementartropen" oder primitive Tropen mit nur einer Argumentstelle, wie „hat Masse") und komplexen Eigenschaften (z. B. Relationen mit zwei oder drei Argumentstellen, wie „John liebt Marry") dreht. Die Frage ist dann, ob es genügt, komplexe Eigenschaften mit Bündeln einfacher Eigenschaften zu identifizieren, die unter der Kopräsenzrelation zusammen stehen und als Summe die komplexe Eigenschaft ausmachen. Elementare oder einfache Eigenschaften können nun als 1-Kopräsenz-Äquivalenzklassen identifiziert werden, komplexe Eigenschaften hingegen als 2-Kopräsenz- oder 3-Kopräsenz-Äquivalenzklassen. Wie aus der Logik bekannt ist, genügt es, maximal ein-, zwei- und dreistellige Relationen einzuführen, um alle vielstelligen Relationen definieren zu können. Eigenschaften, die nicht elementar sind (wie z. B. Liebe), erscheinen dann einfach als mehrstellige Relationen kopräsenter Individuen (sich überlappende Individuen wie John und Mary als Bündel von Tropen) und einer Relation (Liebe, die John und Marry überlappt). Komplexe Eigenschaften sind also nur mehrstellige Relationen einfacher Eigenschaften, wobei die Relationen selbst wiederum keine Einführung von Universalien erfordern, sondern kraft der Ähnlichkeit der relationalen Tropen untereinander Ersatzeigenschaften bilden können.

Wie kann man sich funktionale Entitäten mit komplexen Eigenschaften nun vorstellen? Funktionen sind einfach die herausgestellten Ersatzeigenschaften, die kopräsente Bündelungen elementarer Eigenschaften (etwa Elementartropen der Physik) anzeigen. Im Gegensatz zur Rollenanalyse ist diese Abbildung von Funktionen (Ersatzeigenschaften) auf Eigenschaften (Elementartropen) wohldefiniert, sie ist nicht unterbestimmt und nicht mysteriös und nicht mit irgendwie mit Individuen verbundenen Universalien verknüpft. Außerdem sind Systeme globaler Eigenschaften in gewisser Hinsicht sparsam: Es gibt keine (Ersatz-) Eigenschaften, die nur in einem Individuum instantiiert sind und somit einen Dammbruch für eine Flut von „universalisierten" individuellen Eigenschaften auslösen würden.

Funktionale Entitäten werden im nächsten Abschnitt zudem als „Eigenschaftsnetzwerke" mehrerer funktionaler Entitäten identifizierbar sein, die zueinander in Kausalbeziehungen stehen und die selbst als Summen der kausal-wirksamen Eigenschaften anzusehen sind, die sie ausmachen (dies ist dann die „charakteristische" Wirkung einer funktionalen Entität). Innerhalb von Individuen identifiziere ich Teil-Ganzes-Relationen zwischen Tropen und „gebündelten" Individuen nun als Teilhabe an der Kopräsenzrelation.

Die Mormannsche Konstruktion von Ersatzeigenschaften in verallgemeinerten Tropenräumen erfüllt zudem die Voraussetzungen, um alle Intuitionen zu bewahren, die wir vorher gefordert hatten: Atomismus und Kombinatorialismus, die Klärung des Status von Funktioneneigenschaften und die Ablehnung von Universalien. Kommen wir nun zur Kausalität, um daraufhin ein tropenbasiertes Interventionsargument vorzuschlagen. EHRING hat dabei einen Vorschlag gemacht, wie man die Kausalitätsbeziehung zwischen zwei Tropen ansehen kann.

Tropen und Kausalität

Ich schlage vor, Funktionseigenschaften von Individuen mit individuellen Instantiierungen von Ersatzeigenschaften zu identifizieren und die Ähnlichkeit der individuellen Eigenschaften auf den Grad des Bewirkens ähnlicher kausaler Effekte zu beziehen. Zwei Tropen, die in ihren kausalen Wirkungen nicht unterscheidbar sind, sind dabei als ununterscheidbar anzusehen. Wenn Elementartropen als kopräsente Bündel Individuen bilden, so betrifft die wichtige Frage die Art der Summierung der Eigenschaften. Dank der Bildung von Ersatzeigenschaften können diese Summen im instantiierten Einzelfall untersucht werden.

Die kausal ununterscheidbaren Tropen sind genau jene Tropen, die auch funktional ununterscheidbar sind – und zwar in einer Kausalbeziehung zwischen Tropen. Tropen machen funktionale Entitäten aus und müssen daher als Relata kausaler Beziehungen fungieren. EHRING 2004 schlägt folgende Formulierung der Kausalverbindung zwischen zwei Tropen vor:

Zwei Tropen P und Q sind stark kausal verbunden, dann und nur dann wenn
1. P und Q stehen in einem gesetzesartigen Zusammenhang; und entweder
2. P ist identisch zu Q, oder P steht in einer Teil-Ganzes-Relation zu Q, oder Q ist identisch zu P oder steht in einer Teil-Ganzes-Relation zu P; oder
3. P und Q supervenieren auf Tropen P' und Q', die die ersten beiden Bedingungen erfüllen.

Weitergehend definiert EHRING eine „Beziehung kausaler Priorität", die in kontrafaktischer Weise angibt, wann P in der Beziehung kausaler Priorität zu Q steht. Zusammen ergibt sich:

Verursachung: P zum Zeitpunkt t verursacht Q zum Zeitpunkt t', genau dann wenn
1. entweder P zum Zeitpunkt t und Q zum Zeitpunkt t' stark kausal verbunden sind und P zum Zeitpunkt t in einer kausalen Prioritätsbeziehung zu Q zum Zeitpunkt t' steht,
2. oder es eine Verursachungskette (R1 .. Rn) gibt, so, dass P die Ursache von R1 ist, ..., Rn die Ursache von Q ist, wobei alle Verursachungen unter (1) fallen.

Die Verursachungskette (R1 .. Rn) ermöglicht eine Teil-Ganzes-Relation zwischen aus Tropen gebildeten Individuen im Sinne kausaler Netzwerke, deren „interne" Kausalbeziehungen spezifisch sind. Damit ist gemeint, falls P „superveniert" auf (womöglich einer Vielzahl von) Elementartropen und falls P spezifisch Q (wiederum supervenierend) bewirkt, so kann dies eine kausale Analyse von „Gen X enkodiert Protein Y" sein, wobei X die Funktion hat, Y zu enkodieren, kraft der Eigenschaften, die X hat, und die alle zu X in ihren Eigenschaften hinreichend ähnlichen Individuen haben. Alle Xe teilen eine oder mehrere Ersatzeigenschaften. Wenn X und Y kausal verbunden sind, bilden sie für einige Zeit gemeinsam eine funktionale Entität mit zwei Teilen (X und Y). Organismen sind in diesem Sinne die „größten" überdauernden funktionalen Entitäten, deren Teile zueinander in spezifischen Kausalbeziehungen stehen. Hiermit fangen wir die mereologischen Überlegungen RIDDERS zu den organisierten Gegenständen ein.

Auf Basis dieser Überlegungen können wir nun ein neues tropenbasiertes Interventionsargument formulieren:

Wir können uns der zeitlich überdauernden Existenz der funktionalen Entität FE1 mit der Funktion (Ersatzeigenschaft) F genau dann sicher sein, wenn wir in eine spezifische starke Kausalbeziehung zwischen zwei funktionalen Entitäten FE1 und FE2 durch eine Änderung des Organisationsrahmens, in dem sich FE1 und FE2 befinden, intervenieren können.

Das Intervenieren in so eine Kausalbeziehung setzt die „Nutzung" einer Ersatzeigenschaft einer funktionalen Entität in einem organisierten Rahmen voraus. Die Einträge in die Ordnung der Biologie sind jene Funktionalen Entitäten – also organisierte und zeitlich überdauernde Eigenschaftsbündel mit spezifischen kausalen Verbindungen. Dieses Interventionsargument bedarf weiterer Ausarbeitung an konkreten Beispielen der Biologie, die tropenontologisch aufgezogen werden. Dabei muss es sich, ebenso wie das Interventionsargument der Dingmit-Eigenschaften-Ontologie, mit den Problemen der Existenz mehrerer Systeme globaler Eigenschaften (Unterbestimmtheit) und epistemischer Zugänglichkeit (Rekonstruktionsprobleme) auseinandersetzen. Funktionale Entitäten werden durch die Spezifizität ihrer Kausalverbindungen und der Organisation bis auf die Äquivalenz in der kausalen Wirksamkeit durch Angabe von Ersatzeigenschaften, kausalen Beziehungen und raumzeitlichen Konstellationen individuierbar. So muss hier insbesondere in zukünftigen Arbeiten das Problem des „Auswechselns" von Tropen betrachtet werden („swapping" genannt).

6. Resümee: Eine Ordnung funktionaler Entitäten der Biologie

Aus den bisherigen Überlegungen wird klar, dass eine Ontologie der Biologie am ehesten aus einer der Physik und Biologie gemeinsamen Ontologie gewonnen werden kann, die nicht den Weg der Reduzierung oder Abbildung geht. Eine aufbauende Ordnung funktionaler Entitäten ist dynamisch: Sie ist kein starres Tableau von Typen, sondern enthält als Einträge organisierte und zeitlich überdauernde Individuen, die sich zueinander ähnlich sind, deren Teile untereinander in spezifischen Kausalbeziehungen stehen. Dabei sind sich die Gegenstände zueinander ähnlich, so wie sich die Ersatzeigenschaften, die die Gegenstände ausmachen, zueinander ähnlich sind. Ersatzeigenschaften sind keine Universalien, sondern können als „Schnitte" in verallgemeinerten Tropenräumen eingeführt werden. Theorien der Biologie beinhalten nun theoretische Entitäten, über deren Existenz wir uns genau dann sicher sein können, wenn wir in die spezifischen Kausalverbindungen intervenieren können. Diese Intervention setzt die Kenntnis des organisierten Rahmens und der Spezifizität der Verbindung voraus, die sich jedoch nicht in einer *Top-down*-Analyse ergeben, sondern in einer *Bottom-up*-Analyse der Zusammensetzung von einfachen wirksamen Eigenschaften zu komplexen wirksamen Eigenschaften. In wenigstens zwei Fällen können fundamentale Änderungen in der Ordnung und Ontologie der Biologie angebracht sein: Wenn ein anderes System von globalen Eigenschaften gewählt wird, oder wenn sich die Organisationen in der Welt ändern und unbekannte Organisationen auftreten. Wir können uns nur für eine begrenzte Zeitspanne sicher sein – so lange, wie wir Menschen unsere Konzeption von der Welt beibehalten, oder uns nicht die Welt mit neuen Organisationen überrascht.

Literatur

BUKOW, G. C., and LYRE, H.: Grounding entity realism in cognitive neuroscience. ESPP Conference 2010. Bochum/Duisburg (2010)
CUMMINS, R. C.: Functional analysis. J. Philosophy 72, 741–764 (1975)
EHRING, D.: Physical causation. Mind *112*, 529–533 (2003)
HACKING, I.: Representing and Intervening. Cambridge, MA: Cambridge University Press 1983
MILLIKAN, R.: Language, Thought and Other Biological Categories. Cambridge, MA: MIT Press 1984
MORMANN, T.: Trope sheaves: A topological ontology of tropes. Logic and Logical Philosophy *3*, 129–150 (1995)
RIDDER, L.: Gegenstände in der Zeit. http://www.metaphysica.de/texte/mp2003_2-Ridder.pdf (zuletzt am 15. 1. 2012 geöffnet) (2003)
WOODWARD, J.: Causation in biology: stability, specificity, and the choice of levels of explanation. Biology and Philosophy *25*/3, 287–318 (2010)

Gerhard C. BUKOW Tel.: +49 391 6716983
Institut für Philosophie Fax: +49 391 6716566
Otto-von-Guericke-Universität Magdeburg E-Mail: bukow@ovgu.de
Zschokkestraße 32
39104 Magdeburg
Bundesrepublik Deutschland

Organismus – Verbreitung – Ordnung: Tiergeographie und Organismuskonzept im ausgehenden 18. Jahrhundert*

Petra FEUERSTEIN-HERZ (Wolfenbüttel)

Zusammenfassung

Der Beitrag beschäftigt sich mit dem Konzept der „Biegsamkeit des Naturells", das der Braunschweiger Naturhistoriker Eberhard ZIMMERMANN (1743–1815) auf der Grundlage der Faserlehre von Albrecht VON HALLER und den Vorarbeiten zur Tiergeographie von BUFFON entwickelt hat. Es handelt sich dabei um den Versuch, die unterschiedlichen Muster der globalen Säugetierverbreitung auf den Grundlagen der physischen Gegebenheiten der Arten und zugleich der physikalischen Bedingungen verschiedener Lebensräume zu erklären. Für ZIMMERMANN stellte die Fähigkeit zur Verbreitung eine grundlegende Funktion des Lebendigen und ein charakteristisches Artmerkmal dar, was er auch in die zeitgenössischen Diskussionen um das Erkennen der „wahren" Ordnung der Natur einbrachte.

Summary

The article concentrates on the concept of „Biegsamkeit des Naturells", the Brunswick natural scientist Eberhard ZIMMERMANN (1743–1815) developed on the basis of HALLER's theory of the fibre and BUFFON's studies on zoogeography. It is an effort to explain the various patterns of global distribution of mammals on the basis of the physical condition of species and – furthermore – the physical requirements of various habitats. ZIMMERMANN considered the aptitude of distribution a basic function of being and a characteristic attribute of species – an argument which he also put forward in the context of the controversy about the „true" order in nature.

Das Thema der diesjährigen Tagung der Deutschen Gesellschaft für Geschichte und Theorie der Biologie „Ordnung – Organisation – Organismus" führt mich unmittelbar in die Naturgeschichte und Naturphilosophie des 18. Jahrhunderts, in deren Diskursen zentral der „Lebensbegriff" und damit das Verständnis von „Organismus" und „Organisation" standen. Die Diskussionen und Forschungen auf diesem Sektor trugen maßgeblich zur Herausbildung eines biologischen Organismusbegriffs zu Beginn des 19. Jahrhunderts bei, womit sich auch – wie wir wissen – das Selbstverständnis der wissenschaftlichen Beschäftigung mit den Lebewesen grundlegend ändern sollte.

In diesen Diskurs möchte ich aus einer bisher meines Erachtens wenig wahrgenommenen Forschungsrichtung der damaligen Naturgeschichte blicken: aus der Perspektive auf den „Organismus" von außen, von der der unterschiedlichen Lebensbedingungen der geographischen Räume der Erde. Es gab im 18. Jahrhundert ein beginnendes wissenschaftliches Interesse am Vorkommen der Arten auf der Welt, und ich will mich damit beschäftigen, ob und wie diese frühe Tiergeographie mit dem Diskurs über den Begriff des Lebendigen vernetzt war.

---

* Überarbeitete Fassung eines Vortragsvorhabens für die 20. Jahrestagung der *Deutschen Gesellschaft für Geschichte und Theorie der Biologie* vom 16. bis 19. Juni 2011 in Bonn.

Tiergeographie bis um 1750

Dazu wird es nötig sein, dass wir zunächst ein kurzes Augenmerk auf die Bedeutung der Tiergeographie bis zum 18. Jahrhundert richten. Ich werde mich dann vor allem zwei Forschungsarbeiten widmen, die sich als erste systematisch mit dem Artenvorkommen auf der Erde befasst haben.

Der Standort der unterschiedlichen Tierarten auf der Erde gehörte durchaus zum Reservoir der Merkmale, die bei Art- und Gattungsbeschreibungen etwa in den ersten Naturenzyklopädien (PLINIUS SECUNDUS *Historia naturalis*, 1. Jhdt. n. Chr.) und auch in den bedeutenden Tierbüchern der Renaissance aufgeführt wurden. Bis in das 18. Jahrhundert fehlte jedoch in jeder Hinsicht eine systematische Reflexion über die Vielfalt der Verbreitungsmuster der Arten insgesamt oder auch über das Vorkommen einer einzelnen Tiergruppe. Das begründet sich vor allem in der vom christlichen Glauben fundierten europäischen Naturgeschichte, die das aktuelle Vorkommen der Arten aus der Schöpfungsgeschichte herleitete und damit als einmaliges und abgeschlossenes Geschehen verstand. Im Rahmen dieses statischen Verständnisses fanden selbst auffallende, etwa widersprüchliche Verbreitungsmuster ähnlicher Tiergruppen kein näheres Interesse. Der Standort galt als „Merkmal" der Art, rief aber kein systematisches wissenschaftliches Interesse hervor.

In Folge der Erkundung der Erde und ihrer Bewohner seit der Renaissance veränderte sich die naturgeschichtliche Perspektive auf den geographischen Raum. Landeskunde und Geographie, besonders die neue Disziplin der physischen Geographie beschäftigten sich mit den verschiedenartigen Umweltbedingungen großer Landschaftsräume und diskutierten in ersten Ansätzen die Wechselbeziehungen zum Vorkommen verschiedener Pflanzen- und Tierarten. Einen wichtigen Anstoß für eine stärkere Korrelation von Lebensraum und Artenvorkommen gab im 18. Jahrhundert die naturgeschichtliche Methodik selbst: Im Zuge der Wiederbelebung der antiken Tradition einer enzyklopädischen Naturgeschichte durch Georges-Louis Leclerc DE BUFFON (1707–1788)[1] entwickelte sich aus einer neuartigen zeitlichen Sicht eine räumlich-globale Perspektive: BUFFON stellte seiner im Grunde traditionell – also beschreibend – angelegten Naturenzyklopädie einen Abriss der Erdgeschichte voran und leitete daraus Überlegungen zur aktuellen Verteilung der unterschiedlichen Phänotypen der menschlichen Spezies ab.

Anfänge einer wissenschaftlichen Tiergeographie bei Buffon und Zimmermann

BUFFONS *Histoire naturelle* kann als Epochenwerk gelten, sie war außerordentlich bekannt und einflussreich, zumal die in kurzen Abständen regelmäßig erschienenen Bände zeitnah auch in andere Sprachen übersetzt wurden. Auf der Subskribentenliste der ersten deutschen Ausgabe von 1750 stand auch der Uelzener Probst Johann ZIMMERMANN, dessen Sohn Eberhard Ende der 1780er Jahre zu einem der maßgeblichen Rezipienten der Buffonschen Naturhistorie in Deutschland werden sollte. Eberhard August Wilhelm ZIMMERMANN (1743–1815) wirkte in Braunschweig am Collegium Carolinum als Professor für Mathematik, Naturgeschichte und Naturlehre. Heute ist er vor allem noch als Autor von landeskundlichen und Reisewerken bekannt.[2]

---

1 DE BUFFON 1749–1789.
2 Am bekanntesten ist ZIMMERMANNS zwischen 1802 und 1813 erschienenes *Taschenbuch der Reisen*, zu Leben und Werk vgl. auch FEUERSTEIN-HERZ 2006.

Zeitgenössisch verschafften ihm zwei zoogeographische Werke hohe Aufmerksamkeit, die jedoch erstaunlich singulär in seinem sonstigen Schaffen sind. Im Jahr 1777 veröffentlichte ZIMMERMANN die *Specimen zoologiae geographicae* und im Jahr darauf eine erweiterte deutschsprachige Ausgabe, die mit weiteren Bänden dann bis zum Jahr 1783 erschien.[3] Dabei handelt es sich um das erste Werk, das das weltweite Vorkommen einer größeren Tiergruppe systematisch darstellte und kritisch auswertete: die Verbreitung der damals bekannten etwa 450 Säugetierarten. ZIMMERMANN selbst war eher selten in der Welt unterwegs, seine tiergeographische Methode war die der klassischen Naturgeschichte. In intensivem Literaturstudium und über ein weites Korrespondentennetz studierte er das Vorkommen der Säugetierarten auf der Erde. Er bezog sich explizit auf BUFFONS *Histoire naturelle* und führte konsequent dessen biogeographischen Ansatz in der Naturgeschichte fort. Ein wichtiges Ergebnis dieser Zusammenschau ist die erste heute bekannte tiergeographische Weltkarte.[4]

Diese Zusammenstellung der Verbreitungsdaten wertete ZIMMERMANN dann in dem einige Jahre später veröffentlichten dritten Band der *Geographischen Geschichte* umfassend aus. Mit seinen Ergebnissen schien ihm die schon von BUFFON geäußerte Vermutung erwiesen, dass das aktuelle Vorkommen der Arten insgesamt auf ein zeitlich und räumlich dynamisches Geschehen hindeutet, somit die verschiedenen Tierarten nicht – wie in der biblischen Geschichte tradiert – von einem Ort aus in einem einmaligen und zeitlich kurzen Akt an die aktuell bekannten Standorte gelangt sein konnten und seither unverändert dort existierten. Dagegen – so ZIMMERMANN – sprächen die sehr unterschiedlichen Verbreitungsmuster und besonders auch die sehr enge Bindung vieler ähnlicher Arten an Standorte mit sehr unterschiedlichen Lebensbedingungen. Und – so folgerte er – die „Ursache dieser mindern, oder größern Verbreitung der Gattungen (müsse) augenscheinlich" im „Naturell" der Lebewesen, die ZIMMERMANN auch als „organisierte Körper" bezeichnet,[5] selbst liegen. Jene demnach artspezifische Fähigkeit klassifizierte ZIMMERMANN explizit als eines der Kennzeichen der „belebten Kreatur" und bezeichnete sie fortan mit dem Terminus „Verbreitsamkeit".[6] In diesem Sinn legte ZIMMERMANN sein Werk über das Vorkommen der Säugetierarten auch nicht geographisch an, sondern ordnete die Arten nach dem biologischen Aspekt der Verbreitungsfähigkeit. Hier unterschied er drei separate Typen: Tierarten mit universaler Verbreitung auf der ganzen Erde, solche mit einem Vorkommen über weite geographische Bereiche und schließlich die Arten, die die Erde nur auf einen mehr oder weniger kleinen Raum eingeschränkt besiedeln.

Tiergeographie und Organismus

ZIMMERMANN und auch schon BUFFON hatten nicht nur das Vorkommen kartiert, sondern beide befassten sich auch mit den möglichen Wechselwirkungen zwischen den physikalischen Bedingungen einzelner Lebensräume und den physischen Grundlagen der Lebewesen. ZIMMERMANN konzentrierte sich vor allem auf die Einflüsse durch das sogenannte „physikalische Klima",[7] untersuchte aber auch andere Einflüsse, wie etwa die der Nahrungsgrundlagen

---

3 ZIMMERMANN 1778–1783.
4 ZIMMERMANN 1777b, Neuaufl. 1783.
5 ZIMMERMANN 1778–1783, Bd. *3*, S. 4.
6 ZIMMERMANN 1778–1783, Bd. *1*, S. 53.
7 „Nur muß man unter dem Namen Klima nicht das geographische, sondern das physikalische Klima verstehen. Dieses leztere nämlich wäre das Verhältniß der Lage eines Landes, der Atmosphäre und

einzelner geographischer Räume. In dem umfangreichen einleitenden Teil seiner *Geographischen Geschichte* führte er zunächst die in einzelnen Erdzonen herrschenden Bedingungen – soweit diese in der Literatur schon bekannt waren – zusammen, und diskutierte dann deren mögliche Auswirkungen auf die Physis und Lebensweise der Säugetiere. Was er zwar weitgehend exemplarisch an der menschlichen Spezies entwickelte, aber explizit auch – jedoch in einer grundsätzlichen qualitativen Stufung (s. u.) – generell auf alle Säugetierarten übertrug.

Die Tiergeographie erhielt mit den Arbeiten von BUFFON und ZIMMERMANN einen grundlegend neuen, in der natürlichen Beschaffenheit der Arten begründeten Ansatz. Damit berührte dieses Feld eine der zentralsten Debatten der Medizin und Naturphilosophie im 18. Jahrhundert, in welcher man im Zusammenhang mit der Frage nach den Grundlagen des Lebendigen über mechanistische Organismus-Konzepte bzw. über mögliche dem Körper eigene, vitale Kräfte diskutierte.

ZIMMERMANNS Theorie einer artspezifisch unterschiedlichen Verbreitsamkeit knüpfte hieran mit einem Modell an, das er die „Biegsamkeit des Naturells" nannte. Das wollte er nicht nur in dem allgemeinen Sinn einer weiten oder engen „Bandbreite" verstanden wissen, sondern durchaus im Rahmen der konkreten physischen Grundlagen des Körpers: „Biegsamkeit" bezog sich auf die „Elementharteile" des Körpers, als welche man innerhalb des rein mechanistischen Körpermodells besonders seit dem 17. Jahrhundert die „Faser" verstand.[8] Auf deren „Stärke" sollte im Konzept der frühen Tiergeographie die unterschiedliche Verbreitungsfähigkeit der Lebewesen zurückzuführen sein. Eine große Stärke der Fasern war die Voraussetzung für die universelle Verbreitung einer Art in einer weiten Klimatoleranz, geringere schränkte dies entsprechend ein. „Stärke" verstand ZIMMERMANN nicht etwa als körperliche Stärke, denn bekanntermaßen zeigten einige der stärksten Säugetiere – wie etwa Löwe und Elefant – mitnichten eine große Verbreitungsfähigkeit.[9]

Wurde der Körper in den älteren, rein mechanistischen Organismusmodellen im Grunde als hydraulische Pumpe verstanden, als eine passive Maschine, die in Bewegung bleibt aufgrund einer zentralen Lenkung von außen,[10] so deutete man die Fasern als deren Grundelemente zum Teil bis in das 18. Jahrhundert rein mechanistisch, verstand sie mithin nicht als vitale Elemente, die zur natürlichen Perzeption von Reizen fähig sind. Dazu trug entscheidend auch das Charakteristikum der Faser*elastizität* bei, das man lange als rein physikalisches Phänomen betrachtete.

---

des Erdbodens" (ZIMMERMANN 1778–1783, Bd. *1*, S. 11f.). Es sollte sich zusammensetzen aus „Hize, Kälte, Trockniß und Feuchtigkeit, reine und ungesunde Luft" (ebenda, Bd. *1*, S. 23).

8 Die Faser wurde schon seit der Antike als Form- und Funktionselement des Organismus betrachtet. Mit dem Durchbruch der mechanistischen Biologie und Medizin im 17. Jahrhundert erhielt sie als Grundelement des menschlichen und tierischen Körpers besondere Beachtung, und es konstituierte sich geradezu eine „Fasertheorie", die vor allem die Bedeutung der Faser als Funktionselement der Bewegung in den Mittelpunkt rückte. Großen Einfluss auf die Theorie und Physiologie des Organismus hatten dann die Arbeiten des englischen Arztes Francis GLISSON (1597–1677), der die Faser zunehmend als vitales Element mit der Fähigkeit zur natürlichen Perzeption und Verarbeitung von Reizen betrachtete. Im 18. Jahrhundert entwickelte Albrecht VON HALLER auf dieser Grundlage seine Lehre der Sensibilität und Irritabilität (s. u.). Vgl. dazu die bis heute ausführlichste Darstellung zur Faserlehre von Alexander BERG 1942.

9 „So steht aber die Verbreitsamkeit der Stärke des Naturells bei weitem nicht mit der körperlichen Stärke in gleichem Verhältnis. Der Löwe ist z. B. weit weniger ausgebreitet, als der Fuchs […]" (ZIMMERMANN 1778–1783, Bd. *1*, S. 21.)

10 Vgl. SCHARK 2005, S. 427f.

Auch ZIMMERMANN bezeichnete den Körper von Mensch und Tier als eine Maschine, aber – und das sagt er explizit – diese Maschine ist „biegsam und eindrucksfähig".[11] Diese Differenzierung führt zu dem um 1750 von Albrecht VON HALLER (1708–1777) begründeten Modell,[12] das die Faser in Hinsicht auf ihre biologische Funktion grundlegend neu definiert hatte: Nachdem neuere nicht mehr rein mechanistische Ansätze wie etwa bei Georg Ernst STAHL (1659–1734) Ende des 17. Jahrhunderts die vitalen Kräfte, die den Organismus von einer Maschine unterscheiden sollten, in einem immateriellen, sozusagen „äußeren" Prinzip (der „anima") verortet hatten, verlegte HALLER die biodynamischen Kräfte in die Faser selbst, d. h. die lebendigen Faserreaktionen sollten aus der spezifischen Zusammensetzung ihrer organischen Substanz resultieren. HALLER trennte dabei die zwei Bereiche der Empfindung und Bewegung, indem er grundsätzlich zwischen den sensiblen Nervenfasern und den Muskelfasern differenzierte, welche wiederum die eigenständige und unabhängige Fähigkeit zur Reizrezeption besitzen sollten. Er bezeichnete das als Irritabilität. Muskelfasern sollten aus den beiden Bestandteilen Erde und Leim (Gluten) bestehen. Letzterer sollte aufgrund seines speziellen Mischungsverhältnisses von Wasser, Öl, Eisen und Luft die Festigkeit der Faser ausmachen und sie zur Reizreaktion, zur Zusammenziehung und Bewegung, befähigen. Wie schon gesagt, wurde das als eine der Faser *inne*wohnende Eigenschaft verstanden, unabhängig von einem zusätzlichen äußeren „belebten principio",[13] der Seele oder Lebenskraft. Der Schlag des Herzens, die „Geschäfte des Gedärms", so HALLER, bezeugten dies. Der lebendige Körper wurde in diesem Konzept nicht mehr als eine passive Maschine verstanden, sondern als ein aktiver und reaktiver Organismus mit eigenständigen Kräften.

ZIMMERMANNS Vorstellung von der „Biegsamkeit des Naturells" stellt sich in diesem Kontext folgendermaßen dar: Biegsamkeit bedeutete nicht Widerstandsfähigkeit gegen Reize im Sinne einer äußeren Festigkeit des Körpers, die physikalische Einflüsse quasi von ihm abhält. Vielmehr war an die tatsächliche Wahrnehmung von Reizen aus der Umwelt gedacht, welchen die Fasern im spezifischen Spektrum der physischen Qualität ihrer Biegsamkeit nachgeben konnten oder nicht. Die Lebewesen sollten nach dieser Vorstellung die Fähigkeit zur sensiblen und damit differenzierten Wahrnehmung der physikalischen Bedingungen ihrer Umgebung besitzen: „So wie ein vierfüßiges Tier sein Vaterland verlässt und sich in ein fremdes Klima begibt", erläuterte ZIMMERMANN, „so muss sein Körper diese Veränderung fühlen".[14] Das Tier habe damit „ein Gefühl des Unvermögens in andern Klimaten auszudauern",[15] was sich für ZIMMERMANN als ein Charakteristikum der einzelnen Tierarten darstellte: „Je empfindlicher ein thierischer Körper ist, desto stärker wirken Veränderungen der Atmosphäre auf ihn. Es ist also möglich, daß ein Thier, oder oft nur ein Theil seines Körpers, der ein feineres Gefühl hat, […] eine den übrigen animalischen Körpern unmerkliche Veränderung des Wetters, genau fühlt".[16] Die spezifische Empfindung sollte einhergehen mit einer den Arten eigenen spezifischen Stärke und Biegsamkeit der Körperfasern. Auch für die Annahme einer artspezifischen Biegsamkeit bot das Hallersche Faserkonzept bereits einen gedanklichen Anknüpfungspunkt, indem HALLER eine Erklärung für bestimmte medizinische Konstitutionstypen (wie beispielsweise den Choleriker)[17] nach verschiedenen Graden der Reizbarkeit entwickelt hatte.

---

11 ZIMMERMANN 1778–1783, Bd. *1*, S. 54.
12 Zuerst publiziert in VON HALLER 1753.
13 VON HALLER 1759–1776, Bd. *5*, S. 127.
14 ZIMMERMANN 1778–1783, Bd. *1*, S. 23.
15 Ebenda, S. 123.
16 Ebenda, S. 208.
17 VON HALLER 1759–1776, Bd. *5*, S. 425.

Die Lebewesen einer Art mit großer Biegsamkeit sollten in ihrer Existenz weder bei starker Hitze noch extremer Kälte (hohem Luftdruck, hoher Feuchtigkeit etc.) gefährdet sein, da die Zusammensetzung der Faserkonsistenz dem standhalten konnte. Säugetierarten mit einer entsprechenden Biegsamkeit waren folglich befähigt, überall auf der Erde dauerhaft leben und sich fortpflanzen zu können. Alle anderen Arten würden aufgrund der Zusammensetzung ihrer Körperfasern nur ein spezielles Umweltspektrum „ertragen" können und mussten in einem entsprechenden geographischen Gebiet leben. ZIMMERMANN betonte nachdrücklich die Unabhängigkeit des Verbreitungsvermögens von etwaigen seelischen Kräften: Allein der „vortreffliche Bau" eines „dauerhaftesten, biegsamsten Körpers"[18] wie dem des Menschen ermögliche es, „Bewohner aller Himmelsstriche" zu sein, kein wie auch immer geartetes seelisches Vermögen.

ZIMMERMANN spezifizierte sein Modell der Biegsamkeit in Hinblick auf HALLERS Konzept der Irritabilität und Sensibilität nicht genauer; schon deshalb möchte ich nicht davon ausgehen, dass er in Gänze damit übereinstimmte. Immerhin entstand die *Geographische Geschichte* mehr als 25 Jahre, nachdem HALLER darüber publiziert hatte. Zu dieser Zeit wurde seine strenge Trennung der Muskelirritabilität von dem Einfluss sensibler Reizaufnahme längst massiv in Frage gestellt. Im Gegenteil manifestierte sich eher die Vermutung, dass die Muskelreaktion gerade eine Manifestation von Sensibilität sei, dass also jeder Muskel intensiv mit Nerven versehen sei. Auch HALLER selbst tendierte später dazu, an einen gewissen Einfluss der Nerven auf die Muskeln zu denken. Es lässt sich auch nicht klären, inwieweit ZIMMERMANN von den vielfältigen Sensibilitätstheorien beeinflusst war, die die zweite Hälfte des 18. Jahrhunderts – besonders in Frankreich und England – hervorbrachte.

Wichtiger als diese Frage war für die Ausbildung empirischer Fragestellungen zum Artenvorkommen dann auch möglicherweise ein anderer Kontext, welcher sich mit den frühen tiergeographischen Konzepten verband: ZIMMERMANN bezog in die Überlegungen über die Wahrnehmung und physiologische Umsetzung äußerer Reize auch die Möglichkeit einer nachhaltigen Wirkung auf den Organismus ein, indem er die Fasereigenschaften mit der Variation der Art in Verbindung brachte: „In der That kann nichts so stark auf einen eindrucksfähigen Körper wirken, als Hize, Kälte […] So muß die Ausartung der Thiere mit dem Grade ihrer Verbreitung ziemlich zutreffen, oder vielmehr die erstere von der lezteren hervorgebracht werden".[19] Artvarianten wurden verstanden als regionale Veränderungen in Hinblick auf gewisse äußere Merkmale wie Körpergröße, Hautfarbe, Physiognomie, aber auch in Hinblick auf mentale Eigenschaften. Bezogen auf den Menschen dachte man beispielsweise den Einfluss der Temperatur folgendermaßen: Ein gewisser Grad an Kälte sei erforderlich, um „den menschlichen Körper so stark als möglich wachsen zu lassen",[20] hingegen sei „das Zusammenkriechen der menschlichen Figur der alles verkürzenden Kälte zuzuschreiben", denn „der höchste Grad der Kälte erlaubt der menschlichen Faser nicht, sich völlig auszudehnen, dahingegen ein geringerer Grad sie noch nicht einschrumpft, sondern ihr Stärke und Kraft gibt". So erklärte man die durchschnittlich größere Körperlänge der Nordeuropäer im Vergleich zu südlichen Völkern und wiederum die geringe Größe der Grönländer.[21] Eine ähnliche Wirkung meinte ZIMMERMANN

---

18 ZIMMERMANN 1778–1783, Bd. *1*, S. 53.
19 Ebenda, S. 23f.
20 Ebenda, S. 64–74.
21 „Nehme ich nun diese angeführten grossen Nationen zusammen; so treffe ich sie mit einander in ansehnlich kalten Ländern an; wahrscheinlich hat also die Kälte einen wichtigen Antheil an ihrer Größe […] Nun zu den entgegen gesetzten Phänomenen, zu der niedrigsten Menschengestalt! Die kleinsten Nationen sind die Eskimos, Grönländer, Lappen […]" (ZIMMERMANN 1778–1783, Bd. *1*, S. 65f.)

in Hinblick auf den Luftdruck, schädliche „Luftarten" und den relativen Feuchtigkeitsgehalt der Luft feststellen zu können. Durch ein Zusammenwirken mehrerer äußerer Einflüsse würden sich auch die typischen physiognomischen Merkmale einzelner Völker ausbilden.[22] Vor allem die vermeintlich augenscheinlich vom Grad der geographisch differierenden Menge der Sonneneinstrahlung abhängige Unterschiedlichkeit der Hautfarben der verschiedenen menschlichen Ethnien hatte längere Zeit schon zu entsprechenden Diskussionen geführt. Der Hintergrund war die in dieser Zeit aufkommende Frage nach der Unveränderlichkeit der Spezies. Hielt man sie im Konzept der traditionellen Naturgeschichte für einmalig erschaffen und damit fest bestehend, so diskutierte man im späten 18. Jahrhundert, ob sie eventuell doch veränderbar sind und auf diese Weise also neue Arten zeitlich nach der Schöpfung entstanden sein könnten.

ZIMMERMANNS Konzept war von dem Gedanken getragen, die große Bandbreite der offensichtlich mit dem geographischen Vorkommen einhergehenden phänotypischen Veränderungen des lebendigen Organismus in einem einheitlichen physiologischen Modell zusammenzuführen. Das in den Elementarteilen verankerte unterschiedliche Potential der einzelnen Tierarten gegenüber physikalischen Reizen der Umwelt erklärte sowohl die verschiedenartigen Verbreitungsmuster der Arten als auch deren variantenreiches Vorkommen, ohne von dem – bis in das 19. Jahrhundert nicht ernsthaft angezweifelten – Glauben an die Konstanz der Arten abweichen zu müssen. ZIMMERMANN entwickelte seine Vorstellungen zwar stringent an der menschlichen Spezies, aber er verwies explizit darauf, dass die Ausbildung von Artvarianten grundsätzlich für alle Tierarten denkbar sei. Dabei war für ihn jedoch von substantieller Bedeutung, dass ein grundlegender qualitativer Unterschied zwischen Tier und Mensch bestehen sollte. *A priori* ging er von der Annahme der von Natur aus größten Biegsamkeit der menschlichen Spezies aus: Diese garantierte die in der *Scala naturae*[23] manifestierte höchste Stellung des Menschen, indem aufgrund dieser körperlichen Eigenschaften die einheitliche Abstammung aller menschlichen Phänotypen – im Unterschied zu allen anderen Arten[24] – gewährleistet sei und dadurch zugleich ein quasi beliebiger Einfluss des Äußeren auf die Konstitution des Organismus ausgeschlossen sei. Denn – so ZIMMERMANN – der Mensch „kommt überall fort, und bleibt überall bey seinen Ausartungen sich mehr ähnlich, als die auf ähnliche Art verbreiteten Thiere".[25] Das Klima bringe beispielsweise „weit größere Verschiedenheit bey dem Hund als bey dem Menschen hervor".[26] Der „Mensch wird in den äußersten Graden der Kälte klein, der Hund dumm und stumm, dort schrumpft der Körper, hier der Instinkt oder Verstand".[27] ZIMMERMANN vertrat wie viele seiner Zeitgenossen kein rein materialistisches Naturkonzept, sondern ein teleologisches. Er ging von der Zielgerichtetheit der göttlichen Schöpfung aus, die der menschlichen Spezies die unange-

---

22 Bei den Lappen beispielsweise, die „einen großen Kopf [haben], ein flaches und breites Gesicht, gepletschte Nase, kleine Augen […]", hätten sich diese, sie von anderen Nordländern unterscheidenden „Gesichtsbildungen" nicht nur aufgrund des Klimas, sondern u. a. auch durch die Einflüsse von Luft und Ernährung ausgebildet (ZIMMERMANN 1778–1783, Bd. *1*, S. 72.)
23 Zum Denkmodell der *Scala naturae* im 18. Jahrhundert vgl. FEUERSTEIN-HERZ 2007.
24 Aufgrund seiner Befunde war ZIMMERMANN überzeugt, dass sich die verschiedenen Tierarten nicht von einem Ort aus verbreitet haben können, sondern dass es multiple Schöpfungen an verschiedenen geographischen Orten gegeben haben musste. So sollten „die Thiere gleich zu Anfang über die Erde vertheilt, jedes in sein ihm zukommendes Clima gesezt worden" sein (ZIMMERMANN 1778–1783, Bd. *3*, S. 192).
25 ZIMMERMANN 1778–1783, Bd. *1*, S. 31.
26 Ebenda, S. 52.
27 Ebenda, S. 67.

fochten höchste Stellung im Natursystem eingerichtet haben sollte. Dies manifestiere sich in seiner universellen Verbreitung auf der ganzen Erde und in der einheitlichen Abstammung der Art.

Mit ihrer Annahme einer Spezifität der Biegsamkeit wie auch der permanenten, manifesten Variabilität der Arten verband sich die frühe empirische Tiergeographie mit einem weiteren grundlegenden Diskussionsfeld der Naturgeschichte dieser Zeit: mit den Reproduktionstheorien, die intensiv um die Frage der Präformation oder sukzessiven Ausbildung der arteigenen Merkmale rangen. Der Schweizer Naturforscher Charles BONNET (1720–1793) hatte in ZIMMERMANNS Zeit eine sehr einflussreiche Theorie der Keimentwicklung mit der Faserlehre verbunden, was für ZIMMERMANNS Modell der Biegsamkeit ein interessantes Denkmodell gewesen sein mag. Zumal er sich ohnehin in der *Geographischen Geschichte* eng an BONNETS Arbeiten orientierte. BONNET ging sozusagen von präkoordinierten Keim-Faser-Einheiten aus,[28] die im Zuge der Entwicklung in gewissem Maß reguliert werden konnten.[29] Demnach sollten auf der Grundlage von in den vorhandenen Keimen präformierten Fasern nach einem präexistenten „allgemeinen Plan"[30] sukzessive im Rahmen der Keimesentwicklung die spezifischen Fasern und Gewebe eines Organismus hergestellt werden. BONNET verglich das anschaulich mit einer großen Webmaschine, die vorhandene Fäden nach einem festgelegten Webplan feinmaschige, vielgestaltige Muster webt.[31]

Organismus – Verbreitung – Ordnung

Bis in das 18. Jahrhundert wurde das Phänomen des Lebendigen im Unterschied zum Nicht-Lebendigen nicht in unmittelbare Beziehung zu der strukturellen inneren Differenzierung des Körpers gesetzt. Hauptsächlich im Zuge der Diskussionen um mechanistische und vitalistische Organismuskonzepte begann man nun, das Lebendig-Sein mit einer dem Körper immanenten Ordnung, die zunehmend als „Organisation" bezeichnet wird, in Verbindung zu bringen. Man begann, Lebewesen als „organisierte Körper"[32] zu verstehen, deren Eigenschaften und Funktionen durch eine innere Dynamik bedingt sind und sich daraus erklären lassen. Während Organisation in erster Linie als innere Ordnung verstanden wurde, trugen die frühen tiergeo-

---

28 Vgl. dazu ausführlich CHEUNG 2008.
29 BONNET, lange Zeit ein Verfechter der strengen Präformationslehre, modifizierte dies später und ging von gewissen Einflüssen aus, was er jedoch in Hinblick auf äußere physikalische Faktoren nicht spezifizierte: „Ich behaupte keineswegs, daß sich alle Keime von einer Gattung [i.e. „Art", P. F.-H.] einander vollkommen gleich seyn sollten […] so ist es offenbar, daß sich nicht alle Keime von einer Gattung […] zur gleichen Zeit, an einem Orte, in einem Klima […] entwickeln sollten." (BONNET 1775, Teil 2, S. 281.)
30 CHEUNG 2008, S. 225.
31 BONNET schildert Wachstum und Entwicklung der präformierten Keim-Faser-Einheiten ausführlich im Zusammenhang mit assimilatorischen Prozessen: „Diejenige Kraft, welche die Nahrungsatomen in die Fibermaschen treibt, verursacht es auch, daß sich die Fibern nach allen Seiten ausdehnen. Diese Ausdehnung stehet in Absicht der Dauer und Grade mit der Natur der Elemente, woraus die Fibern bestehen, in genauem Verhältnis. Je leichter oder schwerer nun diese Elemente in einander eindringen, […] je biegsamer und steifer sie sind, desto geschwinder und langsamer […] wird auch der (!) Wachsthum vor sich gehen." (BONNET, 1775, Teil 2, S. 76.)
32 ZIMMERMANN 1778–1783, Bd. *3*, S. 4.

graphischen Vorstellungen von BUFFON und ZIMMERMANN dazu bei, das systematische Verhältnis des Körpers zu seiner Umwelt zu thematisieren. Die Suche nach einem Modell für die physischen Grundlagen der Rezeption und „Verarbeitung" der wechselnden physikalischen Einflüsse in den Lebensbereichen der Erde führte in dieser Zeit mehr noch zu einer dynamischen Erklärung von Herkunft und Verteilung der Arten.[33]

Für ZIMMERMANN stellte die Fähigkeit zur Verbreitung im geographischen Raum eine grundlegende Funktion des Lebendigen dar und ein essentielles Merkmal der Art, das seines Erachtens auch eine stärkere Beachtung in den zeitgenössischen Diskussionen um die Erkenntnis des „wahren" Ordnungssystems der Natur spielen sollte. Nach ZIMMERMANNS Naturverständnis war es offensichtlich, dass sich im System der Natur Zusammenhänge zwischen der dem Organismus eigenen Empfindungsfähigkeit und seiner Organisation einerseits und andererseits dem Artengefüge abbildeten: So sei der „Drang der Naturkräfte zum Hervorbringen des [...] höher Organisierten" offensichtlich, was sich in dem Anstieg der Artenzahl vom Nichtlebendigen, Unorganisierten mit dem zunehmenden Grad der Organisation dokumentiere: „Die Summe der Arten organisierter Körper wächst mit dem Grade der Empfindung und des Lebens. Die organisierte lebende Pflanzenwelt läßt das todte Mineralreich an Verschiedenheit der Arten weit hinter sich zurück. Da sie selbst wiederum von dem deutlicher empfindenden Thierreiche hierin unermeßlich übertroffen wird".[34] Die frühe Tiergeographie stellte damit auch den Konnex zwischen in den Arten festgelegten sensiblen und physischen Eigenschaften und ihrem systematischen Verhältnis zueinander her, was einen wichtigen Beitrag zum sich ändernden Verständnis der „biologischen" Systematik über rein äußere Merkmale der Arten hinaus darstellte.

Literatur

BERG, A.: Die Lehre von der Faser als Form- und Funktionselement des Organismus. In: REUCKER, K. (Hrsg.): Festschrift für Jacques Brodbeck-Sandreuter. S. 333–460. Basel 1942
BONNET, C.: Betrachtungen über die organisirten Körper. Aus dem Franz. übers. und hrsg. von J. A. E. GOEZE. Teil 2. Lemgo 1775
BUFFON, G.-L. L. DE: Histoire naturelle. Bd. *1*ff. Paris 1749–1789
CHEUNG, T.: Res vivens. Agentenmodelle organischer Ordnung 1600–1800. Berliner Kulturwissenschaft (Hrsg. von H. BÖHME u. a.). Bd. *8*, S. 213–229. Freiburg 2008
FEUERSTEIN-HERZ, P.: Der Elefant der neuen Welt. Eberhard August Wilhelm von Zimmermann (1743–1815) und die Anfänge der Tiergeographie. Braunschweiger Veröffentlichungen zur Pharmazie- und Wissenschaftsgeschichte Bd. *45*. Stuttgart 2006
FEUERSTEIN-HERZ, P.: „Die große Kette der Wesen": Ordnungen in der Naturgeschichte der Frühen Neuzeit. (Ausstellungskatalog Herzog August Bibliothek *88*). Wiesbaden 2007
HALLER, A. VON: De partibus corporis humani sensilibus et irritabilibus. In: Commentarii Societatis Regiae Scientiarum Gottingensis. T. *2*, S. 114–158 (1753)
HALLER, A. VON: Anfangsgründe der Phisiologie des menschlichen Körpers. Berlin 1759–1776

---

33 ZIMMERMANN diskutierte die aktuell erkennbaren Verbreitungsmuster in einem dynamischen Miteinander von erdgeschichtlichen Ereignissen (Entstehung von Gebirgen, Inseln etc.) und sich wandelnden Umweltbedingungen einerseits und andererseits den physischen Möglichkeiten der Arten (Biegsamkeit, Wanderungen, Nahrungsbeziehungen etc.).
34 ZIMMERMANN 1778–1783, Bd. *3*, S. 8.

SCHARK, M.: Organismus – Maschine: Analogie oder Gegensatz? In: KOHS, U., und TOEPFER, G. (Hrsg.): Philosophie der Biologie. Eine Einführung. S. 418–435. Frankfurt (Main) 2005
ZIMMERMANN, E. A. W.: Specimen zoologiae geographicae, quadrupedum domicilia et migrationes sistens. Leiden 1777a
ZIMMERMANN, E. A. W.: Tabvla Mvndi Geographico Zoologica sistens Qvadrvpedes. Leipzig 1777b und Neuaufl. Augsburg 1783
ZIMMERMANN, E. A. W.: Geographische Geschichte des Menschen, und der allgemein verbreiteten vierfüßigen Thiere. Bd. 1–3. Leipzig 1778–1783
ZIMMERMANN, E. A. W.: Taschenbuch der Reisen. Jg. 1–12. 1802–1813

Dr. Petra FEUERSTEIN-HERZ
Herzog August Bibliothek Wolfenbüttel
Lessingplatz 1
38304 Wolfenbüttel
Bundesrepublik Deutschland
Tel.:   +49 5331 808324
Fax: +49 5331 808173
E-Mail: feuerstein@hab.de

Netzwerke statt Stammbäume? – „Lateraler Transfer" in Evolutionstheorien von Sprachen, Arten und Kultur*

Matthis KRISCHEL (Aachen) und Frank KRESSING (Ulm)

Zusammenfassung

In ihrer Auseinandersetzung mit der Darwinschen Evolutionstheorie zeigen die beiden Autoren auf, dass diese Theorie allein aufgrund vielfältiger, disziplinübergreifender Querverbindungen zwischen den Natur- und Geisteswissenschaften möglich war, die sich seit dem 18. Jahrhundert nachweisen lassen. Interessanterweise wurde der Evolutionsgedanke zuerst in den Sozial- und Geisteswissenschaften formuliert, bevor er Eingang in die im 19. Jahrhundert entstehende Biologie fand. In einer erneuten Form des lateralen Transfers zwischen den Wissenschaftsdisziplinen der biologischen Anthropologie, der vergleichenden Sprachwissenschaften und der sich formierenden Ethnologie/Kulturanthropologie wurde der Evolutionsgedanke dann auch auf die Entwicklung von menschlichen Populationen, Sprachen und Kulturen angewandt und unter Hinzuziehung eines von der Romantik inspirierten essentialistisch-primordialen „Volks"-Begriffes das Paradigma einer Ko-Evolution menschlicher „Rassen", Sprachen und Kulturen vertreten. Die Fokussierung auf den Gedanken einer unilinearen menschlichen Evolution ließ sowohl im 19. wie im 20. Jahrhundert alternative Konzepte der Entwicklung von Lebewesen, Sprachen und Kulturen durch den lateralen, horizontalen Transfer von Erbanlagen und Sprachstrukturen in den Hintergrund treten. Namentlich zu nennen sind hier die Theorien der Endosymbiose in der Biologie, der Sprachbünde und der Arealtypologie in der Linguistik sowie des kulturellen Diffusionismus in der Ethnologie, die sich parallel zur Entwicklung evolutionärer Stammbaumtheorien ebenfalls bereits seit dem 18. und 19. Jahrhundert nachweisen lassen. Damit betont dieser Beitrag die Bedeutung von Netzwerken (1) in der biologischen, linguistischen und kulturellen Genese und (2) in der Wissenschaftsgeschichte.

Summary

In a closer examination of prerequisites to Charles DARWIN's theory of biological evolution, the authors try to outline that this particular theory could only develop due to an interdisciplinary network of scholars bridging the borders between the sciences and the humanities that can be traced back to the 18th century. Interestingly enough, the theory of human evolution was first formulated in the realms of sociology and history before being transferred to 19th century biology. Ongoing scholarly exchange between physical anthropology, comparative linguistics and early cultural/social anthropology fostered the application of evolutionary theory to the development of human populations, languages, and cultures. Based on a romanticist, primordialist notion of *Volk* as shared descent, language and cultural heritage, the idea of a co-evolution of human 'races', languages and cultures became increasingly fashionable. The emphasis put on the idea of a unilinear human evolution neglected competing concepts of development caused by lateral, vertical transfer of words, grammatical structures and whole cellular organs that had been put forward as early as the 18th and 19th centuries by theories of endosymbiosis in biology, areal typology of languages (*Sprachbund*) in linguistics, and diffusionism in cultural anthropology/ethnology. Thus, in our paper we try to emphasize the importance of networks and reticulations – in contrast to pedigree

---

* Überarbeitete Fassung eines Vortrages auf der 20. Jahrestagung der *Deutschen Gesellschaft für Geschichte und Theorie der Biologie* vom 16. bis 19. Juni 2011 in Bonn.

models of evolution – as predominant factors in both biological, linguistic and cultural development and in the history of the sciences.

Einleitung[1]

Ausgehend von der mit der Publikation von Charles DARWINS (1809–1882) *Origin of Species*[2] verfestigten Theorie der biologischen Evolution soll in diesem Beitrag anhand empirischer Belege aus der Wissenschaftsgeschichte der „laterale Transfer" von Informationen in Gestalt von linguistischen Morphemen, Genen und Ideen zwischen Sprachen, Lebewesen und Wissenschaftsdisziplinen nachvollzogen werden. Der Ansatz ist dabei ein doppelter:

(1.) Zum einen sollen die vielfältigen Querverbindungen zwischen den sich im 19. Jahrhundert zunehmend institutionalisierenden Natur- und Geisteswissenschaften nachgezeichnet werden, die oft auf einer sehr persönlichen Ebene der beteiligten Wissenschaftler erfolgten und die Etablierung, Verbreitung und Popularisierung der Darwinschen Evolutionstheorie überhaupt erst möglich machten.

(2.) Zum anderen soll die bislang in der Wissenschaftsgeschichte wenig beachtete Tatsache hervorgehoben werden, dass alternativ und ergänzend zu Stammbaummodellen auch immer wieder Modelle einer Vernetzung von Abstammungslinien entwickelt wurden.

Widmen wir uns zunächst den Netzwerken von Geistes- und Naturwissenschaftlern des 19. Jahrhunderts: August SCHLEICHER (1821–1868), Rudolf VIRCHOW (1821–1902), Adolf BASTIAN (1826–1905), Wilhelm BLEEK (1827–1875) und Ernst HAECKEL (1834–1919) sind Namen, die man auf den ersten Blick nicht unmittelbar miteinander in Verbindung bringen würde. Bei näherem Hinsehen lässt sich allerdings erkennen, dass all diese Forscherpersönlichkeiten auf die eine oder andere Art und Weise mit Austauschprozessen zwischen den sich im 19. Jahrhundert verstärkt ausdifferenzierenden Geistes- und Naturwissenschaften verknüpft sind.[3]

Der Sprachwissenschaftler August SCHLEICHER gehört zu den Begründern der linguistischen Stammbaumtheorie in Bezug auf die indo-europäischen Sprachen.[4] Der Zoologe Ernst HAECKEL popularisiert die Darwinsche Evolutionstheorie im deutschsprachigen Raum[5] und ist sowohl auf persönlicher als auch auf wissenschaftlicher Ebene eng mit SCHLEICHER verknüpft: Beide pflegen seit 1861 in Jena, wo SCHLEICHER seit 1857 wirkte, eine intensive Freundschaft, die auch gemeinsame Turnübungen mit einschloss. In seinem an HAECKEL gerichteten Sendschreiben[6] vertritt SCHLEICHER die Meinung, Sprachveränderung unterliege ebenso wie die Entwicklung biologischer Arten der Evolution, und zieht direkte Parallelen zwischen biologischer und linguistischer Evolution.[7]

Der Linguist Wilhelm BLEEK widmete sich als einer der ersten Linguisten der Untersuchung afrikanischer Sprachen. Auch er ist persönlich (durch Verschwägerung) und wissenschaftlich

---

1 Dieser Beitrag folgt in Teilen der in englischer Sprache erschienenen Arbeit von KRESSING et al. 2013.
2 DARWIN 1859.
3 KRISCHEL et al. 2011
4 SCHLEICHER 1853.
5 HAECKEL 1874.
6 SCHLEICHER 1863.
7 SCHLEICHER 1861, Bd. *I*, Einleitung.

eng mit HAECKEL verbunden. Sein 1868 erschienenes Werk *Über den Ursprung der Sprache* wird mit einem Vorwort Ernst HAECKELS veröffentlicht, in dem dieser die seiner Ansicht nach unmittelbare Verknüpfung der biologischen Evolution des Menschen mit der Evolution der Sprachen verdeutlicht. BLEEK ist der Auffassung, dass „[...] auch das Menschengeschlecht in gleicher Weise auf dem langen und langsamen Wege organischer Entwickelung und Umbildung entstanden ist, dass es ebenso durch ‚natürliche Züchtung im Kampfe um das Dasein' sich allmählich und stufenweise aus niederen thierischen Organismen, und zwar zunächst aus affenähnlichen Säugethieren entwickelt hat [und dass die] Bestätigung der Darwinschen Evolutionslehre nicht allein durch Zoologie, Anatomie und Physiologie, sondern auch durch ‚Geologie und Archäologie, Völkergeschichte, Geographie, Anthropologie und Sprachforschung' erfolgen müsse."[8]

Diese Beispiele verweisen darauf, dass die Evolutionstheorie des 19. Jahrhunderts ihre bestimmende Wirkung überhaupt erst durch den „lateralen Transfer" zwischen verschiedenen Wissenschaftsdisziplinen erlangen konnte – eine Verbindung zwischen Natur- und Geisteswissenschaften, die sehr anschaulich durch Ernst HAECKELS Verbindungen zu Rudolf VIRCHOW und dessen Beziehungen zu dem Arzt und Begründer der deutsch-sprachigen Ethnologie Adolf BASTIAN deutlich wird: Ernst HAECKEL, der seit 1852 medizinische Vorlesungen bei Rudolf VIRCHOW an der Universität Würzburg hört, übernimmt das von VIRCHOW vertretene Konzept der Zellularpathologie. Der Mediziner VIRCHOW wiederum ist ebenso wie BASTIAN als Anthropologe, Ethnologe und Archäologe tätig, er unterhält freundschaftliche Beziehungen zu Heinrich SCHLIEMANN (1822–1890) und Franz BOAS (1858–1942), dem späteren Begründer der *Cultural Anthropology* in Nordamerika, BOAS' Zusammentreffen mit dem „führenden deutschen Ethnologen" Adolf BASTIAN und dem „berühmten Anthropometriker" Rudolf VIRCHOW trägt entscheidend zu dessen Hinwendung von der Geographie zur Ethnologie bei.[9] BASTIAN und VIRCHOW sind Gründungsmitglieder der 1870 ins Leben gerufenen *Deutschen Gesellschaft für Anthropologie, Ethnologie und Urgeschichte*, die bis heute besteht und immer noch Mitherausgeberin der *Zeitschrift für Ethnologie* ist.

Nach diesem kurzen Ausblick auf die vernetzten Beziehungen verschiedener vornehmlich im deutschsprachigen Raum erwachsener Wissenschaftler- und Forscherpersönlichkeiten soll die Bedeutung eines derartigen Wissens- und Beziehungstransfers für die Entwicklung der Evolutionstheorie selbst dargestellt werden. Danach widmen wir uns den Folgen der Idee des lateralen Transfers zwischen verschiedenen Sprachen, Arten (Spezies) und auch Kulturen in der Zeit des Niedergangs evolutionärer Konzepte im beginnenden 20. Jahrhundert und weisen auf die historischen Wurzeln der Netzwerkmodelle in Biologie und Linguistik hin, die bereits seit dem 18. Jahrhundert mit dem beherrschenden Paradigma der unilinearen Deszendenz konkurrieren.

Die Entwicklung der evolutionären Theorie als Transfer zwischen Geistes- und Naturwissenschaften

Unter „Evolutionismus" soll hier eine wissenschaftliche Denkrichtung des 19. Jahrhunderts verstanden werden, die auf dem Entwicklungsgedanken aufbaut und sowohl in der Soziologie und der Geschichte als auch in der Biologie sehr populär war. Als Charles DARWIN 1859 seine

---
8   BLEEK 1868, S. IV.
9   VOGET 1970, S. 207.

Theorie der Abstammung veröffentlicht, konnte er sich dabei sowohl auf eine etwa fünfzigjährige Tradition evolutionären Denkens in der Naturgeschichte als auch auf eine weitaus ältere evolutionäre Tradition in den Geisteswissenschaften stützen, die sich bis zur Zeit der Aufklärung zurückverfolgen lässt. Nach Kenneth Bock (*1916) ist die Vorstellung von der Evolution als eines langsamen, stufenweisen Entwicklungsprozesses seit der Antike ein integraler Bestandteil der westlichen Geistestradition.[10]

Wegbereiter des Evolutionsmus im 18. Jahrhundert

Die spezifische Beschreibung von Entwicklungsprozessen ist immer beeinflusst von der soziokulturellen Einbettung des Autors. Häufig wird entweder die gegenwärtige Gesellschaftsordnung als Endziel der Entwicklung angesehen oder ein anstehender gesellschaftlicher Wandel durch die naturgemäße Entwicklung zur nächsten Stufe legitimiert. Schon in Adam Fergusons (1723–1816) *Essay on the History of Civil Society* (1767) findet sich das Bild einer sich entwickelnden Tier- und Pflanzenwelt, neben das Ferguson einen aktiv vorangetriebenen Fortschritt von menschlichen Gesellschaften von Wildheit über Barbarei hin zu Zivilisation stellt. Marie-Jean Antonie de Condorcet (1743–1794) stellt 1795 in seinem noch vor der französischen Revolution begonnenen Werk *Esquisse d'un tableau historique des progrès de l'esprit humain* die menschliche Geschichte als zwingend notwendige Abfolge der Entwicklung über zehn Stufen dar, wobei Naturwissenschaft und Technik eine Vorreiterrolle einnehmen, denen dann die politischen und moralischen Wissenschaften und schließlich deren praktische Umsetzung folgen müssen. Dies führte zu einer Stufenleiter von Gesellschaften, in denen die Menschen durch den Einsatz von Technik ihre Umwelt immer besser zu beherrschen und durch moralische Weiterentwicklung immer freier leben (sollten).[11]

Der Entwicklungsgedanke in den Sozial- und Biowissenschaften des 19. Jahrhunderts

Die Theorie der gesellschaftlichen und sozialen Evolution des 19. Jahrhunderts schließt an Ferguson und Condorcet an und ist gekennzeichnet durch die feste Abfolge von Gesellschaftsordnungen und der mit dem Durchschreiten dieser Stufen verbundenen Fortschrittsidee. So stellt Lewis Henry Morgan (1818–1881) in *Ancient Society* die Entwicklung der Menschheit in den drei aufeinanderfolgenden großen Phasen der Wildheit, Barbarei und Zivilisation dar, die er jeweils in drei weitere Schritte unterteilt.[12] Friedrich Engels' (1820–1895) Werk *Der Ursprung der Familie, des Privateigenthums und des Staats* (1884) trägt nicht von ungefähr den Untertitel *Im Anschluss an Lewis H. Morgans Forschungen* und fußt gleichermaßen auf dem Drei-Stufen-Muster moderner Gesellschaftstheorien, wie auch Georg Wilhelm Friedrich Hegel (1770–1831) „sich die Welt so vor[stellte], dass sich ein Weltgeist in drei Stufen zu sich selbst heraus- und emporarbeite".[13] Mit seiner Bezugnahme auf Hegel und Morgan fügt sich der Historische Materialismus von Karl Marx (1818–1883) und Friedrich Engels nahtlos in die Tradition des gesellschaftlichen Evolutionismus des 19. Jahrhunderts ein: Der Historische Materialismus kennt die Stammesgesellschaft, die Sklavenhaltergesellschaft, die feudale Gesellschaft und die kapitalistische Gesellschaft, die alle auf ihren jeweiligen Produktions- und

---

10 Bock 1955, S. 129–130.
11 Condorcet postum 1795.
12 Morgan 1877.
13 Römer 1989, S. 11.

Austauschprozessen fußen, von denen ihre Gesellschaftsordnung bestimmt wird.[14] Einmal angestoßen, muss sich der Wandel dann durch alle diese Phasen vollziehen, um schließlich in Sozialismus und Kommunismus zu enden. Gemäß dem diesem Geschichtsbild zugrundeliegenden Historizismus, also dem Glauben, dass die Geschichte nach festen Gesetzen verlaufe und damit vorhersagbar sei, ist diese Entwicklung deutlich auf ein Endziel ausgerichtet, wird also teleologisch verstanden.

Eine wichtige Rolle bei der Verstetigung dieses Gedankens spielt Herbert SPENCER (1820–1903), der in seiner universellen Evolutionstheorie (*Progress: Its Law and Cause*)[15] eine fortschreitende Entwicklung vom Kosmos über die unbelebte und belebte Natur bis hin zum Menschen und seinen Gesellschaftsordnungen und damit eine fortschreitende Entwicklung von einfachen, homogenen zu komplexen, differenzierten Formen postuliert. In den 1860er Jahren nimmt SPENCER dann DARWINS „natürliche Zuchtwahl" in sein Theoriegebäude auf,[16] im Gegenzug lässt sich DARWIN von SPENCERS „Überleben des am besten Angepassten" (*Survival of the Fittest*) inspirieren und nimmt den Begriff in seine *Origin of Species* auf.[17] Auch sonst finden sich bei DARWIN gelegentlich Hinweise auf gesellschaftswissenschaftliche Entwicklungstheorien: In *Descent of Man* etwa sind die Erfindungen von Fallen zur Jagd oder von Waffen ein Faktor, der einer Gruppe gegenüber anderen einen „Fitness-Vorteil" verschafft. Bei DARWIN lassen sich zahlreiche Zitate zu Parallelen zwischen biologischer und linguistischer Evolution finden.[18]

Anhand von DARWINS Äußerungen wird deutlich, wie eng der auf den Menschen bezogene Evolutionsgedanke in der Biologie mit dem Gedanken einer sprachlichen und gesellschaftlichen Höherentwicklung in den Kulturwissenschaften verknüpft war. Deshalb soll im Folgenden der disziplinübergreifende Charakter des Evolutionsgedankens im 19. Jahrhunderts anhand von (*1.*) Theorien zur Abstammung menschlicher Populationen („Rassenkunde"), (*2.*) der Entwicklung der historisch-vergleichenden Sprachwissenschaften und (*3.*) primordialistischen Grundannahmen in der Ethnologie verdeutlicht werden. Auch wenn diese verschiedenen Disziplinen heute als getrennte Zweige der Wissenschaft verstanden werden, soll hier aufgezeigt werden, wie sehr der universelle Gedanke einer Höherentwicklung über hierarchisch gegliederte Stufen interdisziplinär transferiert wurde.

Theorien zur Abstammung menschlicher Populationen („Rassenkunde")

Das durch Carl VON LINNÉS (1707–1778) *Systema Naturae*[19] begründete moderne Klassifikationssystem in der Biologie konnte mit der Darwinschen Evolutionstheorie (1859) in einen Stammbaum des Tier- und Pflanzenreichs überführt werden. Dieses Evolutionsmodell des Tier- und Pflanzenreichs wird in doppelter Hinsicht auf den Menschen angewandt: zum einen als Modell der Entwicklung der menschlichen Spezies innerhalb der Säugetier- und Primatenevolution, zum anderen als Stammbaummodell menschlicher „Rassen", dessen

---

14 MARX 1867–1894.
15 SPENCER 1857.
16 SPENCER 1864–1867.
17 DARWIN 1859, der Begriff findet sich ab der fünften Auflage von 1869.
18 „A struggle for life is going on amongst the words and grammatical forms in each language. The better, the shorter, the easier forms are constantly gaining the upper hand." DARWIN 1877, S. 113, vgl. DARWIN 1859, Kap. 13.
19 LINNÉ 1735.

Klassifikationskriterien phänotypische Merkmale wie Körpergröße, Schädelprofil, Gesichts- und Nasenform, Haarwuchs und -farbe, Augenfarbe und -form darstellten. Die Beschreibung und Klassifizierung dieser körperlichen Merkmale wurde gern mit angeblich rassetypischen charakterlichen Eigenschaften, Wesenszügen und intellektuellen Fähigkeiten in Beziehung gesetzt und die Diversität phänotypisch fassbarer, geographisch differenzierbarer menschlicher Erscheinungsformen je nach Autor mehr oder weniger explizit in eine Hierarchie der verschiedenen „Menschenrassen" überführt.[20]

Versuche zur genetischen Klassifikation der menschlichen Sprachen

Parallel zur Rekonstruktion der Entwicklungsgeschichte menschlicher Populationen versuchten Forscher auch, die genetischen Abstammungsverhältnisse menschlicher Sprachen zu ermitteln. Die Entwicklung zur historisch-vergleichenden Sprachwissenschaft in Form der Indogermanistik setzt mit der vielzitierten Rede von William JONES (1746–1796) vor der *Royal Asiatic Society of Bengal* in Kalkutta ein, in der er behauptet, dass eine ursächliche sprachliche Verwandtschaft zwischen Griechisch, Latein und Sanskrit bestehe.[21] Die dadurch inspirierte Entwicklung der Indogermanistik als historisch-vergleichende (diachrone) Sprachwissenschaft im 19. und 20. Jahrhundert ist zunächst durch die Einbeziehung immer weiterer Sprachen in diese genetische Einheit, die Entdeckung regelmäßiger Lautverschiebungen („Lautgesetze")[22] zwischen den historisch erschlossenen Sprachen und die Systematisierung der syntaktischen Strukturen der indoeuropäischen Einzelsprachen gekennzeichnet, welche in die Erschließung einer indoeuropäischen Protosprache und die Entwicklung eines Stammbaum-Modells[23] zur Entstehung der heutigen indoeuropäischen Sprachen aus einer gemeinsamen indo-europäischen Protosprache mündete.

Die Verbindung von „Rassen-" und Sprachzugehörigkeit – Primordiale Konzepte von Ko-Evolution in Linguistik und Biologie, Anthropologie und Ethnologie

Im Zuge des 19. Jahrhunderts wurden die auf diese Art und Weise ermittelten „Rassen" zunehmend mit Sprachfamilien identifiziert.[24] Die Annahme, dass der Begriff „Arier" die vermeintliche Eigenbezeichnung aller indoeuropäischen Völker darstellte und dass die Sprecher dieser Sprachfamilie ihre Wurzeln in einer gemeinsamen „Rasse" gehabt hätten, wird z. B. mehr oder weniger entschieden von August Wilhelm VON SCHLEGEL (1746–1814), Adolphe PICTET (1799–1874), Arthur DE GOBINEAU (1816–1882), Gustave LE BON (1841–1931) und Georges Vacher DE LAPOUGE (1854–1936) vertreten.[25] Begründet liegt diese Identifikation von „Rassen-" und Sprachgemeinschaft im Ideengut der Romantik,[26] die einen primordialen Ethnizitätsbegriff prägte.[27] Im Gegensatz zum heute vorherrschenden konstruktivistischen Ethnizitätsbegriff[28] sieht der damals

---

20 BLUMENBACH 1775, GOBINEAU 1853/55, GÜNTHER 1922, EICKSTEDT 1934.
21 JONES 1786.
22 BOPP 1816, RASK 1818, GRIMM 1819–1834.
23 SCHLEICHER 1853, 1861/1862.
24 RÖMER 1989, S. 124ff.
25 SCHLEGEL 1808, PICTET 1859–1863, GOBINEAU 1853/1855, LE BON 1894, LAPOUGE 1899.
26 HERDER 1772, FICHTE 1808.
27 RÖMER 1989, S. 13.
28 BARTH 1969.

geprägte Begriff „Volk" Ethnizität als eine Eigenschaft an, die in endogamen Gruppen homogener Kulturen fest und unveränderlich mit der Biologie und den jeweiligen geographischen Bedingungen verwoben ist. Gemäß dieser Auffassung handelt es sich bei einem „Volk" um eine Menschengruppe mit gemeinsamem Territorium, gemeinsamer Herkunft, gemeinsamer Sprache, Kultur und „Rasse" – Die Sprache eines Volkes geht mit seiner „Rassenzugehörigkeit" einher.

Als Schlussfolgerung lässt sich feststellen, dass sich der Evolutionismus im 19. Jahrhundert zu einer disziplinübergreifenden Grundanschauung in der Biologie, Linguistik, Ethnologie, Soziologie und den übrigen Gesellschaftswissenschaften entwickeln konnte.

Der Niedergang evolutionärer Konzepte ab 1900

Nach einer Phase der weitgehenden wissenschaftsübergreifenden Akzeptanz und Popularisierung evolutionärer Konzepte im 19. Jahrhundert ist das frühe 20. Jahrhundert durch den Niedergang evolutionistischen Denkens sowohl in den Sprach- und Kulturwissenschaften als auch in der Biologie gekennzeichnet.[29] Erst in den 1930er/1940er Jahren wurde diese Krise durch die „Neue Synthese" der Darwinschen Theorie mit der neu entstandenen genetischen Forschung überwunden.[30]

Fast zeitgleich wenden sich zu Beginn des 20. Jahrhunderts die herrschenden Richtungen der Sozial- und Kulturanthropologie in Großbritannien (*Social Anthropology*),[31] Deutschland[32] und den USA[33] vom bisher bestimmenden evolutionistischen Paradigma in der Ethnologie ab. In der Linguistik gewinnt statt der bisher vorherrschenden diachronen Orientierung an historisch-textlich überlieferten Sprachen die synchrone Ausrichtung mit der Untersuchung der lebenden, gesprochenen Sprache[34] an Gewicht, wobei strukturalistische Ansätze im französisch-sprachigen Raum in enger Wechselwirkung mit der Soziologie[35] einen prägenden Einfluss auf die Ethnologie entfalten.[36] Damit geraten in den Sprach- und Kulturwissenschaften in Abkehr vom Gedanken einer rein vertikal verlaufenden Evolution zu Beginn des 20. Jahrhunderts zunehmend Konzepte des lateralen Transfers zwischen Sprachen und Kulturen[37] in den Brennpunkt des Interesses.

Alternativen zur unilinearen Deszendenz – lateraler Transfer in Biologie, Linguistik und Anthropologie

Unabhängig von der nachlassenden Wirkmächtigkeit evolutionärer Konzepte zu Beginn des 20. Jahrhunderts soll hier das Augenmerk darauf gelenkt werden, dass bereits vor und während der „Hochblüte des Evolutionismus" Konzepte des lateralen oder horizontalen Transfers, d. h. von

---

29 BOWLER 1992.
30 MAYR 1942.
31 MALINOWSKI 1915, RADCLIFF-BROWN 1922.
32 Kulturkreislehre in der Völkerkunde, Wiener Schule der Ethnologie.
33 Anti-Evolutionismus und kultureller Partikularismus von Franz BOAS.
34 Linguistischer Strukturalismus, Prager Schule, DE SAUSSURE 1916.
35 DURKHEIM 1912, MAUSS 1913.
36 *Anthropologie structurale*, Claude LÉVI-STRAUSS (1908–2009).
37 Etwa Alfred KROEBERS (1876–1960) *Stimulus Diffusion* (KROEBER 1940) oder Nikolai S. TRUBETZKOYS (1890–1938) *Sprachbund* (TRUBETZKOY 1930).

Matthis Krischel und Frank Kressing

Austauschprozessen zwischen verschiedenen Sprachen und biologischen Arten, konkurrierend oder komplementär zur Idee der unilateralen, vertikalen biologischen und linguistischen Evolution verbreitet waren, aufgrund der übermächtigen Attraktivität von Stammbaummodellen jedoch häufig in den Hintergrund gedrängt oder schlichtweg „vergessen" werden. Diese These soll hier nacheinander für die Biologie, die komparative Linguistik und die (Sozial- und Kultur-) Anthropologie belegt werden.

Modelle lateralen Transfers in der Biologie

Die heute zumindest in Bezug auf Prokaryoten allgemein akzeptierte Theorie, dass Evolution nicht allein auf die vertikale Weitergabe von Genen durch Vererbung, sondern auch auf verschiedene Formen des horizontalen genetischen Austauschs zurückzuführen ist,[38] lässt sich in Form der sogenannten Endosymbiose-Theorie bis ins 19. Jahrhundert zurückverfolgen. Ausgangspunkt dieser Theorie ist die Beobachtung von Julius SACHS (1832–1897),[39] dass Chlorophyllkörper (Chloroplasten) keine Zellorganellen, sondern ursprünglich eigenständige, unabhängige Lebewesen darstellen, die erst im Verlauf der Stammesgeschichte in den Zellkörper inkorporiert wurden.[40] Diese Beobachtung wird von Andreas F. W. SCHIMPER (1856–1901)[41] weiter spezifiziert und von Richard ALTMANN (1852–1900)[42] bestätigt. Ausgehend von völlig unabhängigen Stammbäumen für Grün-, Blau- und Rotalgen formulierte Konstantin MERESCHKOWSKI (1855–1921) die Endosymbiose-Theorie dahingehend aus, dass für die Pflanzenwelt (und für das Leben auf der Erde überhaupt) ein polyphyletischer Ursprung anzunehmen sei.[13] Die Theorie erhielt Unterstützung durch Ivan WALLIN (1883–1969),[44] der Mitochondrien als „inkorporierte" Nachkommen einstmals völlig unabhängig lebender Bakterien beschrieb.[45] Allerdings erfreut sich die Endosymbiose-Theorie lediglich geringen Interesses, bevor sie 1967 von Lynn MARGULIS (1938–2011) wieder aufgegriffen wurde und im Laufe der letzten Jahrzehnte zu einer eigenständigen Theorie der Artentstehung ausformuliert wird. Jan SAPP (*1954) identifiziert als einen Grund für die Randstellung der Endoymbiose-Theorie die Fokussierung der biologischen Vererbungsforschung auf den Zellkern ab den 1920er Jahren.[46]

Modelle lateralen Transfers in der Linguistik:
Morphologische Sprachtypologie und Arealtypologie (Sprachbünde)

Neben der genealogischen Klassifikation von Sprachen gemäß eines Stammbaummodells entwickelt sich bereits seit dem 18. Jahrhundert die morphologische Sprachtypologie.

Adam SMITH (1723–1790) unternahm den ersten Versuch, Sprachtypen aufzustellen, wobei er die beiden Typen der antiken und der modernen Sprachen unterschied.[47] In seiner

---

38 MARGULIS und SAGAN 2002, MARTIN et al. 2007.
39 SACHS 1882.
40 KUTSCHERA und NIKLAS 2005, S. 2.
41 SCHIMPER 1883, 1885.
42 ALTMANN 1890.
43 MERESCHKOWSKY 1905, S. 602.
44 WALLIN 1927.
45 KUTSCHERA und NIKLAS 2005, S. 6.
46 SAPP 1992.
47 SMITH 1761.

Nachfolge teilten August Wilhelm VON SCHLEGEL (1767–1845)[48] und Wilhelm VON HUMBOLDT (1767–1835)[49] die damals bekannten menschlichen Sprachen aufgrund morphologischer Kriterien in synthetische und analytische Sprachen ein. Der Unterschied besteht darin, dass synthetische Sprachen syntaktische Verhältnisse durch Affixe ausdrücken, analytische Sprachen hingegen durch Wortstellungsregularitäten oder nicht gebundene Funktionswörter (z. B. Chinesisch). Weiterhin differenzieren SCHLEGEL und HUMBOLDT innerhalb der synthetischen Sprachen einen flektierenden, agglutinierenden und polysynthetischen Typus. Diese Sprachtypen kennzeichnen entsprechend keinesfalls genetische Sprachfamilien, sondern stellen vielmehr Konvergenzerscheinungen dar. Dennoch scheute sich SCHLEGEL nicht, die von ihnen ermittelten Sprachtypen in eine evolutionäre Stufenleiter der Entwicklung einzureihen, wobei der flektierende Typ (vertreten vor allem durch ältere, indoeuropäische Sprachen) die höchste Stufe einnahm, der analytisch-isolierende Typ die niedrigste.

Im 20. Jahrhundert fördert der sprachliche Strukturalismus der sogenannten Prager Schule der Linguistik Alternativen zur linguistischen Stammbaumtheorie, so dass bis 1930 unter phonologischen Gesichtspunkten der Begriff *Sprachbund* in bewusster Absetzung von den bisherigen historisch-vergleichenden Methoden der genetischen Sprachklassifikation in die Diskussion eingeführt wurde. Die Areatypologie untersucht Sprachen eines begrenzten geographischen Raumes daraufhin, wie sie sich aufgrund langwährenden Kontakts gegenseitig in ihren typologischen (grammatischen) Eigenschaften beeinflussen. Wissenschaftsgeschichtlicher Hintergrund dieser Form des Sprachvergleichs ist das Konzept, dass es neben genetisch bedingten Übereinstimmungen in Lexik und Morphologie – welche zur Konstruktion von Sprachfamilien und Rekonstruktion von Protosprachen führen – sowohl Entlehnungen in der Lexik zwischen benachbarten Sprachen als auch morphologisch-syntaktisch Übereinstimmungen gibt, die nicht auf genetische Verwandtschaft zurückgehen. Wird bei Sprachen eines begrenzten geographischen Raumes aufgrund langwährenden Kontakts eine gegenseitige Beeinflussung in ihren typologischen (grammatischen) Eigenschaften nachgewiesen, so werden dadurch Bünde von genetisch nicht oder nicht unmittelbar verwandter Sprachen konstituiert.

Das Paradigma des Sprachbundes wird bereits seit dem 18. Jahrhundert durch entsprechende Forschungen zu südosteuropäischen Sprachen vorbereitet: Der Schwede Johann THUNMANN (1746–1778) beschrieb Gemeinsamkeiten zwischen Albanisch und W[a]lachisch,[50] allerdings beschränkt sich sein Vergleich auf den Bereich der Lexik.[51] Im 19. Jahrhundert fand Jernej KOPITAR (1780–1844) bei Textvergleichen des Serbischen, Bulgarischen, Albanischen und Rumänischen neben lexikalischen auch grammatikalische Übereinstimmungen, die er als „eine Sprachform mit dreierlei Sprachmaterie" (Slawisch, Albanisch, Romanisch) identifizierte.[52] Franc MIKLOŠIČ (1813–1891) fügte weitere Merkmale wie den Zusammenfall des Genitivs und des Dativs, das häufige Vorkommen des Murmelvokals, die Verbindung der abgekürzten (enklitischen) mit den vollen Dativ- und Akkusativformen der persönlichen Pronomina, den Ausdruck der Zahlen von 11–19 durch Verbindung der Zahl 10 mit den Zahlen von 1–9 mittelst einer Präposition sowie einige systematische Lautwechsel hinzu.[53]

---

48 SCHLEGEL 1808.
49 HUMBOLDT 1820.
50 Auch als Aromunisch oder Makedo-Rumänisch bekannt – eine balkanromanische Sprache in Teilen Griechenlands, Mazedoniens, Albaniens, Serbiens, Rumäniens, Bulgariens und der Türkei.
51 THUNMANN 1774, S. 175.
52 KOPITAR 1829, S. 253.
53 MIKLOSICH 1862, S. 6f.

Das Sprachbundkonzept wurde in der Folgezeit auf weitere Sprachareale ausgedehnt: Roman O. JAKOBSON (1896–1982) postuliert einen eurasischen, baltischen und ostasiatischen Sprachbund (JAKOBSON 1931). Gegen Ende des 20. Jahrhunderts erfuhr auch die altaische Sprachfamilie, die als eine der ersten Sprachfamilien bereits vor dem Indo-Europäischen seit dem 18. Jahrhundert benannt worden war, zunehmend eine Umdeutung als Sprachbundbeziehung, wobei diese These nach wie vor kontrovers diskutiert bleibt.[54]

Diffusionismus in der Ethnologie

In der Ethnologie und Kulturanthropologie können die Gründe für die Abkehr vom Evolutionismus in der Zurückweisung primordialer Konzepte gesehen werden, wie sie insbesondere im kulturellen Partikularismus und Kulturrelativismus des Franz BOAS zum Ausdruck kommen, aber auch in der verstärkten Hinwendung zum Historismus und Diffusionismus,[55] die sowohl für die deutschsprachige Ethnologie des frühen 20. Jahrhunderts als auch für die US-amerikanische *Cultural Anthropology* charakteristisch sind. Die Ausrichtung der *Cultural Anthropology* ist nach dem Ruf Franz BOAS an die *New Yorker Columbia University* im Jahre 1889 maßgeblich durch ihn geprägt. Diese Ausrichtung lässt sich mit den drei Stichworten (*1.*) Anti-Evolutionismus, (*2.*) kultureller Partikularismus und (*3.*) Kulturrelativismus umreißen. Darüber hinaus nimmt die *Cultural Anthropology* auch diffusionistische Anschauungen mit auf.

Der ethnologische Diffusionismus entwickelte sich gegen Ende des 19. Jahrhunderts aus der „neukantianischen Betonung einer eigenständigen Geisteswissenschaft", der romantischen Mythologie- und Sprachforschung[56] heraus zu einer Zeit, als „der Fortschrittsglaube in eine Krise geraten war".[57] Letztendlich hatten die Geographen Georg GERLAND (1833–1919) und Friedrich RATZEL (1844–1904) die „Idee der Diffusion von dem Zoologen Moritz WAGNER [1813–1887] übernommen". RATZEL wiederum – der gleichzeitig auch Zoologe war – wird von BOAS 1888 in einer Abhandlung zur Bedeutung des Kulturkontakts für die Kulturentwicklung „primitiver Gesellschaften" als Mentor genannt.[58] Die beiden Schüler BOAS', Clark WISSLER (1870–1947) und Alfred L. KROEBER (1876–1960),[59] führten das Konzept eines regional begrenzten Diffusionismus im Konzept der *Cultural and Natural Areas* fort,[60] indem sie Kulturareale als Regionen einer gleichartigen kulturellen Ausprägung als Antwort auf ähnliche natürliche Einflüsse etablierten. Dieser Ansatz ist in der Kulturanthropologie bis heute anerkannt.

Schlussfolgerungen

In diesem Beitrag wurde zunächst die Wirkungsgeschichte des Evolutionsgedankens in Biologie und Linguistik nachgezeichnet, wobei ein gleichgerichtetes Konzept interdisziplinär, über die Grenzen von Geistes- und Naturwissenschaften hinweg, übernommen wurde und damit gerade

---

54 STAROSTIN et al. 2003.
55 STRECK 2000, S. 62.
56 Verbunden mit der Person Leopold VON RANKES (1795–1886).
57 STRECK 2000, S. 42.
58 VOGET 1970, S. 209.
59 WISSLER 1917, KROEBER 1939.
60 STRECK 2000, S. 45f.

auch die Grenze zwischen *science* und *humanities* – um hier die pointiertere angelsächsische Ausdrucksweise zu verwenden – transzendierte. Anhand der Untersuchung sollte gezeigt werden, dass sich Konzepte der biologischen und linguistischen Evolution des Menschen seit dem 18. Jahrhundert in enger Wechselwirkung miteinander entwickelten, wobei das Konzept der biologisch-linguistischen Ko-Evolution während des gesamten 19. Jahrhunderts zunehmende Attraktivität erfuhr. Es würde den Rahmen dieses Beitrags sprengen, auf neo-evolutionistische Konzepte in der US-amerikanischen Kulturanthropologie und den Versuch der *New Synthesis* von linguistischen, anthropologischen und archäologischen Daten einzugehen,[61] welche im Sinne einer globalen Phylogenie eine universale Abstammungsgeschichte der Menschheit zu ermitteln suchen.[62] Dennoch zeigt gerade dieser Ansatz des ausgehenden 20. Jahrhunderts, dass sich die Theorie der gleichgerichteten evolutionären Deszendenz von Organismen, Individuen, Spezies, Populationen, Kulturen und Sprachen ungebrochener Beliebtheit erfreut – unter anderem deshalb, weil sich mit dem eingängigen Bild des Stammbaums das Modell der Deszendenz vermitteln lässt. Die Attraktivität des Stammbaummodells sorgt auch dafür, dass sich die alternativ zum Paradigma des *vertikalen* genetischen Transfers von Spezies, menschlichen Populationen, Sprachen und Kulturen entwickelten Theorien des *lateralen* Transfers von Genen, Phonemen und Morphemen in Linguistik und Biologie bis heute als weit weniger wirkmächtig erwiesen haben – obwohl der Evolutionsgedanke selbst wiederholt und beständig zwischen den beteiligten Wissenschaftsdisziplinen Biologie, Linguistik und Anthropologie transferiert wurde.

Danksagung

Der vorliegende Beitrag erwuchs aus dem vom Bundesministerium für Bildung und Wissenschaft (BMBF) zwischen 2009 und 2012 geförderten Forschungsprojekt „Evolution und Klassifikation in Biologie, Linguistik und Wissenschaftsgeschichte". Die Autoren danken dem BMBF für die Unterstützung."

Literatur

ALTMANN, R.: Die Elementarorganismen und ihre Beziehungen zu den Zellen. Leipzig: Veit & Co. 1890
BARTH, F.: Ethnic Groups and Boundaries. The Social Organization of Culture Difference. Oslo: Universitetsforlaget 1969
BLEEK, W. H. I.: Über den Ursprung der Sprache. Weimar: Böhlau 1868
BLUMENBACH, J. F.: De generis humani varietate nativa liber. Göttingen: Rosenbusch 1775
BOCK, K.: Darwin and social theory. Philosophy of Science *22*/2, 123–134 (1955)
BOPP, F.: Über das Conjugationssystem der Sanskritsprache in Vergleichung mit jenem der griechischen, lateinischen, persischen und germanischen Sprache. Frankfurt (Main), Hildesheim: Olms 1816
BOWLER, P.: The Eclipse of Darwinism: Anti-Darwinian Evolution Theories in the Decades around 1900. Baltimore: Johns Hopkins University Press 1992
CAVALLI-SFORZA, L. L., PIAZZA, A., MENOZZI, P., and MOUNTAIN, J.: Reconstruction of human evolution: Bringing together genetic, archaeological, and linguistic data. Proceedings of the National Academy of Sciences of the United States of America *85*, 6002–6006 (1988)
CONDORCET, M. J. A. DE: Esquisse d'un tableau historique des progrès de l'esprit humain. Paris: Agasse 1795

---

61 CAVALLI-SFORZA et al. 1988.
62 KRESSING et al. 2013.

DARWIN, C.: On the Origin of Species by Means of Natural Selection, or the Preservation of Favoured Races in the Struggle for Life. London: John Murray 1859
DARWIN, C.: The Descent of Man, and Selection in Relation to Sex. London: John Murray 1977
DURKHEIM, E.: Les formes élémentaires de la vie religieuse. Paris: F. Alcan 1912
EICKSTEDT, E. Freiherr VON: Rassenkunde und Rassengeschichte der Menschheit. Stuttgart: Enke 1934
ENGELS, F.: Der Ursprung der Familie, des Privateigenthums und des Staats. Im Anschluß an Lewis H. Morgans Forschungen. Zürich: Schweizerische Volksbuchhandlung 1884
FERGUSON, A.: Essay on the History of Civil Society. London, Edinburgh: A. Millar, T. Caddel 1767
FICHTE, J. G.: Reden an die Deutsche Nation. München: Bayerische Akademie der Wissenschaften 1808
GOBINEAU, A. DE: L'essai sur l'inégalité des races humaines. 2 Bd. Paris: Firmin-Didot 1853/1855
GRIMM, J.: Deutsche Grammatik. Göttingen: Dieterich 1819–1834
GÜNTHER, H. F. K.: Rassenkunde des deutschen Volkes. München: Lehmann 1922
HAECKEL, E.: Anthropogenie oder Entwickelungsgeschichte des Menschen. Gemeinverständliche wissenschaftliche Vorträge über die Grundzüge der menschlichen Keimes- und Stammes-Geschichte. Leipzig: Engelman 1874
HERDER, J. G.: Abhandlung über den Ursprung der Sprache. Berlin: Voß 1772
HUMBOLDT, W. VON: Über das Vergleichende Sprachstudium in Beziehung auf die verschiedenen Epochen der Sprachentwicklung. Leipzig: Teubner 1820
JAKOBSON, R.: Über die phonologischen Sprachbünde. In: JAKOBSON, R.: Selected Writings I. Phonological Studies; pp. 137–143. 's-Gravenhage: Nijhoff 1931
JONES, W.: The third anniversary discourse, on the hindus, delivered by the president, February 2, 1786. Asiatick Rescarchcs *1*, 415–431 (1786)
KOPITAR, J.: Albanische, walachische u. bulgarische Sprache. Jahrbücher der Literatur *46*, 59–106 (1929)
KRESSING, F.: Mapping human biological and linguistic diversity – a bridge between sciences and humanities. In: FANGERAU, H., GEISLER, H., HALLING, T., and MARTIN, W. F. (Eds.): Classification and Evolution in Biology, Linguistics and the History of Science. Concepts – Methods – Visualization; pp. 97–108. Stuttgart: Steiner 2013
KRESSING, F., FANGERAU, H., and KRISCHEL, M.: The "Global Phylogeny" and its Historical Legacy – A Critical Review of a Unified Theory of Human Biological and Linguistic Co-Evolution. Medicine Studies, DOI 10.1007/s12376_013_0081-8: Springer 2013
KRISCHEL, M., and FANGERAU, H.: Historical network analysis can be used to construct a social network of 19th century evolutionists. In: FANGERAU, H., GEISLER, H., HALLING, T., and MARTIN, W. F. (Eds.): Classification and Evolution in Biology, Linguistics and the History of Science. Concepts – Methods – Visualization; pp. 45–65. Stuttgart: Steiner 2013
KRISCHEL, M, KRESSING, F., und FANGERAU, H.: Die Entwicklung der Deszendenztheorie in Biologie, Linguistik und Anthropologie als Austauschprozess zwischen Geistes- und Naturwissenschaften. In: KEUL, H.-K., und KRISCHEL, M. (Hrsg.): Deszendenztheorie und Darwinismus in den Wissenschaften vom Menschen. Stuttgart: Steiner 2011
KROEBER, A. L.: Cultural and Natural Areas of Native North America. Berkeley: University of California Press 1939
KROEBER, A. L.: Stimulus diffusion. American Anthropologist *42*, 1–20 (1940)
KUTSCHERA, U., and NIKLAS, K. J.: Endosymbiosis, Cell Evolution, and Speciation. In: Theory in Biosciences *124*, 1–24 (2005)
LAPOUGE, G. V.: L'aryen et son rôle social. Paris: Librairie Payot 1899
LE BON, G.: Lois psychologiques de l'évolution des peuples. Paris: Félix Alcan 1894
LINNAEUS, C.: Systemae Naturae. Leiden: De Groot 1735
MALINOWSKI, B.: The Trobriand Islands. London: Routledge & Kegan Paul 1915
MARGULIS, L., and SAGAN, D.: Acquiring Genomes: A Theory of the Origin of Species. New York: Basic Books 2002

Martin, W., Dagan, T., Koonin, E. V., Dipippo, J. L., Gogarten, J. P., and Lake, J. A.: The evolution of eukaryotes. Science *316*, 542–543 (2007)
Marx, K.: Das Kapital. Kritik der politischen Ökonomie. Hamburg: Meissner 1867–1894
Mauss, M.: L'ethnographie en France et a l'etranger. Revue de Paris *20*/5, 537–560, 815–837 (1913)
Mayr, E.: Systematics and the Origin of Species. New York: Columbia University Press 1942
Mereschkowsky, K.: Über Natur und Ursprung der Chromatophoren im Pflanzenreiche. In: Rosenthal, J. (Hrsg.): Biologisches Centralblatt Bd. *XXV*, Nr. 18, 15. Sept., S. 38–604. München 1905
Miklosich [Miklošič], F.: Die slavischen Elemente im Rumänischen. Wien: K. K. Hof- u. Staatsdruckerei 1863
Morgan, L. H.: Ancient Society. Or: Researches in the Lines of Human Progress from Savagery through Barbarism to Civilization. New York: Holt 1877
Pictet, A.: Les origins indo-européenes ou les Aryas primitifs. Essai de paléontolgoie linguistique. 2 Vol. Paris: Cherbuliez 1859–1863
Radcliff-Brown, A. R.: The Andaman Islanders. A Study in Social Anthropology. London: Cambridge University Press 1922
Rask, R. K.: Undersøgelse om det gamle nordiske eller islandske Sprogs Oprindelse. Købnhavn: Gyldendål 1818
Römer, R.: Sprachwissenschaft und Rassenideologie in Deutschland. München: Fink 1989
Sachs, J.: Die Vorlesungen über Pflanzenphysiologie. Leipzig: Engelmann 1882
Sapp, J.: Evolution by Association: A History of Symbiosis. New York: Oxford University Press 1994
Saussure, F. de: Cours de linguistique générale. Paris, Lausanne: Payot 1916
Schimper, A. F. W.: Ueber die Entwickelung der Chlorophyllkörner und Farbkörper. Botanische Zeitung *7*–*10*, 105–162 (1883)
Schimper, A. F. W.: Untersuchungen über die Chlorophyllkörper und die ihnen homologen Gebilde. Jahrbücher für wiss. Botanik Bd. *XVI*, 1–247 (1885)
Schlegel, F. von: Ueber die Sprache und Weisheit der Indier. Ein Beitrag zur Begründung der Alterthumskunde. Heidelberg: Mohr & Zimmer 1808
Schleicher, A.: Die ersten Spaltungen des indogermanischen Urvolkes. Allgemeine Monatsschrift für Wissenschaft und Literatur *8*, 786–787 (1853)
Schleicher, A.: Compendium der vergleichenden Grammatik der indogermanischen Sprachen. Kurzer Abriss der indogermanischen Ursprache, des Altindischen, Altiranischen, Altgriechischen, Altitalischen, Altkeltischen, Altslawischen, Litauischen und Altdeutschen. 2 Bd. Weimar: Böhlau 1861/1862
Schleicher, A.: Die Darwinsche Theorie und die Sprachwissenschaft. Offenes Sendschreiben an Herrn Dr. Ernst Häckel, o. Professor der Zoologie und Director de zoologischen Museums an der Universität Jena. Weimar: Böhlau 1863
Smith, A.: A Dissertation on the Origin of Languages and of the Different Genius of those which are Original and Compounded. Considerations Concerning the First Formation of Languages. Dublin: J. Beatty and C. Jackson 1762
Spencer, H.: Progress: It's Law and Cause. London: Williams and Norgate 1857
Spencer, H.: The Principles of Biology. New York: Apleton 1864–1867
Starostin, S. A., Dybo, A. V., and Mudrak, O. A.: Etymological Dictionary of the Altaic Languages. Leiden: Brill 2003
Streck, B.: Kulturanthropologie. In: Streck, B. (Hrsg.): Wörterbuch der Völkerkunde, S. 141–144. Wuppertal: Trickster/Hammer 2000
Thunmann, J. E.: Über die Geschichte und Sprache der Albaner und Wlachen. Leipzig: S. L. Crusius 1774
Trubetzkoy, N. S.: Proposition 16. Über den Sprachbund. Actes du premier congrès international de linguistes à la Hague du 10.–15. 1928; pp. 17–18. Leiden: Mouton 1930
Voget, F. W.: Franz Boas. In: Gillispie, C. C. (Ed.): Dictionary of Scientific Biography. Vol. 1, pp. 207–213. New York: Schribner's Sons 1970

WALLIN, V. E.: Symbionticism and the Origin of Species. Baltomore: Williams & Willkins 1927
WISSLER, C. D., and WEITZNER, B.: The American Indian: An Introduction to the Anthropology of the New World. New York: McMurtrie 1917

Matthis KRISCHEL
Institut für Geschichte, Theorie und Ethik
der Medizin
Rheinisch-Westfälische Technische
Hochschule Aachen (RWTH)
Wendlingweg 2
52074 Aachen
Bundesrepublik Deutschland
Tel.:   +49 241 8085641
Fax: +49 241 8082466
E-Mail: mkrischel@ukaachen.de

Dr. Frank KRESSING
Institut für Geschichte, Theorie und
Ethik der Medizin
Universität Ulm
Frauensteige 6 (Michelsberg)
89075 Ulm
Bundesrepublik Deutschland
Tel.:   +49 731 50039903
Fax: +49 731 50039902
E-Mail: frank.kressing@uni-ulm.de

Evolutionsphilosophie – Versuch einer Synthese zweier gegensätzlicher Evolutionstheorien. Ein Gedankenexperiment im Sinne von Diltheys Weltanschauungslehre anlässlich seines 100. Todesjahres*

Michael BRESTOWSKY (Gersfeld/Rhön)

Zusammenfassung

Seit Beginn der abendländischen Philosophie streiten sich die Gelehrten über Grundpositionen, wie z. B. die Frage, ob alles Sein der Materie entstammt oder dem Geist. Fragen dieser Art sind argumentativ nicht zu entscheiden. Da sie aber die Fundamente von Weltanschauungen bilden, haben sie weitreichende Auswirkungen auf unser Welt- und Lebensverständnis. Es ist deshalb auf Dauer wenig befriedigend, sich mit der Unentscheidbarkeit abfinden zu müssen. In seiner *Weltanschauungslehre* hat Wilhelm DILTHEY (1833–1911) gezeigt, wie man den *Widerstreit der Systeme* fruchtbar machen kann, ohne sich argumentativ mit ihren metaphysischen Wurzeln auseinandersetzen zu müssen. Nimmt man sie nämlich als Ausdruck einer weltanschaulichen Grundeinstellung, eines Blickes auf die Welt von einem spezifischen Standpunkt aus, so ermöglicht das ein *Verstehen* der Weltanschauungen, und zwar ein Verstehen, das nicht nur erkennt, was ist, sondern auch warum es so ist, wie es ist. Es zeigt sich dabei, dass aus jedem Blickwinkel immer nur ein bestimmter Ausschnitt der Welt adäquat erfasst wird. Keine Weltanschauung kann also Allgemeingültigkeit beanspruchen. Wird das respektiert, so lassen sich viele strittige Fragen zwangloser und widerspruchsfreier beantworten als aus der einseitigen Sicht *einer* Weltanschauung. Am Beispiel zweier Evolutionstheorien, die auf entgegengesetzten weltanschaulichen Standpunkten beruhen (Charles DARWIN [1809–1882] und Karl SNELL [1806–1886]), wird DILTHEYS *Antinomie-Methode* auf ihre Anwendbarkeit und Fruchtbarkeit hin überprüft.

Summary

Since the beginnings of occidental philosophy scholars have been arguing over basic positions, e.g. the question whether all existence is derived from matter or spirit. Questions of this sort cannot be decided by arguments. However, since they form the basis of world-views, they have far-reaching effects on our understanding of the world and of life. Therefore, it is hardly satisfactory in the long term to have to accept the impossibility of deciding. In his *Weltanschaungslehre* [*The Doctrine of World-intuition* (*or World-view Philosophy*)] Wilhelm DILTHEY (1833–1911) has shown how one can make the *Conflict of the Systems* fruitful, without having to become involved in an argument about their metaphysical roots. For if you take these to be the expression of a basic ideological position, a view of the world from a specific standpoint, it becomes possible to achieve an understanding of the world-views, and moreover an understanding that not only recognises what is, but also why it is as it is. At the same time it becomes clear that only one particular aspect of the world can ever be grasped from each point of view. Therefore, no ones world-view can claim general validity. If this principle is respected, many controversial questions can be answered in a way that is less constrained and more consistent than from the one-sided approach of a single world-view. DILTHEYS *contradiction-method* is examined for its applicability and profitability through the example of two theories of evolution based on diametrically opposed standpoints (Charles DARWIN [1809–1882] and Karl SNELL [1806–1886]).

---

* Überarbeitete Fassung eines Vortrags auf der 20. Jahrestagung der *Deutschen Gesellschaft für Geschichte und Theorie der Biologie* vom 16. bis 19. Juni 2011 in Bonn.

Michael Brestowsky

Einleitung: Problem und Lösungsansatz

In allen Wissenschaften geht es um Wissen. Wissen unterscheidet sich vom Glauben, Vermuten oder Meinen dadurch, dass es zuverlässiger, glaubhafter, sicherer ist. Wissen, das überzeugend gerechtfertigt werden kann, gilt als sicher. Die überzeugendste Rechtfertigung liefert für die meisten Menschen der Augenschein. Diesem Sachverhalt verdanken die Naturwissenschaften im öffentlichen Bewusstsein ihre Autorität *in puncto* Wahrheit, denn was durch Augenschein überprüft werden kann, ist unstrittig. Man spricht in solchen Fällen auch gerne von Tatsachen. Etwa, dass ein Gegenstand, den man loslässt, zu Boden fällt; oder dass jeden Morgen die Sonne aufgeht. Das *ist* eben so, jeder hat es tausendfältig beobachtet, es gibt keinen Anlass für Zweifel. Die Naturwissenschaften haben sich nun zur Aufgabe gemacht, herauszufinden, wer oder was das ist, der diese „Tat-Sachen" tut: Es ist die Schwerkraft, die Fliehkraft, die Massenträgheit, der Magnetismus usw. Darüber, was diese Kräfte *sind*, zerbrechen sich die theoretischen Physiker zwar immer noch die Köpfe, aber man kann die Wirkungen messen, teilweise sogar spüren, und sie können uns, wenn wir sie den Dingen als *Eigenschaften* zuschreiben, die genannten Erscheinungen erklären. – Nun gibt es aber auch Dinge, die wir nicht *tausendfältig beobachtet* haben, ja nicht einmal im Experiment wiederholen können. Man denke etwa an die Evolution der Lebewesen. Ist sie deshalb *keine* Tatsache? Die Kreationisten behaupten das. Aber für jeden, der sich konkret mit Lebewesen befasst, ist Entwicklung nicht nur ein ontogenetisch beobachtbares Phänomen, sondern sogar ein Prinzip, etwas, das so grundlegend zum Leben gehört, dass sich der Evolutionsgedanke fast zwangsläufig aufdrängt. Und doch besteht ein großer Unterschied zu den oben genannten Tatsachen. Denn das, was sich bei den Lebewesen an phylogenetischen Veränderungen vor unseren Augen abspielt, ist für deren Werden so unbedeutend, dass es vermessen wäre, daraus auf die ganze Evolution zu schließen. Und selbst wenn man es wie DARWIN (1809–1882) nicht für vermessen hält, bleibt es immer noch ein Schließen, ein Kombinieren von Indizien, ein Stochern im Dunkel der Vergangenheit. Ist es da erstaunlich, dass es weitgehend von den Paradigmen, d. h. von den weltanschaulichen Grundpositionen des jeweiligen Forschers, abhängt, wie er die Indizien deutet und welche Schlüsse er daraus zieht? Daher ist, auch eineinhalb Jahrhunderte nach DARWINS *Origin of Species...*, seine Evolutionstheorie trotz aller Ergänzungen und Erweiterungen immer noch umstritten, d. h., sie wird von einigen Autoren mit guten Gründen ganz oder in Teilen abgelehnt oder als mehr oder minder unzureichend empfunden.[1] Da aber schon die Frage, ob man einen ‚Grund' für gut oder weniger gut hält, weitgehend von der weltanschaulichen Position (Paradigma) abhängt und da bei weltanschaulicher Festgelegtheit mit Argumenten nichts auszurichten ist, stehen sich die verschiedenen Ansichten unversöhnlich gegenüber. Bekanntlich ist es außer in Diktaturen bis heute noch nie gelungen, in wissenschaftlichen Disputen einen Konsens zwischen gegensätzlichen Weltanschauungen zu erzielen, oder sich darauf zu einigen, dass die eine Weltanschauung richtig und die andere falsch sei. Die unbefriedigende Folge davon ist, dass sich jeder ernsthafte Austausch auf Gleichgesinnte beschränkt, während Andersgesinnte als „uneinsichtig" gemieden oder gar als Sektierer verketzert werden. Diese Majorisierung Andersdenkender ist keineswegs nur ein Phänomen des christlichen Mittelalters und der frühen Neuzeit, sondern es setzt sich bis in die Gegenwart fort. Und zwar keineswegs nur in totalitären Staaten oder Sekten, sondern z. B. auch in der *Scientific Community*, die, z. B. bei Fachpublikationen oder Stellenbesetzungen konsequent, einen weltanschaulichen Grundkonsens einfordert.

---

1 Zum Beispiel ILLIES 1983, MEY et al. 1995, EICHELBECK 1999.

In dieser Situation ist die Philosophie gefragt. So bietet etwa HEGELS (1770–1831) *dialektische Methode* die Vision, den Widerspruch von *Thesis* und *Antithesis* auf höherer Ebene in einer *Synthesis* aufzulösen. Auf dem Feld der Beobachtung zeigte Johann Wolfgang VON GOETHE (1749–1832), dass die Natur aus der *Polarität* gegensätzlicher Tendenzen zur *Steigerung* kommt. Und Wilhelm DILTHEY (1833–1911)[2] benutzt bei seiner *Antinomie-Methode* bewusst den Widerstreit gegensätzlicher weltanschaulicher Systeme, um von der Einseitigkeit der *Standpunkte* zu einem tieferen *Verstehen* zu kommen. Im folgenden Essay wird versucht, diesen Ansatz im Sinne eines Gedankenexperimentes auf strittige Fragen der Evolutionsforschung anzuwenden.

Paradigmen

Im letzten Darwin-Jahr konnte man wiederholt lesen, die Darwinsche Evolutionstheorie sei eine der *bestbegründeten naturwissenschaftlichen Theorien*. Mag sein, vielleicht scheint es aber auch nur so, weil es vom Großteil der *Scientific Community* so gesehen wird. Und das ist nicht weiter verwunderlich, wenn man bedenkt, dass wenigstens drei Generationen von Wissenschaftlern von der Sexta bis zur Dissertation in dieser Denktradition ausgebildet worden sind – ebenso wie natürlich auch die gebildete Öffentlichkeit, die in populärer Form die wissenschaftlichen Lehrmeinungen übernimmt. Daraus resultiert aber ein Problem, das noch viel zu wenig beachtet wird, obschon der Wissenschaftstheoretiker Thomas S. KUHN (1922–1996) bereits 1962 in seinem viel zitierten Buch über *die Struktur wissenschaftlicher Revolutionen* nachdrücklich darauf hingewiesen hat. So stellte er z. B. fest: „Gibt man dem Leser eines wissenschaftlichen Lehrbuchs auch nur den leisesten Grund dafür, so kann er leicht die Anwendungsbeispiele als die Beweise für die Theorie ansehen, als die Gründe dafür, dass man an sie glauben sollte. [...] Welche andere Wahl hätten sie (die Schüler oder Studenten) auch oder welche Qualifikation? Die in den Lehrbüchern geschilderten Anwendungen stehen dort [...] weil ihr Erlernen ein Teil des Erlernens des [...] zugrunde liegenden Paradigmas ist."[3] KUHN zeigt damit auf, wie Wissenschaftsdidaktik funktioniert: Über Schule und Studium, über Schul- und Lehrbücher wird das derzeit herrschende Paradigma als kaum beachtete Beifracht von Generation zu Generation weitergegeben, bis, irgendwann, ein neues Paradigma aufkommt, das, im Verlauf einer *wissenschaftlichen Revolution*, das bisherige verdrängt. So hat DARWIN 1859 mit seinem mechanistisch-materialistischen Evolutionsparadigma eine Revolution ausgelöst, die zum Sturz des bis dahin herrschenden, der jüdisch-christlichen Tradition verpflichteten Paradigmas von der erschaffenen und unverändert fortexistierenden Schöpfung führte. Seither wurde das Erklärungspotential des Darwinschen Paradigmas von mehreren Forschergenerationen immer weiter ausgeschöpft, wobei allerdings eine ganze Reihe von Problemen, die sich diesem Erklärungsmodell widersetzen, verdrängt wurden.

Derlei *Anwendungsbeispiele*, die *als Beweise für die Theorie* angesehen werden können, die aber vor allem dem *Erlernen des zugrunde liegenden Paradigmas* dienen, finden sich in unseren Lehr- und Schulbüchern zu Hauf. Ein Beispiel (Abb. 1) aus dem verbreiteten Schulbuch *CVK-Biologie-Kolleg* von Ernst W. BAUER (Hrsg.) mag das verdeutlichen.

---

2 DILTHEY 1977, S. 98.
3 KUHN 1973, S. 93f.

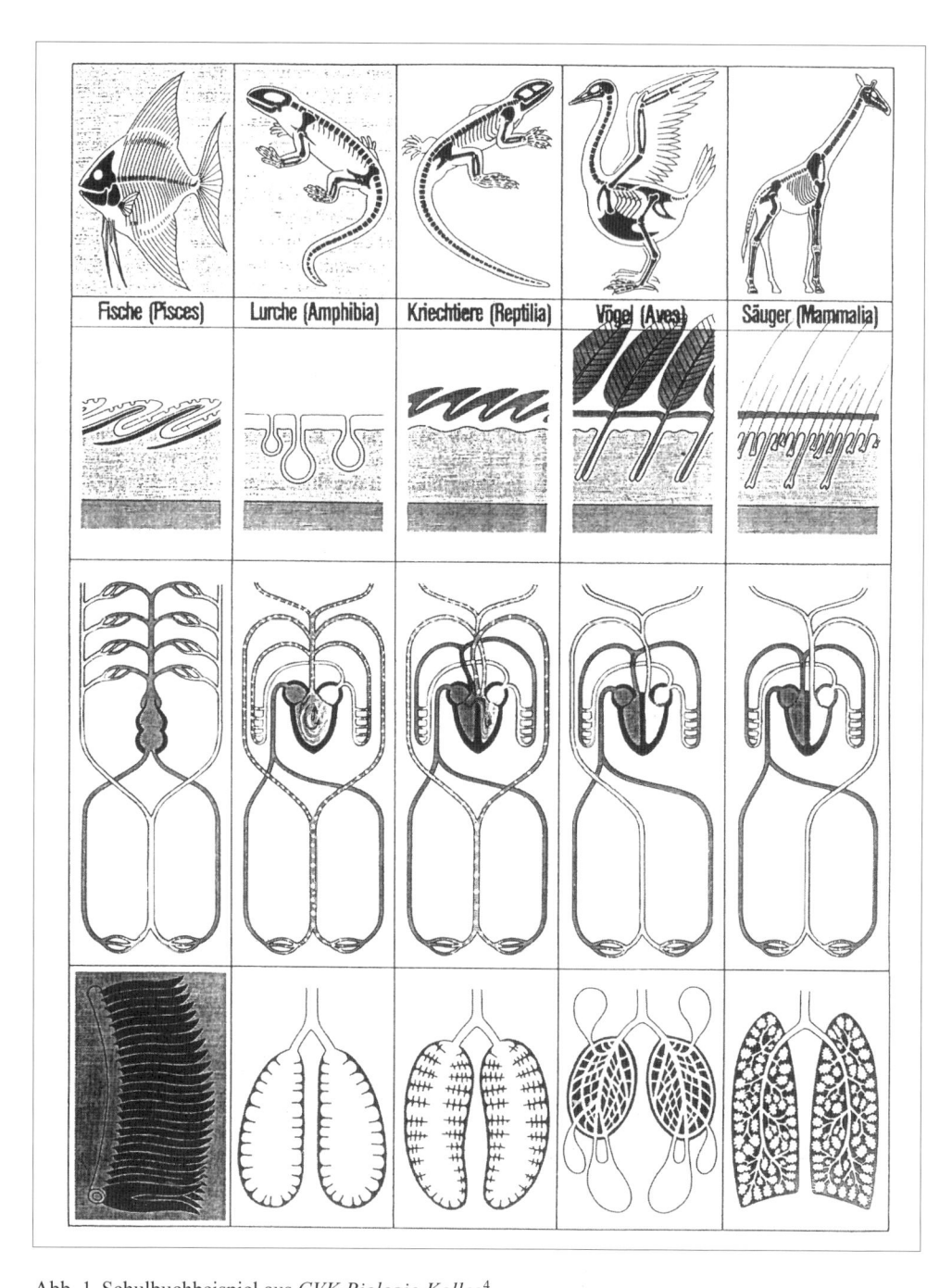

Abb. 1 Schulbuchbeispiel aus *CVK Biologie-Kolleg*[4]

---

4 BAUER 1981, S. 329.

Die offenkundige Absicht ist es, die Schüler anhand der gelieferten Informationen über Skelett, Hautbeschaffenheit, Blutkreislauf und Atmung bei den fünf Wirbeltierklassen herauszufinden (oder besser bestätigen!) zu lassen, dass die Evolution von den Fischen über die Amphibien und Reptilien zu den Vögeln und Säugern gegangen sei. Bei allen vier Reihen kommt der Autor erwartungsgemäß zu derselben Reihenfolge, und kann somit das Ergebnis in folgendem Schlusssatz festhalten:

„Die gegebenen Fakten sind am einfachsten durch Abstammung zu erklären. Dabei ergibt sich folgende Abstammungsreihe:

$$\text{Fische} \rightarrow \text{Amphibien} \rightarrow \text{Reptilien} \prec \begin{matrix} \text{Vögel} \\ \text{Säuger} \end{matrix}\text{"}^5$$

Aufschlussreich ist es nun zu sehen, wie der Autor dieses Ergebnis ansteuert. Es mag hier genügen, wenn wir uns auf eine der vier Reihen beschränken. Nehmen wir den Kreislauf. Dazu lesen wir auf S. 330: „Fische besitzen einen Kreislauf, bei dem arterielles und venöses Blut nicht miteinander vermischt werden." Stimmt! Fische sind also in dieser Hinsicht genau so ‚perfekt' wie Vögel und Säuger, was der Autor aber unerwähnt lässt (!). Wirft man auch einen Blick auf die unterste Reihe, so zeigt sich, dass die Fische diesbezüglich sogar perfekter sind, denn eine Atmung im Durchstromsystem hat notwendigerweise einen höheren Wirkungsgrad als die Lungenatmung, bei der sich die eingesogene Luft mit einem Teil der schon ‚verbrauchten' Restluft vermischt. Da das aber die Argumentation für die Rangfolge stören würde, (er)findet unser Autor schnell einen Nachteil des Fischkreislaufs. Das hört sich so an: „Zwei Kapillarsysteme, das der Kiemen und das des Körpers, müssen jedoch von einer einzigen ‚Pumpe' überwunden werden."⁶ Inwiefern das ein Nachteil ist, erfahren wir allerdings nicht. Vermutlich wusste er es selber nicht, denn seine Zentralheizung zuhause kommt schließlich auch mit *einer* Pumpe für Kessel- und Heizkreislauf aus, und falls nicht, wird die Pumpe eben verstärkt, was bei den Fischen entweder nicht nötig war oder längst geschehen ist, denn sie leben ja von Alters her offenbar recht gut mit ihrer *einzigen Pumpe*.

Das Weltanschauungsproblem in der Lehre

Beispiele dieser Art muss man, wie gesagt, nicht lange suchen, aber wie geht man als Lehrender damit um? KUHN hat zweifellos Recht, wenn er schreibt, dass die Schüler und Studierenden derlei *wegen der Autorität des Lehrers und des Lehrbuchs akzeptieren*, da ihnen die Qualifikation zur Beurteilung dieser Zusammenhänge fehlt. Noch fehlt, sollte man vielleicht sagen, denn in Sekundarstufe II und im Studium geht es ja gerade darum, dass sich die Jugendlichen diese Qualifikation (Lernzielebenen 4) zunehmend erwerben. Und wie könnte man den Erwerb von, „problemlösendem Denken" und „entdeckenden Denkverfahren" besser fördern, als dadurch, dass man Schüler und Studenten dazu anhält, ihre Lehrbücher auf solche weltanschaulich bedingten Ungereimtheiten zu durchforsten? Das kann Kurse und Seminare nicht nur ungemein beleben, sondern auch die kritisch-vertiefte Auseinandersetzung mit dem jeweiligen Stoff fördern und zur Suche nach neuen Sichtweisen und Lösungsansätzen führen. Steigern

---

5 BAUER 1981, S. 331.
6 BAUER 1981, S. 330.

lässt sich das noch, wenn man zum selben Gegenstand mehrere möglichst unterschiedliche Texte zum Vergleich heranzieht. Schließlich kann es ja nicht die Aufgabe der Lehrenden sein, gläubige Darwinisten oder Kreationisten, Agnostizisten oder Scientisten zu erziehen, sondern vielmehr urteilsfähige Selbstdenker. Wer dieses Ziel anstrebt, der sollte sich allerdings nicht darauf beschränken, lediglich Schwachstellen aufzuspüren und zu kritisieren. Mindestens eben so wichtig ist es, daran anknüpfend, konstruktive Lösungsansätze der erkannten Probleme zu erarbeiten. Dazu das folgende Beispiel.

Beispiel aus der Unterrichtspraxis

Wir bleiben beim Thema Wirbeltierevolution, wenden nun aber die Diltheysche *Antinomie-Methode* an, d. h., wir suchen zu dem im *CVK-Biologiekolleg* vertretenen neodarwinistischen Standpunkt eine Gegenposition. Diese ist unschwer zu finden, denn insbesondere unter den Paläontologen haben manche ein Problem damit, die ganze Evolution letztlich nur auf Überproduktion von variablen Nachkommen und Selektion durch die Umwelt zurückzuführen. Schwierigkeiten bereitet ihnen vor allem, dass diese Mechanismen letztlich nichts anderes bewirken können, als die Lebewesen an ihre jeweilige Umwelt immer perfekter anzupassen, was auf zunehmende Spezialisierung hinausläuft. Die fossilen Dokumente zeigen aber neben dieser Tendenz auch, dass es zu allen Zeiten gering spezialisierte Formen gab, aus denen sich zwar die spezialisierteren Formen ableiten lassen, nicht aber umgekehrt (Dollosches Gesetz). Dementsprechend gehen neue, höher organisierte Bauplantypen nie von spezialisierten, sondern stets von unspezialisierten Formen aus. Der Züricher Paläontologe Emil KUHN-SCHNYDER fordert deshalb nach Peter WELLNHOFER[7] zwei unterschiedliche Evolutionsprozesse, für die er die von Bernhard RENSCH (1900–1990) geprägten Begriffe *Anagenese* und *Kladogenese* verwendet. Bei der *Anagenese* oder *Höherentwicklung* handelt es sich um eine biologische Vervollkommnung durch Neuerwerb von Organen (z. B. Gliedmaßen), wodurch eine höhere Organisationsstufe, ein neuer Bauplantyp erreicht wird. Das hat mit *Anpassung an die Umwelt* nichts zu tun, sondern die damit einhergehende Steigerung der *Lebenstüchtigkeit* beruht im Gegenteil auf einer Zunahme an *Autonomie*, an Unabhängigkeit von der Umwelt: Wer z. B. Gliedmaßen und eine Lunge hat, kann sich im Wasser *und* an Land fortbewegen. – Der zweite Evolutionsprozess, die *Kladogenese* oder *Verzweigung*, *Aufspaltung*, spielt sich stets *innerhalb* eines gegebenen Bauplantyps ab. Sie ist gekennzeichnet durch immer perfektere Anpassung an spezifische Umwelten (Einnischung) und dadurch Aufspaltung in eine Vielzahl von Arten. In der geologischen Schichtenfolge tritt Kladogenese stets *nach* einem anagenetischen Entwicklungsschritt auf und führt zu einer Vielzahl größerer und kleinerer Verzweigungen auf niederem taxonomischem Niveau. Auf Grund dieser stratigraphischen Befunde kann man Kladogenese auch als *horizontale Evolution* oder *Deszendenz* bezeichnen, Anagenese dagegen als *vertikale Evolution* oder *Aszendenz*. Als Phänomen ist dieser Sachverhalt allen Paläontologen bekannt. Vielen Evolutionstheoretikern bereitet die Anagenese jedoch Probleme, und zwar aus zwei Gründen: Erstens sind so große Evolutionsschritte, wie z. B. die Evolution vom Fisch zum Landwirbeltier, welche ganze Merkmals*komplexe* betreffen und die zudem ohne einen erkennbaren Selektionsdruck in geologisch gesehen kurzen Zeitspannen abgelaufen sein müssen, mit den bekannten Evolutionsmechanismen nicht oder nur sehr unbefriedigend

---

7   WELLNHOFER 1978, S. 15f.

(*additive Typogenese*)⁸ zu erklären. Daher forderte z. B. schon Otto Heinrich SCHINDEWOLF (1896–1971),⁹ dass es außer den bekannten Genmutationen hypothetische *Großmutationen* gegeben haben müsse, die gewissermaßen als *Deus ex machina* bewirkt hätten, dass eines Tages aus einem Saurierei ein Vogel geschlüpft sei. Auch wenn Martin KUCKENBURG¹⁰ diskutiert, ob ein „genetischer Urknall" den Menschen als Kulturwesen hervorgebracht habe, so zeigt das deutlich den Erklärungsnotstand, der hinsichtlich des Phänomens der Anagenese besteht. Denn, und damit komme ich zum zweiten Punkt: Anagenese weckt Teleologieverdacht, und das ist aus materialistischer Sicht ein Sakrileg. Denn mit *Höher*entwicklung verbindet sich unvermeidlich so etwas wie eine *Tendenz*, eine *Richtung*, oder gar ein *Ziel*, und sei es auch nur ein immanentes Streben nach Autonomie, nach einer zunehmenden Emanzipation von den Zwängen der Umwelt, und das wäre *Lamarkismus*, wenn nichts Schlimmeres. Dieses Dilemma führt dazu, dass viele Evolutionisten bestrebt sind, die Anagenese so umzudefinieren, dass sie mit ihren mechanistisch-darwinistischen Vorstellungen in Einklang zu bringen ist. Das hört sich dann z. B. im *Kompaktlexikon der Biologie*, wissenschaft-online,¹¹ so an: „Anagenese, Bezeichnung für jeden Wandel der Eigenschaften einer Art durch Änderung, Reduktion od. Neuauftreten von Merkmalen im Verlauf aufeinander folgender Generationen, ohne dass es dabei zur Artaufspaltung [...] kommt." Es ist schon bemerkenswert, wie bei dieser Definition fast alles ‚wegselektioniert' wurde, was Anagenese substanziell von der Kladogenese unterscheidet. Da sich die paläontologischen Befunde aber dadurch nicht ändern und da es in unserem Zusammenhang aus methodischen Gründen gerade nicht darum geht, den grundsätzlichen Unterschied der beiden Evolutionsweisen zu nivellieren, werden im Weiteren Anagenese und Kladogenese in ihrer vollen Gegensätzlichkeit einander gegenüber gestellt.

Wenn wir also diese beiden Evolutionstypen als Gegenpole im Sinne DILTHYS oder GOETHES betrachten, in deren Spannungsfeld sich die konkreten evolutionären Prozesse abgespielt haben, so kommen wir zu folgender Darstellung (Tab. 1). Durch Kiemen, nicht tragfähiges Skelett, fehlenden Verdunstungsschutz, fehlende Temperaturregulation sowie äußere Befruchtung und Entwicklung sind die Fische und die Jugendstadien der Amphibien an die Wasserumwelt gebunden und in der mannigfaltigsten Weise an sie angepasst. Die Ausbildung von Lungen, tragfähigerem Skelett und Extremitäten ermöglicht adulten Amphibien auch das Leben an Land, obschon sie durch Schleimhaut, äußere Befruchtung sowie Embryonal- und Jugendentwicklung weiterhin an das Wasser oder Gewässernähe gebunden sind. Von den Reptilien an ermöglichten Hornhaut, innere Befruchtung und Entwicklung im Schutz von Ei oder Uterus die vollständige Emanzipation vom Lebensraum Wasser.

Eigenwärme ermöglicht dann Vögeln und Säugern, auch bei Nacht und in kälteren Klimazonen aktiv zu sein. Und durch innere Embryonalentwicklung und lange Tragzeiten werden schließlich die Nestflüchter unter den Säugern auch noch unabhängig von einem Brutplatz. Auf jeder dieser Stufen findet anschließend in den neu erschlossenen Lebensräumen eine Anpas-

---

8   Gerhard HEBERERS Konzept der additiven Typogenese ähnelt in seinem Argumentationsmuster stark dem „Entwicklungsgesetz des dialektischen Materialismus": In *Das Kapital* postuliert Karl MARX (1818–1883), dass es nach Kumulation quantitativer Veränderungen über längere Zeit zu einer sprunghaften qualitativen Veränderung kommen werde. Abgesehen von der theoretischen Fragwürdigkeit dieses „Gesetzes", steht seine Bestätigung in den wenigen verbliebenen sozialistischen Staaten immer noch aus.
9   SCHINDEWOLF 1950, S. 406ff.
10 KUCKENBURG 2010, S. 72.
11 BRECHNER et al. 2005.

Tab. 1 Die Evolution der Wirbeltiere im Spannungsfeld von Anagenese und Kladogenese

Agieren durch Emanzipation: Anagenese ↑	Mensch	Von der Umwelt fast ganz emanzipiert durch selbst geschaffene eigene Umwelt. Das ist ihm möglich durch körperliche und instinktmäßige Unspezialisiertheit, als Voraussetzung für Weltoffenheit, Lernfähigkeit und Kreativität.					
	Zunehmende Unabhängigkeit durch:	Lunge	tragfähiges Skelett	Hornhaut	innere Befruchtung	Eigenwärme	innere Entwicklung
	Säuger	↑	↑	↑	↑	↑	↑
	Vögel	↑	↑	↑	↑	↑	→
	Reptilien	↑	↑	↑	↑	→	→
	Amphibien Adult	↑	↑	→	→	→	→
	Amphibien Larve	→	→	→			
	Fische	→	→	→	→	→	→
	Abhängig von Umwelt durch:	Kiemen	kein tragfähiges Skelett	Schleimhaut	äußere Befruchtung	keine Eigenwärme	Äußere Entwicklung
	Reagieren durch Anpassung: Kladogenese →						

sung an die dort herrschenden vielfältigen Umweltbedingungen statt, was eine kladogenetische Aufspaltung in zahlreiche Arten zur Folge hat.

Anpassung stellt sich damit als Überlebensstrategie für solche Lebewesen dar, die, aus welchen Gründen auch immer, zu keiner Höherentwicklung mehr fähig sind, deren anagenetisches Potential also offenbar ausgeschöpft ist.

Wie das Beispiel zeigt, geht es bei Anwendung der Antinomie als Methode nie um ein ‚Entweder – Oder', sondern stets um ein ‚Sowohl als Auch'. Aber, und das ist entscheidend, nicht im Sinne einer Relativierung oder Nivellierung der Gegensätzlichkeit (wie oben bei der Umdefinition der Anagenese), sondern bei voller Akzeptanz der Antinomie. Dass dieser Ansatz fruchtbar ist, zeigt schon ein Vergleich von Abbildung 1 mit Tabelle 1: Es bestätigt sich unter dem Aspekt der Polarität der beiden Evolutionstypen nicht nur die Rangfolge der Tierstämme, sondern es ergibt sich, dass die über Abbildung 1 hinausgehende Einbeziehung des Menschen keineswegs willkürlich ist, sondern sich als konsequente Fortsetzung dessen erweist, was schon bei der Eroberung des Landes als emanzipatorische Tendenz jeden anagenetischen Evolutionsschritt kennzeichnet.

Erkenntnistheoretische Zwischenbemerkung

Natürlich steht jeder, der sich bewusst um Erkenntnisprobleme der Naturwissenschaften bemüht, vor der Frage, ob er dabei der Natur etwas ablauscht oder ob er nicht vielmehr etwas in sie hineinlegt. Diese Frage ist ganz unabhängig von dem jeweiligen Paradigma; der Materialist muss sich ihr genauso stellen wie der Idealist, der Nominalist ebenso wie der Realist. Denn letztlich geht es dabei schlicht um die intellektuelle Redlichkeit sich selbst gegenüber. Ob ich nun den Zufall für alles Sein und Geschehen der Welt verantwortlich mache, einen planenden allmächtigen Gott oder was auch immer, stets muss ich mir eingestehen, dass es sich um eine nicht weiter hinterfragbare und folglich auch nicht begründbare paradigmatische Setzung handelt. Und diese weltanschauliche Position bedingt den Standpunkt, von dem aus ich die Welt sehe. Ist es da ein Wunder, dass die Welt für mich (und alle, die meinen Standpunkt teilen) nun auch exakt so aussieht, wie es dem eingenommenen Standpunkt entspricht? Das ist genau so wenig erstaunlich wie die Tatsache, dass sie von jedem anderen Standpunkt aus notwendigerweise anders erscheint. Mit anderen Worten: Jeder Standpunkt ermöglicht demjenigen, der ihn einnimmt, immer nur eine standortspezifische Sicht auf die Welt. Die so gewonnenen Erkenntnisse sind zwar unbestreitbar richtig, jedoch nur unter Berücksichtigung des Standpunktes, von dem aus sie gewonnen wurden. So gesehen gibt es keine falschen Standpunkte; falsch wird es erst, wenn Erkenntnisse, die von einem bestimmten Standpunkt aus gewonnen wurden, auch für alle anderen Standpunkte geltend gemacht werden.

Wenn aber alle Erkenntnisse standpunktabhängige, also nur relative Wahrheiten sind, was ist dann *die* Wahrheit? – Die *absolute Wahrheit*, um die die Philosophie seit jeher ringt, stellt sich damit als Zusammenschau sämtlicher möglicher Standpunkte dar. Das kann zwar als Ideal gedacht werden, ist jedoch – wie alle Ideale – im direkten Zugriff unerreichbar. Immerhin kann aber ein erster bescheidener Schritt in diese Richtung mit Hilfe von DILTHEYS Antinomie-Methode[12] versucht werden. Was damit zu erreichen ist soll, in Erweiterung des obigen Beispiels (Tab. 1), im Folgenden an einem weiteren Gedankenexperiment gezeigt werden.

Charles Darwin und Karl Snell

Sucht man nach einem weltanschaulichen Gegenpol zu DARWIN (1809–1882), so findet man ihn in DARWINS Zeitgenossen Karl SNELL (1806–1886), über den Arne VON KRAFT kürzlich berichtet hat.[13] SNELL war Mathematiker und Physiker in Jena, hatte aber auch Philosophie studiert und veröffentlichte neben einigen Fach- und Lehrbüchern auch naturphilosophische Schriften. In unserem Zusammenhang interessiert vor allem *Die Schöpfung des Menschen*, erschienen 1863, also nur vier Jahre nach DARWINS *Origin of Species*... Mit mathematisch geschulter Logik und erstaunlicher Sachkenntnis führt SNELL den „Beweis", dass es nicht sein kann, dass der Mensch aus dem Tierreich hervorgegangen ist, sondern dass umgekehrt die Tiere von Vorstufen des Menschen abstammen müssen. Eine bessere Antithese zum Darwinismus könnte man sich kaum denken. Zwar kamen SNELLS Ideen im materialistisch geprägten 19. und 20. Jahrhundert kaum zur Geltung, aber im Schatten der darwinistischen Dezendenztheorie, die die wissenschaftliche Welt zunehmend beherrschte, gab es dennoch stets einzelne oder kleine Gruppen von Außenseitern, meist Naturphilosophen oder Paläontologen, aber auch Biologen, die, wenn auch selten so radikal wie SNELL, dem Darwinismus andere Anschauungen über die Evolution entgegenstellten. Dabei muss betont werden, dass es sich bei diesen Autoren in der Regel keineswegs um irgendwelche sektiererischen Sonderlinge handelt, sondern ebenso wie bei Karl SNELL um wissenschaftlich ausgewiesene, vielseitig gebildete Persönlichkeiten, die es sich aber im Zeitalter des Materialismus erlaubten, andere Weltanschauungen vorzuziehen. Ein guter Überblick über diese Strömung findet sich bei Joachim ILLIES.[14] Wer es vermag, sich

---

12 Ausführlicher dargestellt in BRESTOWSKY 2011, S. 109ff.
13 VON KRAFT 2010, S. 182ff.
14 ILLIES 1979, S. 59–88.

im Diltheyschen Sinne mit dieser Literatur zu beschäftigen, wird feststellen: Nichts davon ist überholt oder widerlegt, wie oft leichtfertig behauptet wird, genau so wenig, wie DARWIN und seine Nachfolger widerlegt werden können. Denn auf diesem der zeugenlosen Vergangenheit angehörenden Forschungsfeld lässt sich nun mal nichts im Sinne der exakten Naturwissenschaften beweisen oder widerlegen. Wer das bestreitet, der verkennt, was Tatsachen sind.[15] Es lassen sich aber sehr wohl hier wie dort Denkfehler nachweisen oder Grenzüberschreitungen aufspüren, die der Überschätzung des Geltungsbereichs des jeweiligen weltanschaulichen Standpunktes entspringen. – Deshalb sei hier noch einmal ganz deutlich gesagt, was es bedeutet, die Diltheysche *Antinomie-Methode* anzuwenden: Es gilt zu vermeiden, vom eigenen Standpunkt aus die aus einem anderen Blickwinkel gewonnenen Einsichten als falsch zu beurteilen, bloß weil sie zu anderen Resultaten führen. Stattdessen muss man sich bequemen, den fremden Standpunkt einzunehmen, um von da aus die fremden Einsichten nachvollziehen, verstehen und überprüfen zu können. Eine unerlässliche Voraussetzung dafür ist allerdings, dass einem die eigene weltanschauliche Position bewusst ist und dass man die wichtigsten sonstigen Weltanschauungen kennt. Wem diese Voraussetzung fehlt, dem bietet ein kürzlich erschienenes Büchlein von BUSCHINGER et al. (2009) eine gute Einstiegsmöglichkeit.

Für die beiden hier in Rede stehenden polaren Weltanschauungen mag folgende Charakterisierung genügen: Der konsequente mechanistische *Materialist* geht davon aus, dass nur der Materie und materiellen Vorgängen Realität zukommt. Seelisch-Geistiges ist als subjektives Epiphänomen zu verstehen und beruht letztlich auf Selbsttäuschung (z. B. Francis BACON [1561–1626]). Der konsequente spirituelle *Idealist* geht davon aus, dass nur dem Geistigen, im Individuum wie im Universum, wahre Realität zukommt. Die Welt unserer fünf Sinne ist wie die Sinnesorgane selbst vergänglich, sie ist Schein oder bloße Vorstellung und täuscht Realität nur vor (z. B. George BERKELEY [1684–1753]).

Der Logiker in uns wird nun zwar sofort geltend machen, dass einander entgegen gesetzte Urteile unmöglich zugleich wahr sein können: Ist das eine wahr, so muss das andere falsch sein. Wer sich aber im Sinne DILTHEYS um Verstehen und nicht um Argumente zum Zweck der Abgrenzung bemüht, der kann zu folgender Einsicht gelangen: Wie bei allen Weltanschauungen gibt es auch bei diesen einen Bereich, in dem ihre Berechtigung nicht zu bezweifeln ist. Für Verständnis und Handhabung unserer ganzen materiellen Zivilisation und Technik ist die Akzeptanz einer realen Existenz der Materie eine notwendige Voraussetzung. Ganz entsprechend kommt man dem menschlichen Ich, den kulturellen Leistungen der Menschheit, aber auch allen nicht rein materiellen Erscheinungen in der Natur wie z. B. dem Phänomen des Lebens nur bei, wenn man ihnen eine nicht nur sinnliche Realität zubilligt.[16] Probleme entstehen erst bei Überschreitung des hier umrissenen Gültigkeitsbereichs der beiden Weltanschauungen: Der Spiritualismus führt dann zur Missachtung alles Materiellen, zur *Weltflucht*, und der Materialismus zur Leugnung alles Spirituellen, zur *Weltsucht*.

Ein Grund dafür, dass die Diltheysche *Antinomie-Methode* bis heute weitgehend unbeachtet geblieben ist, dürfte sein, dass man sich in der Regel mit der eigenen Weltanschauung identifiziert, und zwar so sehr, dass man befürchtet, sich selbst aufgeben zu müssen und Verrat an der Wahrheit zu begehen, wenn man seinen Standpunkt, und sei es auch nur vorübergehend, zu Gunsten einer anderen Weltauffassung aufgibt. Hier hilft nur, sich immer wieder klar zu machen, dass *alle* Weltanschauungen (auch die eigene!) notwendigerweise Aspektcharakter haben, oder

---

15 Siehe Einleitung.
16 BRESTOWSKY 2011, S. 111f.

mit DILTHEYS Worten: „Sein und Werden, Monismus und Pluralismus, Materialismus, Spiritualismus, Dualismus und Identitätsphilosophie: alle diese Namen bezeichnen entgegen gesetzte Lösungen einzelner metaphysischer Probleme."[17] Und an anderer Stelle schreibt er: „Das reine Licht der Wahrheit ist nur in verschieden gebrochenem Strahl für uns zu erblicken."[18] Je mehr von diesen verschiedenfarbigen *Strahlen* wir also in uns zu vereinigen vermögen, desto näher kommen wir nach DILTHEY der Wahrheit.

Polarität und Steigerung

Auf Grundlage der hier kurz umrissenen philosophischen Voraussetzungen sei nun versucht, die Gegensätzlichkeit der materialistischen und der idealistischen Evolutionsauffassung zum Entwurf einer synthetischen Evolutionstheorie zu steigern.

Setzt man die stammesgeschichtliche Entwicklungshöhe eines tierischen Organismus in Beziehung zur relativen Dauer seiner Embryonalentwicklung oder besser zu demjenigen Lebensabschnitt, in dem sich ein Lebewesen ungestört entwickeln kann, ohne selbst für sein Überleben sorgen zu müssen, so ist der Mensch absoluter Rekordhalter: Für seine Embryonalzeit, Kindheits- und Jugendentwicklung benötigt er etwa 1/5 seiner ganzen Lebenszeit. Dabei ist er, verglichen mit den Tieren, in höchstem Maße unangepasst. Arnold GEHLEN (1904–1976)[19] bezeichnet ihn deshalb, einen Ausdruck von Johann Gottfried HERDER (1744–1803) aufgreifend, als „Mängelwesen", weil er im Unterschied zu den Tieren weder Angriffsorgane (Klauen, Reißzähne, Hörner) noch Fluchtanpassungen besitzt (langsam, geringe Ausdauer, panzer- und stachellos) und sogar der Witterung völlig schutzlos ausgeliefert ist (kein Fell). Auch in seelischer Hinsicht sei er gegenüber den Tieren benachteiligt, meint GEHLEN, da er einen „geradezu lebensgefährlichen Mangel an echten Instinkten" aufweise. Diese Feststellungen bestätigend und ergänzend, weist Konrad LORENZ (1903–1989)[20] darauf hin, dass „ein Wesen mit ausgesprochen spezialisierten morphologischen Anpassungen hätte nie zum Menschen werden können", denn nur das *Fehlen von speziellen Anpassungen* ermögliche die typisch menschliche *Vielseitigkeit*. Und diese Vielseitigkeit dank Unspezialisiertheit, gepaart mit einer entsprechenden Plastizität und Kreativität des Verhaltens, ermöglicht es dem Menschen, auf besondere Anpassungen zu verzichten. Dieser Aspekt, der in Tabelle 1 nur eben angesprochen wurde, steht in Abbildung 2 im Zentrum der Darstellung. Auch hier verläuft das Evolutionsgeschehen wieder im Spannungsfeld von *Aktion*, d. h. Emanzipation von der Umwelt durch Höherentwicklung (*Anagenese*), und *Reaktion*, also Anpassung an die Umwelt durch Spezialisierung (*Kladogense*). Die Grundidee aber entstammt einer ARISTOTELES zugeschriebenen Erkenntnis, die besagt, „dass die Entwicklung bei allen Organismen vom Allgemeinen zum Besonderen schreitet".[21] Konkret bedeutet das, dass alle sich geschlechtlich fortpflanzenden Organismen, seien sie noch so hoch entwickelt oder noch so extrem spezialisiert, ihre Individualentwicklung mit etwas ganz Allgemeinem beginnen, nämlich mit der befruchteten Eizelle. Diese aber ist bei allen Tieren, ob Hohltier, Elefant oder Bandwurm, im Prinzip gleich. Aus ihr gehen alle weiteren Zellen des sich entwickelnden Organismus durch Zellteilung und Differenzierung hervor. Differenzierung aber

---

17 DILTHEY 1977, Bd. *8*, S. 148.
18 DILTHEY 1977, Bd. *8*, S. 28.
19 GEHLEN 1962, S. 33.
20 LORENZ 1968, S. 69.
21 ARISTOTELES nach HIPPÉLI und KEIL 1982, S. 67.

Abb. 2 Schematische Darstellung der Evolution als Ergebnis der Synthese zweier gegensätzlicher Evolutionstheorien.²² (Weitere Erklärungen im Text.)

bedeutet für die Zelle wie für den ganzen Organismus Umwandlung von der *Idealgestalt*, bei der Zelle ist es die Kugel, zur *Funktionsgestalt*, was gleichbedeutend ist mit Reifeform. Fragen wir uns nun, weshalb die zu vermutende ursprüngliche Gemeinsamkeit aller Tiere im Laufe der Evolution mehr und mehr zu Gunsten vielfältiger „Besonderheiten" verloren gegangen ist, so werden wir, ganz im Sinne des Darwinismus, auf die Kladogenese verwiesen (*gestrichelte* Pfeile). Die Anagenese dagegen ist repräsentiert durch die spiralig angeordneten, durch *ausgezogene* Pfeile verbundenen Stadien der menschlichen Embryonalentwicklung, die, wie die der Tiere, vom *Allgemeinen* zum *Besonderen*, fortschreitet, wobei sie allerdings nie über den allgemeinen Grundtypus hinaus geht. Da nun der Mensch in seiner Entwicklung die Bauplananlagen sämtlicher Stämme des Tierreichs durchläuft, hat er mit allen eine mehr oder minder lange gemeinsame Wegstrecke: die längste mit den Australopithecinen und Menschenaffen und die kürzeste mit den Einzellern. Das heißt, man kann sich im Sinne SNELLS den Gang der Evolution so vorstellen, dass die Tiere aus einem zunächst allen gemeinsamen Entwicklungsstrom nach und nach abgezweigt sind. Haben sie sich einmal aus dem Hauptstrom

---

22 Die Vorlagen für die Abb. 2 wurden folgenden Werken entnommen: HIPPÉLI und KEIL 1982, PORTMANN 1956, Michelangelo, Sixtinische Kapelle, Museum Senckenberg, Prospekt, GARMS 1982 und Presse.

gelöst, so beginnen sie auf der Grundlage der bis dahin angelegten Bauplanmerkmale ihren Eigenweg. Je früher also die Vorfahren eines Stammes den gemeinsamen Entwicklungsstrom verlassen haben, desto geringer war ihre Organisationshöhe, von der aus sie ihren Eigenweg zur Reifeform begonnen haben. Die Besonderheiten der Reifeformen kann man somit als Resultat der bereits erreichten Organisationshöhe beim Beginn der Sonderentwicklung und der danach einsetzenden Spezialisierung infolge der Umweltselektion auffassen. So zweigen z. B. die Protozoen schon vor Beginn des ersten zur Vielzelligkeit führenden anagenetischen Entwicklungsschrittes aus der weiterführenden Evolutionsströmung ab. Das bedeutet, dass sie weder mit Nährstoffen versorgt werden noch irgendwelchen Schutz erhalten. Nur solche Formen konnten daher überleben, die schon auf dem Niveau von Eizelle oder Spermium so anpassungsfähig waren, dass sie in der rauen Umwelt bestehen konnten. Erdgeschichtlich gesehen befinden wir uns damit irgendwann im Ediacarium. Die Verhältnisse auf der damals noch jungen Erde dürften aber von den heutigen so verschieden gewesen sein, dass es sinnlos wäre, wollten wir mit unserem an den gegenwärtigen Zuständen gebildeten Vorstellungsvermögen versuchen, konkrete Aussagen über die damaligen Gegebenheiten zu machen. Allenfalls lässt sich in Parallele zu den Ontogenesebedingungen der höheren Tiere folgern, dass es schon damals geschützte Orte gegeben haben muss, deren Bedingungen denjenigen entsprachen, die heute im Eileiter und Uterus ein Überleben von Ei und Spermien ermöglichen. Für jene Lebewesen aber, die, aus welchen Gründen auch immer, diese geschützten Orte verlassen hatten, galten die Regeln der Kladogenese: Nur durch Überproduktion variabler Nachkommen war den der Umweltselektion unterworfenen ein Überleben durch Anpassung möglich. Nicht anders war auch das Los der niedersten Mehrzeller, der Mesozoa, die auf der Stufe des Morulastadiums den weiterführenden Entwicklungsstrom verlassen haben, sowie der Parazoa, der Schwämme, die auch als Reifeform nicht über das Blastulastadium hinaus kommen. Entsprechend ging es den Hohltieren, die dem regulären Entwicklungsgang nur bis zur Ausbildung des zweiten Keimblattes folgten. Auf diesem Niveau mussten sie ihr Leben selbständig führen, Nahrung gewinnen, sich verteidigen, konnten also nicht mehr in Ruhe das dritte Keimblatt ausbilden, sondern wurden von ihrer Umwelt zu überlebensfähigen Funktionsgestalten ausdifferenziert. So kann man nun von Tierstamm zu Tierstamm weitergehen und wird bei jedem feststellen, dass sich der jeweilige Bauplan so verstehen lässt, dass ihm bis zu einem bestimmten Punkt alle Errungenschaften des regulären anagenetischen Entwicklungsganges zugrunde liegen, dass aber danach eine kladogenetische Sonderentwicklung eingesetzt hat.[23] Manche Zwischenstadien solcher Sonderentwicklungen haben sich fossil erhalten, gehören aber, da sie aus Abzweigungen hervorgegangen sind, nicht in die menschliche Vorfahrenreihe, sondern sind, sofern sie nicht wie die Trilobiten ausgestorben sind, Vorfahren rezenter Tierarten. Zuallerletzt verlässt auch das Menschenkind die nährenden und schützenden Hüllen des Mutterschoßes, aber auch das noch viel zu früh. Adolf PORTMANN (1897–1982) spricht von „physiologischer Frühgeburt",[24] denn der Säugling ist noch keineswegs so weit entwickelt, dass er, auf sich gestellt, in der Welt überleben könnte. Das muss er aber auch nicht, denn er wird in eine beschützende und ernährende Familie hinein geboren und kann sich so in einer verglichen mit den Tieren extrem langen Kindheits- und Jugendzeit in aller Ruhe weiter entwickeln. Irgendwann kommt

---

23 Ein Problem bereiten hierbei allerdings die Gliederfüßer, deren superficieller Furchungstyp etwas gänzlich eigenständiges zu sein scheint. Möglicherweise lässt er sich über die Furchung der Apterygoten aber doch an den allgemeinen Typus anschließen, was dann nur für eine sehr frühe Abspaltung und lange Sonderentwicklung sprechen würde.
24 PORTMANN 1944, S. 44.

dann aber doch auch für den jungen Menschen der Zeitpunkt, wo er gewissermaßen aus dem „Paradies" vertrieben wird, symbolisch veranschaulicht durch die Vertreibungsdarstellung von MICHELANGELO (1475–1564). Bis dahin hat er aber zu seinen bescheidenen angeborenen Werkzeugen und Fertigkeiten ein gewaltiges Repertoire an Kenntnissen und Fähigkeiten hinzu erworben, die es ihm nicht nur ermöglichen zu überleben, sondern darüber hinaus seine Umwelt nach seinen Bedürfnisse und Wünschen bewusst zu gestalten.

So etwa könnte man sich in großen Zügen eine Synthese der beiden konträren Evolutionstheorien vorstellen. Im Detail gibt es dabei natürlich noch manche Unklarheiten und Ausnahmen. Zum Beispiel kommen Anpassungen auch bei menschlichen Embryonen vor, und zwar an die Lebensbedingungen im Uterus. Das ovale Fenster in der Vorhofscheidewand des Herzens ist dafür ein Beispiel: Solange der embryonale Kreislauf noch durch die Nabelschnur versorgt wird, ist es geöffnet, wird dann aber vom ersten Atemzug an für den Rest des Lebens geschlossen. Umgekehrt haben sich im Tierreich zweifellos auch noch nach der Abzweigung vom Hauptstrom emanzipatorische, also anagenetische Entwicklungen vollzogen. Man denke etwa an die Evolution der Insekten oder Vögel. Das und vieles mehr musste hier unberücksichtigt bleiben, um das Prinzip deutlicher hervortreten zu lassen.

Probe aufs Exempel

Wer eine neue Theorie aufstellt, und sei es auch nur, dass er zwei antithetische Theorien zur Synthese bringt, der muss zeigen, was dadurch gewonnen werden kann. In erster Linie wäre da wohl zu nennen, dass wir durch den idealistischen Aspekt der Erklärungsnot bezüglich des Phänomens der Anagenese enthoben werden. Denn der „Deus ex machina" von „Großmutation" oder „genetischem Urknall" wird ja nur benötigt, wenn man glaubt, etwas Unmögliches wie die Umkehr der Evolutionsrichtung (Rückentwicklung vom *Besonderen* zum *Allgemeinen*) erklären zu müssen. Und genau das ist das Problem des Darwinismus, wenn er aus Fischen Landwirbeltiere und aus diesen den Menschen hervorgehen lassen will. Auch das Problem der für alle Tierstämme notgedrungen angenommenen polyphyletischen Genese innerhalb begrenzter geologischer Zeiträume ist aus dieser Sicht leicht zu lösen, denn aus dem regulären Hauptstrom der Evolution können in beliebig dichter Folge kladogenetische Abzweigungen erfolgt sein. Ihr Bauplan ist dann nahezu identisch, aber eben doch nicht ganz. Daher entstanden Amphibien zwar unabhängig voneinander mehrfach, aber nur im Devon, Reptilien nur im Perm, Vögel und Säuger nur im Jura und Menschen nur im Pliozän.

Auch an einem aktuellen Forschungsbefund kann unser Gedankenexperiment auf die Probe gestellt werden: Kürzlich ging durch die Presse, dass eine amerikanisch-belgisch-deutsche Forschergruppe eine Methode entwickelt habe, mit der an Zähnen Lebensalter und Reifegrad von fossilen Kinderskeletten ermittelt werden kann.[25] Ergebnis: Moderne Menschen, aber auch schon deren älteste Sapiensvorfahren vor 100 000 Jahren haben eine signifikant längere Kindheits- und Jugendentwicklung als *H. neandertalensis*. Dieser wiederum hat eine längere als die Australopithecinen, deren postembryonale Entwicklungsdauer nur geringfügig die der Menschenaffen übertrifft. Die Vorteile dieser ungewöhnlich langen Spiel-, Lern- und Entwicklungsphase des Menschen liegen auf der Hand und werden von den Autoren auch entsprechend hervorgehoben. Weshalb sich keine einzige Tierart bis hin zu den Australopthecinen eine so

---

25 SMITH et al. 2010, S. 20923ff.

lange Unselbständigkeit leisten kann, bedarf ebenfalls keiner Erklärung, denn im „struggle for existence" muss jeder so schnell wie möglich reifen, um für sein eigenes Fortkommen sorgen und sich fortpflanzen zu können. Bleibt die Frage: Wie konnte dieser spezifisch menschliche Entwicklungstyp, der nur unter Kulturbedingungen seine Vorteile voll entfalten kann, zugleich aber deren Voraussetzung ist, aus vormenschlichen Tiervorfahren evolvieren? Wer die Frage so, also darwinistisch, stellt, wird wohl schwerlich eine befriedigende Antwort finden. Geht man dagegen wie Karl SNELL vom Primat der menschlichen Evolution aus, stellt die Frage also genau andersherum, so ergibt sich, dass es einfach eine *Eigenschaft* der menschlichen Existenz ist, sich frei von Anpassungszwängen nach immanenten Regeln zu entwickeln. – Zweifellos wird diese „Erklärung" nicht jeden befriedigen. Immerhin kann man aber zu ihren Gunsten anführen, dass sie sich nicht grundsätzlich von jener „Erklärung" unterscheidet, mit der wir uns beim zu Boden fallenden Stein beruhigen: Masse hat eben die *Eigenschaft* der Anziehung.[26]

Nun ist natürlich nicht zu leugnen, dass mit dieser Umkehr der Sichtweise neue Probleme ins Blickfeld rücken. So z. B. die Frage: Wer oder was ist das, was sich da im *Ver*borgenen und *Ge*borgenen ungestört nach immanenten Regeln evolviert? Wie könnten sich solche embryonenhaften Wesen überhaupt fortgepflanzt haben? Knospung? Neotenie? Woher will man überhaupt wissen, ob es menschliche Frühstadien in vergleichbarer Form je gegeben hat, zumal fossile Belege fehlen oder sich nicht eindeutig zuordnen lassen. Diesbezüglich unterscheidet sich die Snellsche Theorie allerdings kaum von der Darwinschen, die bis heute keine unstrittigen Fossilien für ihre „missing links" vorweisen kann, da sich früher oder später alle als Seitenlinien erwiesen haben. Zudem ist die Forderung, fossile Belege für die Snellsche Theorie vorzulegen, auch ziemlich realitätsfern: Bedenkt man, wie selten Paläoanthropologen auf früh- oder vormenschliche Kinderskelette stoßen, so wird deutlich, um wie viel geringer die Chancen stehen, dass Organismen, deren Beschaffenheit vielleicht derjenigen menschlicher Föten oder noch früherer Embryonalstadien geglichen haben, erhalten geblieben sind, aufgefunden und richtig gedeutet werden. (Man denke etwa an *Spriggina* oder an die proterozoischen *Doushantou-Embryonen*.) Kann es dann aber unter diesen Umständen überhaupt sinnvoll sein, solche theoretischen Erwägungen anzustellen? – Vielleicht hilft hier ein kurzer Seitenblick auf einen gänzlich anderen Schauplatz.

Ein homologer Fall

Im Jahr 2000 wurde wegen ethischer und rechtlicher Probleme, die bei der Präimplantationsdiagnostik (PID) auftreten, vom Bundestag die sogenannte Enquete-Kommission eingesetzt, die zwei Jahre lang mit Problemen gerungen hat, die sich mit dem Obigen in mancher Hinsicht vergleichen lassen. Da ging es z. B. um die Frage: Ab wann, d. h. von welchem Entwicklungsstadium an, ist der menschliche Embryo als Mensch anzusehen, und zwar in dem Sinne, dass ihm in vollem Umfang die *Menschenwürde* zusteht, durch die er nach dem Grundgesetz *unantastbar* ist. Es dürfte klar sein, dass solche Fragen rein naturwissenschaftlich nicht zu entscheiden sind. Würde man sich z. B. auf Ernst HAECKELS (1834–1919) *biogenetisches Grundgesetz* berufen, so könnte man alle Stadien, die als Rekapitulation tierischer Vorfahren gedeutet werden, als *noch nicht menschlich* vom Menschenwürdeschutz ausnehmen. Bei der Abstimmung am 25. 2. 2002 war sich die Mehrheit der Kommissionsmitglieder darüber einig,

---

26 Siehe Einleitung.

dass es so nicht geht. Einerseits, weil bereits die menschliche Zygote die Potenz und damit die Bestimmung zum Menschen hat. Zum andern aber, weil es reine Willkür wäre, wollte man die Erlangung der Menschenwürde an irgendein bestimmtes Entwicklungsniveau knüpfen. So entschloss sich die Kommission, dem menschlichen Keim vom Moment der Vereinigung von Eizelle und Spermium an das „vorrangige Recht auf Leben und Menschenwürde"[27] zuzuerkennen. – Ganz entsprechend lässt sich mit SNELL die menschliche Evolution sehen. Sie dürfte mit Urkeimzellen begonnen haben, denen die Potenz eignete, sich im geschützten Raum zum Menschen zu entwickeln. Damit waren sie also von vornherein *menschlich*.

Zweifellos gibt es wie bei jeder Theorie noch viele weitere Probleme. Vor allem die Frage, wie man sich die Entstehung dieser *Urkeimzellen* denken kann. Oder wie man sich den *geschützten Raum* vorstellen soll, in dem die Menschenvorfahren ihre reguläre Entwicklung unbeeinträchtigt durchleben konnten. Mit den in solchen Fällen üblichen, wenn auch erkenntnistheoretisch fragwürdigen aktualistischen Schlüssen[28] kommen wir diesen Fragen wohl kaum näher. Allenfalls lässt sich im sehr übertragenen Sinne schlussfolgern, dass die Entwicklungsbedingungen *paradiesisch* gewesen sein müssen, oder besser, ähnlich den heutigen Bedingungen im Mutterschoß. (Die übrigens beim Menschen, hinsichtlich der Ausbildung der Plazenta, die besten von allen Säugern sind!) Sich das aber für die geologische Vergangenheit konkreter vorzustellen, kann allenfalls demjenigen gelingen, der bereit ist, die materialistische Weltsicht durch einen idealistisch-spirituellen Blick auf die Erde und ihre Geschichte zu erweitern. Ansätze dazu finden sich z. B. bei J. E. LOVELOCK,[29] oder D. R. OLDROYD.[30] Dazu hier nähere Ausführungen zu machen, würde jedoch den Rahmen sprengen.

Haeckels „systematischer Stammbaum" und die „missing links"

Auch der positivistisch-monistische Materialist Ernst HAECKEL kam nicht umhin, eine hypothetische Urkeimzelle zu postulieren. Er nannte sie „Monere" und ließ aus ihr in seiner *Anthropogenie*[31] die berühmte Stammbaum-Eiche (Abb. 3) hervorgehen. In ihrem höchsten Wipfel prangt *Homo sapiens*, während sich die verschiedenen Tierklassen und Ordnungen auf die Seitenäste verteilen. Hätte er nicht den zum Menschen führenden Stamm mit den höheren Taxa belegt, sondern diese an der Basis der Seitenäste angebracht (was ihm teilweise sogar unterlaufen ist, z. B. bei den Cyclostomen), dann hätte Karl SNELL dieses Schema problemlos übernehmen können.

Was DARWIN und HAECKEL im Blick hatten und wohl auch ganz richtig gedeutet haben, ist alles, was in Abbildung 2 von der inneren Evolutionsspirale nach außen abzweigt: die Entwicklung der Tiere unter mehr oder minder pessimalen Bedingungen; DARWIN spricht vom „struggle for existence". Was sie dabei nicht beachtet haben, obwohl es mindestens HAECKEL durch Karl Ernst VON BAER (1792–1876)[32] geläufig war, ist, dass Entwicklung immer nur vom Allgemeinen zum Besonderen geht, dass also aus etwas Besonderem nur etwas noch Besonderes werden kann, niemals aber wieder etwas Allgemeines. Daher konnte es nie restlos überzeugen, die

---

27 *Deutscher Bundestag* 2002, S. 103.
28 BRESTOWSKY 2009, S. 17.
29 LOVELOCK 1992.
30 OLDROYD 1998.
31 HAECKEL 1874, Tafel 15.
32 HAECKEL zitiert BAER auf S. 47 seiner *Anthropogenie* (1874) sogar.

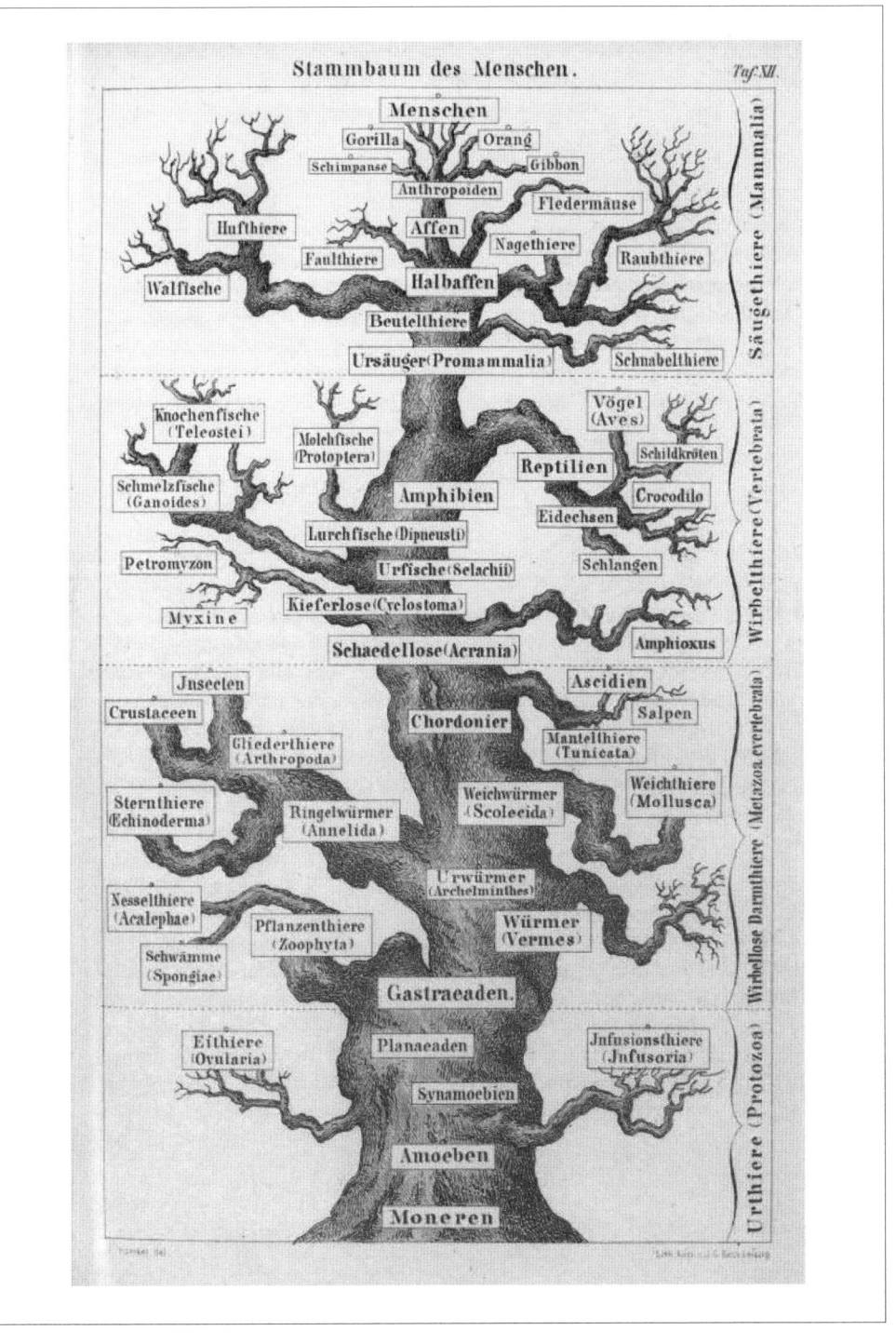

Abb. 3 Systematischer Stammbaum des Menschen, Tafel XV aus Ernst Haeckels *Anthropogenie* (1874)

Stammesgeschichte so zu denken, dass, wie HAECKEL es darstellt, aus den hypothetischen Moneren die realen Amöben hervor gegangen seien, aus diesen die niederen Mehrzeller, daraus die höheren Mehrzeller, aus den Wirbellosen dann die Fische, von welchen wiederum die Amphibien abstammen usw. bis hin zum *Homo sapiens*. Was DARWIN bei seinen Ableitungsversuchen fehlte, waren bekanntlich die Übergangsformen, die Zwischenglieder zwischen den Stämmen und Klassen. Seither wurde zwar so manches Fossil entdeckt und als *missing link* gefeiert, aber bei genauerer Untersuchung stellte sich stets heraus, dass es sich wohl doch nur um einen Vertreter einer ausgestorbenen Seitenlinie handelte und nicht um einen echten Vorfahr. So ging es mit dem *Neandertaler*, mit *Ichthyostega* und vielen anderen. Falls SNELLS Grundidee zutrifft, so wäre das keineswegs erstaunlich, denn dann müssten wir die *missing links* bei Abbildung 2 *in* der Evolutionsspirale suchen (bzw. bei Abb. 3 im Stammbereich), und nicht außen, wo sich nur abgeleitete, mehr oder minder angepasste Lebewesen behaupten können. Denn, wie Konrad LORENZ richtig feststellte: „[E]in unangepasstes Wesen gibt es nicht oder nur als zum Untergang verdammtes, Letalfaktoren-behaftetes Einzelwesen."[33] Einzige Ausnahme: Der Mensch.

Das „Biogenetische Grundgesetz" und das Problem der Entstehung des Lebens

Ernst HAECKEL war dicht davor, diese Sachverhalte zu entschlüsseln. Wie gezeigt, genügen schon geringfügige Änderungen, damit sein „Systematischer Stammbaum des Menschen" (Abb. 3) auch von Vertretern einer gegensätzlichen Weltanschauung akzeptiert werden kann. Noch problemloser fügt sich sein „biogenetisches Grundgesetz" in die Synthese von Darwinschen und Snellschen Evolutionsvorstellungen ein. Mit HAECKELS Worten besagt es verkürzt: „Die Ontogenese […] ist eine […] Recapitulation der Phylogenese […]."[34] Zwar ist dieses „Gesetz" in der neueren Biologie wegen vielfacher Unstimmigkeiten zur „Regel" herabgestuft worden, und viele Biologen stellen es sogar gänzlich in Frage. Trotzdem ist es aus Embryologie und Evolutionsforschung nicht mehr weg zu denken. Wie sonst sollte man z. B. die Tatsache deuten, dass unterschiedliche Tierarten einander immer mehr ähneln, je frühere Jugend- bzw. Embryonalstadien man miteinender vergleicht? Da davon keine Ausnahmen bekannt sind, erfüllt die *Rekapitulationsregel* sogar das wichtigste Kriterium von Gesetzen. Und was die „Unstimmigkeiten" betrifft, so lohnt es sich durchaus, sie unter verändertem Blickwinkel einer erneuten Überprüfung zu unterziehen.

„Die Grenze zwischen Hypothese und Wirklichkeitserkenntnis hat Haeckel nicht immer mit der dafür notwendigen Strenge beachtet. Zu sehr stand er im Banne seiner Ideen. An das Biogenetische Grundgesetz glaubte er wie der fromme Christ an seinen Katechismus." – Diese treffende Charakteristik aus der Feder des Haeckelbiographen Johannes HEMLEBEN (1899–1984)[35] macht verständlich, dass HAECKEL die Wirklichkeit manchmal so sehr im Lichte seiner Theorie sah, dass er etwas nachhalf, wenn sie ihr nicht ganz entsprach. So z. B. wenn er in der *Natürlichen Schöpfungsgeschichte*[36] eine aus der Literatur übernommene Abbildung des einmonatigen menschlichen Embryos dahingehend „korrigiert", dass er die Länge der Steißbeinanlage verdoppelt (wie Wilhelm HIS [1831–1904] nachweist),[37] um damit seine

---

33 LORENZ 1968, S. 69.
34 HAECKEL 1874, S. 58.
35 HEMLEBEN 1964, S. 77.
36 HAECKEL 1868, 12. Vortrag.
37 HIS 1875, S. 171.

Überzeugung zu belegen, die er folgendermaßen zu Ausdruck bringt: „Dieses verkümmerte Schwänzchen des Menschen ist ein unwiderlegbarer Zeuge für die unleugbare Tatsache, dass er von geschwänzten Voreltern abstammt." Tatsächlich hatte HIS Recht mit seinem Fälschungsvorwurf, und inzwischen steht eindeutig fest, dass der menschliche Embryo nur so viele Wirbel anlegt, wie dann auch zur Entwicklung gebracht werden. Eine nachträgliche Rückbildung, die HAECKEL behauptet, findet also nicht statt. Steht das aber nun im Widerspruch zur Rekapitulationsregel? Eindeutig ja, wenn man wie HAECKEL bestrebt ist, den Menschen von geschwänzten affenartigen Ahnen abzuleiten. Eindeutig nein jedoch, wenn man die Synthese der Darwin-Snellschen Theorien zugrunde legt. Denn dann stellt sich die bei vielen Tieren zum Schwanz verlängerte Wirbelsäule als eine sekundäre, erst nach der Abzweigung erfolgte Sonderentwicklung dar, die daher für den Menschen, der auch in diesem Detail seine Ursprünglichkeit bewahrt, keine Relevanz hat.[38]

Ein anderes Beispiel: In fast allen Schul- und Lehrbüchern findet sich der eindrucksvolle Fall der Kiemenbögen, die, bei den höheren Wirbeltieren funktionslos geworden, zu Hammer, Amboss und Steigbügel umfunktioniert worden seien, was unsere Abstammung von den Fischen beweise. Auch diese mehr kuriose als überzeugende Deutung gibt bei Umkehr der Verwandtschaftsbeziehung mehr Sinn: Als der anagenetische Entwicklungsgang einen Zustand erreicht hatte, der etwa dem entspricht, den der menschliche Embryo am 27.–28. Tag rekapituliert (Anlage des Grundbauplans der Wirbeltiere), begann der gemeinsame Ahn sich einzukrümmen. Die sich dabei im ventralen Kopf-Hals-Bereich bildenden Beugefalten (Visceralfalten) stellen unter anderem das Material für die spätere Entwicklung von Unterkiefer und Gehörknöchelchen. Die gleich zu Beginn dieses Entwicklungsstadiums abzweigenden Fischahnen verwendeten das Material der Beugefalten dagegen anders: In Anpassung an ihre aquatische Lebensweise bildeten sie daraus Kiemenbögen und durchbrachen den Faltengrund zu Kiemenspalten. Diese für das selbständige Überleben im Wasser notwendige Entwicklung vollzog sich aber selbstverständlich nur bei den Fisch- und Amphibienahnen, und wird folglich auch nur von diesen beiden Klassen rekapituliert. HAECKEL, der nicht systematisch zwischen solchen Evolutionsschritten unterschied, die in der gemeinsamen Ahnenschaft vollzogen wurden, und solchen, die sich offenbar erst nach Trennung der Gruppen ereignet haben, entging dieser Sachverhalt. In anderen Fällen aber machte er den Unterschied durchaus. So hat er z. B. mit vollem Recht die Rekapitulation eines Protostomierstadiums bei allen höheren Tieren angenommen, es wäre ihm aber nie eingefallen, bei diesen etwa auch nach einer Homologie zur Insektenmetamorphose zu suchen.

Auf diese Weise ließen sich vermutlich viele der fragwürdigen Rekapitulationen neu sehen und damit manche Unstimmigkeiten beseitigen. So zu denken war aber HAECKEL wie DARWIN und bis zum heutigen Tage allen Darwinisten unmöglich, was ja von ihrem Standpunkt aus nur konsequent ist, denn im Bereich der rein materiellen Vorgänge wird man vergeblich nach einem Plan oder Ziel der Evolution suchen. Das Problem entsteht ja erst durch die weltanschaulich bedingte Überzeugung, dass es außer der Materie nichts gäbe, und dass man folglich alles allein aus ihr erklären müsse. Das macht es dann nötig die Grenzen, die für den materialistischen

---

38 Bemerkenswert ist, dass die von HAECKEL verfälschte Darstellung unkommentiert und unkorrigiert (etwa 12 statt 4–5 Steißbeinwirbel!) offenbar als Vorlage für eine Abbildung im verbreiteten Oberstufenlehrbuch *CVK-Biologiekolleg* (BAUER 1981, S. 336) gedient hat. Eine überzeugendere Bestätigung für die eingangs zitierte Feststellung von T. S. KUHN, dass die Lehr- und Schulbücher nicht nur Wissen und Erkenntnisse vermitteln, sondern damit zugleich auch die herrschenden Paradigmen, könnte man sich schwerlich ausdenken.

Blickwinkel bestehen, zu überschreiten und Hypothesen aufzustellen, die sich weder verifizieren noch falsifizieren lassen, weil sie sich auf Dinge beziehen, die aus historischen Gründen der Sinnesbeobachtung prinzipiell entzogen sind. Ein Beispiel für derartige Grenzüberschreitungen ist die Urzeugungshypothese. Gemeint ist natürlich nicht die *Generatio spontanea*, die erst 1862 durch Louis PASTEUR (1822–1895) experimentell endgültig widerlegt worden ist, sondern jene, die nur vier Jahre später, als wäre nichts gewesen, in HAECKELS *Genereller Morphologie* als theoretisches Postulat wieder auferstand und die seit 1953 (Stanley MILLER [1930–2007]) unermüdlich, aber bis heute ohne Erfolg experimentell nachzuvollziehen versucht wird. Trotzdem widmen sich alle Lehrbücher ausführlich diesen Versuchen, obschon es, selbst wenn sich in MILLERS „Ursuppe" eine lebende Zelle gebildet hätte, damit noch keineswegs erwiesen wäre, dass sich vor Urzeiten die Lebensentstehung auf ähnliche Weise abgespielt hat. Vermutlich liegt diese für Naturwissenschaftler eigentlich erstaunliche Bereitschaft, so etwas zu glauben, daran, dass Vorstellungen wie „Chemische Evolution", „Selbstorganisation der Materie", „Emergenz" oder „Hyperzyklus" im gewohnten Gewand der Naturwissenschaft daher kommen. Entkleidet man sie jedoch dieses Gewandes, so entpuppen sie sich als unüberprüfbare Spekulationen, man könnte auch sagen als materialistische Metaphysik.

Beschränkt sich dagegen die materialistische Sichtweise auf ihren ureigensten Bereich, so entsteht der notwendige Freiraum für angemessenere Lösungsansätze, die, im Sinne von DILTHEYS Methode, von einer konträren Weltanschauung, also vom Idealismus zu leisten sind. Bei dem, was in Abbildung 2 die menschlichen Embryonalstadien als anagenetische Evolutionsspirale verbindet und was im Unterschied zu den abzweigenden Sonderentwicklungen der Tiere mehrfach als *reguläre Entwicklung* apostrophiert wurde, handelt es sich genau darum, nämlich um die gewissermaßen im ‚Mutterschoß des Werdens' ablaufende allmähliche Realisierung einer Idee, der Idee des Menschen. Wie diese Entwicklung begonnen hat, d. h. wie es in grauer Vorzeit zu den ersten Keimzellen kam, ist aus der idealistisch-spirituellen Blickrichtung Karl SNELLS, der vom Primat des Geistes ausgeht, kein wirkliches Problem, „denn jede Neugestaltung eines Organischen ist […] vorher in Form eines Inneren vorhanden gewesen. Alle äußeren Lebensschöpfungen quellen aus seelischem Leben." Oder: „Der Vernunftkeim (des Menschen) in diesem Sinne genommen reicht zurück bis in die Zeit des ersten Ergusses des allgemeinen Lebens in das individuelle, zurück in die Zeit, von der es heißt, der Geist Gottes schwebte über den Wassern."[39]

Zusammenfassende Schlussbetrachtung

Entwicklung, ob ontogenetisch oder phylogenetisch, ist ein in der Zeit ablaufender, nicht umkehrbarer Prozess, der stets vom Allgemeinen zum Besonderen führt. Ausgangspunkt der Ontogenese ist die totipotente Keimzelle. Ihr phylogenetisches Homologon dürfte eine Hypothetische Urkeimzelle (Monere) gewesen sein. Soweit herrscht Übereinstimmung zwischen den beiden polaren Weltanschauungen. Zu Differenzen kommt es erst, wenn die mit dem jeweiligen Standpunkt notwendigerweise verbundenen Grenzen überschritten werden, ohne dabei einen Standpunktwechsel zu vollziehen. Wo, und mit welchen Folgen der Materialismus seine Grenzen überschreitet, wurde oben mehrfach gezeigt. Aber selbstverständlich läuft der spirituelle Idealismus nicht minder Gefahr, seine standpunktbedingten Grenzen zu überschreiten.

---

39 SNELL 1981, S. 88f.

Die vermeintliche geistige Wahrheit wird dann über die Tatsachen gestellt. Bertolt BRECHT (1898–1956) hat das in seinem *Leben des Galilei* treffend charakterisiert: Galileo GALILEI (1564–1642) versucht eine florentinische Universitätskommission mit einem Blick durch sein Fernrohr von der Unhaltbarkeit des Ptolemäischen Weltbildes zu überzeugen, doch die Herren verweigern sich dem Augenschein. Sie wollen erst diskutieren, ob das, was GALILEI behauptet gesehen zu haben, überhaupt sein kann: Der Philosoph: „Das Weltbild des göttlichen Aristoteles […] ist ein Gebäude von solcher Ordnung und Schönheit, dass wir wohl zögern sollten, diese Harmonie zu stören." (…) Der Mathematiker: „[…] Jupitermonde würden die Sphärenschale durchstoßen." Und auf den Einwurf: „es gibt keine Sphärenschale" kontert der Philosoph: „Jedes Schulbuch wird Ihnen sagen, dass es sie gibt, mein guter Mann."[40]

Verweigert sich also der spirituelle Idealist den sinnlichen Realitäten, so ist er stets in Gefahr, sich eine illusionäre Welt zu schaffen. Nicht anders der mechanistische oder naturalistische Materialist, wenn er sich den spirituellen Realitäten verschließt und alles einzig aus den Eigenschaften der Materie erklären will. Beide Weltanschauungen sind daher aufeinander angewiesen, können sich ergänzen und fruchtbringend in die Schranken weisen. Wie nötig das ist, zeigt sich besonders in wissenschaftlichen Grenzbereichen wie z. B. der Evolutionsforschung, die als historische Wissenschaft keine Kontrollmöglichkeit durch Beobachtung und Experiment hat. Soll sie weder in haltlose Spekulationen abgleiten noch mit dem Du-Bois-Reymondschen „Ignorabimus" ihren Erkenntnisanspruch aufgeben, so muss sie alle legitimen Quellen der Erkenntnisgewinnung nutzen, auch und ganz besonders die der Philosophie. Das aber bedeutet, Ideen genau so ernst zu nehmen wie Sachen.

Man hört heute zuweilen, die Zeit sei reif für eine wissenschaftliche Revolution, für ein neues Paradigma im Sinne KUHNS. Dem kann ich mich nicht anschließen. Wodurch sollte denn der Materialismus abgelöst werden? Ist denn nicht alles schon mal da gewesen? Ich denke, wir brauchen im 21. Jahrhundert keine Revolution, keinen Umsturz, der das bisher Herrschende durch sein Gegenteil ersetzt. Was wir dagegen dringend brauchen, ist eine Evolution der Fähigkeit zur Partnerschaft, im Sozialen wie auf dem Gebiet der Erkenntnis. Das aber bedeutet: gleichberechtigtes, sich gegenseitig ergänzendes Miteinander aller Weltanschauungen.

So hoffe ich nun, mit diesem Gedankenexperiment exemplarisch gezeigt zu haben, dass der Satz vom Widerspruch kein Hinderungsgrund sein muss, ein und denselben Sachverhalt von entgegen gesetzten Seiten zu beleuchten. Und, dass uns DILTHEYS methodischer Umgang mit der Antinomie die Möglichkeit erschließt, dem Facettenreichtum der Welt und unserer Erkenntnismöglichkeiten etwas besser gerecht zu werden.

Literatur

ARISTOTELES, zitiert nach HIPPÉLI, R., und KEIL, G.: Zehn Monde Menschwerdung. Biberach (Riss): Basotherm GmbH 1982
BAUER, E. W. (Hrsg.): CVK Biologiekolleg. Bielefeld: Cornelsen-Velhagen & Klasing 1981
BRECHNER, E., DINKELAKER, B., und DREESMANN, D. (Hrsg.) : Kompaktlexikon der Biologie. Wissenschaft-online. Spektrum Akademischer Verlag 2005
BRECHT, B.: Leben des Galilei. In: BRECHT, B.: Die Stücke in einem Band. Frankfurt (Main): Suhrkamp 1992
BRESTOWSKY, M.: Evolution, ein Forschungsfeld im Grenzbereich. Naturw. Rdsch. *727*, 17ff. (2009)

---

40 BRECHT 1992, S. 507.

BRESTOWSKY, M.: Weltanschauung zwischen Wahn und Wissenschaft. In: KAASCH, M., und KAASCH, J. (Hrsg.): Das Werden des Lebendigen. Beiträge zur 18. Jahrestagung der DGGTB in Halle (Saale) 2009. Verhandlungen zur Geschichte und Theorie der Biologie Bd. *16*, S. 103–113. Berlin: VWB – Verlag für Wissenschaft und Bildung

BUSCHINGER, W., CONRADI, B., und RUSCH, R.: Philomat. Apparat für weltanschauliche Diagnostik. Stuttgart: S. Hirzel 2009

Deutscher Bundestag: Schlussbericht der Enquete-Kommission „Recht und Ethik der modernen Medizin". Berlin, Bundestagsdrucksache Nr. 14/9020 (2002)

DILTHEY, W.: Weltanschauungslehre: Die Typen der Weltanschauungen und ihre Ausbildung in den metaphysischen Systemen. In: DILTHEY, W.: Gesammelte Schriften. Bd. *8*. Göttingen: Vandenhoeck & Ruprecht 1977

EICHELBECK, R.: Das Darwin-Komplott, Aufstieg und Fall eines pseudowissenschaftlichen Weltbildes. Heidelberg: Riemann 1999

GARMS, H.: Handbuch der Natur. Weinheim: Zweiburgen 1982

GEHLEN, A.: Der Mensch, seine Natur und seine Stellung in der Welt. Frankfurt (Main): Athenäum 1962

HAECKEL, E.: Natürliche Schöpfungsgeschichte. Gemeinverständliche wissenschaftliche Vorträge über die Entwicklungslehre. Berlin: Georg Reimer 1868

HAECKEL, E.: Anthropogenie oder Entwicklungsgeschichte des Menschen. Leipzig: W. Engelmann 1874

HEMLEBEN, J.: Ernst Haeckel in Selbstzeugnissen und Bilddokumenten, Hamburg, Reinbek: Rowohlt Taschenbuch Verlag 1964

HIS, W.: Unsere Körperform und das physiologische Problem ihrer Entstehung. Leipzig: Vogel 1875

ILLIES, J.: Schöpfung oder Evolution. Ein Naturwissenschaftler zur Menschwerdung. Zürich: Edition Interfrom 1979

ILLIES, J.: Der Jahrhundert-Irrtum: Würdigung und Kritik des Darwinismus. Frankfurt (Main): Umschau 1983

KRAFT, A. VON: Karl Snell (1806–1886). Naturw. Rdsch. *742*, 182ff. (2010)

KUCKENBURG, M.: Wer sprach das erste Wort? Die Entstehung von Sprache und Schrift. Stuttgart: Theiss 2010

KUHN, T. S.: Die Struktur wissenschaftlicher Revolutionen. Frankfurt (Main): Suhrkamp 1973

LORENZ, K.: Vom Weltbild des Verhaltensforschers. München: dtv 1968

LOVELOCK, J. E.: Gaia: Die Erde ist ein Lebewesen. Bern: Scherz 1992

MEY, J., SCHMIDT, R., und ZIBULLA, S. (Hrsg.): Streitfall Evolution. Stuttgart: Hirzel 1995

OLDROYD, D. R.: Die Biographie der Erde. Zur Wissenschaftsgeschichte der Geologie. Frankfurt (Main): Zweitausendeins 1998

PORTMANN, A.: Biologische Fragmente zu einer Lehre vom Menschen. Basel: B. Schwabe & Co. 1944

PORTMANN, A.: Zoologie und das neue Bild des Menschen. Hamburg: Rowohlt 1956

SCHINDEWOLF, O. H.: Grundfragen der Paläontologie. Stuttgart: Schweizerbart'sche Verlagsbuchhandlung 1950

SMITH, T. M., TAFFOREAUC, P., REIDD, D. J., POUECH, J., LAZZARI, V., ZERMENO, J. P., GUATELLI-STEINBERG, D., OLEJNICZAK, A. J., HOFFMAN, A., RADOVIČIĆ, J., MAKAREMI, M., TOUSSAINT, M., STRINGER, C., and HUBLIN, J.-J.: Dental evidence for ontogenetic differences between modern humans and neandertals. Proc. Natl. Acad. Sci. USA *107*/49, 20923–20928 (2010)

SNELL, K.: Die Schöpfung des Menschen. Vorlesungen über die Abstammung des Menschen. Stuttgart: Verlag Freies Geistesleben 1981

VOGEL, G., und ANGERMANN, H.: dtv-Atlas zur Biologie. München: dtv 1984

WELLNHOFER, P.: Archaeopteryx und Probleme der Evolutionstheorie, München, Minerva Publikation 1978

Dr. Michael BRESTOWSKY
Muellrain 5
36129 Gersfeld (Rhön)   Tel.:   +49 6654 1320
Bundesrepublik Deutschland   E-Mail: fambrestowsky@web.de

Die Vitalismus-Mechanismus-Kontroverse auf dem Hintergrund experimentell gewonnener Entwicklungsphänomene im Lichte der Philosophie des Aristoteles*

Arne von Kraft (†)

Zusammenfassung

Der ideelle Gegensatz einer geistbetonten („Vitalismus") und einer materiebetonten („Mechanismus") Auffassung vom Lebendigen hat seinen Ursprung in der griechischen Philosophie. In der Philosophie des Aristoteles steht der Begriff der „Entelechie" als eine geistig wesenhafte Entität, die allen Organismen eigen ist, in der die Formursache (*causa formalis*) als das prägend Bestimmende wirkt, die Stoffursache (*causa materialis*) als das materiell zur Erscheinung Bringende. Das Eigenwesen des Lebendigen haben bis ins 20. Jahrhundert etliche Philosophen, Wissenschaftler und Ärzte als „Vitalisten" mit jeweils besonderen Begriffen herausgestellt. Im 19. und 20. Jahrhundert trat diese Denkweise gegenüber diesem Verständnis des Organischen bei den zunehmend materialistisch denkenden „Mechanisten" in den Hintergrund. Die seit dem Ende des 19. Jahrhunderts sich mächtig entwickelnde experimentelle Entwicklungsforschung im Tierreich in der Entwicklungsbiologie führte zu zahlreichen Ergebnissen, die in vielfältiger Weise die entscheidende prägende Bedeutung der sich entwickelten Form in der Entwicklung zeigten und zum Neovitalismus führten (Hans Driesch). Die Gegner dieser Denkrichtung, die insgesamt von einem materialistischen Evolutionsbild ausgehen, können dieses nur scheinbar behaupten, indem sie von „Emergenz" (Aufwärtskausalität), von konstruktiven hypothetischen „Wechselwirkungen" oder von schon in der Materie verankerter Selbstorganisation sprechen. Gleichzeitig bedienen sie sich einer anthropomorphen Sprache, mit welcher sie quasi-geistige Begriffe gleichsam „von hinten" in die ausgedachten Teilstrukturen hineinschieben: ein „materialistischer Mystizismus". Grundfragen bleiben aber tatsächlich völlig ungelöst. Diese Situation führte zwangsläufig zu vielfältiger Kritik (P. Weiss, E. Chargaff, J. Illies, B. Vollmert, R. Sheldrake).

Summary

The conceptual contrast betweeen a spiruell ("vitalism") and a materialistic ("mechanical") concept of life itself has its origin in Greek philosophy. In Aristoteles' philosophy the term "entelechy" figures as a spiritual-intrinsic entity, innate in all organisms, within which the formal cause (*causa formalis*) acts as the formative determinant and the material cause (*causa materialis*) as a cause for the material manifestation. Up until the 20th century numerous philosophers, scientists and doctors emphasize the peculiarity of life itself using particular terms. In the 19th and 20th centuries this mote of thought regarding the understanding of life took the backseat in favour of increasingly materialistic thinking. The experimental research in animal developmental biology, which has developed mightily since the end of the 19th century, lead to numerous results which displayed in a multifaceted manner the deciding relevance of the evolving form within development, leading to neovitalism (Hans Driesch). The opponents of this mote of thought assume a materialistic view of evolution, but can only claim this ostensibly by speaking of "emergence", of constructive hypothetical "reciprocities" or of matter-intrinsic "self-organisation". Simultaneously, they employ an anthropomorphic language with which they insert quasi-intellectual terms

---

* Überarbeitete Fassung eines Vortrages auf der 20. Jahrestagung der *Deutschen Gesellschaft für Geschichte und Theorie der Biologie* vom 16. bis 19. Juni 2011 in Bonn.

backwards, as it were, into the devised substructures: a "materialistic mysticism". Fundamental problems remain unresolved. This situation inevitably leads to a variety of criticisms (P. WEISS, E. CHARGAFF, J. ILLIES, B. VOLLMERT, R. SHELDRAKE).

Der Satz „Heute gilt der Vitalismus als widerlegt." findet wahrscheinlich unter den Biologen der Gegenwart viele Anhänger, – ich meine zu Unrecht. BRESTOWSKY hat diesen Satz aus einem *Lexikon der Philosophischen Begriffe* in seinem Vortrag 2009 in Halle über die Bedeutung der Weltanschauung im wissenschaftlichen Denken zitiert.[1] Man kann davon ausgehen, dass diese Negativbeurteilung des Vitalismus von einem Bekenner des Mechanismus gefällt worden ist, der ohne Weiteres eine „vis vitalis" jeglicher Art als wissenschaftlich inakzeptablen „Mystizismus" abtut, sich aber keine Gedanken macht über den „Mystizismus" in seinem eigenen mechanistischen bzw. „kryptovitalistischen" Denken und Argumentieren. Ich komme darauf zurück.

Die beiden gegensätzlichen Gedankenrichtungen eines materialistischen und eines idealistisch-spirituellen Lebensverständnisses finden sich schon im 5. bis 4. vorchristlichen Jahrhundert in Griechenland. Zeitlich zuerst traten die sogenannten Atomisten LEUKIPPOS (um 500 v. Chr.) und dessen Schüler DEMOKRIT (469 v. Chr. – 371 v. Chr.) in Erscheinung, nach ihnen PLATON (427 v. Chr. – 347 v. Chr.) und dessen Schüler ARISTOTELES (384 v. Chr. – 322 v. Chr.), der wirkungsmächtigste der genannten Philosophen. Für PLATON war die Ideenwelt, dem Schöpfungsgedanken entsprechend, Quelle der Ur- und Vorbilder der Sinnenwelt, die eigentliche Realität, die Dinge der Sinnenwelt selbst nur deren Schattenbilder. Für ARISTOTELES, der als erster eine vielfach detaillierte umfassende idealistische Naturlehre schuf, lag der *Akzent* des Realen ebenfalls im Geistigen bzw. gedanklich Erfassbaren. Aber im Unterschied zu PLATON gewannen die Sinnendinge für ihn eine wesentliche Realität; insofern ist die aristotelische Philosophie dualistisch. In ihr repräsentiert „der begriffliche Bestandteil des Seienden das Moment des Wesens, des Allgemeinen, der Form; das sinnlich Wahrnehmbare dagegen dasjenige der Erscheinung, des Einzelnen, des Stoffes. Volles Sein liegt somit nur da vor, wo ein Wesen zur Erscheinung kommt, ein Allgemeines sich in einem Einzelnen darstellt, eine Form in einem Stoff sich verkörpert [...] Beide Elemente sind zu einem Zustandekommen als Bedingungen gleichermaßen notwendig."[2] Der Stoff oder die Materie „ist für Aristoteles das völlig Prädikatlose, Unbestimmte, Unterschiedslose, dasjenige, was allem Werden als Bleibendes zu Grunde liegt [...], was die Möglichkeit zu allem, aber nichts in Wirklichkeit ist."[3] „Wie die Materie mit der Potentialität, so fällt die Form mit der Aktualität zusammen. Sie ist dasjenige, was den unterschiedslosen, bestimmungslosen Stoff zu einem Unterschiedenen, einem Diesen, einem Wirklichen macht: sie ist die eigentliche Tugend, die vollendete Tätigkeit, die Seele jedes Dings."[4] In diesem Sinne sind Stoff (*causa materialis*) und Form (*causa formalis*) als die Grundbestimmungen, Prinzipien oder Ursachen des aristotelischen Systems zu betrachten. Die bei ARISTOTELES hinzukommende Wirkursache (*causa efficiens*) und Zweckursache (*causa finalis*) fallen, wie das Beispiel des Hausbaues lehren kann, mit der Formursache zusammen. Das Sein ist bei ARISTOTELES ein Geschehen, ein Prozess, eine *Bewegung* (wie er es ausdrückt), wobei die Durchdringung von Form und Stoff

---

1 BRESTOWSKY 2009, S. 111.
2 LAUER 1946, S. 24.
3 SCHWEGLER 1950, S. 89.
4 Ebenda.

in den verschiedenen Graden erfolgt. Hieraus ergibt sich eine Stufenleiter von Seinsebenen oder -schichten, deren unterste eine erste Materie (Hyle) ist, welche schlechthin nicht Form ist, deren oberste eine letzte Form, die schlechthin nicht Materie, sondern reine Form ist (der absolute göttliche Geist)".[5] Dazwischen liegen die Naturreiche: von unten nach oben die Erscheinungen des Anorganischen (Feuer, Luft, Wasser, Erde), die Reiche der Pflanzen, der Tiere, des Menschen, in welchem das Formprinzip im Denken sich gewissermaßen selbst zum Stoff werden kann. Aus dem Dargestellten wird ersichtlich: Das aristotelische System ist ein System der *Entwicklung*. In unmittelbarem logischen Zusammenhang mit den Prinzipien von Form und Stoff stehen die von ARISTOTELES geschaffenen Begriffe der Aktualität (Wirklichkeit, *Energeia*) und Potentialität (Möglichkeit, *Dynamis*). Die Überführung des Möglichen (z. B. des Samens) in die Wirklichkeit (z. B. der vollendeten Gestalt des Baumes) durch die Form ist also Bewegung, Entwicklung; ein Wesen tritt in die Erscheinung durch das, was ARISTOTELES die Entelechie nennt, „was das Ziel die Vollendung in sich trägt".[6] „Aktualität oder *Entelechie* […] bezeichnet die vollkommene Handlung, das erreichte Ziel, die vollendete Wirklichkeit (der ausgewachsene Baum zum Beispiel ist die Entelechie des Samenkorns), diejenige Tätigkeit, worin die Handlung und die Vollendung derselben in eins zusammen fällt."[7]

Hat sich die Naturwissenschaft der Neuzeit primär an der Erforschung des *Anorganischen* entzündet und entwickelt – ein Pionier in dieser Entwicklung war Galileo GALILEI (1564–1642) –, so war für ARISTOTELES die geistgeprägte Welt des *Lebendigen* Ursprung, Fundament und wesentlicher Inhalt seines umfassenden Ideengebäudes. Dieses bildete die Grundlage für das Denken und die Begriffsbildung zahlreicher Philosophen und Naturforscher in der Neuzeit bis in die unmittelbare Gegenwart. Unter anderem ist dies an vielen Begriffsbildungen etlicher Philosophen, Naturforscher und Ärzte abzulesen, in denen die begrifflich-substantielle Nähe zur „Entelechie" des griechischen Philosophen und Vordenkers deutlich wird (Tab. 1).

Besonders ist hier der Begriff der „Ganzheit" zu nennen, ohne den in der entwicklungsbiologischen Diskussion in vielen Fällen nicht auszukommen war und ist. Ich nenne nur die Namen von Hans SPEMANN (1869–1941), Friedrich SEIDEL (1897–1992), Kurt GOERTTLER (1898–1983), Bernhard DÜRKEN (1881–1944), Hans DRIESCH (1867–1941), Johannes HOLTFRETER (1901–1992), unter den Jüngeren Rupert SHELDRAKE (*1942). Einige konkrete Beispiele: Bernhard DÜRKEN spricht in seinem Buch *Entwicklungsbiologie und Ganzheit* von der „beherrschende(n) und übergeordnete(n) Stellung eines ‚Ganzheitsträgers' bezüglich eines ‚Ausgangsmateriales' bei Regulationsvorgängen".[8] Hans SPEMANN vermerkt, dass Regulationen „durch das System des Ganzen vermittelt" werden.[9] Alexander GURWITSCH (1874–1954) betrachtet „den ‚Ganzheitsfaktor' als Realität".[10] Fasst man die zahlreichen Beispiele solcher Formulierungen aus Arbeiten auf dem Felde der experimentellen Entwicklungsforschung zusammen, so deuten sie unbeschadet der Vagheit des Begriffes „Ganzheit" auf ein reales Wirkungsprinzip hin, das in der Morphogenese alles „Teilchenhaft-Materielle" überformt im Sinne einer regulären artspezifischen Gestaltbildung entsprechend der *causa formalis* des ARISTOTELES. Das Anschauungsmaterial für diese Schlussfolgerung haben seit inzwischen mehr als hundert Jahren zahlreiche Entwicklungsbiologen in großer Zahl geliefert. Wenige Beispiele seien etwas genauer vorgestellt.

---

5   Ebenda, S. 90.
6   METZKE 1949, S. 89.
7   SCHWEGLER 1950, S. 91.
8   DÜRKEN 1936, S. 116.
9   SPEMANN 1936, S. 273.
10 GURWITSCH 1922, S. 386.

Tab. 1 Wichtige Vertreter des Vitalismus (*oben*) und des Neovitalismus (*unten*) und die von ihnen verwendeten Bezeichnungen für den immateriellen Lebensfaktor (nach WUKETITS 1981, ergänzt durch GURWITSCH 1922 und WEISS 1970).

Bezeichnungen des Faktors	Vertreter
entelecheia	ARISTOTELES (384–322 v. Chr.)
spiritus, pneuma	GALENOS (129–199)
Archeus	PARACELSUS (1493–1541)
Archeus	J. B. VAN HELMONT (1577–1644)
anima	G. E. STAHL (1694–1734)
moule interne	G.-L. L. DE BUFFON (1707–1788)
vis essetialis	C. F. WOLFF (1733–1794)
nisus formaticus	J. F. BLUMENBACH (1752–1840)
Lebenkraft	J. P. MÜLLER (1801–1858)
Dominanten, Systemkräfte	J. REINKE (1829–1931)
höhere Richtkräfte	E. VON HARTMANN (1842–1906)
èlan vital	H. BERGSON (1859–1941)
Aristogenesis	H. F. OSBORN (1857–1935)
Funktionskreis	J. VON UEXKÜLL (1864–1944)
Entelechie, Psychoid	H. DRIESCH (1867–1941)
Embryonales Feld	A. GURWITSCH (1874–1954)
Telefinalismus	L. DU NOÜY (1883–1949)
Finalismus	E. S. RUSSEL (1887–1954)
Bildungs- und Wesensentelechie	H. CONRAD-MARTIUS (1888–1960)
Morphogenetisches Feld	P. WEISS (1898–1989)

– Aus *einer* Furchungszelle oder Blastomere, entnommen einem Keime im 2-, 4- oder 8- Zellstadium, entwickelt sich ein zwar kleinerer, aber normaler kompletter Organismus (Abb. 1). Es ist eine „Mehrleistung" aus „vermindertem Material". Solche Experimentalergebnisse wurden bei Amphibien schon Ende des 19. Jahrhunderts gewonnen (Hermann ENDRES [1865–1898], Amedeo HERLITZKA [1872–1949], Hans SPEMANN). Letztgenannter konnte durch die Technik der verzögerten Kernversorgung einen regulären Embryo mit einem 1/16 des ursprünglichen Zellkernes zur Entwicklung bringen. In derselben Zeit gelang es Hans DRIESCH, durch Schütteln der ersten beiden Furchungszellen von Seeigeln deren Trennung und Entwicklung von Ganzbildungen zu erreichen. Im 20. Jahrhundert wurden bei weiteren Tiergruppen komplette Ganzbildungen aus Teilkeimen gewonnen, H. LUTZ (1949) und N. G. LEPORI (1967) bei Enten, F. SEIDEL beim Kaninchen (1960), G. KRAUSE bei Insekten (KRAUSE 1939, KRAUSE und KRAUSE 1965), u. a. Aber auch der umgekehrte Weg ist möglich: Durch Verschmelzung von zwei Keimanlagen gewann Hans DRIESCH aus zwei Seeigel-Plutei einen einheitlichen Groß-Pluteus (1910). Entsprechend erzeugten Otto MANGOLD (1891–1962) und F. SEIDEL einen „Mischlingskeim" von völlig normaler Organisation aus der Verbindung von einem *Triturus taeniatus*-Keim mit einem *Triturus alpestris*-Keim (heteroblastische, auch homoblastische Einheitsbildung bei Schwanzlurchen) (1927). In allen genannten Fällen erfordert das normale Entwicklungsendresultat eine weitgehende Abwandlung bzw. Veränderung des ursprünglichen Keimmateriales, d. h. von dessen Veranlagung oder „prospektiver Bedeutung".

– In einem sogenannten „Verbandskeim", z. B. bei einem Amphibium, wird etwa eine Keimhälfte mit einer dorsalen Keimkappe zur Verwachsung gebracht (Abb. 2), was aufgrund

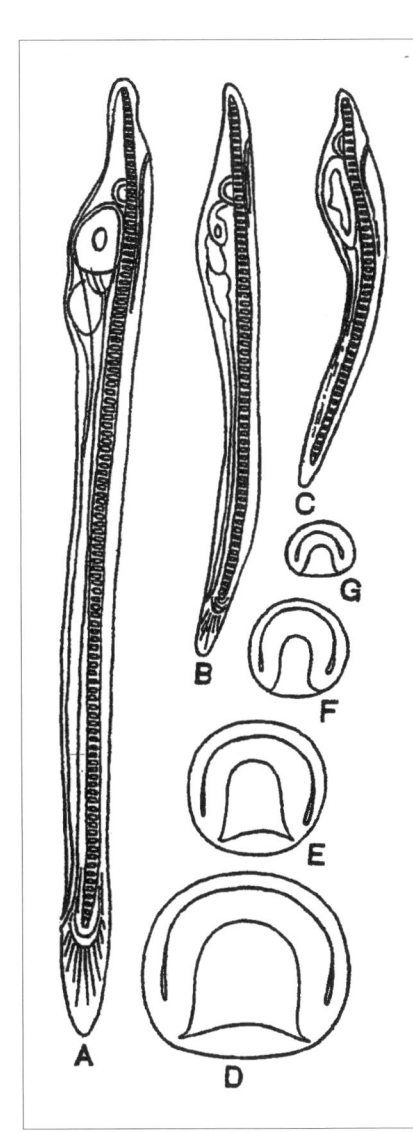

Abb. 1 Ganzlarven aus isolierten Blastomeren des Keimes des Lanzettfischchens (*Amphioxus*). (*A*) Normales junges Tier; (*B*) junges Tier aus einem isolierten ½ (bzw. ²/₄-) Blastomer; (*C*) aus dem isolierten ¼ Blastomer; (*D*) normale Gastrula; (*E–G*) Gastrulen aus ½- ¼- bzw. ⅛-Blastomer (nach WILSON, aus DÜRKEN 1929).

der Anlagen nur zur Bildung eines lebensunfähigen Monstrums führen müsste. Tatsächlich aber entwickelten sich teilweise so gut wie vollkommen normale Embryonen aus solchen abnormen „Kunstkeimen" (WANG 1933). Auch hier müssen radikale Umdisponierungen der ursprünglich gegebenen Anlagestrukturen vonstatten gegangen sein, um eine vielfach normale Gestaltbildung entstehen zu lassen. Die höchstgradige Dominanz einer *causa formalis* über die *causa materialis* könnte kaum drastischer in einem Entwicklungsgeschehen vor Augen geführt werden.
– Bei niederen Tieren wie Strudelwürmern (Turbellarien) oder Hydrozoen kann vielfach aus einem kleinen Körperfragment ein vollständiger Organismus regenerieren (Abb. 3). Dies gilt auch für die viel komplizierter gebauten Seesterne, bei denen sich aus einem abgerissenen Arm wieder ein normales ganzes Tier regenerieren kann.

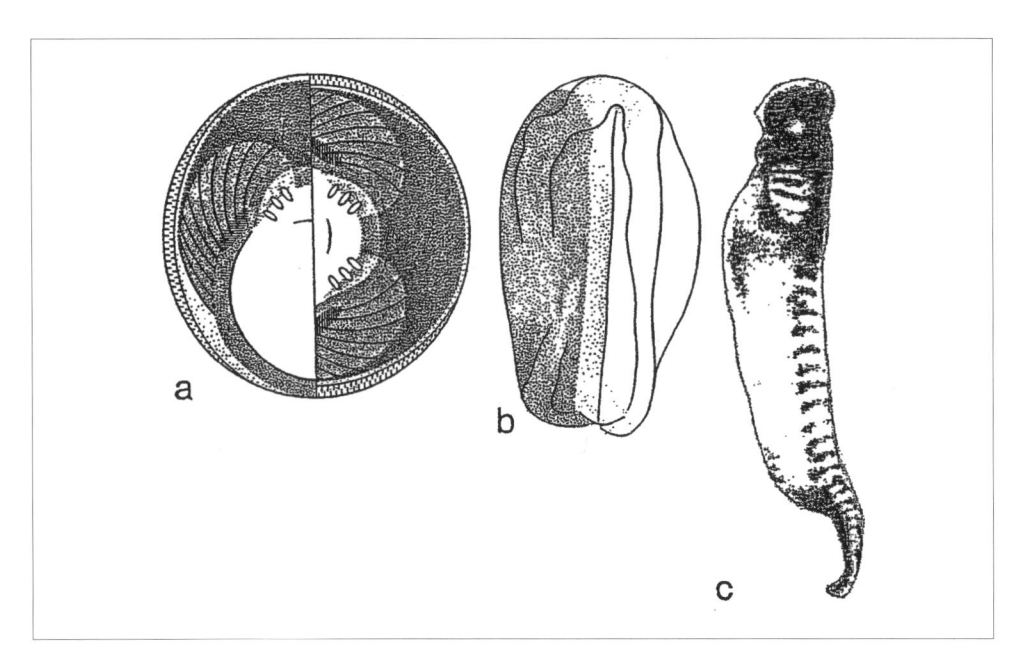

Abb. 2 Entwicklung eines „Verbandskeimes" von *Triton taeniatus*. (*a*) Schema der Verwachsung eines linken Halbkeimes mit einer dorsalen Keimkappe, Vergrößerung 20×. (*b*) Neurula mit einheitlicher Medullarplatte aus vitalgefärbter lateraler (punktiert) und ungefärbter dorsaler Gastrulahälfte zusammengesetzt, Vergrößerung 30×. (*c*) Aus den zusammengesetzten Gastrulahälften ist eine ganz einheitliche normale Larve entstanden, 5 Tage vor der Fixierung, Vergrößerung 20×. (WANG 1933)

- Ein Sonderweg der Wiederbildung eines regulären Tieres aus einem isolierten Fragment eines höheren Tieres fand Hans DRIESCH bei einer Ascidie, einem Tunicaten oder Manteltier. Aus einem spezialisierten abgeschnittenen Kiemenkorb entwickelte sich nach völliger Rückbildung der gebildeten Strukturen zu einem aplastischen Stadium ohne Differenzierung wieder ein regulär gebautes Individuum (Abb. 4).
- Eine der frühesten und auffälligsten Regenerationserscheinungen in der Entwicklungsbiologie ist die Neubildung der Augenlinse nach deren Entfernung bei Schwanzlurchen, wie sie Gustav WOLFF (1865–1941) schon gegen Ende des 19. Jahrhunderts beobachten konnte. Das Besondere dieser Neubildung besteht darin, dass sie von einer Struktur des Auges ausgeht, die mit der normalen Linsenentwicklung im Embryo aus dem ektodermalen Epithel nichts zu tun hat. Der Ersatz der Linse erfolgt nämlich vom sich ins Augeninnere auswachsenden dorsalen mesodermalen Rand der Iris im Rahmen einer „Transdetermination". Dazu kommt noch, dass die in diesen Zellen der neuen Linse befindlichen Pigmenthörnchen durch mobilisierte Amöbozyten oder Phagozyten aufgenommen werden, so dass erst dadurch die neue Linse ihre funktionell notwendige Durchsichtigkeit erhält (EGUCHI 1963). Durch dieses gewissermaßen geniale Zusammenwirken verschiedener Gewebe und Systeme erst wird der Verlust eines so wichtigen Organes wie des Auges wettgemacht. Hier ist offensichtlich der Organismus als Ganzer Impulsator des Regenerationsgeschehens.
- Vielsagende Ergebnisse erbrachten zahlreiche, in erster Linie an Amphibien durchgeführte Untersuchungen an und mit Extremitäten. Es entstand der Begriff von „Regenerationsterritorien": In einer bestimmten Körperregion regeneriert ein bestimmtes Organ spezifisch, z. B. die Vorderextremität mit 4, die Hinterextremität mit 5 Zehen, Schwanz in der

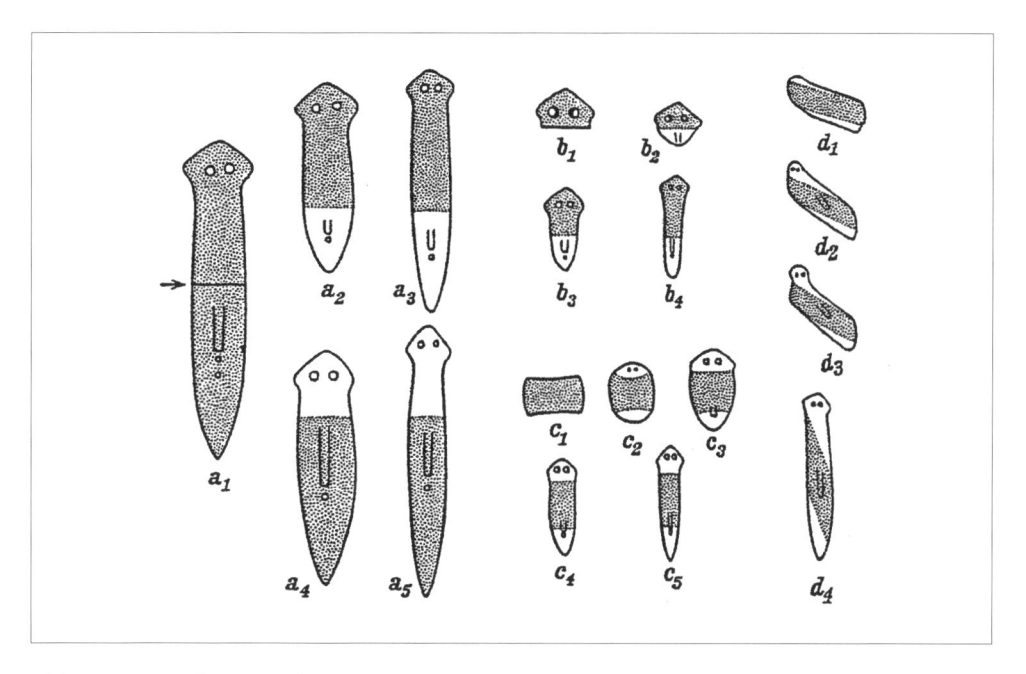

Abb. 3 Regenerationsversuche an *Planaria maculata*. (*a*) Regenerationen nach Querschneidungen etwa in Körpermitte. (*b*) Regeneration von einem abgeschnittenen Kopf aus. (*c*) Regeneration von einem Querschnitt aus. (*d*) Regeneration von schräg geschnittenem Stück aus dem Planarienkörper. Regenerate hell. (Nach MORGAN 1907, aus KÜHN 1965).

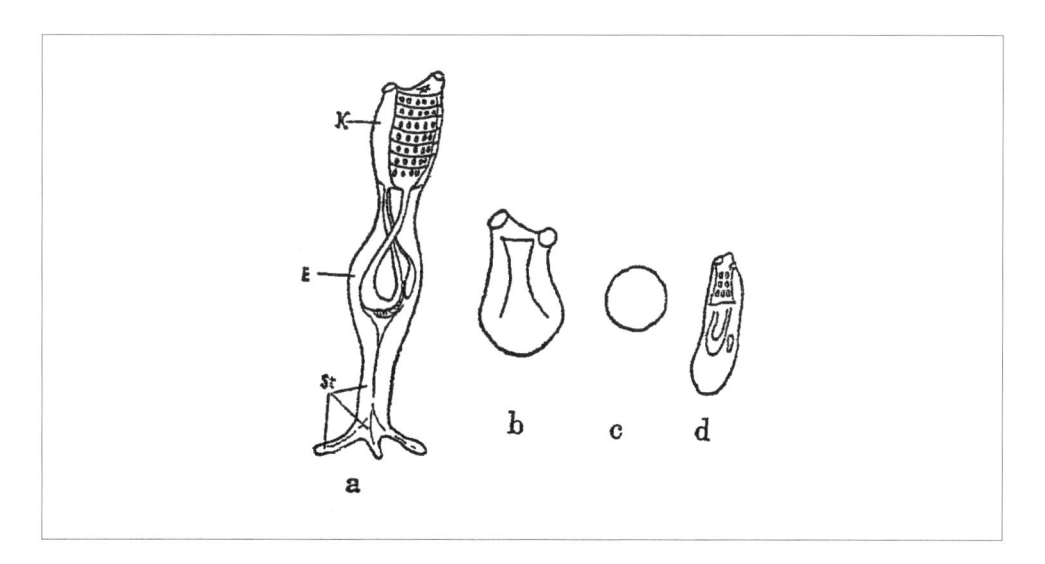

Abb. 4 Ascidie *Clavellina*. (*a*) Ganzes Tier (K Kiemenkorb, darunter Darm mit Eingeweidesack E, St Stammstolo zur vegetativen Vermehrung durch Sprossung); (*b*) abgeschnittener Kiemenkorb, Kiemenspaltenreihen nicht eingezeichnet; (*c*) derselbe 9 Tage später, totale Involution zu einem amorphen Zellhaufen; (*d*) nach 17 Tagen daraus entwickeltes kleines, aber vollständiges Tier. (Nach DRIESCH, aus HARTMANN 1941.)

Schwanzregion, usw.[11] Paul WEISS pflanzte Schwanzblastem neben die Vorderextremität eines Kammmolches, es entwickelten sich in drei Fällen Neubildungen vom Extremitätentypus. Frau Nunzia FARINELLA-FERUZZA transplantierte xenoplastisch eine Schwanzknospe eines Urodelenembryos auf Anurenembryo in verschiedenen Regionen; nur im Extremitätenfeld kam es teilweise zur Umwandlung eines Schwanzes in eine Extremität (Abb. 5).

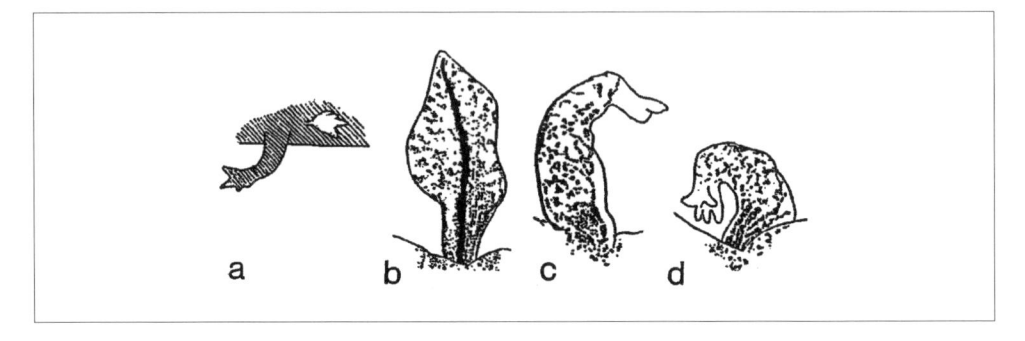

Abb. 5 Extremitätenartige Bildungen im Extremitätenfeld aus transplantiertem Schwanzblastem. (*a*) Extremitätenähnliches Autopodium (hell) nach Transplantation von Schwanzblastem neben die linke Vorderextremität von *Triturus cristatus*. (*b*–*d*) Schwanzknospen-Transplantat von *Triturus* bzw. Axolotl bildet im Extremitätenfeld eines Anuren zunächst ein Schwanzgebilde, das sich nach und nach in ein extremitätenartiges Anhängsel umformt (*c*–*d*). (*a*: WEISS 1927, *b*–*d*: FARINELLA-FERUZZA 1956).

— Paul WEISS (1925) untersuchte die Extremitätenregeneration beim Kammmolch und formulierte auf der Grundlage der Vorstellung vom Morphogenetischen Feld: „Die Herstellung der nach den Achsenrichtungen des Raumes typisch verschiedenen *Anlagestrukturen* erfolgt […] *durch passives ‚Eingefügtwerden'* des Materials in das Feld."[12] Direkter kann ein Entwicklungsforscher das Ergebnis eigener Versuche im Sinne der Unterscheidung einer Formkausalität von einer Stoffkausalität nicht zum Ausdruck bringen. Logischerweise kritisiert dann WEISS die „Überschätzung des zellulären Einzelgeschehens" im Hinblick auf die „Bausteintheorie".
— Ist das Gewebe des Molches im Gastrulastadium noch nicht determiniert, so wandelt es sich nach einer Austauschtransplantation ohne weiteres in das Gewebe um, das jeweils für die reguläre Differenzierung am neuen Ort und Organ vonnöten ist. So wurde in einem „klassischen Experiment" von H. SPEMANN (1921) homöoplastisch oder hetero-plastisch in einem „Gewebestück-Austausch" zwischen verschiedenen *Triturus*-Arten aus präsumtiver Epidermis Medullarplatte, aus präsumtiver Medullarplatte Epidermis, jeweils in „ortsgemäßer" Differenzierung. Es vollziehen sich Zellumwandlungen.

In allen angeführten Versuchen bedient sich die Ganzheit des Organismus – man kann sie auch Formkausalität oder Entelechie nennen – der verfügbaren omnipotenten bildungsfähigen Zellmasse als „Material", um gemäß der jeweils bestehenden Entwicklungssituation den mehr oder weniger fehlerhaften Organismus durch wesentliche Umlenkungs- und Umdisponierungsvorgänge zu seiner normalen Reifegestalt zu führen. Geht man vom Begriff des Morphogenetischen Feldes

---

11 VON KRAFT 2002, S. 87 (Abb. Regenerationsterritorien beim Molch).
12 WEISS 1925, S. 388.

aus, so erfolgt die Entwicklung nicht primär von den Zellen, sondern vom Embryonalfeld als Ganzem, das sich sukzessive nach einem bestimmten Zeitplan in Teilfelder und Unterteilfelder gliedert (WEISS 1925). (In analogem Sinne spricht WEISS Jahrzehnte später von Systemen und Subsystemen im Rahmen einer „Systemhierarchie".)[13] – Zum „Material"-Begriff ist nachzutragen, dass mit den Zellen natürlich auch die Gene und Moleküle insgesamt dazuzuzählen sind.

Für das konsequent materialistische und reduktionistische Denken ist eine geistig-schöpferische Entität irreal und damit nicht „wissenschaftsfähig". Realität wird grundsätzlich allein der Materie und materieverwandten Energien zugeschrieben. Daher gehen alle Wirksamkeiten und Vorgänge von materiellen Teilchen oder Elementarstrukturen aus (Moleküle, Gene, Zellen) im Sinne einer „Aufwärtskausalität". Die Elementarstrukturen treten auf die mannigfaltigste Weise untereinander durch „Wechselwirkungen" zueinander in Beziehung und wirken letztendlich qualitativ schaffend, durch Selbstzusammensetzung oder „Selbstorganisation". Es entsteht die Makrowelt im Verlauf der Evolution in Vielfalt und letztendlich steter Aufwärtsentwicklung, was man „Emergenz" nennt (wörtlich auftauchen, emporkommen), das Sich-Entwickeln von immer Neuem, das sich aus seinen angenommenen Teilursachen nicht erklären lässt. Martin MAHNER (*1958) und Mario BUNGE (*1919), die in ihren *Philosophischen Grundlagen der Biologie* diesen „emergenistischen Materialismus" vertreten, – weitere Angehörige dieser Richtung sind Konrad LORENZ (1903–1989), Gerhard VOLLMER (*1943), Franz M. WUKETITS (*1955) u. a. – sehen im Organismus eine Mehrheit von Systemen, wobei jedes System „durch Selbstzusammensetzung und Selbstorganisation aus Dingen vorausgehender Ebenen" sich selbst bildet. Hierbei geht immer eine Systemebene der anderen voraus, bildet deren Basis. Wir können „sagen, dass Ebenen aufeinander folgen und dass sie dies aufgrund eines allgemeinen Mechanismus tun, nämlich der [...] Selbstorganisation von Systemen".[14] Wie der „emergenistische Materialismus" eine Glaubensüberzeugung ist, eine Art „Bekenntnis", so ist dies natürlich auch die Auffassung, dass durch die „Aufwärtskausalität" rein stofflicher Wirksamkeiten, eben durch „Emergenz" als Sekundärphänomen die Evolution geschehen ist. Wie aber kommt sie zustande? Wie entsteht aus Anorganisch-Totem Leben, wie entsteht aus einem primitiven lichtempfindlichen Zellorgan das Auge, wie aus Nerven ein kompliziertes Gehirn und wie aus diesem ein Gedanke? Hier hilft nur das Eingeständnis des „ignoramus et ignorabismus" des Emil DU BOIS-REYMOND (1818–1896). Der Philosoph Peter JANICH (*1942) hat dazu das Bild gebraucht: „Hier wird *Emergenz zum Lückenbüßergott für fehlende Prognosen und Strategien für Kausalerklärungen*."[15] Die wohl wichtigsten Erklärungen über das Zustandekommen der „Emergenzen" sind die bereits genannten „Wechselwirkungen" sowie die „Selbstorganisation".

Wechselwirkungen spielen selbstverständlich im Lebendigen eine herausragende Rolle. Sie von Anfang an zu einem Hauptmotor der Evolution zu erheben, heißt sie ihrem Wesen nach missverstehen. Sie haben eine Mehrheit von Teilsystemen zur Voraussetzung, aber diese haben ihr Sein und Wesen im Organismus als Ganzem, und dieser hat seinen Ursprung aus eigener und anderer Quelle. Wechselwirkungen gewinnen aber bei vielen Biologen gerade in der Entwicklungsbiologie eine zentrale Bedeutung und werden auch oft in inflationärer Weise angeführt. Jacques MONOD (1910–1976) zählt in seinem Buch *Zufall und Notwendigkeit* mindestens acht Arten von Wechselwirkungen auf und spricht u. a. direkt von „konstruktiven Wechselwirkungen"[16]

---

13 WEISS 1970.
14 MAHNER und BUNGE 2000, S. 174f.
15 JANICH 2011, S. 23.
16 MONOD 1971, S. 87.

und sieht im „Organismus [...] eine Maschine, die sich selbst aufbaut", welcher Aufbau „sich autonom, durch innere Wechselwirkungen, [...] durch mikroskopische molekulare Wechselwirkungen vollzieht."[17] In Donald A. EDES *Entwicklungsbiologie* ist zu lesen: „In jedem Falle wird die Embryonalentwicklung durch Wechselwirkung von Zellen vorangetrieben."[18] Teilweise kommt dann noch eine Anthropomorphisierung der agierenden Teile oder Zellen dazu, wodurch die Situation nicht besser wird. EDE meint: „Zellen sind [...] handelnde Individuen, nicht einfache Bausteine"[19], und führt an anderer Stelle aus: „Bei Schwämmen erkannte man zuerst das Ausmaß des Verhaltens von Zellen als kooperierende aber unabhängige Individuen."[20] Diese Anthropomorphisierung der „handelnden" und „kooperierenden Individuen", längst bei Entwicklungsbiologen und Genetikern allgemein geübt, wird deutlich in Ausdrücken wie Information, Kontrollen, Signale, Erkennung usw., noch deutlicher in Zeitwörtern wie etwa bei Genen, die „ablesen", „reparieren", „kontrollieren", „korrigieren", oder auch von Zellen oder Molekülen, die „erkennen" („Erkennungsmoleküle"), „messen", „vergleichen" oder „verantwortlich sind für", „auswerten", „steuern", „festlegen", „entscheiden" usw. Im Begriff der „Positionsinformation" (in Verbindung mit der Gradientenhypothese maßgeblich zurückgehend auf Lewis WOLPERT [*1929]), der in der entwicklungsbiologischen Diskussion eine bedeutende Rolle spielt, besitzen die Zellen etwa den Rang von Flugzeugpiloten: „Zunächst erlangen die Zellen eine Information über ihre Position, und dann interpretieren sie diese Information entsprechend ihrem genetischen Programm."[21] Ein wichtiger Bestandteil in dieser Hypothese ist die zusätzliche Annahme der Existenz eines Morphogen-Gradienten. Der Autor muss aber am Ende eingestehen, dass er nicht eine einzige der sich ergebenden Detailfragen beantworten kann. Ein abschließendes *Ignoramus*-Bekenntnis fehlt in derartigen hypothetischen Darlegungen so gut wie niemals. – Zum Begriff der Wechselwirkung ist abschließend zu bemerken, dass er in seiner stets völlig allgemeinen und abstrakten Art seines Gebrauches nichts anderes ist als eine völlig jeder konkreteren Empirie entbehrende leere Scheinerklärung. Die „Homunkulisierung" der Zellen ist ein Unsinn, diese sind (siehe die beschriebenen Versuche) genial kooperierende Organelle im Dienste des Gesamtorganismus, aber niemals „unabhängige Individuen". Die längst zum Allgemeingut der Biologen gewordene und an Beispielen angeführte „Vernunftsprache" hat wohl ihren Sinn in der Verständigung der Wissenschaftler untereinander, aber sie hat ontologisch keinen Boden unter den Füßen, es ist eine reine „Als-Ob-Sprache".

Die Vorstellung der materialistischen Wissenschaftler vom Primat des Materiell-Unlebendigen am Beginn der Evolution erzwingt eine konkrete Antwort auf die Frage nach dem Ursprung des Lebens. Sie führte zum Begriff der *Selbstorganisation* bzw. zur Aufstellung der Selbstorganisationshypothese, für welche die Versuche von Stanley L. MILLER (1930–2007) eine Art Basis bildeten: In einem Glaskolben entstanden in einem der vorausgesetzten Uratmosphäre ähnlichen Gasgemisch (Wasserstoff, Methan, Ammoniak, Wasserdampf) durch starke elektrische Entladungen mehrere organische Verbindungen, u. a. einige Aminosäuren und Monoamine, nicht dagegen Proteine, Nukleoside und Nukleotide (DNA- und RNA-Bausteine).[22] Das Gedankenmodell des *Hyperzyklus* von Manfred EIGEN (*1927) soll die Entste-

---

17 MONOD 1971, S. 55f.
18 EDE 1981, S. 154.
19 Ebenda, S. 152.
20 Ebenda, S. 52.
21 WOLPERT 1978, S. 29.
22 VOLLMERT 1985, S. 43.

hung lebendiger Systeme als Rückkoppelungsprozess zwischen Proteinen und Nukleinsäuren illustrieren. Manfred EIGEN und Ruthild WINKLER (*1941) definieren damit in Zusammenhang Selbstorganisation „als die aus definierten Wechselwirkungen und Verknüpfungen bei strikter Einhaltung gegebener Randbedingungen resultierende Fähigkeit spezieller Materieformen, selbstreproduktive Strukturen hervorzubringen. Dies ist als Voraussetzung für eine Evolution […] notwendig."[23] F. WUKETITS führt weiter aus: „die Entstehung des Lebendigen auf der Erde ist Folge von Selbstorganisationsprozessen, die Selbstorganisation wird eine Eigenschaft lebender Systeme schlechthin […], eine Eigenschaft der Evolution; ja die Evolution selbst bedeutet gleichsam so viel wie Selbstorganisation. Die Erklärung belebter Systeme auf der Erde liegt in den Selbstorganisationstendenzen der Materie par excellence."[24] Hier wird also in letzter Konsequenz der (anorganischen) Materie von Beginn an zugesprochen, was sie gerade *nicht* hat: ein Generieren oder Organisieren und ein „Selbst". Letzteres ist gleichwertig mit dem menschlichen Wesenskern oder Ich. Es der Materie, wenn auch nur als „Tendenz" zuzuerkennen, ist absolute Widersinnigkeit! Was die Interpretation der Versuche zur Erzeugung von ersten „Lebensspuren" betrifft, so schreibt ein Kenner der Makromolekularchemie, Bruno VOLLMERT (*1920), „dass ein Mutations-Selektions-Mechanismus auf Molekülebene (Hyperzyklus oder dergleichen) erst gar nicht in Gang kommen konnte, weil die wichtigste Voraussetzung, nämlich die sich selbst reproduzierenden Makromoleküle, fehlte".[25] Und an anderer Stelle resümiert er, „dass die modernen Hypothesen über die Entstehung des Lebens durch Selbstorganisation und die Entstehung der Arten durch Mutation-Selektion sich auf exakt-naturwissenschaftlich überprüfbare Aussagen berufen, und dass diese es sind, die mit den experimentell gesicherten Erkenntnissen der Makromolekularen Chemie (genauer: den stöchiometrischen, thermodynamischen und statistischen Gesetzen der Synthesereaktion von langkettigen Molekülen) im Widerspruch stehen und so als widerlegt gelten müssen".[26]

Die Kritik an der materialistischen Denkweise in der Biologie, bis heute noch immer stark vorherrschend, konnte nicht ausbleiben und ist teilweise schon Jahrzehnte alt. Joachim ILLIES sprach ins Allgemeine gehend von den „Scheuklappen mechanistischer Interpretationszwänge".[27] Rupert SHELDRAKE resümiert kritisch das Credo der Mechanisten: „Eine wissenschaftliche Erklärung muss mechanistisch sein, sonst taugt sie von vornherein nichts."[28] Der große Biochemiker Erwin CHARGAFF (1905–2002), vielleicht der brillanteste Kritiker des reduktionistischen Denkens, hält fest: „Ohne die dem Lebendigen unterschobene Intelligenz könnte die gegenwärtige Biologie gar nicht auskommen."[29] Schon viel früher wendet sich Paul WEISS in schroffer Form gegen die, wie er formuliert, „anthropomorphe Phraseologie"[30] der modernen Genetik, „die sich […] als eine seltsame Kreuzung zwischen tiefgründigen analytischen Befunden und einem wissenschaftlich unhaltbaren Jargon erweist".[31] Zusammenfassend spricht WEISS bezüglich der Gedankenbahnen der Genetiker von der „Zuflucht zu irreführenden anthropo-

---

23 WUKETITS 1981, S. 101, Zitat von EIGEN und WINKLER 1975.
24 WUKETITS 1981, S. 100f.
25 VOLLMERT 1989, S. 69.
26 Ebenda, S. 22f.
27 ILLIES 1976, S. 164.
28 SHELDRAKE 1994, S. 125.
29 CHARGAFF 1989, S. 38.
30 WEISS 1970, S. 47.
31 Ebenda, S. 42.

morphen Begriffen, die den Kern des Problems nicht trafen oder sogar verschleierten."[32] Besonders bemerkenswert ist, was WEISS ausführt über die reduktionistische Vorstellung vom Zustandekommen einer regulären Entwicklung des Organismus durch die Wechselwirkungen homunkulusartiger Partikel oder Teilchen – er spricht von partikularistischer Mikrokausalität –, wenn man sie konsequent zu Ende denkt. Die reguläre Entwicklung des Gesamtsystems würde erfordern, „dass jeder Teil zu jedem Zeitpunkt die Lage und Aktivität jedes anderen Teils ‚kennt' und auf jede Abweichung und Störung des kollektiven Gleichgewichts so ‚reagiert', als ‚wüsste' er auch genau, auf welche Weise er im Zusammenspiel mit den anderen Teilen die Integrität des ganzen Systems bewahren kann."[33] Solche Vorstellungen liegen unausgesprochen Begriffen wie z. B. dem „Kontrollmechanismus" zugrunde. Die Unvollziehbarkeit bzw. Absurdität der zugrundeliegenden Vorstellung wird durch ein solches Bild von WEISS in vollendeter Weise vor Augen geführt. Nochmals sei SHELDRAKE das Wort gegeben, der eine Unlogik in der Tatsache sieht, dass die Mechanisten einerseits vitalistische Argumente prinzipiell ablehnen – meist wird von „Mystizismus" gesprochen, aber andererseits z. B. von „genetischen Programmen" reden, die bei Licht besehen „Vitalfaktoren [...] in mechanistischer Verkleidung" gleichen. Es sind „vererbte, zielorientierte, holistische Organisationsprinzipien, und sie leisten das, was man früher den Entelechien zuschrieb. Sie bestehen nicht aus Materie, sondern aus Information, und Information ist das, was den Dingen Form gibt, [...] spielt also die gleiche Rolle wie die Entelechie, klingt aber wissenschaftlicher."[34] Einen wirklichen mechanistischen Erklärungswert haben solche „kryptovitalistischen" Abstraktionen nicht. Sie gleichen des Kaisers neuen Kleidern.

Zu Beginn eines Resümees sei zunächst nochmals Erwin CHARGAFF das Wort erteilt, der die Grundsituation in der gegenwärtigen Biologie gewissermaßen so abkanzelt: Wir „ersticken [...] in einem Krimskrams winzigster Spezialfakten. [...] Der Grad des Absurden ist in den verschiedenen Wissenschaften nicht gleich. Am höchsten ist er vielleicht in den diversen Zweigen der Biologie, in welcher der Kontrast zwischen der Riesenhaftigkeit der belebten Natur und der Schäbigkeit der Fragestellung, mit der man ihr auf den Leib zu rücken vorgibt, bizarre Ausmaße angenommen hat."[35] – Das Paradigma des Materialismus in der Biologie, für die Mehrzahl der Wissenschaftler heute noch bindend, veranlasst diese, die Annahme von wirkenden geistigen Entitäten grundsätzlich zu scheuen wie der Teufel das Weihwasser. Das führt zu der Notwendigkeit, mit der Denkungsweise in Physik und Chemie verstehen zu wollen, bzw. zu „erklären", was eine eigene und andere Welt ist: die Vielfalt in einer langen Entwicklung entstandener *lebendiger Formen*. Dieses Unternehmen muss notwendigerweise scheitern. Es führte zu abstrakten Hilfsvorstellungen wie konstruktiven Wechselwirkungen schon der Materie als solcher zugesprochenen Selbstorganisationen, zur Als-Ob-Vernünftigkeit von Molekülen und Zellen (die diese aber nicht wirklich besitzen), kurz zu ganz künstlichen und hypothetischen Vorstellungen und Bildern, die im Kern nichts erklären. Dieses Hineinschieben von Quasi-Geistartigem in materielle Gebilde und Strukturen („kontrollierende Gene", „Erkennungsmoleküle", Zellen als „handelnde Individuen" usw.) betrachte ich als unlogische Bastardvorstellungen, als Ausfluss eines *materialistischen Mystizismus*! Von den beiden Grundursachen des ARISTOTELES bleibt letzten Endes nur die *causa materialis* übrig, die *causa*

---

32 WEISS 1970, S. 44.
33 Ebenda, S. 37.
34 SHELDRAKE 1994, S. 125f.
35 CHARGAFF 1989, S. 80f.

formalis geht verloren. An dieser unguten Situation der Biologie der Gegenwart kann sich im Grundsätzlichen nur bei Änderung des Paradigmas etwas ändern, indem im Vergleich zu den Wissenschaften des Anorganischen die Biologie in ihrer wesenshaften Andersartigkeit und Autonomie denkerisch erfasst und dementsprechend erkenntnismäßig behandelt wird.

Literatur

BRESTOWSKY, M.: Weltanschauung zwischen Wahn und Wissenschaft. Wissenschaftstheoretische Reflexionen zur Rolle weltanschaulicher Positionen in den Biowissenschaften. In: KAASCH, M., und KAASCH, J. (Hrsg.): Das Werden des Lebendigen. Beiträge zur 18. Jahrestagung der DGGTB in Halle (Saale) 2009. Verhandlungen zur Geschichte und Theorie der Biologie Bd. *16*, S. 103–113. Berlin: VWB – Verlag für Wissenschaft und Bildung 2010

CHARGAFF, E.: Unbegreifliches Geheimnis. Frankfurt (Main): Luchterhand 1989

DÜRKEN, B.: Grundriss der Entwicklungsmechanik. Berlin: Gebrüder Borntraeger 1929

DÜRKEN, B.: Entwicklungsbiologie und Ganzheit. Leipzig, Berlin: B. G. Teubner 1936

EDE, D. A.: Einführung in die Entwicklungsbiologie. Stuttgart, New York: Thieme 1981

EIGEN, M., und WINKLER, R.: Das Spiel. München, Zürich: Piper 1975

EGUCHI, G.: Electron microscopic studies on lens regeneration. I. Mechanism of depigmentation of the Iris. Embryologia *8*/1, 45–62 (1963)

FARINELLA-FERRUZZA, N.: The transformation of a tail into limb after xenoplastic transplantation. Experientia *12*/8, 304–305 (1956)

GURWITSCH, A.: Über den Begriff des Embryonalen Feldes. Roux' Arch. *51*, 383–415 (1922)

HARTMANN, O. J.: Menschenkunde. Frankfurt (Main): Klostermann 1941

ILLIES, J.: Das Geheimnis des Lebendigen. München: Kindler 1976

JANICH, P.: Emergenz – Lückenbüßergottheit für Natur- und Geisteswissenschaften. Stuttgart: Franz Steiner 2011

KRAFT, A. VON: Das morphogenetische Feld: Fiktion oder Realität? In: HÖXTERMANN, E., KAASCH, J., und KAASCH, M. (Hrsg.): Von der „Entwicklungsmechanik" zur Entwicklungsbiologie. Beiträge zur 11. Jahrestagung der DGGTB in Neuburg a. d. Donau 2002. Verhandlungen zur Geschichte und Theorie der Biologie Bd. *10*, S. 83–94. Berlin: VWB – Verlag für Wissenschaft und Bildung 2004

KRAUSE, G.: Die Regulationsfähigkeit der Keimanlage von Tachycines (Orthoptera) im Extraovatversuch. Roux' Archiv *139*, 639–723 (1939)

KRAUSE, G., und KRAUSE, J. H.: Über das Vermögen median durchschnittener Keimanlagen von *Bombyx mori* L. sich in ovo und sich ohne Dottersystem in vitro zwillingsartig zu entwickeln. Zeitschr. f. Naturforschung *20b*, 334–339 (1965)

KÜHN, A.: Vorlesungen über Entwicklungsphysiologie. Berlin: Springer 1965

LAUER, H. E.: Die Wiedergeburt der Erkenntnis. Freiburg (i. Br.): Novalis Verlag 1946

LEPORI, N. G.: Orientation et situs viscerum et cordis chez les embryons jumeaux de cane. Monitore Zoologico Italiano (N. S.) *1*, 129–148 (1967)

LUTZ, H.: Sur la production expérimentale de la polyembryonie et de la monstruosité double chez les oiseaux. Arch. Anat. micr. Morph. exp. *38*, 79–144 (1949)

MAHNER, M., und BUNGE, M.: Philosophische Grundlagen der Biologie. Berlin, Heidelberg: Springer 2000

METZKE, E.: Handlexikon der Philosophie. Heidelberg: F. H. Kerle Verlag 1949

MONOD, J.: Zufall und Notwendigkeit. DTV München: DTV 1971, S. 87

SCHWEGLER, A.: Geschichte der Philosophie im Umriss. Stuttgart: Fr. Fromanns Verlag 1950

SEIDEL, F.: Die Entwicklungsfähigkeiten isolierter Furchungszellen aus dem Ei des Kaninchens *Oryctolagus cuniculus*. Roux' Archiv f. Entwicklungsmechanik *152*, 43–130 (1960)

SHELDRAKE, R.: Die Wiedergeburt der Natur. Reinbek: Rowohlt 1994

SPEMANN, H.: Die Erzeugung tierischer Chimären durch heteroplastische embryonale Transplantation zwischen Triton cristatus und taeniatus Archiv Entwickl.mech. Org. *48*, 533–570 (1921)

SPEMANN, H.: Experimentelle Beiträge zu einer Theorie der Entwicklung. Berlin: Julius Springer 1936

VOLLMERT, B.: Das Molekül und das Leben. Reinbek: Rowohlt 1985

WANG, S.-C.: Die regulative Entwicklung dorsal-lateraler Verbandskeime von Triton taeniatus. Roux' Archiv f. Entwicklungsmechanik *130*, 243–265 (1933)

WEISS, P.: Unabhängigkeit der Extremitätenregeneration vom Skelett (bei), Roux' Arch. *104*, 359–394 (1925)

WEISS, P.: Das lebende System: Ein Beispiel für den Schichten-Determinismus. In: KOESTLER, A., und SMYTHIES, J. R. (Hrsg.): Das neue Menschenbild. Die Revolutionierung der Wissenschaft vom Leben. S. 13–59. Wien, München, Zürich: Molden 1970

WOLPERT, L.: Musterbildung in der biologischen Entwicklung. Spektrum d. Wiss. *12*, 29–36 (1978)

WUKETITS, F.: Biologie und Kausalität. Berlin, Hamburg: Paul Parey 1981

Ordnung – Organisation – Organismus. Beiträge zur 20. Jahrestagung der DGGTB

„Was wir brauchen sind fruchtbare Arbeitshypothesen ..." – Uexküll, Driesch, Hartmann und Meyer-Abich in Diskussionen über eine Theorie der Biologie in der Leopoldina in den 1930er Jahren*

Michael KAASCH (Halle/Saale)

Zusammenfassung

1932, am Beginn seiner Amtszeit, versuchte der XX. Präsident der Deutschen Akademie der Naturforscher Leopoldina Emil ABDERHALDEN (1877–1950), eine Neugestaltung der Akademieschriftenreihen in Angriff zu nehmen und die *Nova Acta Leopoldina* als Diskussionsforum, u. a. für die Grenzgebiete der Biologie, auszubauen. Auf diese Anregung hin schrieb ihm im Mai 1932 der Hamburger Biologe Jakob VON UEXKÜLL (1864–1944): „Was wir brauchen sind fruchtbare Arbeitshypothesen. Zu diesen gehört in erster Linie die Hypothese der Planmässigkeit der Natur." Ein Beitrag UEXKÜLLS zu diesem Thema bildete den Auftakt für eine Diskussion über die Grundlagen der Biologie und eine „Theorie" der Biologie, an der sich der Entwicklungsphysiologe und Philosoph Hans DRIESCH (1867–1941), der Biologe und Psychiater Gustav WOLFF (1865–1941) und der Zoologe Max HARTMANN (1876–1962) beteiligten. In diesem Kontext veröffentlichte schließlich Adolf MEYER(-ABICH) (1893–1971) seine „Axiome der Biologie" in den *Nova Acta Leopoldina*. Der im Leopoldina-Archiv vorhandene Briefwechsel zu diesen Veröffentlichungen erlaubt interessante neue Einblicke in eine kontroverse Debatte.

Summary

In 1932 at the beginning of his term in office as XX president of the German Academy of Natural Scientists Leopoldina Emil ABDERHALDEN (1877–1950) attempted to tackle the Academy's scientific series and to expand the *Nova Acta Leopoldina* as a discussion forum so that it included the fringe areas of biology as well as other areas. At this suggestion, a biologist from Hamburg, Jakob VON UEXKÜLL (1864–1944), wrote to him in May 1932 stating: "What we need are productive working hypotheses. These include, first and foremost, hypotheses on the orderliness of nature." An article by UEXKÜLL on this subject kicked off a discussion about the fundamentals of biology and a "theory" of biology in which development physiologist and philosopher Hans DRIESCH (1867–1941), biologist and psychiatrist Gustav WOLFF (1865–1941) and zoologist Max HARTMANN (1876–1962) also participated. In this context, Adolf MEYER(-ABICH) (1893–1971) ultimately published his "Axioms of Biology" in the *Nova Acta Leopoldina*. The exchange of letters pertaining to this publication, which can be found in the Leopoldina's archives, reveal interesting new insights into this controversial debate.

1. Vorbemerkung

Im Mai 1932 schrieb der Hamburger Biologe Jakob VON UEXKÜLL (1864–1944) an den kurz zuvor in das Amt gekommenen XX. Leopoldina-Präsidenten Emil ABDERHALDEN (1877–1950, L[1] 1912) zum neuen Publikationskonzept der Naturforscherakademie: „Ich fürchte, dass erkenntnis-

---

* Überarbeitete Fassung eines Vortrages auf der 20. Jahrestagung der *Deutschen Gesellschaft für Geschichte und Theorie der Biologie* vom 16. bis 19. Juni 2011 in Bonn.
1 L – Mitglied der Leopoldina seit ...

theoretische Erörterungen in den Schriften der Akademie zu einem unentwirrbaren Disput führen werden, weil sich sofort Philosophen einmischen, die sich über nichts einigen können. Für die naturwissenschaftliche Forschung sind auch die schönsten logischen Systeme ohne Belang. Was wir brauchen sind fruchtbare Arbeitshypothesen. Zu diesen gehört in erster Linie die Hypothese der Planmässigkeit der Natur."[2] UEXKÜLL eröffnete damit eine eingehende Beschäftigung der Leopoldina mit den Grundlagen der Biologie im Allgemeinen und einer „Theoretischen Biologie" im Besonderen. Dieser Diskussion soll in diesem Beitrag mit Blick auf einige Aktivitäten und Veröffentlichungen der Deutschen Akademie der Naturforscher Leopoldina in den 1930er Jahren nachgegangen werden.

2. Abderhaldens Leopoldina-Präsidentschaft und das erneuerte Publikationskonzept

Mit Beginn des Jahres 1932 übernahm der Physiologe und Biochemiker Emil ABDERHALDEN als XX. Präsident die Leitung der Deutschen Akademie der Naturforscher Leopoldina.[3] Die kurz Leopoldina genannte Naturforscherakademie war nach hoffnungsvollen Anfängen in den letzten Amtsjahren des Geologen Johannes WALTHER (1860–1937), ABDERHALDENS Amtsvorgänger, in eine tiefe Krise aus Misswirtschaft und Verschuldung geraten,[4] aus der ABDERHALDEN sie nun tatkräftig herauszuführen gedachte. Einem Kollegen, dem Schweizer Chemiker und späteren Nobelpreisträger Paul KARRER (1889–1971, L 1925), schilderte ABDERHALDEN die Situation so: „Ich habe zur Jahreswende das Präsidium der altehrwürdigen Deutschen Akademie der Naturforscher in einem, in jeder Beziehung traurigen Zustande übernommen."[5] Die Akademie habe früher durch fast drei Jahrhunderte hindurch „eine bedeutende Rolle im deutschen Geistesleben gespielt". Als ihm die Präsidentschaft angetragen wurde, sei er fest entschlossen gewesen, das Amt abzulehnen, da ihm „die Forschung zu sehr am Herzen" liege und abzusehen war, „daß die Führung der Akademie viel Arbeit machen würde". Er sei dann durch die Akademiebibliothek geführt worden und habe Einblick in die Geschichte der Leopoldina genommen, sodass er erkannt habe, „daß es Pflicht" sei, „dieses alte, wertvollste Kulturgut retten zu helfen".

ABDERHALDEN gelang es, die erhebliche Schuldenlast abzutragen. Er richtete einen Lesesaal ein, in dem über 500 durch Tausch mit den Akademieschriften in der Leopoldina eingehende Zeitschriften auslagen und der sehr gut besucht wurde. Die Bibliothek umfasste 150 000 Bände, befand sich aber, so ABDERHALDEN an KARRER, „vollkommen in Unordnung" und musste „jetzt ganz neu geordnet" werden. Präsident ABDERHALDEN erneuerte außerdem die Strukturen der Akademie, schuf neue Sektionen, insbesondere für die Medizinische Abteilung, die erstmals eine differenzierte Fächervertretung erhielt, und reorganisierte den Mitgliederbestand, indem er verstärkt Zuwahlen vornahm.

---

2 Jakob VON UEXKÜLL an Emil ABDERHALDEN, Hamburg 18. 5. 1932, Halle (Saale), Archiv der Leopoldina (HAL) 110/2/1, Bl. 143. Zeichensetzung wie im Original.
3 Zu Biographie und wissenschaftlichem Wirken von Emil ABDERHALDEN siehe GABATHULER 1991, KAASCH 1995, KAASCH und KAASCH 1995, 2001, 2003, 2005. In den Arbeiten findet sich auch die ältere Literatur zu ABDERHALDEN. Zu ABDERHALDENS Akademiepräsidentschaft siehe GERSTENGARBE und SEIDLER 2002, GERSTENGARBE et al. 1995, KAASCH und KAASCH 1995, 2001, 2003, 2014b.
4 KAASCH und KAASCH 2002, S. 196ff.; KAASCH und KAASCH 2014b.
5 ABDERHALDEN an Paul KARRER, o. O. [Halle/Saale] 17. 2. 1932, D (Durchschlag), HAL 110/2/1, Bl. 125.

Ein besonderes Augenmerk richtete er auf die Veröffentlichungen der Akademie. Er reorganisierte die traditionsreiche Schriftenreihe der Akademie, die *Nova Acta Leopoldina*, die in der Inflationszeit fast zum Erliegen gekommen war. Eine wichtige Aufgabe der Akademieschriften war es, den Tauschverkehr mit vielen Gelehrten Gesellschaften und Akademien in der ganzen Welt, dem der Grundbestand der Bibliothek zu verdanken war, ohne den Einsatz großer Mittel fortsetzen zu können. Über seine Bestrebungen berichtete Präsident ABDERHALDEN dem Mitglied KARRER: „Dazu kommt noch, daß ich die Veröffentlichungen der Akademie auf eine neue Basis stellen möchte. Es hat ja keinen Sinn, wie es in den letzten Jahren der Fall war, Veröffentlichungen herauszubringen, die bereits Bekanntes wiederholen. Ich möchte vielmehr auf allen Gebieten der Naturwissenschaft und Medizin das bringen, was im Brennpunkt des Interesses steht, und zwar durch die Forscher, an deren Namen die bestimmten Entdeckungen geknüpft sind."[6] Er betonte, dass die Leopoldina-Veröffentlichungen einen großen Wirkungskreis hätten, da sie an 600 Gelehrte Gesellschaften und Bibliotheken im Tauschverkehr versandt und darüber hinaus an alle Mitglieder, die sie bestellten, abgegeben sowie im Buchhandel verkauft wurden. Die umgesetzte Auflage betrage in der Regel 1500 bis 2000 Exemplare. Das jedoch war die optimistische Sicht, die ABDERHALDEN dann vortrug, wenn er jemanden zur Mitarbeit gewinnen wollte. Tatsächlich lagen die Verhältnisse wesentlich komplizierter.

In der Akademie lagerten noch immer Exemplare der unter ABDERHALDENS Vorgänger Johannes WALTHER herausgegebenen *Leopoldina*-Bände[7] und des Goethebandes.[8] So waren insgesamt mehr als 1000 Exemplare unverkauft geblieben, obwohl die Preise erheblich herabgesetzt worden waren. Ähnlich verhielt es sich mit einem „Deutschlandbuch" und der Festschrift für Johannes WALTHER.[9] Für den Vertrieb des ersten Bandes der Neuen Folge der *Nova Acta* setzte ABDERHALDEN jetzt einen Kommissionsverlag ein, jedoch blieb der Absatz gering. Die Hoffnung, dass viele Leopoldina-Mitglieder die *Nova Acta* käuflich erwerben würden und dadurch die Kosten gedeckt werden könnten, erfüllte sich gleichfalls nicht.

ABDERHALDEN sah sich daher in der Gestaltung der Akademieschriftenreihen dringend auf neue Konzepte verwiesen. So meinte er, es habe nach seinem „Empfinden keinen Sinn, wie es in den letzten Jahren der Fall war, beliebige Arbeiten zu bringen, die ebensogut in laufenden Zeitschriften erscheinen können und zum größten Teil auch schon erschienen waren". Die *Nova Acta* der Akademie könnten jedoch eine neue Bedeutung erhalten, wenn es gelänge, „Grenzgebiete der Naturwissenschaften" zu behandeln oder bei Vollendung größerer Forschungsgebiete „einen Überblick über den Stand bestimmter Forschung" zu bringen, und zwar „verfaßt von Persönlichkeiten, die an ihrem Ausbau wesentlich beteiligt waren".[10] Vor allem dachte er dabei an Veröffentlichungen „synthetischer Art". Ein „Hauptübel unserer Zeit" erschien ihm nämlich, „die über die Methoden hinaus betriebene Spezialisierung". Manche Forscher interessierten

---

6 Ebenda.
7 WALTHER setzte die bis 1923 kontinuierlich erschienene Schriftenreihe *Nova Acta Leopoldina* zunächst nur sporadisch fort und konzentrierte seine Aktivitäten stattdessen auf die seit 1926 herausgegebene Publikationsreihe *Leopoldina. Berichte der Kaiserlich Deutschen Akademie der Naturforscher zu Halle*, die als Fortsetzung der von 1859 bis 1922/23 erschienenen Veröffentlichungsreihe *Leopoldina. Amtliches Organ der Kaiserl. Leopoldino-Carolinischen Deutschen Akademie der Naturforscher* anzusehen war.
8 WALTHER 1930.
9 [WALTHER 1928], WEIGELT et al. 1930. ABDERHALDEN an Adolf MEYER, o. O. [Halle/Saale] 17. 7. 1933, D, HAL 110/2/1, Bl. 39–40.
10 ABDERHALDEN an Hans DRIESCH, o. O. [Halle/Saale] 25. 11. 1932, D, HAL 110/2/1, Bl. 114.

sich schon nicht mehr für Forschungen auf ihrem relativ kleinen Forschungsgebiet, sondern kannten nur noch jene mit ganz bestimmten Methoden durchgeführten Untersuchungen.[11]

Als langjähriger Herausgeber einer Zeitschrift über Sexual- und Gesellschaftsethik verfügte ABDERHALDEN zudem über besondere Erfahrungen bei der Ausgestaltung eines Publikationsforums als „Ausspracheorgan" für verschiedenartige Debatten.[12] In dieser Hinsicht versuchte er nun, auch den Akademieschriften ein neues Aus- und Ansehen als Diskussionsforum für Grenzbereiche zwischen Naturforschung und Philosophie zu verleihen.

3. Die Aussprache zum Vitalismus/Mechanismus-Problem 1933

3.1 Jakob von Uexküll

Für das erste Heft der von ABDERHALDEN inaugurierten *Neuen Folge* der *Nova Acta* waren die Weichen bereits bei seinem Amtsantritt gestellt.[13] Für das danach geplante Doppelheft konnte er jedoch seinen eigenen Intentionen sowie seinem Interesse für biologische Theorien und Probleme einer allgemeinen Biologie folgen. Im Mai 1932 wandte sich der eingangs erwähnte, gerade im März auf ABDERHALDENS Antrag zum Leopoldina-Mitglied gewählte Jakob Johann Baron VON UEXKÜLL[14] an den Leopoldina-Präsidenten und lieferte eine erste Anregung für

---

11 Ebenda.
12 Unter dem Titel *Ethik, Pädagogik und Hygiene des Geschlechtslebens* 1922 gegründet, später als *Sexualethik. Organ des Deutschen Aerzte- u. Volksbundes für Sexualethik* bzw. *Ethik. Sexual- und Gesellschafts-Ethik* mit wechselnden Titeln bis 1938 weitergeführt. Siehe KAASCH und KAASCH 2001.
13 Es handelt sich um Nova Acta Leopoldina Neue Folge Bd. *1*, Heft 1: *Die Wirbeltierfundstellen im Geiseltal*.
14 Jakob VON UEXKÜLL stammte aus Estland. Er studierte in Dorpat Zoologie und setzte seine Studien in Heidelberg und an der Zoologischen Station Neapel fort. Als Privatgelehrter unternahm er Forschungsreisen und arbeitete in Heidelberg über physiologische und verhaltensbiologische Fragen. Er entwickelte eine besondere „Umweltlehre". Nach 1925 war er Honorarprofessor und Direktor eines Instituts für Umweltforschung in Hamburg. Seine letzten Jahre verbrachte er auf Capri, wo er starb. Siehe als Kurzbiographie JAHN et al. 2000, S. 977–978; für ausführlichere Darstellungen BROCK 1934, UEXKÜLL 1964 und MILDENBERGER 2007. Zu seinem wissenschaftlichen Anliegen schreibt er im Lebenslauf für die Leopoldina: „Die Seeigel gestatteten es mir den ganzen Bauplan diese[s] Tieres auf ein Zusammenarbeiten von koordinierten Reflexpersonen [sic] zurückzuführen, von denen jede auf andere äussere Reize abgestimmt war. Von nun ab wurde es mir klar, dass der Bauplan eines jeden Tieres durch seine Wechselwirkung auf einen streng abgegrenzten Teil seiner Umgebung, den ich seine Umwelt nannte, zu verstehen sei. Diese Wechselwirkung besteht einerseits in einem Merken und andererseits in einem Wirken des Subjektes auf ein bestimmtes Objekt seiner Umwelt, das zugleich zum Merkmalträger wie [...] auch zum Wirkmalträger des Subjektes wird. Es läuft jede Handlung eine[s] Tieres schliesslich darauf hinaus, durch das dem Objekt erteilte Wirkmal das von ihm empfangene Merkmal auszulöschen. Dieser Erkenntnis gab ich in dem bekannten Schema des Funktionskreises Ausdruck. Zugleich zerfiel damit die Umwelt in eine Merkwelt, die von den Rezeptoren[,] und in eine Wirkwelt[,] die von den Effektoren des Tieres abhängig ist. / Mit der Einführung der Merkwelt in die biologische Betrachtung der Tiere machte ich einen scharfen Strich zwischen der Biologie und der Tiermechanik[,] welche die Tiere als Maschinen behandelt: denn keine Maschine merkt etwas." (Lebenslauf vom 6. Juli 1932, HAL MM 4065 Jakob von Uexküll.)

eine der ins Auge gefassten Diskussionen: die „Hypothese der Planmässigkeit der Natur".[15] UEXKÜLL sah diese als eine der von ihm geforderten fruchtbaren Arbeitshypothesen an und fuhr fort: „Driesch und ich sind uns darüber völlig einig, dass die Annahme von aktiv eingreifenden Naturplänen (Entelechien) für die Biologie unabweisbar sind [sic!], wenn diese nicht versanden soll. Die überwiegende Mehrzahl der Zoologen und Physiologen erklärt uns aber für Mystiker und Phantasten und geht jeder ernsthaften Diskussion unserer Argumente aus dem Wege." Nach UEXKÜLLS Ansicht würden die *Nova Acta* der Akademie „einen idealen Kampfplatz abgeben, auf dem diese Kardinalfrage der Biologie ausgefochten werden könnte". ABDERHALDEN selbst sei „ein allgemein anerkannter und durchaus unparteiischer Kampfrichter", und die *Nova Acta* „würden plötzlich das gesamte Interesse auf sich ziehen", wenn der Leopoldina-Präsident „den Vertretern beider Richtungen das Wort zu einer gründlichen Aussprache erteilen" sollte.[16] Gewissermassen als Vorgeschmack fügte UEXKÜLL einen Aufsatz[17] bei, der die entsprechende Grundfrage der Biologie auf den allgemeinverständlichen Gegensatz „Planwerk oder Stückwerk" fokussierte. UEXKÜLL meinte, „es würde der ganzen biologischen Forschung zum grössten Vorteil gereichen", wenn ABDERHALDEN „einige Forscher aus dem entgegenges[e]tzten Lager", etwa den Zoologen Max HARTMANN (1876–1962, L 1932) oder den Physiologen Hans WINTERSTEIN (1879–1963, L 1922), veranlassen könnte, Stellung zu beziehen.[18]

ABDERHALDEN ging sofort bereitwillig auf die Anregung ein. Er habe, schrieb er UEXKÜLL, dessen Ausführungen „mit großem Interesse gelesen". Natürlich denke er „nicht daran, eine von Philosophen geführte Diskussion in der Nova Acta zu entfachen".[19] Mitarbeiter sollten in der Regel nur Akademiemitglieder werden, sodass Philosophen in der Naturforscherakademie von vornherein nicht in Frage kämen. Eine „Diskussion über die Hypothese der Planmässigkeit in der Natur" fände er aber „ausserordentlich wünschenswert". Er habe sich bereits vor einiger Zeit mit Hans WINTERSTEIN über dieses Problem ausgetauscht. ABDERHALDEN bat UEXKÜLL, die Aussprache zu eröffnen, und versprach, WINTERSTEIN und HARTMANN um Stellungnahmen zu bitten.

Zunächst allerdings geschah nichts. Im November 1932 musste ABDERHALDEN daher UEXKÜLL an seine Anregung für die Aussprache in den *Nova Acta* erinnern und um den Eröffnungsbeitrag erneut bitten.[20] Nun teilte UEXKÜLL mit, dass er den Aufsatz geschrieben habe, dieser nur noch auf der Schreibmaschine getippt werden müsse.[21] Am 22. November sandte UEXKÜLL seine Arbeit unter dem Titel „Biologie oder Physiologie" ein und schrieb dazu: „Da ich mich direkt auf Hartmann beziehe [,] hoffe ich, dass er antworten wird und es zu einer Diskussion dieses interessanten Themas kommen wird."[22] ABDERHALDEN wiederum versprach, jetzt HARTMANN und den Entwicklungsphysiologen und Philosophen Hans DRIESCH (1867–1941, L 1904) um Mitarbeit zu bitten.[23]

---

15 UEXKÜLL an ABDERHALDEN, Hamburg 18. 5. 1932, HAL 110/2/1, Bl. 143.
16 Ebenda.
17 UEXKÜLL 1932.
18 UEXKÜLL an ABDERHALDEN, Hamburg 18. 5. 1932, HAL 110/2/1, Bl. 143.
19 ABDERHALDEN an UEXKÜLL, o. O. [Halle/Saale] 1. 6. 1932, D, HAL 110/2/1, Bl. 142.
20 ABDERHALDEN an UEXKÜLL, o. O. [Halle/Saale] 15. 11. 1932, D, HAL 110/2/1, Bl. 122.
21 UEXKÜLL an ABDERHALDEN, Hamburg 18. 11. 1932, HAL 110/2/1, Bl. 121.
22 UEXKÜLL an ABDERHALDEN, Hamburg 22. 11. 1932, HAL 110/2/1, Bl. 120.
23 ABDERHALDEN an UEXKÜLL, o. O. [Halle/Saale] 25. 11. 1932, D, HAL 110/2/1, Bl. 119.

Jakob VON UEXKÜLL fokussierte seine Ausführungen auf einen Gegensatz „Biologie oder Physiologie". Die meisten Wissenschaftler würden wohl „diese beiden Begriffe anders gegeneinander abgrenzen". Zweifelsfrei gäbe es aber eine Begriffsbestimmung, die „den gegensätzlichen Standpunkt der heutigen Forscher ohne weiteres vor Augen führt: Die Biologie behandelt die Lebewesen als Subjekte, die Physiologie behandelt sie als Objekte." Die Biologie sei in dieser Form erst „neueren Datums", habe sich aber „bereits außerordentlich bewährt".[24]

Nach UEXKÜLL befindet „jedes Subjekt sich in einem dem Bauplan seiner Sinnesorgane entsprechend gebauten Umweltraum". Darüber hinaus wird auch „die zeitliche Umrahmung der Subjekte" als deren „eigenstes Werk" angesehen. Der „Inhalt der Umwelten" wird dann durch „die hinausverlegten Sinnes- oder Merkzeichen" bedingt.[25] Erst der Bauplan schafft das Subjekt und mit ihm seine Umwelt. „Erst wenn die Gliederung der Natur in subjektive Umwelten gelungen" sei, so meinte UEXKÜLL, habe „man eine Anschauung von den Urelementen der lebenden Natur erhalten". In der Wechselwirkung der Umwelten offenbare sich dann „die übersubjektive Planmäßigkeit des Lebens". Dies sei die „in sich geschlossene Weltanschauung" der neuen Biologie: Ein „allgewaltiger Weltplan" umschließe „alle kausalen Beziehungen" und gäbe diesen „erst ihren rechten Sinn".[26]

Die „heutigen Physiologen" hingegen protestierten „gegen die Einführung des Planes in die Lebenswissenschaft". Nach UEXKÜLLS Ansicht bewiesen sie damit lediglich, dass sie „noch keinen Anschluß an die Relativitätslehre der modernen Physik gefunden" hätten. Die Physiologen behandelten „alle Lebewesen nur als Objekte" und leugneten „nicht allein die Planmäßigkeit dieser Welt, sondern auch die Planmäßigkeit der Lebewesen". Der Irrtum der Physiologen hatte für UEXKÜLL einen historischen Hintergrund. Mit dem Christentum wurden die Lebewesen als Erzeugnisse eines allmächtigen Schöpfers angesehen, „der ihnen seine Pläne verlieh". Der Weltschöpfer sei dann aber „dem kritischen Zeitgeist zum Opfer gefallen".[27] Man musste zwar das „planähnliche Körpergefüge der Lebewesen anerkennen, aber man leugnete den Plan, denn woher sollte er stammen". Die Physiologen nahmen eine „Geheimstruktur" im Keim an. Hans DRIESCH hingegen habe mit seinen bekannten Teilungsexperimenten eindeutig gezeigt, dass ein immaterieller Plan – den er als „Entelechie" bezeichnete – vorhanden sei. Die „auf die Nichtanerkennung eines jeden immateriellen Faktors" eingeschworenen Physiologen sahen sich in der Defensive und ersetzten die „Geheimstruktur im Keim" durch „den Begriff des dynamischen Systems".[28] Aus UEXKÜLLS Blickwinkel gaben sich die Physiologen der Illusion hin, dass die „Ersetzung eines Mechanismus durch ein dynamisches System die Frage nach der Existenz eines Planes verneinend" beantwortete. Jedoch stehe nur die Frage, ob Lebewesen „Planwerke oder Stückwerke" seien. Und diese Frage lasse sich leicht beantworten, da „ein Stückwerk gänzlich außerstande ist, ein Planwerk zu bilden", man aber in der Natur sehen könne, dass „die von den Physiologen als planlose Systeme angesprochenen Lebewesen die planvollsten Gebilde herstellen". Die Physiologen befanden sich nach UEXKÜLL also auf dem Irrweg, lebende Untersuchungsobjekte „als reine Objekte ohne Rücksicht auf ihre subjektiven Baupläne" zu behandeln. Leben sei hingegen ausschließlich an die Subjekte gebunden, und erst „die Erforschung der Lebewesen als Subjekte kann die Physiologen auf die rechte Bahn bringen". „Subjekte studieren aber heißt Biologie treiben", lautete daher UEXKÜLLS

---

24 UEXKÜLL 1933, S. 276.
25 Ebenda, S. 277.
26 Ebenda, S. 278.
27 Ebenda, S. 279.
28 Ebenda, S. 280.

Fazit.²⁹ Als Wortführer der extremen Physiologen betrachtete UEXKÜLL Max HARTMANN. Am Ende des Aufsatzes hieß es daher ursprünglich: „Gewiß hat Hartmann alle Ursache seine Leser vor mir zu warnen. Sie würden sich bei der Lektüre meiner Schriften von der Haltlosigkeit seiner Beweisführung überzeugen."³⁰

3.2 Hans Driesch

ABDERHALDEN wandte sich zunächst an Hans DRIESCH³¹ und schilderte ihm ausführlich die Situation der Akademieschriften sowie seine Pläne für deren Ausgestaltung.³² Das Manuskript UEXKÜLLS hatte er beigefügt und schrieb DRIESCH: „Meine Bitte geht nun dahin, Sie möchten die Güte haben, Stellung zu den Ansichten von Herrn Kollegen von Uexküll zu nehmen (ich habe noch Herrn Kollegen Hartmann, Berlin, gebeten), die sich ungefähr im Rahmen des Aufsatzes von Herrn von Uexküll halten würde." ABDERHALDEN erbat die Einsendung des Manuskriptes bis zum 1. Januar 1933 und ersuchte DRIESCH um weitere Vorschläge von Forschern, die er zu dieser Aussprache heranziehen könnte. In gleichem Sinne wandte er sich auch an Max HARTMANN.³³

Hans DRIESCH fand den Gedanken ausgezeichnet, die *Nova Acta* für Aussprachen über allgemeine Gegenstände der Wissenschaft zu verwenden.³⁴ Er war bereit, „bis Ende Dezember einen kleinen Aufsatz [zu] senden, der auf den Aufsatz Uexkülls Bezug nimmt". Außerdem wollte DRIESCH wissen, ob mit HARTMANN der Zoologe Max HARTMANN oder der „weitaus tiefere" Philosoph Nicolai HARTMANN (1882–1950) gemeint sei. Als weiteren Mitarbeiter für die Aussprache schlug er den ehemaligen Psychiatrie-Professor und nunmehrigen Professor für Theoretische Biologie in Basel Gustav WOLFF (1865–1941) vor, auf dessen „ausgezeichnetes Werk" *Leben und Erkennen* er besonders hinwies.

ABDERHALDEN unterrichtete DRIESCH daraufhin, dass es sich um Max HARTMANN handele, man aber auch Nicolai HARTMANN für einen Beitrag in Erwägung ziehen könnte. An den ihm „sehr gut persönlich bekannten Kollegen Gustav Wolff" hatte er bereits geschrieben.³⁵ Gleichzeitig bat er DRIESCH zur Unterstützung der Zuwahl von WOLFF zur Akademie um ein Gutachten. Er schrieb dazu: „Um dem bisher vorhandenen Übelstand zu steuern, daß aus allen möglichen Gründen, nur nicht sachlichen, Mitglieder in Vorschlag gebracht werden, habe ich eingeführt, daß jeder Vorschlag sachlich begründet werden muss. Ferner müssen mindestens

---

29 Ebenda, S. 281.
30 Manuskript „Biologie oder Physiologie", HAL 110/2/1, Bl. 126–137, hier Bl. 137.
31 Hans DRIESCH studierte in Freiburg, Jena und München. Er wurde 1889 bei Ernst HAECKEL promoviert. DRIESCH unternahm Studienreisen und arbeitete in meereszoologischen Stationen zu entwicklungsmechanischen Fragestellungen. Er förderte damit entscheidend die experimentelle Embryologie. Die Ergebnisse seiner Versuche führten ihn zum Ausbau eines philosophischen Neovitalismus. Ab 1900 Privatgelehrter in Heidelberg, 1907 Professor in Aberdeen (Schottland), 1909 Privatdozent, 1911 außerordentlicher Professor für Naturphilosophie in Heidelberg, 1920 ordentlicher Professor für Philosophie in Köln, 1921–1933 ordentlicher Professor für Philosophie und Direktor des Philosophischen Seminars an der Universität Leipzig. Kurzbiographie in JAHN et al. 2000, S. 811; für ausführlichere Darstellungen MOCEK 1974, 1998.
32 ABDERHALDEN an Hans DRIESCH, o. O. [Halle/Saale] 25. 11. 1932, D, HAL 110/2/1, Bl. 114.
33 ABDERHALDEN an Max HARTMANN, o. O. [Halle/Saale] 25. 11. 1932, D, HAL 110/2/1, Bl. 117–118.
34 DRIESCH an ABDERHALDEN, Leipzig 27. 11. 1932, HAL 110/2/1, Bl. 112.
35 ABDERHALDEN an DRIESCH, o. O. [Halle/Saale] 28. 11. 1932, D, HAL 110/2/1, Bl. 113.

zwei Akademiemitglieder den Vorschlag unterstützen. Ich kenne die früheren Arbeiten von Gustav Wolff (Linsenregeneration usw.) sehr gut, dagegen nicht so eingehend die neueren, insbesondere hatte ich noch nicht Gelegenheit, sein neuestes Werk einzusehen. Ich wäre Ihnen sehr dankbar, wenn Sie die Güte hätten, auf dem beifolgenden Vorschlagsbogen einige Worte über die wissenschaftlichen Leistungen von Wolff einzutragen und den Bogen nach erfolgter Unterzeichnung mir wieder zuzustellen. Für eine rasche Erledigung wäre ich deshalb dankbar, weil ich die Ernennung schon in der nächsten Akademiesitzung vollziehen lassen möchte."

DRIESCH sandte umgehend das gewünschte Gutachten.[36] Er riet ABDERHALDEN außerdem von einer Beteiligung Nicolai HARTMANNS ab, da dieser seit etwa 15 Jahren nur noch geistesphilosophische Dinge bearbeite und in einer Aussprache über naturphilosophische Fragen jetzt nicht mehr am Platze sei. Noch im Dezember sandte DRIESCH seinen Aufsatz ein und bat darum, wie üblich die Korrekturen selbst lesen zu dürfen.[37]

Hans DRIESCH betonte in seinen Ausführungen zunächst die große Übereinstimmung seiner „Ansichten von der organischen Natur" mit denen UEXKÜLLS. Danach widmete er sich vor allem der Erörterung der dennoch bestehenden Differenzen. Die wesentlichste Differenz sah er in der Verwendung des Terminus „Biologie". Der Name „Biologie" sei „in den Ländern englischer und romanischer Sprache schon seit langem zur Bezeichnung der gesamten Wissenschaft vom Organischen in Gebrauch". Nur Deutschland habe da etwas abseits gestanden und unter Biologie „die Lehre vom Verhalten der Tiere inmitten ihrer Umwelt" gefasst. Jedoch habe bereits Ernst HAECKEL (1834–1919, L 1863) diese „recht äußerliche Betrachtung des Organischen ‚Oecologie' genannt" und dann „wohl als erster Deutscher das Wort Biologie in demselben Sinne verwendet wie die außerdeutschen Forscher". Das erschien DRIESCH durchaus „zweckentsprechend", bedürfe doch „die Lehre von der Gesamtheit des Organischen [...] eines besonderen Namens". Aus diesem Grunde könne er „Uexkülls Verwendung des Wortes ‚Biologie' nicht gutheißen". Zwar verstehe UEXKÜLL „etwas sehr viel Tieferes darunter als die älteren Naturforscher", doch eben nur „einen Teil der gesamten Lehre vom Lebendigen".[38]

Die Unterscheidung von Biologie und Physiologie bei UEXKÜLL – die Biologie nähme Lebewesen als Subjekte, die Physiologie als Objekte – sei „nicht ganz einwandfrei". Nach DRIESCH waren Lebewesen für den Forscher nämlich allemal „Objekte", „insofern sie für ihn eben ‚Gegenstände' der Untersuchung sind". Für die „offiziellen" Physiologen, „im Banne des mechanistischen Dogmatismus stehend", unterschieden sich die Lebewesen allerdings nur „durch den höheren Grad der Zusammengesetztheit" vom Leblosen. Dagegen zeige UEXKÜLL „durch seine sehr sorgfältigen Analysen, daß seine Objekte Träger von ‚Subjektivität'" seien. DRIESCH bevorzugte dafür die Begriffe „Ganzheit" und „Ganzheitsbezogenheit". Im Gegensatz zu UEXKÜLL war DRIESCH der Auffassung, dass „die (spezielle) Relativitätstheorie in keiner Beziehung zur Frage der biologischen Planmäßigkeit zu stehen" scheine. Dagegen hob DRIESCH seine völlige Übereinstimmung mit UEXKÜLL in der Ablehnung der „summenhafte[n], also, im allgemeinsten Sinne des Wortes ‚mechanistische[n]' Auffassung des Organischen" hervor.[39] UEXKÜLL habe gezeigt, so

---

36 DRIESCH an ABDERHALDEN, Leipzig 30. 11. 1932, HAL 110/2/1, Bl. 111.
37 DRIESCH an ABDERHALDEN, Leipzig 21. 12. 1932, HAL 110/2/1, Bl. 109. Dank von ABDERHALDEN in ABDERHALDEN an DRIESCH, o. O. [Halle/Saale] 22. 12. 1932, HAL 110/2/1, Bl. 110.
38 DRIESCH 1933, S. 282.
39 Ebenda, S. 283.

DRIESCH, dass die „‚mechanistische' Auffassung der Lebensprobleme" auch durch Ersatz des Wortes „Mechanismus" durch das Wort „Dynamismus" nicht zu retten sei. DRIESCH sah in jener Verschiebung lediglich Wortklauberei, da auch der „Dynamismus" „Mechanismus im allgemeinen, ‚summenhaften', den Plan, die Ganzheit negierenden Sinne" bleibe.[40] In einem weiteren Teil verwies DRIESCH auf zwei neu erschienene Werke zu theoretischen Fragen der Biologie, nämlich auf Gustav WOLFFS *Leben und Erkennen*,[41] mit dessen Beweisführung er – abgesehen von eher unwichtigen Differenzen in Fragen der allgemeinen Phänomenologie und Logik – vollständig übereinstimme, und auf Richard WOLTERECKS (1877–1944, L 1933) *Grundzüge einer allgemeinen Biologie* (1932).[42] Abschließend betonte DRIESCH, dass er an den nicht-mechanistischen Lehren UEXKÜLLS und WOLFFS – bei aller Übereinstimmung – das „Umgehen der Frage des ‚Wie' im Rahmen des Vitalismus" bemängeln müsse. Dieses Problem sei jedoch „die eigentlich kausale Zentralfrage", die man zunächst hypothetisch angehen sollte, bis man vielleicht „einmal Mittel in die Hand" bekomme, um unter den denkbaren Möglichkeiten „wenigstens im Sinne einer Wahrscheinlichkeit" entscheiden zu können.[43]

3.3 Gustav Wolff

Mit Brief vom 28. November 1932 teilte ABDERHALDEN dem Basler Professor für Theoretische Biologie Gustav WOLFF[44] seine Pläne für die Akademiepublikationen mit und bat ihn um Stellungnahme zu den Ausführungen von Jakob VON UEXKÜLL.[45] Er beabsichtige, schrieb ABDERHALDEN, in den *Nova Acta* Arbeiten herauszubringen, „die über bestimmte Forschungsergebnisse von höherer Warte aus berichten". Die „heutige Art zu forschen" habe „nicht nur in den Methoden zu einer starken Zersplitterung geführt, vielmehr macht sich das auch in den Forschungsergebnissen geltend. Viele Forscher sind ohne jede Verbindung mit unmittelbaren Nachbargebieten. Die Synthese kommt zu kurz, während gleichzeitig die Analyse auf die Spitze getrieben wird. Hier können die Nova Acta eine wertvolle Aufgabe erfüllen." Daher sollten in der Akademiezeitschrift „Aussprachen über Probleme von Grenzgebieten zwischen Biologie und Philosophie erscheinen mit dem Zwecke, die Notwendigkeit der Beziehungen zwischen den genannten Gebieten klarzustellen". UEXKÜLL habe den Anfang gemacht, DRIESCH werde folgen. Mit WOLFF lud ABDERHALDEN nun den dritten Vertreter vitalistischer Auffassungen zur Beteiligung ein.

---

40 Ebenda, S. 284.
41 Bei DRIESCH hier *Leben und Erkenntnis*, DRIESCH 1933, S. 285.
42 DRIESCH 1933, S. 285.
43 Ebenda, S. 287.
44 Gustav WOLFF studierte Naturwissenschaften, Pädagogik und danach Medizin in Heidelberg, Karlsruhe, München, Leipzig, Würzburg und Halle (Saale). Er war Sekundärarzt, später Direktor an der Heil- und Pflegeanstalt Friedmatt in Basel, zunächst Privatdozent, 1904 außerordentlicher Professor, 1907 bis 1925 Ordinarius für Psychiatrie an der Universität Basel, ab 1925 dort Professor für Theoretische Biologie. 1932 wurde er auf den erwähnten Antrag von DRIESCH und ABDERHALDEN hin Mitglied der Leopoldina als „Vorkämpfer der vitalistischen Biologie" und Schöpfer einer Theoretischen Biologie mit philosophischem Einschlag (Vorschlag zum Mitglied von DRIESCH, von ABDERHALDEN mitgezeichnet, in HAL 4134 Gustav Wolff). Kurzbiographie in JAHN et al. 2000, S. 996; ausführlicher HALLER 1968.
45 ABDERHALDEN an Gustav WOLFF, o. O. [Halle/Saale] 28. 11. 1932, D, HAL 110/2/1, Bl. 118.

Gustav WOLFF zeigte sich von ABDERHALDENS Ideen sehr angetan. Er schrieb: „Den Gedanken, durch Umformung der Nova Acta Ihrer Akademie ein Organ zu begründen, das zur Aussprache über Grenzgebiete zwischen Biologie und Philosophie dienen soll, halte ich für sehr glücklich und dankenswert. Ich glaube, dass gerade die gegenwärtige Zeit eben so viel Interesse als Unklarheit bezüglich dieses Grenzgebietes offenbart." Genau dieses Problem zeigte sich für WOLFF auch im übersandten Opus UEXKÜLLS. Dazu heißt es: „Sowohl dieses Interesse wie diese Unklarheit scheint mir jedoch in Uexküll besonders deutlich zum Ausdruck zu kommen, und in dieser Hinsicht kann der Aufsatz, den sie in Abschrift mir zu senden die Liebenswürdigkeit hatten, einen geeigneten Ausgangspunkt zu der von Ihnen gewünschten Diskussion bieten." Würde er unter dieser Perspektive zu UEXKÜLLS Manuskript Stellung nehmen, so könne er „dies nicht in einer durchaus zustimmenden Weise tun". Er wisse aber nicht, ob es ABDERHALDENS Ansichten entspräche, „wenn die neugestaltete Zeitschrift gleich mit einer Polemik, wenn auch in völlig sachlicher, vielleicht sogar liebenswürdiger Form geführt, beginnen würde".[46]

ABDERHALDEN zerstreute jedoch WOLFFS Bedenken. Es sei „nicht beabsichtigt, mehrere Aufsätze über Physiologie und Biologie zu bringen, die im gleichen Sinne verfasst" wären. Vielmehr wünsche er „die Darstellung verschiedener Gesichtspunkte". Aus seiner Sicht sei einer „der größten Fehler der Zeit, daß mit wenig Ausnahmen immer nur eine ganz bestimmte Einstellung auf den einzelnen Menschen wirkt". Jener komme „gar nicht dazu, Kenntnis davon zu nehmen, daß es verschiedene Auffassungen gibt". Allerdings sei durchaus nicht an eine Polemik gedacht, sondern die verschiedenen Standpunkte sollten „rein sachlich begründet werden".[47] Daraufhin war der nunmehr auch zum Leopoldina-Mitglied gewählte WOLFF gern bereit, „eine Abhandlung in dem [...] präzisierten Sinne"[48] zu übersenden.

Der Beitrag von Gustav WOLFF „Harnstoffsynthese und Vitalismusfrage" fällt aus dem Rahmen der geplanten Diskussion. Er konzentriert sich auf eine historische Frage: Hat die synthetische Darstellung des Harnstoffs 1828 durch Friedrich WÖHLER (1800–1882, L 1858) tatsächlich dazu beigetragen, dem Vitalismus den Todesstoß zu versetzen, wie immer wieder behauptet worden ist?[49] Nach Erörterung historischer Konstellationen und philosophischer Befunde kam WOLFF zu dem Schluss, dass „die künstliche Harnstoffsynthese eine der wichtigsten chemischen Errungenschaften bildet, daß sie aber mit der richtig verstandenen Frage nach der Eigengesetzlichkeit des Lebens nichts zu tun hat, daß die chemischen Prozesse, die sich im Organismus abspielen, keine andern sind als diejenigen, welche außerhalb des Lebewesens erfolgen, daß sie aber im Organismus in einen besonderen Dienst gestellt und als zielursächliche Mittel auf einen bestimmten Effekt gerichtet sind, d. h. daß sie den Charakter einer Funktion tragen, der an den gleichen Prozessen außerhalb des Organismus niemals erkannt werden kann".[50]

---

46 WOLFF an ABDERHALDEN, Basel-Riehen 14. 12. 1932, HAL 110/2/1, Bl. 117.
47 ABDERHALDEN an WOLFF, o. O. [Halle/Saale] 19. 12. 1932, D, HAL 110/2/1, Bl. 116.
48 WOLFF an ABDERHALDEN, Basel-Riehen 24. 12. 1932, HAL 110/2/1, Bl. 115.
49 WOLFF 1933b, S. 288.
50 Ebenda, S. 293.

3.4 Max Hartmann

Für eine Diskussion war es unabdingbar, auch der Gegenseite Gehör zu verschaffen. ABDERHALDEN hatte sich daher bereits im November 1932 an den Berliner Zoologen und Protozoenforscher Max HARTMANN[51] mit der Bitte um Beteiligung gewandt.[52] Auch HARTMANN fand ABDERHALDENS Plan, in den *Nova Acta* „Grenzgebiete und Arbeiten synthetischer Art in den Vordergrund" zu stellen, „das Beste". Der „ungeheuren Zersplitterung" des Wissenschaftsbetriebes könne auf diese Weise „vielleicht etwas gesteuert werden". Gleichzeitig warnte HARTMANN, dass „bei der Wahl der Autoren für derartige synthetische Arbeiten eine besonders grosse Vorsicht angewendet werden" müsse, sähe man „doch in welch oberflächlicher Weise diesem Ruf nach der Synthese von vielen Autoren Folge geleistet" werde.[53]

Zu dem eingesandten Artikel UEXKÜLLS wollte er sich allerdings nicht äußern. Er habe erst kürzlich in der Gesellschaft für wissenschaftliche Philosophie einen größeren Vortrag über die methodologischen Grundlagen der Biologie gehalten, der auch gedruckt werden solle. Darüber hinaus ließen ihm die Arbeiten an einer Neuauflage seiner *Allgemeinen Biologie* keine Zeit, und für die folgenden Wochen stünde ein mehrmonatiger Arbeitsaufenthalt in Messina in Aussicht, sodass er keine Schreibzeit erübrigen könne. Möglicherweise hatte ihn aber auch die Schlusssentenz aus UEXKÜLLS Manuskript soweit verärgert, dass er eine Mitarbeit ablehnte. Zu seinen prinzipiellen Bedenken schrieb er: „Andererseits halte ich gerade auch eine Auseinandersetzung mit Uexküll und Driesch für vollkommen fruchtlos in Anbetracht des dogmatischen Standpunktes, den die beiden Kollegen einnehmen, ein Standpunkt, der sich ja seit Jahrzehnten nicht geändert hat. Dazu kommt, dass gerade diese beiden vitalistisch eingestellten Kollegen auf die Einwände, die gegen ihre Auffassung erhoben werden, entweder überhaupt nicht eingehen oder daran vorbei gehen."[54] Der einzige kritische Autor unter den vitalistisch eingestellten schien ihm der Philosoph und Pädagoge Emil UNGERER (1888–1976), Professor an der Lehrerbildungsanstalt in Karlsruhe, zu sein, den er auch für die Aussprache in den *Nova Acta* empfahl. Hingegen fänden sich leider nur „sehr wenige philosophisch geschulte Biologen, die den vitalistischen Standpunkt ablehnen". Unter den „reinen Philosophen" sähe es da besser aus. Er nannte hier Moritz SCHLICK (1882–1936) in Wien, Bruno BAUCH (1877–1942) in Jena

---

51 Max HARTMANN studierte nach Besuch der Forstakademie Aschaffenburg Naturwissenschaften, vor allem Zoologie, in München. Er war Assistent in Straßburg und Gießen (Habilitation). 1905 wurde er Leiter der Abteilung für Protozoenforschung am Institut für Infektionskrankheiten (bei Robert KOCH [1834–1910]). 1906 wurde er Privatdozent, 1909 außerordentlicher Professor und 1921 ordentlicher Honorarprofessor an der Universität Berlin. Seit 1914 war er Leiter der Abteilung Protistenkunde, später Direktor am Kaiser-Wilhelm-Institut für Biologie in Berlin-Dahlem (1944 nach Hechingen verlegt), bzw. am nachfolgenden Max-Planck-Institut in Tübingen (auch Honorarprofessor für Zoologie an der Universität Tübingen). Zu seinem Wirken heißt es im Glückwunschschreiben der Leopoldina zu seinem 85. Geburtstag: „Sie haben durch Ihre hervorragenden Arbeiten auf dem Gebiete der allgemeinen Biologie, ganz besonders im Bereiche der Erforschung der Sexualität, aber auch durch Ihre philosophischen Schriften, unserer Akademie in schönster Weise gedient, aber auch zum Ruhme des Vaterlandes in aller Welt sehr viel beigetragen. Von Ihnen sind entscheidende Anregungen für die Entwicklung der Biologie ausgegangen." (Präsident Kurt MOTHES [1900–1983] an HARTMANN, o. O. [Halle/Saale], 2. 7. 1961, D, HAL MM 3894 Max Hartmann). Kurzbiographie in JAHN et al. 2000, S. 845; ausführlichere Darstellung u. a. CHEN 2003.
52 ABDERHALDEN an Max HARTMANN, o. O. [Halle/Saale] 25. 11. 1932, D, HAL 110/2/1, Bl. 107–108.
53 HARTMANN an ABDERHALDEN, Berlin-Dahlem 13. 12. 1932, HAL 110/2/1, Bl. 68.
54 Ebenda.

und Wilhelm BURKAMP (1879–1939) in Rostock, die sich durch gute Kenntnis der allgemeinen biologischen Probleme und kritische Einstellung auszeichneten.

ABDERHALDEN erkannte sofort, dass ohne HARTMANNS Beteiligung seine Pläne in Gefahr gerieten. Reine Philosophen wollte er dagegen weitgehend ausgeschlossen wissen. Daher konnte er sich mit HARTMANNS Verweigerung keineswegs abfinden. So antwortete er diesem: Die Absage „bedeutet für mich eine außerordentlich große Enttäuschung, ja eine Gefährdung meiner ganzen Pläne in Hinsicht auf die Entwicklung der Nova Acta und zwar insofern, als ich doch unmöglich nur die eine Seite zu Worte kommen lassen kann".[55] Erneut erläuterte ABDERHALDEN dem Kollegen HARTMANN den Hintergrund des Projektes: Er habe bei Übernahme der Akademiepräsidentschaft mit einer Reihe von Kollegen „einen Plan über die Fortführung der Nova Acta entwickelt". UEXKÜLL habe schließlich das Problem „Biologie und Physiologie" angeregt und selbst vorgeschlagen, dass HARTMANN in der Frage Stellung nehme. „Nichtmitglieder unserer Akademie" könne er als Präsident nicht um Mitarbeit bitten. Auch habe er bei HARTMANNS Beitrag keinesfalls an „eine polemische Erörterung gedacht", sondern „an eine Darstellung des ganzen Fragenkomplexes" aus dessen Blickwinkel. Selbstverständlich müsse der Schlusssatz des Uexküllschen Manuskriptes („Gewiss hat Hartmann alle Ursache ... usw.") entfallen, da das nicht in die *Nova Acta* gehöre. Die Leser sollten vielmehr „bestimmte Meinungen hören und sich selbst ein Urteil bilden". Der Leserkreis der *Nova Acta* vernähme meist wenig von den hier zur Diskussion stehenden Auffassungen, und es sei doch „besonders wertvoll, wenn Naturforscher und Mediziner der verschiedensten Arbeitsgebiete einmal etwas lesen, auf das sie sonst nicht so leicht stoßen. Sie erkennen dann, daß es außer ihrem mehr oder weniger engen Fachgebiet noch Gesichtspunkte gibt, die sehr umfassend sind". Auf HARTMANNS Arbeitsüberlastung eingehend, erklärte sich ABDERHALDEN bereit, auf einen Beitrag bis Februar 1933 zu warten, da es ihm sehr darauf ankam, dass das „erste Heft der Nova Acta, das ganz unter meiner Verantwortung herausgeht, ein Gepräge erhalten soll, das für die weiteren Hefte maßgebend ist".

Auf ABDERHALDENS eindringliches Bitten fand sich HARTMANN nun doch bereit, einen Aufsatz zur Diskussion beizusteuern.[56] Dazu wollte HARTMANN aus einem größeren Vortrag über die methodologischen Grundlagen der Biologie, der noch nicht im Druck vorlag,[57] einen „kleineren Auszug" herstellen. Um seine „gegenteilige Auffassung entsprechend herausarbeiten" zu können, erbat er erneut das Uexküllsche Manuskript. In Bezug auf den inkriminierten Satz der Uexküllschen Arbeit ließ HARTMANN Präsident ABDERHALDEN wissen: „Ich habe übrigens meine Leser nicht vor Uexküll gewarnt, sondern der einzige Satz, der von Uexküll handelt ist der: ‚Nicht Driesch und Uexküll und noch weniger Rignano und Bertallanfy [sic!] sind die geistigen Führer der neuen Biologie, sondern in Forscherpersönlichkeiten wie Boveri, Correns, Morgan, Spemann und O. Warburg verkörpert sich der Geist der neuen Biologie.'" Dieser Satz findet sich in HARTMANNS Veröffentlichung „Die Welt des Organischen" im Sammelband *Das Weltbild der Naturwissenschaften* (1931), der Beiträge einer Vorlesungsreihe an der Technischen Hochschule Stuttgart im Sommersemester 1931 wiedergibt.[58] Hier stellte HARTMANN die Vitalisten UEXKÜLL und DRIESCH sowie die Ganzheitstheoretiker Ludwig VON BERTALANFFY (1901–1972) und Eugenio RIGNANO (1870–1930) einerseits den

---

55 ABDERHALDEN an HARTMANN, o. O. [Halle/Saale] 16. 12. 1932, D, HAL 110/2/1, Bl. 95.
56 HARTMANN an ABDERHALDEN, Berlin-Dahlem 22. 12. 1932, HAL 110/2/1, Bl. 69.
57 Vgl. HARTMANN 1933b.
58 HARTMANN 1931, S. 71.

Vertretern einer kausal-analytisch arbeitenden experimentellen Biologie andererseits gegenüber, dem Zytogenetiker Theodor BOVERI (1862–1915), dem Pflanzengenetiker Carl CORRENS (1864–1933), dem Zytologen und Drosophila-Genetiker Thomas Hunt MORGAN (1866–1945), dem Entwicklungsphysiologen Hans SPEMANN (1869–1941) und dem Zellphysiologen und Biochemiker Otto WARBURG (1883–1970).

ABDERHALDEN zeigte sich zunächst hocherfreut, schienen seine Pläne doch nunmehr Gestalt anzunehmen.[59] Allerdings musste er HARTMANN und WOLFF im Februar 1933 erneut um Einsendung der Beiträge bitten.[60] WOLFF entschuldigte sich mit einer Reihe widriger Umstände, „teils dem Gebiet des normalen (Vorträge und andere Aufhalsungen), teils des pathologischen Lebens angehörend (Influenza, langwierige Zahnbeschwerden, senile Schwerfälligkeit)", die eine Fertigstellung des Manuskriptes verhindert hatten.[61] Er lieferte schließlich Mitte März 1933.[62]

Mittlerweile schritt die Herausgabe des ersten Heftes, das vollständig ABDERHALDENS Intentionen spiegelte, bereits voran. Anfang März gingen die Korrekturbögen seines Aufsatzes an UEXKÜLL. ABDERHALDEN hatte einfach den umstrittenen Schlusssatz des Uexküllschen Opus gestrichen und teilte dem Autor dazu mit: „Ich bitte Sie, damit einverstanden zu sein. Herr Kollege Hartmann hat sich offenbar durch diesen Schlußsatz davon abhalten lassen, seinerseits Stellung zu dem in Frage stehenden Problem zu nehmen. Ich habe ihm wiederholt geschrieben, jedoch hat er bis heute den gewünschten Aufsatz nicht eingesandt. Derjenige, der die Auseinandersetzung zwischen Ihnen und Hartmann nicht kennt, würde den beanstandeten Satz nicht verstehen und nur die Empfindung behalten, daß etwas stark subjektiv Gefärbtes vorliegt. Im Interesse der ganzen Sache ist es, wenn alles wegfällt, was als rein persönlich aufgefaßt werden kann."[63]

UEXKÜLL antwortete,[64] er habe „den Schlussatz [sic] nur geschrieben, um Hartmann zu veranlassen auf die Fläche zu kommen". UEXKÜLL bezog sich nun seinerseits auf den Hartmannschen Satz in dessen Aufsatz „Die Welt des Organischen (im Weltbild der Naturwissenschaften)" („Wenn heute manche Philosophen mit Stolz in ihren Schriften verkünden, dass eine neue ganzheitsbezogene Biologie entstanden sei, so ist das eine Irreführung des Publikums und zeigt nur, dass die Betreffenden den Geist der neuen Biologie nicht begriffen haben. Nicht DRIESCH und ÜXKÜLL und noch weniger RIGNANO und BERTALLANFY [sic!] sind die geistigen Führer der neuen Biologie [...]") und schrieb dazu: „Hier nennt Hartmann blos meinen Namen als Irreführer des Publikums ohne sich die Mühe zu geben meine Arbeiten zu referieren oder zu kritisieren. Das ist denn doch zu bequem. Ich habe gar nichts dagegen als Vogelscheuche aufgestellt zu werden, nur darf dies nicht ohne Begründung geschehen." Wenn ABDERHALDEN allerdings meine, dass HARTMANN „ohne einen persönlichen Angriff auf die Fläche zu bringen" sei, so wäre ihm das natürlich recht, doch glaube er nicht daran.

Die Druckerei hatte mittlerweile die eingegangenen Arbeiten gesetzt. Aus DRIESCHS Aufsatztitel „Die nichtmechanistische Biologie und ihre Vertreter" hatte sie „Die nichtmecha-

---

59 ABDERHALDEN an HARTMANN, o. O. [Halle/Saale] 23. 12. 1932, D, HAL 110/2/1, Bl. 94.
60 ABDERHALDEN an HARTMANN, o. O. [Halle/Saale] 24. 2. 1933, D, HAL 110/2/1, Bl. 83; ABDERHALDEN an WOLFF, o. O. [Halle/Saale] 24. 2. 1933, D, HAL 110/2/1, Bl. 84.
61 WOLFF an ABDERHALDEN, Basel-Riehen 28. 2. 1933, HAL 110/2/1, Bl. 80.
62 Ankündigung der Lieferung in WOLFF an ABDERHALDEN, (Basel-)Riehen 14. 3. 1933, HAL 110/2/1, Bl. 70.
63 ABDERHALDEN an UEXKÜLL, o. O. [Halle/Saale] 8. 3. 1933, D, HAL 110/2/1, Bl. 77.
64 UEXKÜLL an ABDERHALDEN, Hamburg 9. 3. 1933, HAL 110/2/1, Bl. 72.

nische Biologie [...]" gemacht. DRIESCH übersah das, sodass ihn ABDERHALDEN erst um Aufklärung bitten musste.[65] Obwohl schließlich auch die druckereitechnischen Probleme und Korrekturmissverständnisse überwunden waren, konnte ABDERHALDEN das Werk noch immer nicht abschließen. Noch fehlte der Aufsatz HARTMANNS, sodass ABDERHALDEN diesen am 17. März 1933 erneut mahnen musste.[66] HARTMANN rechtfertigte sich damit, dass er vor seiner Abreise aus Dahlem wegen der Fertigstellung der neuen Auflage seiner *Allgemeinen Biologie* nicht zur Arbeit am Aufsatz gekommen sei und in Messina zunächst einmal die geplanten Untersuchungen organisieren musste. Er bat nochmals um etwa acht Tage Geduld.[67] Am 12. April 1933 konnte HARTMANN endlich den Aufsatz „Wege der biologischen Erkenntnis" liefern. Dazu schrieb er ABDERHALDEN: „Er hat mir mehr Mühe und Arbeit gemacht als ich dachte. Da meine Zeit hier durch meine Untersuchungen ziemlich in Anspruch genommen wird, so passte mir die Abfassung sehr wenig. Aber da ich mich habe verleiten lassen, Ihnen den Beitrag zuzusagen, so musste ich meine Abende dafür opfern. Den letzten Teil über ‚Ganzheit' hätte ich gern etwas ausführlicher behandelt, aber es fehlte mir hier an Literatur."[68] Die Korrekturen sollten an die Zoologische Station Neapel gehen, wo sich HARTMANN noch bis Anfang Mai aufzuhalten gedachte.

ABDERHALDEN reagierte auf die Einsendung erleichtert. Er habe den Beitrag sofort zum Druck gegeben, damit HARTMANN die Korrektur noch rechtzeitig erhalte. Abschließend schrieb ABDERHALDEN: „Ich bin außerordentlich froh darüber, daß nun die Meinung auch vertreten ist, die wohl von der überwiegenden Zahl der Mitglieder unserer Akademie geteilt wird."[69]

Max HARTMANN wollte in seinem Beitrag den vielfachen „neuen Versuchen, das Wesen des Lebens in einer allgemeinen These" einzufangen und „eine allgemeine Theorie des Lebens" zu liefern, keineswegs einen weiteren hinzufügen. Dass „die älteren mechanistischen oder gar grob materialistischen Theorien, wie etwa die der Häckelepoche, verfehlt" seien, werde längst anerkannt. Nun jedoch würden „mit derselben erkenntnistheoretischen und methodologischen Kritiklosigkeit und Unbekümmertheit vitalistische oder sog. organismische Spekulationen in reicher Fülle dargeboten". Diese Lehren stimmten lediglich in der Ablehnung der „rein physikalisch-chemische[n] Erklärung des Lebens", die sie „irrtümlicherweise mit einer mechanistischen" gleichsetzen, überein, seien sonst bei kritischer Betrachtung aber nur spekulative und subjektive Ansichten.[70]

Wissenschaftliche Erfahrungen und Erkenntnisse konnten für HARTMANN jedoch auch in der Biologie nur durch Induktion und Deduktion gewonnen werden, wobei sich beide Methoden im Wissenschaftsbetrieb durchdringen. Es galt: „Je weiter eine naturwissenschaftliche Disziplin fortgeschritten ist, einen je größeren Grad von Exaktheit sie erreicht hat, eine um so größere und sichere Rolle spielt die Deduktion [...]."[71]

Die reine oder generalisierende und die exakte Induktion „liegen auch den beiden Hauptforschungsrichtungen und Methoden der Biologie zugrunde, der vergleichenden und der experimentellen Methode".[72] So seien die „zwei großen biologischen Theorien des 19. Jahrhunderts,

---

65 ABDERHALDEN an DRIESCH, o. O. [Halle/Saale] 13. 3. 1933, D, HAL 110/2/1, Bl. 67.
66 ABDERHALDEN an HARTMANN, o. O. [Halle/Saale] 17. 3. 1933, D, HAL 110/2/1, Bl. 73.
67 HARTMANN an ABDERHALDEN, Messina 27. 3. 1933, HAL 110/2/1, Bl. 66.
68 HARTMANN an ABDERHALDEN, Messina 12. 4. 1933, HAL 110/2/1, Bl. 64.
69 ABDERHALDEN an HARTMANN, o. O. [Halle/Saale] 19. 4. 1933, HAL 110/2/1, Bl. 63.
70 HARTMANN 1933a, S. 294.
71 Ebenda, S. 294.
72 Ebenda, S. 295.

die Zelltheorie und die Deszendenztheorie, nur mittels generalisierender Induktion, vergleichender Methode, gewonnen worden". Bei HARTMANN heißt es dann: „In der gekennzeichneten Weise führt die reine Induktion zu Allgemeinbegriffen, die Ausdruck von gewissen Gesetzmäßigkeiten sind. Mit dieser Subsumtion unter allgemeine Begriffe kommt schon in die reine Induktion ein deduktives Moment. Sie könnte gar nicht vom Besonderen zum Allgemeinen fortschreiten, wenn sie nicht schon ein Allgemeines, eine allgemeine innere Gesetzlichkeit voraussetzen würde." Diese nicht erschließbare Verallgemeinerung ruhe auf der „Voraussetzung einer ‚Gleichförmigkeit des Naturgeschehens'" im Sinne des englischen Philosophen und Ökonomen John Stuart MILL[73] (1806–1873) und der „Voraussetzung der ‚Begreiflichkeit der Natur'" nach Hermann VON HELMHOLTZ (1821–1894). Diese logische Voraussetzung eines Allgemeinen, so HARTMANN weiter, könne man mit Bruno BAUCH „als das deduktive Moment der Induktion bezeichnen". Genau diese „Ordnungsvoraussetzung der Naturwirklichkeit" sei „wohl der richtige Kern in den Annahmen moderner vitalistischer (Driesch und v. Uexküll), sowie sog. organismischer Theoretiker (v. Bertallanfy [sic!], Haldane[74] u. a.), die mit Nachdruck die Planmäßigkeit biologischer Strukturen und Vorgänge betonen".[75]

Die „Annahme einer Planmäßigkeit der organischen Welt" sei aber, konstatierte HARTMANN, „keine wissenschaftliche Erkenntnis, keine Erklärung, wie diese Theoretiker irrtümlicherweise behaupten, sondern Voraussetzung und Problem".[76] Für HARTMANN galt darüber hinaus: „Die beiden geschilderten Methoden der Induktion sind die einzigen, die Naturerkenntnis vermitteln und wenn auch die exakte Induktion die tiefer schürfende und zugleich die fruchtbarere, weil erfindungsreichere, ist, so kann doch auch, wie wir sahen, die generalisierende Induktion nicht entbehrt werden und die Bewertung der ersten schließt keine Herabsetzung der letzten ein. Gerade in der Biologie würde eine solche Entwertung der vergleichenden Methode sich besonders verhängnisvoll erweisen, weil dann die experimentelle Methode ziellos würde. Eine so komplexe Wissenschaft wie die Biologie bedarf in besonderem Maße zunächst und bei jedem Fortschritt immer wieder der rein phänomenologischen Betrachtung [...]."[77] „Beide Methoden, die generalisierende und exakte Induktion, die vergleichende und experimentelle Methode, sind für die Biologie beide notwendig und nur beide zusammen gewährleisten den Fortschritt der Erkenntnis."[78]

HARTMANN lehnte die von UEXKÜLL vorgebrachte Analogie der Entwicklungen in der modernen Physik und der Biologie strikt ab und betonte, dass „die Geltung der Kausalität in unserem Sinne als der funktionalen Gesetzeskategorie" ungemindert bleibe. Die Biologie sei jedoch „keine angewandte Physik und Chemie, sondern eine selbständige Wissenschaft, die nicht nur ihre eigenen Objekte, sondern auch ihre besonderen Gesetze aufweist". „Dieser von v. Uexküll, Haldane und anderen vitalistisch oder organismisch eingestellten Autoren stark betonten Ansicht" könne „nur zugestimmt werden". Die Biologie gehöre „zu den idiographisch-systematischen Naturwissenschaften, deren Aufgabe, im Gegensatz zur Physik, nicht in der Ermittlung der allgemeinen Grundgesetzlichkeiten" liege, sondern in der „Ermittlung der

---

73 Bei HARTMANN 1933a, S. 295, steht G. St. MILL.
74 Der schottische Physiologe John Scott HALDANE (1860–1936) wird als Begründer des methodischen Holismus angesehen.
75 HARTMANN 1933a, S. 295–296.
76 Ebenda, S. 296.
77 Ebenda, S. 297.
78 Ebenda, S. 298.

spezifischen Gesetze der Komplizierung" bestehe.[79] Auch in der Physiologie interessiere den Physiologen „nicht die Feststellung der Geltung irgendeines physikalischen oder chemischen Gesetzes", sondern „die spezifische Art des Zusammenwirkens physikalischen und chemischen Geschehens, die für das Lebensgeschehen charakteristisch und wesenhaft" ist.[80]

Die Kausalforschung in der Biologie sei daher „nicht gleich physikalisch-chemischer Forschung wie v. Uexküll, Haldane und mit ihnen viele vitalistisch wie mechanistisch eingestellte Forscher irrtümlicherweise annehmen".[81] HARTMANN wollte den „richtige[n] Kern" in UEXKÜLLS Aussage von der „Biologie als Lehre von den Lebewesen als Subjekte" auf jene „Ermittlung der spezifischen Gesetze der Komplizierung der individualisierten lebenden Naturkörper" bezogen sehen. Der Biologie jedoch die „Physiologie als Lehre von den Lebewesen als Objekte gegenüberzustellen", erschien ihm verfehlt. Für ihn stand fest: „Zwischen Physiologie und Biologie besteht kein Gegensatz hinsichtlich der Methode, Biologie ist nur die umfassendere Lehre, die alles Lebensgeschehen umgreift. Die v. Uexküllsche Unterscheidung entspringt nur der eben erörterten mißbräuchlichen Gleichsetzung von Kausalforschung mit physikalisch-chemischer Forschung (die von ihm allein als Physiologie angesprochen wird)."[82]

Die Ansicht, dass „für die Erforschung und Erkenntnis der Organismen und des organischen Geschehens das Kausalprinzip und dementsprechend die beiden Methoden nicht ausreichen", sondern noch eine dritte, im Gegensatz zur Kausalforschung stehende Methode, die Zweck- oder Ganzheitsbetrachtung, angewandt werden müsste, lehnte HARTMANN entschieden ab.[83]

„Naturerkenntnis", so HARTMANN abschließend, „auch die biologische, kann eben nur mit der Kategorie der Kausalität (Gesetzlichkeit) errungen werden; und es gibt keine anderen Methoden, Naturwissenschaft zu treiben, als die Methoden der generalisierenden und exakten Induktion, durch deren Anwendung Einzelfälle unter allgemeine Gesetzmäßigkeiten gebracht werden. Die Zweck- und Ganzheitsbetrachtung ist keine besondere, nur für die Biologie geltende weitere Methode, sondern nur ein provisorisches heuristisches Element der generalisierenden Induktion."[84]

3.5 Fazit der Diskussion

Bei der Betrachtung der Diskussion zum Problem Vitalismus/Mechanismus 1933 zeigt sich, dass die Beiträge teilweise nur wenig aufeinander bezogen sind. Eine richtige Diskussion findet nicht statt. Auch ist das Verhältnis von drei Vertretern vitalistischer zu einem Vertreter „mechanistischer" Auffassungen recht unproportional. ABDERHALDEN verspürte jedenfalls wenig Lust, die *Nova Acta* weiterhin als Diskussionsforum zu profilieren. 1937 schließlich erwiderte ABDERHALDEN dem Botaniker und langjährigem Leopoldina-Mitglied Victor SCHIFFNER (1862–1944, L 1891), der Auszüge aus seinem umstrittenen Lebenswerk *Die philosophischen Grundlagen der exakten Naturwissenschaften* mit seiner von den Physikern entschieden abgelehnten „Energonenlehre"[85] in den *Nova Acta* zu publizieren gedachte: „Ich darf jedoch in

---

79 Ebenda, S. 298.
80 Ebenda, S. 299.
81 Ebenda, S. 299.
82 Ebenda, S. 299.
83 Ebenda, S. 300.
84 Ebenda, S. 301.
85 Victor SCHIFFNER an ABDERHALDEN, Wien 9. 4. 1937; SCHIFFNER an ABDERHALDEN, Wien 27. 4. 1937, HAL 107/11/3.

den Nova Acta Leopoldina nicht Abhandlungen bringen, in denen Ansichten vertreten sind, die auf grossen Widerspruch stossen, und zwar deshalb nicht, weil ich selbstverständlich Erwiderungen dann auch bringen müsste. Ferner müsste ich Ihnen dann wiederum Gelegenheit zu einer Stellungnahme geben. Damit wäre mir jede Möglichkeit, über das Erscheinen der Nova Acta zu disponieren, genommen. Vor allem würden auch die Bezieher der Nova Acta unter Umständen revoltieren und mit Recht erklären, dass eine Diskussion in eine laufende Zeitschrift gehört und nicht in ein Archiv, das nur selten erscheint und so gestaltet ist, dass immer nur Hefte von größerem Umfang herauskommen können."[86] Er könne in den *Nova Acta* prinzipiell keine Arbeiten bringen, „die zwangsläufig zu einer Auseinandersetzung führen müssen". Solche Darstellungen gehören „in eine Zeitschrift oder in eine für sich erscheinende Monographie, nicht aber in eine Veröffentlichung, deren Umfang festgelegt ist". Es sei nicht das erste Mal, dass ihm wichtige Arbeiten angeboten würden, die zu einer Aussprache aufforderten, jedoch habe er das immer abgelehnt.[87]

4. Adolf Meyer(-Abich) und die *Axiome der Biologie*

4.1 Zur Person Adolf Meyer-Abich

ABDERHALDENS Interesse für theoretische Fragen der Biologie blieb aber durchaus erhalten. Neben Jakob VON UEXKÜLL und Max HARTMANN hatte ABDERHALDEN bei seinen Bestrebungen zur Erneuerung des Mitgliederbestandes 1932 auch Adolf MEYER (1893–1971)[88] in die Leopoldina aufgenommen. Im Vorschlag des Zoologen Berthold KLATT (1885–1958, L 1931) für MEYER heißt es über dessen wissenschaftliches Werk: „Das Ziel, welches M.[Meyer] bei seinen Arbeiten vorschwebt, ist die Schaffung einer objektiven theoretischen Biologie entsprechend der theoretischen Physik. Da in der Biologie die Verhältnisse viel komplizierter liegen, ist als Vorarbeit zu leisten eine erkenntnistheoretische und logische Erforschung der zahlreichen biologischen Theorien."[89] Gerade dazu habe MEYER eine Reihe von Arbeiten vorgelegt. Darüber hinaus habe sich dieser vor allem bemüht, die „logische Analyse durch eine problem- und ideengeschichtliche zu vertiefen". Das sei jene Aufgabe, an der MEYER jetzt arbeite und der sein wohl bald erscheinendes Werk *Ideen und Ideale der Naturerkenntnis* gewidmet sein werde. Ausgehend vom Mechanismus habe MEYER „allmählich die Bedeutung auch vitalistischer Anschauungen mehr und mehr anerkennen müssen". Da ihm aber auch der Vitalismus nicht die letzte Lösung bringe, sei sein Ideal „eine organizistische Betrachtungsweise".[90] Darüber hinaus beschäftigte sich MEYER vor allem mit der Geschichte der Naturwissenschaften. Er kann – neben Rudolph ZAUNICK (1893–1967, L 1932) – als einer der ersten Biologiehistoriker

---

86 ABDERHALDEN an SCHIFFNER, o. O. [Halle/Saale] 24. 4. 1937, D, HAL 107/11/3.
87 ABDERHALDEN an SCHIFFNER, o. O. [Halle/Saale] 3. 5. 1937, D, HAL 107/11/3.
88 Ab 1938 MEYER-ABICH. Zu MEYER-ABICH siehe BURCHARDS 1994. Zum Kontext der Leopoldina-Zuwahl von MEYER-ABICH siehe KAASCH und KAASCH 2010, S. 228f.
89 Wahlvorschlag für Adolf MEYER(-ABICH) durch den Zoologen Berthold KLATT, HAL MM 4130 Adolf Meyer-Abich.
90 Etwa im Sinne von John Scott HALDANE, dessen *Philosophische Grundlagen der Biologie* von MEYER übersetzt wurden.

gelten. In seiner Selbstbiographie[91] formulierte Adolf MEYER seine grundlegenden Forschungsanliegen selbst so: „Meine wissenschaftlichen Ziele erstrecken sich auf zwei, eng miteinander zusammenhängende Gebiete: / a). Mitwirkung an der Begründung einer theoretischen Biologie, die sich logisch gleichberechtigt neben der theoretischen Physik sehen lassen kann. Am Ende dieser Bemühungen wird die Abfassung einer ‚Theoretischen Biologie' stehen, die vermutlich in den nächsten Jahren herauskommen wird. Eine Darlegung meiner eigenen neuen Forschungen [auf] diesem Gebiet erscheint noch in diesem Sommer unter dem Titel: ‚Ideen und Ideale der Naturerkenntnis'. / b). Abfassung einer ‚Geschichte der biologischen Theorien' // auf ideengeschichtlicher Grundlage. Sie wird das historische Korrelat zu meiner theoretischen Biologie bilden."

4.2 Meyers Veröffentlichung in den Nova Acta Leopoldina

Im Juli 1933 wandte sich Adolf MEYER an ABDERHALDEN[92] mit der Anfrage, ob der Leopoldina-Präsident von ihm für die *Nova Acta* eine größere Arbeit von „ca[.] 8–9 Bogen dieser Zeitschrift" haben wolle, die er soeben unter dem Titel „Ideen und Ideale der biologischen Erkenntnis" fertiggestellt habe. Darin, so MEYER, werde der Versuch gemacht, „jenseits von Vitalismus und Mechanismus ein neues, rein biologisches Erkenntnisideal zu begründen, das, da es den positiven Inhalt der vitalistischen und der mechanistischen Idee in sich schliesst, vielleicht als eine wirkliche höhere Synthese der beiden seitherigen Erkenntnisideale angesprochen werden kann." Er habe darüber bereits im Verein Deutscher Ingenieure in Berlin und auf einer Vortragsreise an holländischen Universitäten sowie an der Land- und Forstwissenschaftlichen Hochschule in Wageningen gesprochen und immer nachhaltiges Interesse gefunden. Vor allem habe er versucht, über Diskussionen hinaus, „positive Ableitungen zu geben [...], die vielleicht als ein Stück wirkliche theoretische Biologie, bei der es sich nicht mehr bloss um philosophische Meinungen handelt", angesehen werden dürfe. Darunter finden sich „Theoreme über ‚spezifische Energie', Relativität organischer Systeme, historische Prinzipien der Phylogenie usw."

MEYER hatte sein Buch zunächst dem J. A. Barth-Verlag in Leipzig zur Herausgabe angeboten. Der Verlagschef Arthur MEINER (1865–1952) hatte ihm aber mitgeteilt, dass er einen Wissenschaftler zur Begutachtung herangezogen habe, „der nicht nur das Werk auf seinen Inhalt", sondern auch dessen Absatzmöglichkeiten analysiert hatte. Der Gutachter war zwar von den Darstellungen „sehr begeistert", befürchtete aber, „dass das Buch, ob seiner hohen geistigen Warte nur von einem kleinen Kreis gekauft würde". MEINER wollte das Buch daher zwar gern nehmen, hielt aber einen entsprechenden finanziellen Zuschuss der Notgemeinschaft der Deutschen Wissenschaft für erforderlich und forderte von MEYER damit Verzicht auf Honorar. An ABDERHALDEN schrieb MEYER, dass er dazu „natürlich im Interesse der Sache bereit" sei, doch wollte er den „langweiligen und heute ja auch in seinem Ergebnis sehr fragwürdigen Weg über die Notgemeinschaft" dafür vermeiden. Wenn er allerdings auf Honorar verzichten müsse, so wolle er sein Werk zur Herausgabe lieber einer Akademie als einem Verleger anvertrauen. MEYER war überzeugt, dass sein Buch durchaus gute Absatzchancen besäße, hatte doch bereits eine Ankündigung an entlegener Stelle mehrere Rückfragen ergeben. Außerdem rechnete er unter seinen Studenten und den Hörern seiner Vorträge auf Kaufinteressenten.

---

91 Selbstbiographie vom 9. 6. 1933 von Adolf MEYER(-ABICH) (auf Leopoldina-Bogen), HAL MM 4130 Adolf Meyer-Abich.
92 Adolf MEYER an ABDERHALDEN, Altona-Blankenese 11. 7. 1933, HAL 110/2/1, Bl. 41–42.

Die Idee, die *Nova Acta* für eine solche Publikation zu wählen, ging auf Jakob VON UEXKÜLL zurück, der MEYER über ABDERHALDENS Bemühungen um die Akademieschriften berichtet hatte. UEXKÜLL, der MEYERS Vorstellungen aus dem gemeinsamen Kolloquium zur Theoretischen Biologie kannte, hatte gemeint, dass dieses Thema und insbesondere MEYERS Abhandlung den *Nova Acta* „sehr viel Interesse zuführen" könnten. Wenn eine Veröffentlichung in den Leopoldina-Schriften zustande käme, wünschte MEYER ein eigenständiges Heft, das auch einzeln in den Buchhandel kommen könne und bald erscheinen solle. Da die *Nova Acta* bisher zu „sehr mässigen Preisen" verkauft wurden, rechnete MEYER mit einem günstigen Preis für seine Publikation von 4 oder 5 RM. Ein Verleger hingegen würde sicherlich 10 bis 12 RM verlangen „und hinterher immer noch behaupten, dass er dabei zusetzen müsste". Bei einem günstigen Preis jedoch sei auch mit ausreichendem Absatz zu rechnen.

Für die Leopoldina hatte MEYER ganz nebenbei noch einen ungewöhnlichen Finanzierungsvorschlag parat. Während seiner Jahre in Chile habe er eine kleine tüchtige Universität in Concepción kennengelernt, die völlig frei vom Staat sei und ihre erforderlichen Geldmittel durch eine Lotterie gewinne. Das brächte bei der „Spielleidenschaft der Südamerikaner [...] sehr gute Resultate". MEYER schlug nun vor, die Leopoldina könne doch ihre alten, jedoch nicht aufgehobenen Privilegien beim Staat gegen eine Lotteriekonzession eintauschen und dann „einige Male im Jahre eine Lotterie zum besten der Naturforschung veranstalten". Würde man billige Lose ausgeben und nur kleine Gewinne ausschütten, so bliebe eine erkleckliche Summe für die Finanzierung der Akademie. Eine „Lotterie der Leopoldina" mache sich sehr gut und werde sich bald einbürgern. Mit größeren Finanzmitteln aber könnte die Leopoldina in Deutschland eine Rolle übernehmen, wie sie in den USA die Carnegie-Institution spiele. Die „Hauptschwierigkeit" wäre sicher die Erlangung einer entsprechenden Lotteriekonzession vom Staat, jedoch sei dies „als Ersatz für alte Privilegien" und für eine so „ehrwürdige Institution" wie die Leopoldina sicher im Bereich des Möglichen. MEYER erklärte sich sogar bereit, ein entsprechendes Projekt mit einem Vertreter der Hamburger Staatslotterie zu diskutieren.

ABDERHALDEN reagierte auf MEYERS Überlegungen sehr zurückhaltend.[93] Er habe die Vorschläge reiflich überdacht, ließ er MEYER wissen. Eine Lotterie käme „aus mannigfachen Gründen" nicht in Betracht. Eine entsprechende Genehmigung sei von den zuständigen Behörden derzeit sicher nicht zu erlangen, und „ohne jeden Zweifel" könne sich „die überwiegend große Zahl der Mitglieder unserer Akademie [...] nicht damit befreunden [...], daß die Leopoldina mit einer Lotterie verknüpft würde". Auch eine Entscheidung für den Druck von MEYERS Werk *Ideen und Ideale der biologischen Erkenntnis* in den *Nova Acta* falle ihm schwer. Es sei „irgendein in Betracht kommender finanzieller Erfolg" nicht zu erwarten, und noch lasteten auf der Akademie die Folgen der Fehlkalkulationen seines Amtsvorgängers und die unabgesetzten Restbestände der Veröffentlichungen aus dessen Präsidentenzeit. Der Buchhandel habe versucht, das erste Heft der Neuen Folge der *Nova Acta* zu vertreiben, jedoch sei nicht ein einziges Exemplar auf diesem Weg verkauft worden. Nur wenige Mitglieder waren bereit, die *Nova Acta* abzunehmen. Wenn nur die Hälfte der Akademiemitglieder die Schriftenreihe käuflich erwerben würde, wäre das eine „ganz bedeutende Hilfe", da die Veröffentlichungen zur Erhaltung des Tauschverkehrs unbedingt herausgebracht werden mussten. Auf MEYERS Buchprojekt eingehend, schrieb ABDERHALDEN: „Nun würde Ihr Werk bei der Einstellung der meisten Akademiemitglieder ohne jeden Zweifel wenig Anklang finden. Die Mediziner und Naturwissenschaftler sind wenig geneigt, Werke von der Art zu lesen, wie es das Ihrige

---

93 ABDERHALDEN an MEYER, o. O. [Halle/Saale] 17. 7. 1933, D, HAL 110/2/1, Bl. 39–40.

darstellt. Ich bedauere das natürlich in allergrößtem Maße." Er habe daher „mit voller Absicht im erschienenen Doppelheft der Nova Acta von Uexküll usw. zu Worte kommen lassen" und „halte es geradezu für eine der wichtigsten Aufgaben unserer Akademie, Grenzgebiete zu pflegen und Brücken von einer Wissenschaft zur anderen zu schlagen". ABDERHALDEN betonte: „Das von Ihnen bearbeitete Gebiet ist mir persönlich außerordentlich sympathisch." Leider müsse er aber dem schlechten Finanzzustand der Akademie Rechnung tragen. Voraussetzung für eine Veröffentlichung von MEYERS Opus *Ideen und Ideale der biologischen Erkenntnis* in den *Nova Acta* sei daher „eine Kürzung auf etwa 3 bis allerhöchstens 4 Bogen". Mehr Platz könne er „unter keinen Umständen zur Verfügung stellen", und er zweifle durchaus nicht daran, „daß sich manches kürzer darstellen ließe": „In der heutigen Zeit muß jeder Forscher alles tun, um für die Bekanntgabe von Ergebnissen möglichst wenig Raum in Anspruch zu nehmen. Von allen Seiten kommen Erlasse, die darauf ausgehen, Ersparnisse im Umfang von Zeitschriften zu erzielen." Vor allem käme die „Herausgabe eines Sonderheftes mit nur einem Thema" überhaupt nicht in Betracht. Vielmehr müsse er als Herausgeber „im Interesse des Absatzes darauf achten, daß verschiedenartige Gebiete in der einzelnen Lieferung" Berücksichtigung finden. Nur unter dieser Bedingung nämlich könne langfristig der Absatz der *Nova Acta* steigen.

Geraume Zeit nach dieser eingeschränkten Publikationszusage erkundigte sich ABDERHALDEN bei MEYER, ob er unter diesen Umständen ein Manuskript erwarten dürfe.[94] Er müsse nämlich rechtzeitig unterrichtet sein, um zu verhindern, dass Beiträge liegen bleiben. MEYER bestätigte, dass er dabei sei, das Manuskript zu kürzen und zu überarbeiten.[95] Anfang September 1933 berichtete MEYER, diesmal nicht aus Hamburg, sondern aus Aurich in Ostfriesland, nochmals von seiner Absicht, die Arbeit fertigzustellen. Er habe sich dazu „jetzt in die Stille der Kleinstadt" zurückgezogen.[96] Wenige Tage später erklärte MEYER ABDERHALDEN, dass er ca. 60 Druckseiten brauchen und damit den geplanten Umfang von 3 bis 4 Druckbogen bestimmt nicht überschreiten werde.[97] Am 12. September 1933 ging dann endlich das Manuskript an ABDERHALDEN ab.[98] Der Leopoldina-Präsident bestätigte drei Tage später den Eingang der Arbeit[99] und gab sie ohne erneute Durchsicht an die Druckerei weiter. Dabei übersah ABDERHALDEN, dass MEYER nicht etwa eine überarbeitete Fassung seines Buches *Ideen und Ideale der biologischen Erkenntnis* eingesandt hatte, sondern einen völlig anders strukturierten Text unter der Überschrift „Die Axiome der Biologie".[100]

Einige Abbildungen mussten noch umgezeichnet werden.[101] Mit der Rücksendung des ersten Teils der Korrektur beklagte sich MEYER,[102] dass „die Autoren überhaupt keine Separata bekommen" sollten. Das sei „eigentlich ungewöhnlich hart, aber vermutlich eben finanziell nicht anders zu machen". Sonst hätte ABDERHALDEN „dieses Manko [...] sicherlich längst abgestellt". MEYER benötigte „gut 200 Stück", könne diese sich aber nicht leisten. Er habe ja kein Institut; hätte er aber ein solches, so wäre er doch zurzeit nicht sicher, ob dieses noch über Mittel verfügen würde, um Sonderdrucke zu erwerben. Daher fragte er an, ob nicht die

---

94 ABDERHALDEN an MEYER, o. O. [Halle/Saale] 10. 8. 1933, D, HAL 110/2/1, Bl. 37.
95 MEYER an ABDERHALDEN, Hamburg 11. 8. 1933, HAL 110/2/1, Bl. 36.
96 MEYER an ABDERHALDEN, Aurich 5. 9. 1933, HAL 110/2/1, Bl. 35.
97 MEYER an ABDERHALDEN, Hamburg 10. 9. 1933, HAL 110/2/1, Bl. 27.
98 MEYER an ABDERHALDEN, Hamburg 12. 9. 1933, HAL 110/2/1, Bl. 28.
99 ABDERHALDEN an MEYER, o. O. [Halle/Saale] 15. 9. 1933, D, HAL 110/2/1, Bl. 26.
100 MEYER 1934b.
101 ABDERHALDEN an MEYER, o. O. [Halle/Saale] 11. 10. 1933, D, HAL 110/2/1, Bl. 23.
102 MEYER an ABDERHALDEN, Altona-Blankenese 12. 10. 1933, HAL 110/2/1, Bl. 25.

Leopoldina mit einem kleinen Zuschuss einspringen könne. Er habe nämlich „vier heranwachsende Kinder zu unterhalten und wüsste im Augenblick wirklich nicht, wo ich das Geld für die Separata hernehmen sollte". ABDERHALDEN sah sich veranlasst, wiederum auf die schwierige Situation der *Nova Acta* einzugehen.[103] Er verstehe, dass es für die Autoren schmerzlich sei, keine Sonderdrucke unentgeltlich zu erhalten. Die Herausgabe der *Nova Acta* verursache aber hohe Kosten, und im Tauschverkehr müsste unentgeltlich an über 600 Stellen geliefert werden. Der Verkauf sei gering, weil der Buchhandel zurzeit völlig versage. Wäre ein größerer Teil der Akademiemitglieder bereit, die Hefte zu kaufen, könnte er auch Sonderdrucke liefern. Jede Arbeit in den *Nova Acta* sei so beschaffen, dass sie an anderer Stelle nicht erscheinen würde. Die Akademie könne jedoch über die Drucklegung der Beiträge hinaus für die Autoren nicht mehr tun, zwinge sie dies doch schon zu erheblichen Finanzopfern. ABDERHALDEN betrachtete es jedoch als „eine wesentliche Aufgabe unserer Akademie in der Jetztzeit", „wertvolle Arbeiten herauszubringen". Es sei aber keineswegs leicht, die Verantwortung für die entstehenden Kosten zu tragen. Wenn MEYER sähe, wie er die Mittel „zusammenkratzen" müsse, dann würde er verstehen, dass es unmöglich sei, unentgeltlich Sonderdrucke abzugeben. Mehr als 50 Separata würden aber unter keinen Umständen geliefert, weil sonst der Absatz der *Nova Acta* leide und alle potentiellen Käuferwünsche bereits befriedigt seien.

MEYER antwortete ABDERHALDEN,[104] dass es einer so ausführlichen Entgegnung nicht bedurft hätte. Es wäre „eine einfache Dankespflicht aller Mitglieder, die ‚Nova Acta' zu abonnieren". Könne man da nicht etwas „durch Beschluss offiziell machen"? Die ca. 15 RM im Jahr werde jedes Mitglied schon aufbringen können. MEYER bestellte die höchstmöglichen 50 Separata, bat aber erst gegen Ende des Wintersemesters zahlen zu müssen, da ihn zurzeit die Hypothekenzinsen und die Bezahlung der Winterkohlen bedrückten.

MEYER hatte sein angekündigtes Werk *Ideen und Ideale der biologischen Erkenntnis*, das er Hans DRIESCH und Jakob VON UEXKÜLL als „den Pionieren der theoretischen Biologie in Dankbarkeit und Verehrung" gewidmet hatte,[105] unterdessen im Johann-Ambrosius-Barth-Verlag Leipzig erscheinen lassen. Mit diesem Band begründete MEYER die bedeutsame Sammelreihe *BIOS. Abhandlungen zur theoretischen Biologie und ihrer Geschichte, sowie zur Philosophie der organischen Naturwissenschaften*. Mitten im Korrekturprozess[106] der Arbeit „Axiome der Biologie" für die *Nova Acta* wurde ABDERHALDEN darauf aufmerksam und war deutlich verstimmt. MEYER versuchte, ihn zu beruhigen, und schrieb: „Meinen Brief haben Sie hoffentlich erhalten und sind nun hoffentlich auch selbst überzeugt, dass ich die Güte der Nova Acta nicht dadurch missbraucht habe, dass ich ihr nur die Wiederholung einer anderwärts erschienenen Arbeit geschickt habe. Das ist durchaus nicht der Fall. Ich halte vielmehr die ‚Axiome' für meine bisher beste Arbeit. Sollten Sie noch irgendwelche Zweifel an dem Wert der Arbeit für die Nova Acta haben, so bitte ich um freimütige Mitteilung. Ich werde dann sofort mein Mitgliedsdiplom zurückgeben. Allein ich habe in dieser Sache ein gutes Gewissen und hoffe, dass alles beim Bisherigen bleiben kann."[107]

---

103 ABDERHALDEN an MEYER, o. O. [Halle/Saale] 13. 10. [1933], HAL 110/2/1, Bl. 21.
104 MEYER an ABDERHALDEN, Hamburg 16. 10. 1933, HAL 110/2/1, Bl. 18.
105 MEYER 1934a, unpaginiertes Vorblatt.
106 MEYER an ABDERHALDEN, Hamburg/Altona-Blankenese 28. 11. 1933, HAL 110/2/1, Bl. 15; ABDERHALDEN an MEYER, o. O. [Halle/Saale] 30. 11. 1933, D, HAL 110/2/1, Bl. 14.
107 MEYER an ABDERHALDEN, Hamburg 7. 2. 1934, HAL 110/2/1, Bl. 7.

ABDERHALDEN antwortete,[108] er „habe nie bezweifelt, daß der Beitrag für die Nova Acta wertvoll" sei. Allerdings sei er sehr betroffen darüber gewesen, „daß der Beitrag, der angenommen war und den ich sorgfältig durchgesehen hatte (leider hatte ich versäumt, das neueingegangene Manuskript genauer durchzusehen) und dessen Annahme für die Nova Acta ich erklärte, anderweitig erschienen ist". Er hätte wohl erwarten dürfen, dass MEYER ihn von seinen geänderten Absichten deutlich unterrichtete. Dadurch, dass MEYER für die *Nova Acta* einen völlig anderen Beitrag abgab, sei „eine ganz neue Sachlage" entstanden, zu der er „erneut hätte Stellung nehmen müssen". Sicher wäre er mit jener Änderung einverstanden gewesen, sodass sich am Resultat letztlich nichts geändert hätte. ABDERHALDEN betrachtete daher die Angelegenheit als erledigt und hoffte auf eine weite Verbreitung der entsprechenden *Nova Acta*.

4.3 Die Axiome der Biologie und die Begründung einer Theoretischen Biologie

Adolf MEYER betonte 1934 in der Einleitung seines Aufsatzes „Die Axiome der Biologie", man spräche „heute viel von theoretischer Biologie".[109] So erwähnte er allein in deutscher Sprache drei umfassende Werke mit diesem Titel, nämlich von Jakob VON UEXKÜLL von 1920, Rudolf EHRENBERG (1884–1969) 1923 und Ludwig VON BERTALANFFY 1932/33.[110] Davon nähme vor allem BERTALANFFYS Buch „eine besondere Stelle ein", sei es doch „eine ausgezeichnete Generalbereinigung der Allgemeinen Biologien zum Zwecke ihrer Überführung in eine wirkliche theoretische Biologie".[111] Hinzu kamen nach MEYER zahlreiche „andere bedeutsame Werke". Er nannte Hans DRIESCHS *Philosophie des Organischen*, Helmuth PLESSNERS (1892–1985) *Die Stufen des Organischen und der Mensch*, Richard WOLTERECKS *Allgemeine Biologie* und Hans ANDRÉS (1891–1966) *Urbild und Ursache in der Biologie* bzw. Richard GOLDSCHMIDTS (1878–1958, L 1906) *Physiologische Theorie der Vererbung*,[112] „die sich mit demselben Recht wie die genannten diesen Titel hätten zulegen können". Oder richtiger – nach MEYERS Ansicht: „mit demselben Unrecht!" Obwohl diese Werke für die biologische Forschung äußerst wichtig waren, hätten sie „mit wirklicher theoretischer Biologie [...] genau so viel oder genau so wenig zu tun wie die zahlreichen bekannten Werke über ‚allgemeine Biologie'". Dass sie eher Allgemeine Biologien seien, zeige sich schon an dem differierenden Inhalt je nach Herkommen und speziellem Erfahrungsbereich der Verfasser. Die vom Physiologen EHRENBERG verfasste *Allgemeine Biologie* müsse „naturgemäß ein anderes Gesicht zeigen" als eine Darstellung des Typologen ANDRÉ, des Entwicklungsmechanikers WOLTERECK oder des Vererbungsforschers GOLDSCHMIDT.

Den Terminus „Theoretische Biologie" hingegen wollte MEYER „für eine heute zweifellos noch nicht vorhandene Disziplin reservieren, die sich in jedem Betracht als biologische Schwester der theoretischen Physik einmal wird sehen lassen können und müssen".[113]

MEYER unterschied „drei verschiedene biologische Forschungszweige, die sich in verallgemeinernder Absicht mit den Organismen oder den organischen Systemen" beschäftigen: die experimentelle, die allgemeine und die theoretische Biologie. Experimentelle und

---

108 ABDERHALDEN an MEYER, o. O. [Halle/Saale] 12. 2. 1934, D, HAL 110/2/1, Bl. 5.
109 MEYER 1934b, S. 474.
110 UEXKÜLL 1920, ²1928, EHRENBERG 1923, BERTALANFFY 1932.
111 MEYER 1934b, S. 374.
112 DRIESCH 1928, PLESSNER 1928, WOLTERECK 1932, ANDRÉ 1931, GOLDSCHMIDT 1927.
113 MEYER 1934b, S. 474–475.

allgemeine Biologie zeichneten sich gemeinsam durch das induktive Verfahren aus. Die allgemeine Biologie hatte jedoch stets nur allgemeinbiologische Probleme im Blick, die sie meist „kompilatorisch und synthetisierend" behandelte, während die experimentelle Biologie sich mit experimentellen Verfahren auf Spezialprobleme fokussierte. Sie gehörten beide für MEYER eng zusammen, war doch für ihn einerseits die allgemeine Biologie „nichts als das letzte Resümee der experimentellen Biologie" und andererseits die experimentelle Biologie „nichts anderes als die wichtigste Methode der allgemeinen Biologie, die ihr hilft, ihre Thesen und Ergebnisse im Empirischen fest zu verankern".[114] Die Theoretische Biologie unterschied sich davon in fundamentaler Weise, da sie ihrem Wesen nach niemals induktiv, sondern stets „nur deduktiv" vorgeht: „Als deduktive Disziplin steht sie als ein Ganzes den verbündeten induktiven, experimentellen und allgemeinen Biologien gegenüber; denn theoretische Biologie ist nicht nur allgemeine Biologie, sondern ebenso auch speziell Biologie, genau wie es die theoretische Physik auch ist. Theoretische Biologie beginnt und endet da, wo die deduktive Methode in der Biologie beginnt und endet." Prononcierter zusammengefasst, lautete MEYERS Definition: „Theoretische Biologie ist also deduktive Biologie, nicht mehr und nicht weniger."[115] Nur eine deduktiv verfahrende biologische Disziplin habe das Recht, als theoretische Biologie „innerhalb der Gesamtheit der biologischen Wissenschaften den Platz einzunehmen, den die theoretische Physik unter den physikalischen Wissenschaften heute unangefochten behauptet".

Als „Hauptdomänen deduktiven Denkens" kennzeichnete MEYER Logik und Mathematik. Als Hauptmerkmal deduktiven Erkennens führte er „die absolute, notwendige Gültigkeit deduktiver Ableitungen" an.[116] In den Realwissenschaften, zu denen die Biologie gehört, bestand für MEYER „die Aufgabe der Deduktion darin, aus irgendeinem durch Erfahrung sichergestellten Satz, zumeist ein größeres Erfahrungsgebiet umfaßend [sic] und als ‚Gesetz' bezeichnet, ohne erneute Befragung der Erfahrung, also lediglich mit Hilfe logischer oder mathematischer Operationen, neue Erfahrungssätze mit anderem Inhalt, als sie der Ausgangserfahrungssatz hatte, abzuleiten".[117] Nach MEYER konnte man das „deduktive Verfahren auch als eine fortschreitende Idealisierung der Realwissenschaften charakterisieren".[118] Das Fundament sollten Realaxiome bilden, die bei dem derzeitigen Stand der Wissenschaft sich nicht mehr ableiten ließen.[119] Das Wesen einer theoretischen Wissenschaft sah er dann darin, „möglichst viel Theoreme – Naturgesetze – des betr. Gebietes zu idealisieren und die Anzahl der jeweils verbleibenden Realaxiome immer mehr zu vermindern."[120] Danach war es für MEYER das erste Erfordernis einer theoretischen Realwissenschaft, „geeignete Realaxiome ausfindig zu machen". Das dazu einzuschlagende Verfahren behandelte er als „Phänomenologie des Organischen". Habe man schließlich geeignete Realaxiome formuliert, so bestehe „die weitere Aufgabe der Deduktion darin, aus ihnen mit Hilfe idealwissenschaftlicher Transformationen neue Theoreme (Naturgesetze) abzuleiten, die dann ihrerseits an der Erfahrung nachgeprüft werden müssen, um sie zu bestätigen oder zu verwerfen".[121] Das Gebäude der theoretischen Wissenschaft bestünde

---

114 Ebenda, S. 475.
115 Ebenda.
116 Ebenda.
117 Ebenda, S. 476–477. Im Original teilweise gesperrt geschrieben.
118 Ebenda, S. 477.
119 Ebenda.
120 Ebenda.
121 Ebenda, S. 478.

dann aus Realaxiomen und Idealtransformationen, die von dreierlei Art seien: „Logische, mathematische oder historistische Transformationen".[122] Die Mathematik stellte dabei „innerhalb der modernen Naturwissenschaft unbestritten das allerwichtigste Deduktionsverfahren dar. Die moderne Naturwissenschaft ist mathematische Naturwissenschaft oder sie ist überhaupt nicht!"[123]

Für seine Theoretische Biologie führten MEYERS Überlegungen zu der Konsequenz, dass das vitalistische Programm „als programmatische Leitidee für die moderne theoretische Biologie nicht mehr in Frage" komme, ebensowenig aber das mechanistische Programm. Wenn man jedoch mathematische und mechanistische Naturwissenschaft gleichsetze, entstehe die entscheidende Frage, ob die Mathematik dennoch für jene Theoretische Biologie „noch die sichere deduktive Grundlage" abgeben könne.[124] MEYER postulierte nun, dass – wie einst Quantentheorie und Wellenmechanik die mechanistische Idee in der Physik überwunden hätten – das von ihm hier vertretene „biologische Erkenntnisideal des Organizismus oder Holismus [...] dasselbe auch auf dem Felde der Biologie" tun werde. Mathematisch sei auch die moderne Physik geblieben, und mathematisch müsse auch die „kommende holistische, theoretische Biologie werden, wenn sie nicht im Nurmetabiologischen stecken bleiben will". In Analogie zur Physik müsse die neue holistische Mathematik, die für jene neue Biologie gebraucht werde, erst mit Hilfe der Mathematiker neu geschaffen werden. Nach MEYER wäre es für diese neue Biologie vor allem erforderlich, „einen Kalkül zu entwickeln, der uns erlaubt, das Verhältnis eines Ganzen zu seinen Gliedern, die für sich genommen selber wieder Ganzheiten sind, mathematisch darzustellen.[125]

Neben Logik und Mathematik spielten für die Theoretische Biologie schließlich historische Transformationen eine große Rolle, „die beim deduktiven Aufbau der Phylogenie als der Geschichte der organischen Systeme die Rolle der Logik und Mathematik übernehmen".[126] MEYER beabsichtigte daher mit der vorliegenden Arbeit „Die Axiome der Biologie" „den innerlogischen Aufbau und Zusammenhang der theoretischen Biologie selbst darzustellen, d. h. eine Axiomatik der organischen Systeme zu liefern". Aufgabe der folgenden Untersuchungen war es dann, „auf der hier entwickelten Plattform in deduktiver Weise die jeweiligen Theoreme der Typologie (Morphologie), Phylogenie und Physiologie zu entwickeln".[127] Daher umfasste MEYERS Darstellung neben der „Phänomenologie der organischen Systeme" besondere Abschnitte über „III. Axiome der Typologie", „IV. Axiome der Phylogenie" und „V. Axiome der Physiologie".

Mit seinem Ansatz gehörte MEYER zweifellos zu den Begründern der Theoretischen Biologie. Die Leopoldina feierte ihn daher anlässlich seines 70. Geburtstages 1963: „Als Begründer der holistischen Auffassung der Organismen wie auch als Herausgeber der Reihen ‚Bios' (1934 ff.), ‚Acta biotheoretica' (1935–44) und ‚Physis' (1942 ff.) erwarben Sie sich Weltruf. [...] So haben Sie fast ein halbes Jahrhundert unermüdlich in glücklicher Synthese von Biologie und Philosophie [...] Ihr Lebenswerk geschaffen: [ergänzt auf Extrazettel] eine historisch fundierte theoretische Biologie, die logisch gleichberechtigt neben der theoretischen

---

122 Ebenda, S. 479.
123 Ebenda, S. 480.
124 Ebenda, S. 481.
125 Ebenda, S. 482.
126 Ebenda.
127 Ebenda, S. 483.

Physik steht, abgesehen von Ihren bedeutsamen Beiträgen zur Erkenntnis von Jungius, Goethe, Carus[128] u. a. Naturforscher."[129]

Zu den Vorbildern für MEYERS Ansatz gehörte insbesondere die *Theoretische Biologie* von Ludwig VON BERTALANFFY, der MEYER als „ausgezeichnete[r] Generalbereinigung der Allgemeinen Biologien zum Zwecke ihrer Überführung in eine wirkliche theoretische Biologie" einen besonderen Stellenwert zugebilligt hatte. HARTMANN hingegen hatte postuliert, dass weder DRIESCH und UEXKÜLL und noch weniger RIGNANO und BERTALANFFY die geistigen Führer der neuen Biologie seien, sondern eben Experimentalbiologen wie BOVERI, CORRENS, MORGAN, SPEMANN und Otto WARBURG.[130]

An anderer Stelle führen wir daher die Diskussion um die Theoretische Biologie in der Leopoldina am Beispiel von Ludwig VON BERTALANFFY fort.[131]

Literatur

ANDRÉ, H.: Urbild und Ursache in der Biologie. München u. a.: Oldenbourg 1931
BERTALANFFY, L. VON: Theoretische Biologie. Bd. *1*. Berlin: Borntraeger 1932
BROCK, F.: Jakob Johann Baron von Uexküll. Zu seinem 70. Geburtstage am 8. September 1934. Sudhoffs Archiv für Geschichte der Medizin und der Naturwissenschaften *27*/3 und 4, 193–203 (1934)
BURCHARDS, E.: In einem Gelehrtenleben spiegelt sich die Universitätsgeschichte. Adolf Meyer-Abich: Leben für die Wissenschaft – Wissenschaft für das Leben. In: *Präsident der Universität Hamburg* (Hrsg.): Berichte und Meinungen aus der Universität Hamburg. Bd. *25*, 52–58 (1994)
CHEN, H.-a.: Die Sexualitätstheorie und „Theoretische Biologie" von Max Hartmann in der ersten Hälfte des zwanzigsten Jahrhunderts. Stuttgart: Franz Steiner 2003
DRIESCH, H.: Philosophie des Organischen. 4. Aufl. Leipzig: Quelle & Meyer 1928
DRIESCH, H.: Die nicht-mechanistische Biologie und ihre Vertreter. Nova Acta Leopoldina N. F. Bd. *1*, Heft 2 und 3, 282–287 (1933)
EHRENBERG, R.: Theoretische Biologie. Berlin: Springer 1923
GABATHULER, J.: Emil Abderhalden. Sein Leben und Werk. Wattwil: Abderhalden-Vereinigung 1991
GERSTENGARBE, S., HALLMANN, H., und BERG, W.: Die Leopoldina im Dritten Reich. Acta Historica Leopoldina Nr. *22*, 167–212 (1995)
GERSTENGARBE, S., und SEIDLER, E.: „... den Erfordernissen der Zeit in vollem Ausmaß angepaßt." – Die Leopoldina von 1932 bis 1945. In: PARTHIER, B., und ENGELHARDT, D. VON (Hrsg.): 350 Jahre Leopoldina – Anspruch und Wirklichkeit. Festschrift der Deutschen Akademie der Naturforscher Leopoldina 1652–2002. S. 227–262. Halle (Saale): Leopoldina/Druck-Zuck 2002
GOLDSCHMIDT, R.: Physiologische Theorie der Vererbung. Berlin: Springer 1927
HALDANE, J. S.: Die philosophischen Grundlagen der Biologie. Ins Deutsche übersetzt und mit Anmerkungen versehen von A. MEYER. Berlin: Prismen-Verlag 1932
HALLER, H.-R.: Gustav Wolff (1865–1941) und sein Beitrag zur Lehre vom Vitalismus. Basel, Stuttgart: Schwabe & Co. 1968

---

128 Gemeint sind hier die Forschungen MEYER-ABICHS zu dem Mathematiker, Physiker und Philosophen Joachim JUNGIUS (1587–1657), dem Gynäkologen, Physiologen und Psychologen sowie Leopoldina-Präsidenten Carl Gustav CARUS (1789–1869, L 1818) sowie um Leopoldina-Mitglied Johann Wolfgang VON GOETHE (1749–1832, L 1818).
129 Vorschlag für das Glückwunschschreiben an MEYER-ABICH zum 70. Geburtstag von ZAUNICK für Präsident MOTHES, zum 14. 11. 1963, HAL MM 4130 Adolf Meyer-Abich.
130 HARTMANN an ABDERHALDEN, Berlin-Dahlem 22. 12. 1932, HAL 110/2/1, Bl. 69; HARTMANN 1931, S. 71.
131 KAASCH und KAASCH 2014a (in diesem Band, S. 181–202).

HARTMANN, M: Allgemeine Biologie. Jena: Fischer 1925–1927 (2 Teile), 2. vollst. neubearb. Aufl. 1933

HARTMANN, M.: Die Welt des Organischen. In: Das Weltbild der Naturwissenschaften. Vier Gastvorlesungen an der Technischen Hochschule Stuttgart im Sommersemester 1931. S. 24–71. Stuttgart: Ferdinand Enke 1931

HARTMANN, M.: Wege der biologischen Erkenntnis. Nova Acta Leopoldina N. F. Bd. *1*, Heft 2 und 3, 294–301 (1933a)

HARTMANN, M.: Die methodologischen Grundlagen der Biologie. Leipzig: Meiner 1933b

JAHN, I. (Hrsg.), unter Mitwirkung von KRAUSSE, E., LÖTHER, R., QUERNER, H., SCHMIDT, I., und SENGLAUB, K.: Geschichte der Biologie. Theorien, Methoden, Institutionen, Kurzbiographien. 3. Aufl. Heidelberg, Berlin: Spektrum Akademischer Verlag 2000

KAASCH, J., und KAASCH, M.: Hallesche Naturwissenschaftler (Emil Abderhalden und Johannes Weigelt) in der Zeit des Nationalsozialismus – Eine Fallstudie mit Jenaer Beziehungen. In: HOSSFELD, U., JOHN, J., LEMUTH, O., und STUTZ, R. (Hrsg.): „Kämpferische Wissenschaft". Studien zur Universität Jena im Nationalsozialismus. S. 1027–1064. Köln, Weimar, Wien: Böhlau Verlag 2003

KAASCH, M.: „Gelingt es mir jedoch, auch nur da und dort Hilfe zu bringen, dann habe ich nicht umsonst gelebt." – Der Wissenschaftler und Arzt Emil Abderhalden (1877–1950) in Halle. In: HARTWICH, H.-H., und BERG, G. (Hrsg.): Bedeutende Gelehrte der Universität zu Halle seit ihrer Gründung im Jahr 1694. Montagsvorträge zur Geschichte der Universität Halle II. S. 143–188. Opladen: Leske + Budrich 1995

KAASCH, M., und KAASCH, J.: Wissenschaftler und Leopoldina-Präsident im Dritten Reich: Emil Abderhalden und die Auseinandersetzung mit dem Nationalsozialismus. Acta Historica Leopoldina Nr. *22*, 213–250 (1995)

KAASCH, M., und KAASCH, J.: Emil Abderhalden: Ethik und Moral in Werk und Wirken eines Naturforschers. In: FREWER, A., und NEUMANN, J. N. (Hrsg.): Medizingeschichte und Medizinethik. Kontroversen und Begründungsansätze 1900–1950. S. 204–246. Frankfurt/Main, New York: Campus Verlag 2001

KAASCH, M., und KAASCH, J.: Zwischen Inflationsverlust und großdeutschem Anspruch – Die Leopoldina unter den Präsidenten Gutzmer und Walther von 1921 bis 1932. In: PARTHIER, B., und ENGELHARDT, D. VON (Hrsg.): 350 Jahre Leopoldina. Anspruch und Wirklichkeit. Festschrift der Deutschen Akademie der Naturforscher Leopoldina 1652–2002. S. 187–225. Halle (Saale): Leopoldina/Druck-Zuck 2002

KAASCH, M., und KAASCH, J.: Die so notwendige Emeritierung der Institute – Die wirklichen und die geplanten Forschungsstätten des Biochemikers Emil Abderhalden. In: GROEBEN, C., KAASCH, J., und KAASCH, M. (Hrsg.): Stätten biologischer Forschung/Places of Biological Research. Beiträge zur 12. Jahrestagung der DGGTB in Neapel 2003. Verhandlungen zur Geschichte und Theorie der Biologie Bd. *11*, S. 253–280. Berlin: VWB – Verlag für Wissenschaft und Bildung 2005

KAASCH, M., und KAASCH, J.: „... daß die mir zuteil gewordene Ehrung nicht der Person, sondern dem Fache gilt" – Die Leopoldina und die Wissenschaftsgeschichte. In: KAASCH, M., und KAASCH, J. (Hrsg.): Disziplingenese im 20. Jahrhundert. Beiträge zur 17. Jahrestagung der DGGTB in Jena 2008. Verhandlungen zur Geschichte und Theorie der Biologie Bd. *15*, S. 213–253. Berlin: VWB – Verlag für Wissenschaft und Bildung 2010

KAASCH, M., und KAASCH, J.: „Die Entwicklung gab ihm aber recht ..." – Ludwig von Bertalanffy und die Theoretische Biologie in der Leopoldina in den 1960er Jahren. In: KAASCH, M., und KAASCH, J. (Hrsg.): Ordnung – Organisation – Organismus. Beiträge zur 20. Jahrestagung der DGGTB in Bonn 2011. Verhandlungen zur Geschichte und Theorie der Biologie Bd. *18*, S. 181–202. Berlin: VWB – Verlag für Wissenschaft und Bildung 2014a

KAASCH, M., und KAASCH, J.: Forscher als Führer? – Die Präsidenten der Leopoldina in Weimarer Republik und NS-Zeit Johannes Walther und Emil Abderhalden. Acta Historica Leopoldina Nr. *64* (2014b, im Druck)

MEYER, A.: Ideen und Ideale der biologischen Erkenntnis. Beiträge zur Theorie und Geschichte der biologischen Erkenntnis. (BIOS. Abhandlungen zur theoretischen Biologie und ihrer Geschichte, sowie zur Philosophie der organischen Naturwissenschaften Bd. *1*) Leipzig: Johann Ambrosius Barth 1934a

Meyer, A.: Die Axiome der Biologie. Nova Acta Leopoldina N. F. Bd. *1*, Heft 4 und 5, 474–551 (1934b)
Mildenberger, F.: Umwelt als Vision. Leben und Werk Jakob von Uexkülls (1864–1944). Stuttgart: Franz Steiner 2007
Mocek, R.: Wilhelm Roux – Hans Driesch. Zur Geschichte der Entwicklungsphysiologie der Tiere (Entwicklungsmechanik). Jena: Fischer 1974
Mocek, R.: Die werdende Form. Eine Geschichte der kausalen Morphologie. Marburg (Lahn): Basilisken-Presse 1998
Plessner, H.: Die Stufen des Organischen und der Mensch. Berlin, Leipzig: de Gruyter 1928
Uexküll, G. von: Jakob von Uexküll, seine Welt und seine Umwelt. Eine Biographie. Hamburg: Wegner 1964
Uexküll, J. von: Theoretische Biologie. 1. Aufl. Berlin: Patel 1920. 2. Aufl. Berlin: Springer 1928
Uexküll, J. von: Menschenpläne und Naturpläne. Deutsche Rundschau Mai 1932, 96–99 (1932)
Uexküll, J. von: Biologie oder Physiologie. Nova Acta Leopoldina N. F. Bd. *1*, Heft 2 und 3, 276–281 (1933)
[Walther, J.] (Kaiserlich Leopold[inisch] Deutsche Akademie der Naturforscher zu Halle) (Hrsg.): Deutschland. Die Natürlichen Grundlagen seiner Kultur. Leipzig: Quelle und Meyer 1928
Walther, J. (Hrsg.): Goethe als Seher und Erforscher der Natur. Untersuchungen über Goethes Stellung zu den Problemen der Natur. Halle (Saale): Kaiserlich-Leopoldinische Deutsche Akademie der Naturforscher 1930
Weigelt, J., gemeinsam mit Disselhorst, R., und Abderhalden, E. (Hrsg.): Festschrift für Johannes Walther. Leopoldina. Berichte der Kaiserlich Leopoldinischen Deutschen Akademie der Naturforscher zu Halle Bd. *6* (1930)
Wolff, G.: Leben und Erkennen. Vorarbeiten zu einer biologischen Philosophie. München: Reinhardt 1933a
Wolff, G.: Harnstoffsynthese und Vitalismusfrage. Nova Acta Leopoldina N. F. Bd. *1*, Heft 2 und 3, 288–293 (1933b)
Woltereck, R.: Grundzüge einer allgemeinen Biologie. Die Organismen als Gefüge/Getriebe, als Normen und als erlebende Subjekte. Stuttgart: Enke 1932

Dr. Michael Kaasch
Arbeitsgruppe Wissenschaftsgeschichte/
Redaktion Nova Acta Leopoldina
Deutsche Akademie der Naturforscher Leopoldina –
Nationale Akademie der Wissenschaften
Postfach 110543
06019 Halle (Saale)
Bundesrepublik Deutschland
Tel.: +49 345 47239134
Fax: +49 345 47239139
E-Mail: kaasch@leopoldina.org

„Die Entwicklung gab ihm aber recht ..." – Ludwig von Bertalanffy und die Theoretische Biologie in der Leopoldina in den 1960er Jahren*

Michael KAASCH und Joachim KAASCH (Halle/Saale)

Zusammenfassung

Nach dem Beginn der Diskussion um eine Theoretische Biologie in der Leopoldina in den 1930er Jahren setzte sich die Beschäftigung der Akademie mit diesen Fragen fort und erreichte unter der Präsidentschaft des Botanikers und Biochemikers Kurt MOTHES (1900–1983) mit den Leopoldina-Jahresversammlungen zu den Themen „Biologische Modelle" (1967), „Struktur und Funktion" (1969) und „Informatik" (1971) sowie der nicht unumstrittenen Zuwahl des Biotheoretikers Ludwig VON BERTALANFFY (1901–1972) 1968 Höhepunkte. Der Beitrag analysiert die Behandlung von Fragen nach den Grundlagen der Biologie und den Umgang mit einer Theoretischen Biologie in der Naturforscherakademie an einem Beispiel der Aufnahmepolitik.

Summary

After the start in the 1930s the Leopoldina continued to look at questions of theoretical biology which pinnacled under the presidency of botanist and biochemist Kurt MOTHES (1900–1983) with the Leopoldina's annual assemblies "Biological Models" (1967), "Structure and Function" (1969) and "Informatics" (1971) and the controversial election of bio-theorist Ludwig VON BERTALANFFY (1901–1972). This article analyses how questions about the fundamentals of biology are treated and theoretical biology is dealt with at the Academy of Sciences in a special election case.

1. Die Fortsetzung der Debatte zur Theoretischen Biologie unter Präsident Kurt Mothes (Amtszeit 1954–1974)

Bereits unter ihrem XX. Präsidenten Emil ABDERHALDEN (1877–1950, L[1] 1912) beschäftigte sich die Leopoldina in den 1930er Jahren mit Fragen der Begründung einer Theoretischen Biologie.[2] An diese Tradition konnte in der Amtszeit des XXII. Präsidenten Kurt MOTHES (1900–1983, L 1940),[3] der von 1954 bis 1974 an der Spitze der Akademie stand, angeknüpft werden.

---

* Der Beitrag ergänzt den Vortrag des Erstautors auf der 20. Jahrestagung der *Deutschen Gesellschaft für Geschichte und Theorie der Biologie* vom 16. bis 19. Juni 2011 in Bonn.
1 L – Mitglied der Leopoldina seit ...
2 Siehe KAASCH 2014 (in diesem Band, S. 153–179).
3 Zu MOTHES siehe PARTHIER 2001, PARTHIER und GERSTENGARBE 2002, KAASCH und KAASCH 2007, KAASCH 2012. Zur Pflege der Biologie in der Leopoldina während der Amtszeit von MOTHES siehe KAASCH 2001, S. 254–260; und KAASCH und KAASCH 2012, S. 466–481.

Mit der Jahresversammlung 1967 zum Thema „Biologische Modelle"[4] beginnend, stellte die Leopoldina wichtige erkenntnistheoretische Fragen und mathematisch-theoretische Modellbildungen, auch zu den Grundlagen der Biologie, in den Fokus der Akademieveranstaltungen. Auf der Jahresversammlung 1971 zum Thema „Informatik" fasste Präsidiumsmitglied Günter BRUNS (1914–2003, L 1960) die Intentionen folgendermaßen zusammen: „Warum also Informatik? Das Thema soll den Abschluß und, wie wir hoffen, die Krönung eines Generalthemas sein, dessen Entwicklung sich bereits 1965 übersehen ließ. Es wurde 1967 eingeleitet mit einer Bestandsaufnahme unseres erkenntnistheoretischen Wissens über ‚Biologische Modelle', mit einem Symposium über ‚Modell und Erkenntnis' unter Leitung von Herrn v. WEIZSÄCKER[5] und dem Festvortrag von Max DELBRÜCK[6] über ‚Probleme der gegenwärtigen Biologie'.[7] Der Kristallisationspunkt der Jahrestagung betraf die Frage nach der organischen bzw. molekularen Ordnung des Lebendigen, die wir unter dem Thema ‚Struktur und Funktion'[8] auf die Tagesordnung der Jahresversammlung 1969 setzten mit einem gleichlautenden Symposion, wiederum unter Leitung von Herrn v. WEIZSÄCKER. Den Festvortrag über ‚Die Evolution biologischer Makromoleküle' hielt Manfred EIGEN.[9] Als Fazit ergab sich die *Einheit von Struktur und Materie, Energie und Leistung* als ein Prinzip der molekularen und atomaren Ordnung des Lebendigen. Damals hielt Herr v. WEIZSÄCKER die *Gleichsetzung von Materie und Information* für möglich. Sogleich stellte sich uns die Frage nach der Existens [sic!] ‚*informativer Moleküle*'. So lautet nun die seit 6 Jahren geplante Thematik unserer heutigen Jahresversammlung." Man hoffte, dass die Tagung die „offenbare Lücke zwischen Physik und Biologie schließen hilft".[10] Dazu gehörte auch das Thema einer Theoretischen Biologie.

2. Die Planung der Jahresversammlung „Biologische Modelle" 1967 und die Beteiligung Ludwig von Bertalanffys

Zu den führenden Vertretern der Theoretischen Biologie gehörte Ludwig VON BERTALANFFY (1901–1972).[11] Seine intensive Beschäftigung mit diesen Fragen fand zuerst in seiner *Kritische[n] Theorie der Formbildung* (1928) ihren Niederschlag. 1932 folgte der erste Band

---

4 SCHARF und BRUNS 1968.
5 Carl Friedrich VON WEIZSÄCKER (1912–2007), Physiker und Philosoph, Leopoldina-Mitglied seit 1959. Die „Round-Table-Diskussion über Modell und Erkenntnis" in SCHARF und BRUNS 1968, S. 231–269.
6 Max DELBRÜCK (1906–1981), zunächst Physiker, dann Molekularbiologe, Leopoldina-Mitglied seit 1963, Nobelpreis für Physiologie und Medizin 1969.
7 Der Vortrag fehlt im Tagungsband.
8 SCHARF 1970a.
9 Manfred EIGEN (*1927), Biophysiker und Leopoldina-Mitglied seit 1964, Nobelpreis für Chemie 1967. Von EIGENS Vortrag findet sich im Tagungsband nur der Titel (SCHARF 1970, S. 62).
10 BRUNS 1972, S. 70.
11 Carl Ludwig VON BERTALANFFY studierte zunächst Philosophie und Kunstgeschichte in Innsbruck, dann in Wien, dort auch Naturwissenschaften, vor allem Biologie. 1926 wurde er bei dem Neopositivisten Moritz SCHLICK (1882–1936) promoviert. 1934 habilitierte er sich mit einer fächerübergreifenden Arbeit und wurde Privatdozent bzw. 1941 außerplanmäßiger Professor am Zoologischen Institut der Universität in Wien. 1937/38 hielt er sich mit einem Rockefeller-Stipendium in den USA auf. Nach 1945 verließ er Wien. Er wirkte dann vorübergehend in London und Montreal (Kanada). Von 1949 bis 1954 war er Professor und Direktor des biologischen Departments der Universität

seiner *Theoretischen Biologie*, 1942 kam der zweite Band heraus. Im Vorwort zum ersten Teil heißt es: „In diesem Werke wird ein Versuch unternommen, die heute vorhandenen theoretischen Ergebnisse der Biologie zusammenzufassen, zu ordnen und unter einem einheitlichen Gesichtspunkt darzustellen. Sein Ziel ist erstens die Klärung und Sichtung der gegenwärtig in der Lebenswissenschaft angewendeten Begriffe und Theorien – sowohl der allgemeinen Grundeinstellungen über den Sinn und die Aufgaben biologischen Forschens, wie auch der Erklärungen, die man für die einzelnen Tatsachengebiete der Lebenserscheinungen gegeben hat. Zweitens aber soll der Versuch einer theoretischen Grundlegung unserer Wissenschaft unternommen werden. [...] Die Hoffnung scheint begründet, daß die theoretische und begriffliche Klärung beitragen kann zur Befreiung von überflüssigen Streitigkeiten und Scheinproblemen, an denen das theoretische Denken in der Biologie sich vielfach erschöpfte, und zur Erkenntnis der wahren Probleme, an denen es in Zukunft seine Kraft erproben muß. Zugleich aber scheint es an der Zeit, unsere reiche Tatsachenkenntnis, so weit es heute möglich ist, zu einem synthetischen Gesamtbilde zusammenzufügen."[12]

BERTALANFFYS Ansatz war von Anfang an nicht unumstritten. So dekreditierte Max HARTMANN (1876–1962, L 1932) in seinem Aufsatz „Die Welt des Organischen" im Sammelband *Das Weltbild der Naturwissenschaften* (1931) etwa: „Nicht Driesch und Üxküll und noch weniger Rignano und Bertallanfy [sic!] sind die geistigen Führer der neuen Biologie, sondern in Forscherpersönlichkeiten wie Boveri, Correns, Morgan, Spemann und O. Warburg verkörpert sich der Geist der neuen Biologie."[13] BERTALANFFY setzte seinen Weg mit seinen Veröffentlichungen *Vom Molekül zur Organismenwelt* (1944), *Das biologische Weltbild* (1949), *General System Theory* (1951) und *Biophysik des Fließgleichgewichts* (1953) aber erfolgreich fort und wurde zum Mitbegründer der Allgemeinen Systemtheorie.

Nach dem Zweiten Weltkrieg wurden die systemtheoretischen Arbeiten des Biotheoretikers Ludwig VON BERTALANFFY in breiteren Wissenschaftskreisen, vor allem unter Kybernetikern und Ökologen, aber auch Psychologen, Soziologen und Wirtschaftswissenschaftlern, immer populärer und auf verschiedene Weise rezipiert. Das ließ schließlich die Person BERTALANFFYS verstärkt auch in das Blickfeld der Naturforscherakademie Leopoldina geraten. Die Jahresversammlung 1967 wurde für das Präsidium der Leopoldina federführend von dem Pathologen Günter BRUNS und dem Anatomen Joachim-Hermann SCHARF (*1921, L 1961) organisiert. Sie regten an, als Referent für das Thema „Das Modell des offenen Systems" Ludwig VON BERTALANFFY zum Akademikertreffen nach Halle (Saale) einzuladen. Im Juni 1966 wandte sich der XXII. Leopoldina-Präsident Kurt MOTHES an BERTALANFFY,[14] den die Akademieführung noch in Topeka (Kansas, USA) vermutete, obwohl er bereits seit 1961 Professor für Theoretische Biologie an der *University of Alberta* in Edmonton (Kanada) war. MOTHES nannte das geplante Thema und schilderte die Bedeutung der Leopoldina-Jahresversammlungen

---

Ottawa (Kanada). Von 1955 bis 1958 wirkte er in Los Angeles (CA, USA), wechselte für die Zeit von 1958 bis 1960 an die *Menninger Foundation* in Topeka (KS, USA) und ging schließlich 1961 als Professor für Theoretische Biologie an die *University of Alberta* in Edmonton (Kanada). Den letzten Wirkungsabschnitt verbrachte er in Buffalo (NY, USA). Kurzbiographie in JAHN et al. 2000, S. 777. Ausführlichere Darstellungen: GRAY und RIZZO 1973, NIERHAUS 1981, DAVIDSON 1983, BRAUCKMANN 1997.

12 BERTALANFFY 1932, S. III.
13 HARTMANN 1931, S. 71. Siehe dazu KAASCH 2014 (in diesem Band, S. 153–179).
14 MOTHES an Ludwig VON BERTALANFFY, o. O. [Halle/Saale] 21. 6. 1966, D, Halle (Saale), Archiv der Leopoldina (HAL) MM 5455 Ludwig von Bertalanffy.

unter den Bedingungen einer DDR hinter dem eisernen Vorhang: „Die Jahresversammlungen der Akademie alternieren mit denen der Gesellschaft Deutscher Naturforscher und Ärzte. Ihre wissenschaftlichen Programme nehmen aktuelle Forschungsergebnisse und Entdeckungen mit besonderem heuristischen Wert aus Naturwissenschaft und Medizin auf, um den Kreis von Akademiemitgliedern und die studentische Jugend zu informieren, die sich nur auf die Erfahrungen in unserem Lande beschränken müssen." Die vorgesehenen Referenten seien überwiegend Mitglieder der Akademie, auf deren Mitwirkung man nach den guten Erfahrungen der letzten Jahre rechnen konnte. MOTHES bat BERTALANFFY um Mithilfe und schrieb: „Das Präsidium der Akademie ist der vollen Überzeugung, daß Ihr internationaler Rang als Wissenschaftler und der von Ihnen erbetene Vortrag: / ‚Das Modell des offenen Systems' / den vollen Erfolg der Tagung sichern wird." Außerdem wünschte der Leopoldina-Präsident BERTALANFFYS Beteiligung am abschließenden Diskussionskreis unter der Leitung des Physikers Carl Friedrich VON WEIZSÄCKER, der die Ergebnisse der Tagung zusammenfassen sollte. Die Kosten für die Reise von Nordamerika nach Halle (Saale) wollte die Akademie übernehmen und wohl aus dem besonderen Spendenkonto für die Leopoldina in der BRD unter der Ägide von Adolf BUTENANDT (1903–1995, L 1934) begleichen.

Der Brief erreichte BERTALANFFY, der gerade zu einem längeren Aufenthalt in Europa weilte, nach einer „kleinen Odyssee" über Topeka in den USA, Edmonton in Kanada und Neapel in Italien in Kronberg im Taunus.[15] Er antwortete Präsident MOTHES, dass er sich über die Einladung zur Jahresversammlung der Leopoldina „ganz besonders gefreut" habe, weil er in Amerika in ehrender Weise aufgefordert worden sei und wegen des Themas, das ihn besonders interessiere. BERTALANFFY beabsichtigte, Mitte Juli 1966 nach Leipzig zu dem Biophysiker Walter BEIER (*1925, L 1973) zu reisen, und bat um Kontakt dort. Leider könne er „nicht sofort eine definitive Antwort" geben. Da er gerade einen dreimonatigen Studienaufenthalt in Europa absolvierte und erst Ende September nach Edmonton zurückkehren wollte, meinte er, nicht bereits für Oktober 1966 eine weitere Europareise von seiner Universität genehmigt zu erhalten.

Allerdings unterlag BERTALANFFY dabei einem Irrtum, hatte er doch nicht berücksichtigt, dass die Leopoldina-Jahresversammlung erst ein Jahr später, 1967, stattfinden sollte. Auf diese Verwechselung wies ihn dann Leopoldina-Vizepräsident Erwin REICHENBACH (1897–1973, L 1950) in seiner Antwort auf den Absagebrief hin.[16] Da Präsident MOTHES auf einer längeren Auslandsreise war, sollte der Anatom SCHARF BERTALANFFY in Leipzig aufsuchen. Nachdem die Terminverwechslung geklärt war, telegrafierte BERTALANFFY sofort, dass er die Einladung zur Leopoldina-Jahresversammlung akzeptiere,[17] und entschuldigte sich brieflich bei Präsident MOTHES für das Versehen.[18] Mit Freude nehme er die Einladung an und werde mit „grösstem Vergnügen" den Vortrag „Das Modell des offenen Systems" halten sowie am Abschlusskolloquium der Tagung teilnehmen.

---

15 BERTALANFFY an MOTHES, Kronberg (Taunus) 6. 7. 1966, HAL MM 5455 Ludwig von Bertalanffy.
16 Erwin REICHENBACH an BERTALANFFY, o. O. [Halle/Saale] 13. 7. 1966, D, HAL MM 5455 Ludwig von Bertalanffy.
17 BERTALANFFY an MOTHES, Telegramm, Datum unleserlich, HAL MM 5455 Ludwig von Bertalanffy.
18 BERTALANFFY an MOTHES, Kronberg (Taunus) 15. 7. 1966, HAL MM 5455 Ludwig von Bertalanffy.

3. Ludwig von Bertalanffy – ein Kandidat für die Leopoldina?

Als die Leopoldina im Juni 1966 Ludwig VON BERTALANFFY zur Jahresversammlung einlud, stand auch die Frage, ob man ihn zum Mitglied der Akademie wählen sollte. Bereits in der Präsidialsitzung am 2. Juni 1966 einigte man sich, dass BERTALANFFY nicht nur als Referent gewonnen, sondern auch zum Mitglied gewählt werden sollte.[19] Das Präsidium wandte sich für Erkundigungen an den Tübinger Botaniker Erwin BÜNNING (1906–1990, L 1954).[20] Auf wiederholte Anregung habe man sich mit der Frage einer Zuwahl von Herrn BERTALANFFY beschäftigt. Da BERTALANFFY aufgefordert worden sei, auf der nächsten Jahresversammlung „Das Biologische Modell" zu sprechen, und ein Antrag von Joachim-Hermann SCHARF vorlag, bat das Präsidium BÜNNING um sein Urteil, ob er BERTALANFFY „als wissenschaftliche Persönlichkeit für geeignet" halte, in die Akademie aufgenommen zu werden. Mit dieser Frage wandte man sich gleichzeitig auch an den Zoologen Alfred KAESTNER (1901–1971, L 1957) in München[21] und den Genetiker Hans BAUER (1904–1988, L 1964) in Tübingen.[22]

Mit dem Datum vom 24. Juni 1966 ging der offizielle Antrag des Hallenser Anatomen Joachim-Hermann SCHARF ein.[23] SCHARF referierte zunächst den Lebenslauf BERTALANFFYS,[24] um dann aus persönlicher Erinnerung fortzufahren: „Wie Unterzeichneter aus eigener Erfahrung weiß, waren die Vorlesungen v. BERTALANFFYS in Wien bei den Studenten hochgeschätzt. Bei aller Strenge der objektiven Darstellung verstand er es nämlich, seine Hörer in ungewöhnlicher Weise zu fesseln. Als Prüfer war er streng, aber außerordentlich gerecht und korrekt." Als Forscher sei BERTALANFFY „außerordentlich vielseitig und originell". SCHARF gab an, dass der „Begriff der Theoretischen Biologie in Parallele zur Theoretischen Physik" durch BERTALANFFY geprägt worden sei. Weiterhin heißt es dazu in SCHARFS Gutachten: „Daß dies bei vielen konservativen Medizinern und Biologen zunächst einen Entrüstungssturm hervorrief, ist verständlich. Die Entwicklung gab ihm aber recht: Heute sind Disziplinen wie Theoretische Biologie und Biophysik eine Selbstverständlichkeit geworden."[25]

---

19 Protokoll der Präsidialsitzung vom 2. 6. 1966, S. 4, HAL Protokollbuch P1 15 (10. 2. 1965 – 10. 12. 1966).
20 [REICHENBACH?] an Erwin BÜNNING, o. O. [Halle/Saale] 23. 6. 1966, D, HAL MM 5455 Ludwig von Bertalanffy. BÜNNING war Obmann der Sektion Botanik.
21 [REICHENBACH?] an Alfred KAESTNER, o. O. [Halle/Saale] 23. 6. 1966, D, HAL MM 5455 Ludwig von Bertalanffy. KAESTNER war Obmann der Sektion Zoologie.
22 [REICHENBACH?] an Hans BAUER, o. O. [Halle/Saale] 23. 6. 1966, D, HAL MM 5455 Ludwig von Bertalanffy. BAUER war Obmann der Sektion Allgemeine Biologie.
23 Joachim-Hermann SCHARF an MOTHES, Halle 24. 6. 1966, Gutachten für BERTALANFFY, HAL MM 5455 Ludwig von Bertalanffy.
24 „Herr v.[on] BERTALANFFY wurde am 19. September 1901 in Atzgersdorf b. Wien geboren und habilitierte sich 1934 an der Universität Wien. 1940 wurde er apl. Professor in Wien, lehrte dort am Zoologischen Institut Theoretische Biologie. 1949 nahm er einen Ruf als ordentlicher Professor an die Universität Ottawa, Can. an. Er wechselte 1955 nach Los Angeles über, wo er als Direktor des Biology Department of the Mt. Sinai Hospital tätig war. Seit 1958 ist er Forschungsdirektor der Menninger Foundation. Er ist Mitglied der New York Academy of Sciences." SCHARF an MOTHES, Halle 24. 6. 1966, ebenda.
25 Die Passage „Die Entwicklung gab ihm aber recht" wird in der Überschrift des Beitrages aufgegriffen.

Als das entscheidende Werk sah SCHARF natürlich die *Theoretische Biologie* an, deren erster Band bereits 1932 erschienen war; der zweite war 1942 gefolgt, und seit 1951 lag die 2. Auflage komplett vor. Aus SCHARFS Perspektive war dieses Buch „vorerst im Schrifttum ohne Konkurrenten geblieben". Darüber hinaus erwähnte der Gutachter BERTALANFFYS Buch *Vom Molekül zur Organismenwelt*,[26] das „auch unter Nichtbiologen viele Anhänger erworben" habe, „allerdings auch manchen Widerspruch seitens der katholischen Orthodoxie herausgefordert" hatte, „bis 1950 die Encyclika ‚Generis humani' erlassen wurde". Ein „besonders vielbeachtetes Werk" seien, so der hallesche Anatom, BERTALANFFYS 1933 erstmals erschienenen *Modernen Theorien der Entwicklung*,[27] die seitdem weitere Auflagen erlebt und auch ins Englische und Spanische übersetzt worden waren. Schließlich verwies SCHARF noch auf BERTALANFFYS *Das biologische Weltbild* von 1949, das auch in japanischer und englischer Übersetzung vorliege, sowie das 1937 veröffentlichte *Das Gefüge des Lebens*. SCHARF urteilte: „Die bisher genannten Veröffentlichungen haben im wesentlichen Entwicklungsgedanken zum Gegenstand, allerdings ist die ‚Theoretische Biologie' bereits stark physikalisch gefärbt und war eigentlich einer der markanten Punkte zur Entwicklung einer selbständigen Biophysik." Außerdem habe BERTALANFFY 1942 „das breitangelegte Handbuch der Biologie, die erste Enzyklopädie der gesamten biologischen Wissenschaften" begründet. Nach Ansicht SCHARFS war es BERTALANFFY aufgrund „seiner internationalen Anerkennung" durchaus gelungen, „für alle Teilgebiete prominenteste Sachkenner als Autoren zu gewinnen". Weiterhin stellte SCHARF fest: „Die originellen Ideen des Probanden auf allen Gebieten der Zoologie und der Allgemeinen Biologie sind international bekannt. Vieles ist experimentell von ihm und seinen Schülern geprüft worden, das meiste hat sich bestätigt. Trotzdem ist mit den angezogenen Publikationen noch nicht das Spektrum seiner großen Veröffentlichungen erschöpft." So erwähnte SCHARF noch das bei Vieweg in Braunschweig erschienene Buch *Biophysik des Fließgleichgewichts* (1953), das „eine Sensation" gewesen sei: „Der Autor knüpft hierin an die WIENERschen Differentialgleichungen an, von deren Integralen ihn besonders die aperiodischen Grenzfälle fesselten." Auf dem letzten internationalen Kongress über Thermodynamik und Kybernetik des Stoffwechsels im Herbst 1965 auf Helgoland war BERTALANFFYS Name neben dem von Norbert WIENER (1894–1964), des Begründers der Kybernetik, der in den Referaten am häufigsten erwähnte, ganz egal, ob der Referent Mathematiker oder Physiker oder Biologe sei, aus den USA, aus Japan oder Mitteleuropa komme. Ohne „die Idee des Fließgleichgewichtes als eine besondere Form des steady state" sei „die moderne Biologie nicht mehr denkbar, ebensowenig die Kybernetik": „In dieselbe Richtung gehen seine zahlreichen Einzelarbeiten über die Thermodynamik offener Systeme, die er bisher nicht monographisch dargestellt hat. Auch hier war v. B. der Wegbereiter für die Forscher in aller Welt." Einen „gewissen Überblick über seine Denkleistungen in dieser Hinsicht" vermittelte die 1951[28] erschienene Monographie *General System Theory*. Besondere Verdienste schrieb SCHARF dem Kandidaten BERTALANFFY bei der Mathematisierung der Wachstumsprozesse zu. Wenngleich es schon vor und neben ihm bedeutende Wachstumsforscher mit mathematischen Ambitionen gegeben hatte, wäre erst von BERTALANFFY dazu „eine geschlossene Theorie geschaffen" worden.

---

26 BERTALANFFY 1944, 1949.
27 Gemeint war die *Kritische Theorie der Formbildung* von 1928, die 1933 englisch als *Modern Theories of Development. An Introduction to Theoretical Biology* bei Clarendon [Oxford University Press] in Oxford erschien.
28 SCHARF datiert die *General System Theory* auf 1959.

Die durch BERTALANFFY angegebenen Wachstumsdifferentialgleichungen seien „als fundamentale Beschreibungen für den langfristigen Vorgang kaum noch zu verbessern, der kurzzeitige Vorgang und der sehr langfristige muß allerdings noch verarbeitet werden". – Eine Aufgabe, der sich nicht nur BERTALANFFY stellte. Zusammenfassend sah SCHARF in BERTALANFFY einen „der markantesten Biologen des 20. Jahrhunderts, der diese Wissenschaft als Ganzes auf völlig neue Wege geführt" habe. Daher hätten viele seiner früheren Gegner auch ihren Widerstand längst aufgegeben, „weil sie erkannten, daß sie selbst und nicht v. BERTALANFFY in der Sackgasse waren". Er habe „wie selten ein Biologe in unserer Zeit in einer unerhörten Breitenwirkung viele Teilgebiete der biologischen Wissenschaften befruchtet und zum Umdenken angeregt. Die Mathematisierung der Biologie über die reine Stochastik hinaus ist vornehmlich eines seiner Verdienste", formulierte Laudator SCHARF abschließend und empfahl nachdrücklich BERTALANFFYS Wahl in die Leopoldina.

Andere Einschätzungen waren freilich viel zurückhaltender. Der Genetiker Hans BAUER etwa äußerte sich auf die Zuwahlanfrage des Leopoldina-Präsidiums im Fall BERTALANFFYS: Die Frage sei schwierig zu beantworten.[29] Er „habe die weitere Entwicklung von Herrn von Bertalanffy nicht verfolgt, weiss nur aus früheren Jahren, dass er – angeblich im Wesentlichen journalistisch ausgebildet[30] – von Max Hartmann völlig abgelehnt worden ist[31] und auch durch die Organisation seines Handbuchs der Biologie gezeigt hat, dass er keinen rechten Sinn für Autorenqualität besitzt". Jedoch könne man nicht bestreiten, dass seine beiden Bände *Theoretische Biologie*, „auch wenn man die Konzeption nicht anerkannt hat, nicht ohne eine gewisse Attraktion waren". Er jedenfalls wolle sich noch mit den hiesigen Mitgliedern der Leopoldina-Sektion „Allgemeine Biologie" beraten.[32]

Der Tübinger Botaniker Erwin BÜNNING[33] schrieb ablehnend: Er sei „nicht ganz überzeugt, ob Herr von Bertalanffy wirklich so viel geleistet hat, daß seine Aufnahme in die Akademie berechtigt wäre. In seinen ersten Arbeiten, die rein philosophisch-theoretisch waren, sind viele gedankliche Fehler enthalten. Von den späteren Arbeiten kann man das nicht sagen; aber ich sehe nicht eigentlich, was er Neues geboten hat." In seinen Veröffentlichungen bringe BERTALANFFY „durchaus richtige Gedankengänge" und betone „immer sehr gern [...], daß er das alles schon einmal gesagt habe, er also gleichsam neue Wege gezeigt habe". Grundsätzlich Neues freilich

---

29 BAUER an MOTHES, Tübingen 2. 7. 1966, Abschrift, HAL MM 5455 Ludwig von Bertalanffy. Schreibung nach Original.
30 BERTALANFFY musste vorübergehend seinen Lebensunterhalt als Wissenschafts- und Kulturpublizist verdienen. Siehe LAUBICHLER 2003.
31 Zum Verhältnis zwischen HARTMANN und BERTALANFFY siehe auch CHEN 2003, S. 264–267. BERTALANFFY seinerseits war durchaus auch durch Auffassungen des philosophisch geschulten Biologen HARTMANN angeregt worden. Im Vorwort zum 1. Band seiner Theoretischen Biologie schrieb BERTALANFFY dazu u. a.: „Von nicht geringerer Bedeutung ist, daß auch die Kritiker, die sich mit der ‚organismischen' Auffassung des Verf. auseinandersetzten, letzten Endes mit ihr weitgehend einig sind. In einem schönen programmatischen Artikel entwickelt M. HARTMANN seine Auffassungen über *Allgemeine Biologie. Ihre Aufgaben, ihr gegenwärtiger Stand und ihre Methode*' (Der Biologe I, 1932). Er weist alle Versuche, synthetisch eine allgemeine oder theoretische Biologie zu begründen, ab; nichtsdestoweniger betont er nachhaltig den Ganzheitscharakter der Lebensvorgänge." (BERTALANFFY 1932, S. VI).
32 In Tübingen wirkten noch folgende Mitglieder der Sektion Allgemeine Biologie: Hans FRIEDRICH-FREKSA (1906–1973, L 1957), Alfred GIERER (*1929, L 1964), Gerhard SCHRAMM (1910–1969, L 1959) und Heinz Günter WITTMANN (1927–1990, L 1964, dann Berlin).
33 BÜNNING an MOTHES, Tübingen 5. 7. 1966, Abschrift, HAL MM 5455 Ludwig von Bertalanffy.

vermochte BÜNNING in BERTALANFFYS Werken nicht zu finden. Und so resümierte er: „Es ist sicher verdienstvoll, alte Einsichten immer wieder zu betonen und moderner oder exakter zu formulieren; damit wird man aber nicht zu einem bedeutenden Naturforscher." BÜNNING meinte, das Präsidium sollte sich die Aufnahmefrage gründlich überlegen und weitere Leopoldina-Mitglieder zu Rate ziehen. Er empfahl den Physiologen und Biochemiker Hans Hermann WEBER (1896–1974, L 1955) sowie die Zoologen Hansjochem AUTRUM (1907–2003, L 1957) und Johann SCHWARTZKOPFF (1918–1995, L 1959).

Der Zoologe Alfred KAESTNER hingegen unterstützte den Antrag von SCHARF und sah BERTALANFFY als für eine Leopoldina-Mitgliedschaft würdig an.[34]

Vizepräsident REICHENBACH unterrichtete SCHARF in Zusammenhang mit dem Briefwechsel über BERTALANFFY im Juli 1966 von den „bisher nicht sehr positiven Gutachten"[35] in der Wahlangelegenheit, und SCHARF schlug vor, Adolf BUTENANDT sowie den Biochemiker Hans NETTER (1899–1977, L 1959) in Kiel und den Pädiater Hartmut DOST (1910–1985, L 1957) in Gießen um Stellungnahmen zu bitten.

An Präsident MOTHES schrieb SCHARF[36] am 20. Juli 1966 nach seiner Begegnung mit BERTALANFFY in Leipzig: „Am Montag dieser Woche hat Herr von Bertalanffy in Leipzig einen glänzenden Vortrag über ‚Grundlagen einer allgemeinen Systemtheorie' gehalten, an den sich eine beachtenswerte Diskussion anschloß. Es war für mich erstaunlich, daß auch marxistische Philosophen die Ansichten des Redners akzeptierten und unterstrichen." BERTALANFFY habe ihm bei ihrem Treffen „hoch und heilig versprochen", im nächsten Jahr zur Leopoldina-Jahresversammlung nach Halle zu kommen. Die leidige Angelegenheit der Zuwahlgutachten berührend, meinte SCHARF: „Da ich mir vorstellen kann, daß bei der extrem mathematisch-physikochemisch ausgerichteten Denkweise des Probanden die alten Aversionen vieler Biologen gegen die Mathematik auch in den Gutachten zum Tragen kommen, erlaube ich mir, nachstehend einige Namen zu nennen, alles Mitglieder unserer Akademie, die in ähnlicher Richtung gearbeitet haben oder noch arbeiten [...]" Er nannte dann die bereits gegenüber REICHENBACH erwähnten DOST, NETTER und BUTENANDT. BUTENANDT habe sich, so SCHARF, „jahrelang vergeblich dafür eingesetzt, Herrn von Bertalanffy aus Übersee nach Deutschland zurückzuholen".

Leopoldina-Präsident MOTHES wandte sich daraufhin an NETTER, BUTENANDT und WEBER.

An NETTER schrieb MOTHES[37] zur Schilderung der Situation: BRUNS und SCHARF hätten BERTALANFFY gebeten, anlässlich der Jahresversammlung 1967 zu sprechen; diese Aufforderung hatte BERTALANFFY bereits angenommen. Die gleichen Herren hatten das Präsidium auch um die Aufnahme von BERTALANFFY als Mitglied der Akademie ersucht: „Das ist schon einmal versucht worden und stieß auf gewisse Einwände, die auch neuerdings geltend gemacht werden, z. B. von Herrn Bünning und Herrn Bauer. Das sind im Grunde die alten Gegensätze zwischen mehr philosophisch orientierten Gelehrten und experimentell Arbeitenden." MOTHES betonte, dass BERTALANFFY „auch eine ganze Reihe zellphysiologischer Arbeiten gemacht" habe, und bat NETTER um eine Stellungnahme in der Aufnahmesache.

---

34 KAESTNER an MOTHES, München 6. 7. 1966, HAL MM 4922 Alfred Kaestner; Abschrift, HAL MM 5455 Ludwig von Bertalanffy.
35 Aktennotiz von REICHENBACH (R) vom 12. 7. 1966, MM 5455 Ludwig von Bertalanffy.
36 SCHARF an MOTHES, Halle (Saale) 20. 7. 1966, Abschrift, HAL MM Ludwig von Bertalanffy.
37 MOTHES an Hans NETTER, o. O. [Haale/Saale] 4. 8. 1966, D, HAL MM Ludwig von Bertalanffy.

Hans NETTER antwortete sehr ausführlich.³⁸ Er beglückwünschte MOTHES zur Wahl des Rahmenthemas der Jahresversammlung 1967 und zeigte sich überzeugt, „daß in Herrn von Bertalanffy auch der geeignete Fachmann für die Haltung eines Hauptvortrages gefunden" war. NETTER argumentierte: Da BERTALANFFY als Vortragender bereits aufgefordert worden sei und angenommen habe, komme die Akademie gar nicht umhin, „ihn auch in ihre Reihen aufzunehmen". Es sei ja bekannt, „[d]aß man über mehr oder weniger philosophisch ausgerichtete Fragen grundsätzlich sehr verschiedener Meinung sein" könne. Darum gehe es aber hier nicht. Vielmehr müsse „eine wirklich vorliegende Leistung den Ausschlag" geben. Wenn man allerdings „nach Wissenschaftlern Umschau halten würde, deren Leistungen aus dem Gesamtgebiet der Biologie nicht wegzudenken sind, dann gehört Herr v. B. zu ihnen". NETTER meinte sogar, dass BERTALANFFY „mit seinem ersten Buch über die Theoretische Biologie, Teil I, als Lehrmeister einer ganzen Biologen-Generation gewirkt" habe. So hätten insbesondere der Anatom Alfred BENNINGHOFF (1890–1953, L 1942) und er selbst als Physiologe durch das Buch in den 1930er und 1940er Jahren „tiefe Anregungen erfahren". Es könne schon sein, „daß man in manchem wissenschaftlichen Lager die philosophische Einstellung v. Bertalanffy's für nicht ganz originell" halte; niemand aber könne bestreiten, „daß er seine dynamische Theorie der Morphologie und der physiologisch-chemischen Regulationen einer ganzen Generation durch seine Bücher nahe gebracht hat". Darin sah NETTER das Hauptverdienst BERTALANFFYS, und das sei „allemal groß genug, um ihn in unsere Reihen aufzunehmen". Dagegen spiele es „keine Rolle, ob er selber experimentell viel oder weniges geleistet hat", da BERTALANFFYS „Stärke nicht auf diesem Gebiet liegt". NETTER erinnerte sich auch an einen Vortrag in Kiel, der „in seiner Vortragsform – im Vergleich zu seinen eleganten Büchern – etwas enttäuschend war". Das alles schmälerte allerdings in NETTERS Augen die Gesamtleistung BERTALANFFYS nicht. Dieser Beurteilung, so ließ NETTER Leopoldina-Präsident MOTHES wissen, stimme auch der Kieler Anatom Wolfgang BARGMANN (1906–1978, L 1958) zu, der seinem Lehrbuch der Histologie sogar ein Wort von BERTALANFFY vorangestellt hatte. Jedenfalls könne man BARGMANN in der Angelegenheit ebenfalls um seine Meinung bitten.

Auf die Anfrage von MOTHES³⁹ antwortete Adolf BUTENANDT: Er kenne die Arbeiten BERTALANFFYS nicht genügend, „um ein fundiertes Urteil abgeben zu können". Dessen Lehre vom „Fließgleichgewicht" habe aber durchaus „große Bedeutung gewonnen", und so habe er „alles in allem [...] das Gefühl, daß er eine Persönlichkeit ist, die wir in unsere Akademie wählen sollten". BUTENANDT meinte abschließend, sein Urteil könne nicht entscheidend sein, jedoch würde er auch nicht allein auf die Bewertung der „Tübinger Herren" bauen.⁴⁰

Die schwierige Zuwahlfrage legte MOTHES auch dem auswärtigen (westdeutschen) Leopoldina-Vizepräsidenten Hans Hermann WEBER vor und berichtete diesem über die negativen Urteile von BÜNNING und BAUER.⁴¹ WEBER antwortete, auch er habe Bedenken gegen eine Mitgliedschaft BERTALANFFYS, der „zu spekulativ und feuilletonistisch" sei.⁴²

---

38 NETTER an MOTHES, Kiel 22. 8. 1966, HAL MM 5034 Hans Netter; Abschrift, HAL MM 5455 Ludwig von Bertalanffy.
39 MOTHES an Adolf BUTENANDT, o. O. [Haale/Saale] 4. 8. 1966, D, HAL MM 5455 Ludwig von Bertalanffy.
40 BUTENANDT an MOTHES, München 20. 8. 1966, Abschrift, HAL MM 5455 Ludwig von Bertalanffy.
41 MOTHES an Hans Hermann WEBER, o. O. [Halle/Saale] 4. 8. 1966, D, HAL MM 5455 Ludwig von Bertalanffy.
42 WEBER an MOTHES, Heidelberg 23. 8. 1966, HAL MM 4837 Hans Hermann Weber; Abschrift, HAL MM 5455 Ludwig von Bertalanffy.

Mittlerweile hatte BÜNNING seine negative Beurteilung erneuert und MOTHES wissen lassen: „Meine Bedenken in Bezug auf Bertalanffy sind inzwischen nicht kleiner geworden."[43] Und auch Hans BAUER teilte MOTHES nochmals mit,[44] dass er hinsichtlich der Mitgliedschaft des Herrn BERTALANFFY mit sich „noch nicht ins Reine gekommen" sei. Er schlage daher vor, zunächst den Vortrag BERTALANFFYS auf der Jahresversammlung abzuwarten, da man sich danach wohl ein besseres Urteil bilden könne.

In der komplizierten Situation wandte sich MOTHES Ende August 1966 nun an den Göttinger Botaniker André PIRSON (1910–2004, L 1954).[45] Man habe wiederholt die Aufnahme von Ludwig VON BERTALANFFY beraten. Die Meinungen der Befragten gingen auseinander. Wenn auch „keine schroffe Ablehnung", so hätten sich einige Kollegen, vor allem BÜNNING und BAUER, sehr zurückhaltend geäußert. MOTHES schrieb: „Wahrscheinlich werden in solchen Fällen die Meinungen immer auseinandergehen. Ich kenne Herrn Bertalanffy nicht, könnte mir aber denken, daß er eine ungewöhnliche Persönlichkeit ist." PIRSON solle doch bitte sein Urteil abgeben. PIRSON antwortete,[46] er könne sich „nicht aus eigener Kenntnis der Person äussern". Die Herren BRUNS und SCHARF dürften jedoch „fest genug auf experimentellem Boden [stehen], um richtig zu beurteilen, welche beständige Wirkung von B.'s Arbeiten ausgeht". Schüler habe BERTALANFFY wohl nicht herangezogen. Er, PIRSON, wäre auf diesen Vorschlag nicht gekommen. Da er sich aber nicht intensiv mit BERTALANFFYS Arbeiten auseinandergesetzt hatte, wollte er in der Zuwahlfrage neutral bleiben.

Das Präsidium beschäftigte sich in seiner Sitzung im September 1966 erneut mit der Zuwahl BERTALANFFYS. Das negative Urteil BÜNNINGS vor allem bewog das Präsidium, noch ein weiteres Gutachten von dem Münchner Physiologen Richard WAGNER (1893–1970, L 1940) einzuholen.[47] MOTHES nahm an, dass WAGNER über BERTALANFFYS Bemühungen um eine Thermodynamik der offenen Systeme orientiert sei und kompetente Beurteilung liefern könnte.[48] WAGNER sah in BERTALANFFY einen geeigneten Kandidaten, der sich „tatsächlich beträchtliche Verdienste erworben [hat] um die Thermodynamik offener Systeme – also solcher[,] welche nicht nur Energie, sondern auch Stoff mit ihrer Umwelt austauschen. Hierdurch ist es möglich geworden, Lebensvorgänge unter thermodynamischem Gesichtspunkt zu betrachten, wo dies vorher nicht möglich war."[49]

In der Präsidiumssitzung hatte MOTHES außerdem den Pathologen BRUNS um eine schriftliche Formulierung seiner Stellungnahme gebeten.[50] BRUNS lieferte diese unter dem 22. September 1966.[51] Seiner Ansicht nach hatte BERTALANFFY schon in den 1920er Jahren „mit seinem Entwurf einer Allgemeinen Biologie sehr klar erkannt, daß biologische Phänomene und

---

43 BÜNNING an MOTHES, Tübingen 14. 7. 1966, Abschrift, HAL MM 5455 Ludwig von Bertalanffy.
44 BAUER an MOTHES, Sierksdorf 18. 8. 1966, Abschrift, HAL MM 5455 Ludwig von Bertalanffy.
45 MOTHES an André PIRSON, o. O. [Halle/Saale] 25. 8. 1966, D, HAL MM 5455 Ludwig von Bertalanffy.
46 PIRSON an MOTHES, Göttingen 5. 9. 1966, Abschrift, HAL MM 5455 Ludwig von Bertalanffy.
47 Protokoll der Präsidialsitzung am 17. September 1966, HAL Protokollbuch P1 15 (10. 2. 1965 – 10. 12. 1966).
48 MOTHES an Richard WAGNER, o. O. [Halle/Saale] 19. 9. 1966, D, HAL MM 5455 Ludwig von Bertalanffy.
49 Richard WAGNER an MOTHES, o. O. [München] 16. 10. 1966, HAL MM 5455 Ludwig von Bertalanffy.
50 Vgl. BRUNS an MOTHES, Jena 22. 9. 1966, Abschrift, HAL MM 5455 Ludwig von Bertalanffy.
51 Ebenda.

besonders deren Kinetik als ein offenes System verallgemeinert und mathematisch definiert werden können". Damit habe BERTALANFFY der konventionellen Lehre von der Geschlossenheit des lebenden Organismus sein neues Konzept gegenübergestellt und sich „sehr überzeugend gegen eine ausschließlich maschinelle Vorstellung vom Wesen biologischer Abläufe, z. B. des Stoffwechsels" ausgesprochen. Das Hauptverdienst BERTALANFFYS sah BRUNS jedoch „in der Einführung von Gesetzen der irreversiblen Thermodynamik und Entropie in sein offenes System". Diese führte „zur Entdeckung des Fließ-Gleichgewichts in der biologischen Organisation, gleich welcher Form". BRUNS verwies darauf, dass BERTALANFFY „als Erster die dynamischen Strukturen lebender Organismen, entsprechend seiner Theorie, einer quantitativen Untersuchung zugeführt" hatte und dass diese „später von biometrisch tätigen Mathematikern vollauf bestätigt worden" sei. Unter Berufung auf Benno HESS (1922–2002, L 1970) betonte BRUNS, dass die „Theorie des offenen Systems und steady state auch heute noch einer der Angelpunkte in der Biochemie der Zelle, besonders der überschnellen Enzymreaktionen" sei.

Außerdem wandte sich MOTHES jetzt auch an den Kieler Anatomen Wolfgang BARGMANN, den Leipziger Physiologen Hans DRISCHEL (1915–1980, L 1966) und den Göttinger Physikochemiker Carl WAGNER (1901–1977, L 1956) und bat sie, die Eignung BERTALANFFYS für die Leopoldina zu prüfen.[52]

Carl WAGNER teilte mit, dass ihm die Arbeiten BERTALANFFYS nicht bekannt seien, da seinen eigenen Interessen biologische Fragestellungen fern liegen. Man solle gegebenenfalls Manfred EIGEN befragen.[53]

BARGMANN konnte BERTALANFFYS Arbeiten zur Thermodynamik der offenen Systeme zwar nicht sachkundig beurteilen, führte aber an, „daß die allgemein gehaltenen Darlegungen des Autors über Wesen und Ziel der Morphologie und Physiologie sehr viele Anatomen angeregt haben, über das Wesen ihrer Wissenschaft nachzudenken und auf diese Weise von einer statistischen Morphologie wegzukommen".[54] Wenn sich der „Gedanke der Kongruenz von Struktur und Funktion im kleinsten Bereich" auch schon bei Aleksandr Gavrilovič GURVIČ (1874–1954) in den 1920er Jahren finde, so sei er doch „erst dank der geschickten Feder von Herrn von Bertalanffy in größerem Ausmaß zur Geltung gekommen". Das jedoch sah BARGMANN durchaus als verdienstvoll an.

Der Leipziger Physiologe Hans DRISCHEL lieferte eine ausführliche Stellungnahme.[55] Er könne die Frage nach der Mitgliedschaft BERTALANFFYS „mit uneingeschränkter Zustimmung" beantworten. Er betonte, dass er persönlich „Bertalanffy besonders hochschätze" und dass durch dessen Anschauungen seine „persönlichen wissenschaftlichen Bemühungen in der Physiologie weitgehend beeinflußt worden" seien. Als Hochschullehrer behandelte DRISCHEL in seiner Vorlesung BERTALANFFYS Theorien „mit gebührender Intensität". DRISCHEL rechnete BERTALANFFY „zu den profiliertesten Biologen unserer Generation". Der habe sich „ganz besonders um die theoretische Durchdringung dieser Disziplin größte Verdienste erworben". Seine zweibändige *Theoretische Biologie* erweise sich „auch heute noch [als] eine Fundgrube

---

52 MOTHES an Wolfgang BARGMANN, Hans DRISCHEL und Carl WAGNER, o. O. [Halle/Saale] 19. 9. 1966, D, HAL MM 5455 Ludwig von Bertalanffy.
53 Carl WAGNER an MOTHES, Göttingen 28. 9. 1966, HAL MM 4865 Carl Wagner; Abschrift, HAL MM 5455 Ludwig von Bertalanffy.
54 BARGMANN an MOTHES, Kiel 26. 10. 1966, HAL MM 4973 Wolfgang Bargmann; Abschrift, HAL MM 5455 Ludwig von Bertalanffy. Bei BARGMANN steht GURWITSCH.
55 DRISCHEL an MOTHES, Leipzig 26. 10. 1966, HAL MM 5356 Hans Drischel; Abschrift, HAL MM 5455 Ludwig von Bertalanffy.

für den, der sich über die Theorien in der Biologie, die übergeordneten Prinzipien sowie die Ansätze zu geschlossener mathematisch-quantitativer Behandlung biologischer Probleme informieren will". DRISCHEL erläuterte weiter: „Bertalanffys ‚organismische Auffassung‘ vom Lebendigen, seine Lehre vom ‚Fließgleichgewicht‘ und der Dynamik ‚offener Systeme‘, die die Biophysik und Physiologie bereicherte, seine ‚Wachstumsgleichungen‘ sind bereits zum beinahe anonymen Bestand unseres heutigen biologischen Wissens geworden. Seine Bemühungen um die Entwicklung einer ‚allgemeinen Systemtheorie‘ – Bertalanffy ist Begründer der Society for General System Research (1956) – stellten ihn in den unmittelbaren Rahmen jener neueren Bestrebungen der Biokybernetik, die Mathematisierung der biologischen Wissenschaften voranzutreiben." Ebenso habe BERTALANFFY sich als Herausgeber des großen *Handbuchs der Biologie* „unvergängliche Verdienste um die Ordnung und Fixierung des biologischen Wissens unserer Zeit erworben". DRISCHEL erwähnte auch BERTALANFFYS experimentelle Arbeiten auf den Gebieten „der vergleichenden Physiologie des Wachstums und des Stoffwechsels, der Zellphysiologie, der Biophysik, der experimentellen Embryologie, und neuerdings der Zytochemie und der Krebsforschung[56]". Über seine „umfangreichen wissenschaftlichen Leistungen (250 Veröffentlichungen, darunter 15 Bücher), die eine bewundernswerte Übersicht über das gesamte Gebiet der Biologie bezeugen", hinaus, war BERTALANFFY außerdem bestrebt, seine „Ansichten auch in populärwissenschaftlicher, aber stets anspruchsvoller Form einem weiten Leserkreis naturwissenschaftlich Interessierter und Gebildeter zugänglich zu machen". DRISCHEL erwähnte hier die Bücher *Vom Molekül zur Organismenwelt* (1940) und *Das biologische Weltbild* (1949). Darüber hinaus verwies DRISCHEL auf BERTALANFFYS breites Interesse für „Fragen der Philosophie, der Verhaltenswissenschaften, der theoretischen Psychologie und der Psychopathologie". Man müsse – so DRISCHELS Fazit – BERTALANFFY als „eine in unserem Zeitalter ungewöhnlich gewordene universelle Wissenschaftler-Persönlichkeit im Sinne der Forderungen und des Vorbildes GOETHES" würdigen.

MOTHES bedankte sich für DRISCHELS ausführliche Stellungnahme[57] und versicherte jenem, dass dessen Meinung „von besonderem Wert" für die Akademie sei.

Im November 1966 beschloss das Präsidium, dass die Aufnahme von BERTALANFFY bis nach der Jahresversammlung verschoben werden sollte, um auf der Tagung nochmals klärende Gespräche mit den österreichischen Mitgliedern führen zu können. Vor allem BRUNS und SCHARF betonten in der Sitzung erneut BERTALANFFYS Verdienste um die Theoretische Biologie und ihre Mathematisierung.[58]

4. Die Jahresversammlung 1967 und Bertalanffys Beitrag

Im April 1967 erhielt BERTALANFFY die Anmeldungsunterlagen und begann mit den Reiseplanungen. Unter anderem war erneut ein Abstecher zu Walter BEIER nach Leipzig vorgesehen.[59] Außerdem wünschte BERTALANFFY die Berücksichtigung des mit SCHARF abgesprochenen

---

56 Zusammen mit seinem Sohn, dem Anatomen Felix BERTALANFFY (1926–1999), widmete sich Ludwig VON BERTALANFFY seit etwa 1960 der Fluoreszenz-Zytodiagnose zur Früherkennung des Krebses. Vgl. Abschrift DRISCHEL an MOTHES, Leipzig 26. 10. 1966, HAL MM 5455 Ludwig von Bertalanffy.
57 MOTHES an DRISCHEL, o. O. [Halle/Saale] 28. 10. 1966, D, HAL MM 5455 Ludwig von Bertalanffy.
58 Protokoll der Präsidialsitzung am 5. November 1966, Entwurf S. 4–5, Endfassung S. 3–4, HAL Protokollbuch P1 15 (10. 2. 1965 – 10. 12. 1966).
59 BERTALANFFY an REICHENBACH, Edmonton 27. 4. 1967, HAL MM 5455 Ludwig von Bertalanffy.

Vortragstitels „Das Modell des Offenen Systems" anstelle des im vorläufigen Programm angegebenen „Das biologische Modell der Thermodynamik offener Systeme". Die Leopoldina sandte BERTALANFFY die erforderlichen Visaanträge und teilte ihm mit, er könne dort eintragen, wie lange er in der DDR zu bleiben gedenke, und dass er als Ausländer ohne Schwierigkeiten von Halle nach Leipzig fahren könne.[60] BERTALANFFY sandte die ausgefüllten Anträge zurück.[61] Im Frühherbst erkrankte BERTALANFFY an einer Pneumonie und war verhindert, das zugesagte Manuskript an die Akademie einzusenden.[62] Er plante aber noch immer, an der Reise festzuhalten.[63]

Am 2. Oktober 1967 teilte BERTALANFFY[64] Präsident MOTHES, per Luftpost, Einschreiben und Eilboten, in „grosser Betrübnis" mit, dass es ihm „aus gesundheitlichen Gründen nicht möglich sein" werde, zur Leopoldina-Tagung nach Halle zu kommen. Er habe eine Pneumonie durchgemacht, die ihn mit seinen 66 Jahren „ziemlich mitgenommen" habe. Trotzdem sei er fest entschlossen gewesen, nach Halle zu kommen, bevor ihn „stundenlange Konferenzen" mit seinem Reisebürovertreter „die Kompliziertheit der Reise Edmonton – Halle" aufzeigten. Zwischen Edmonton und Europa bzw. Berlin – Leipzig/Halle gab es nur an einigen Tagen der Woche Flugverbindungen. Nach den Planungen wären für die Reise Edmonton – Halle und zurück jeweils drei Tage erforderlich, wobei die „hauptsächliche Komplikation" angeblich in der kurzen Strecke in der DDR bestehen sollte, da von Berlin nach Halle bzw. Leipzig täglich nur eine Flug- oder Zugverbindung bestehe, die mit den internationalen Anschlüssen nicht kompatibel sei. (Das traf sicher nicht zu, zeigt aber die „Hürden" bei einer solchen Reise „zwischen den Welten".)

Eine solche Reise und dazu die anstrengenden Konferenztage könne er auf Rat seines Arztes seinem Organismus zurzeit nicht zumuten. Es falle ihm schwer, betonte BERTALANFFY, nach der liebenswürdigen Einladung und der großen Freundlichkeit der Herren SCHARF und BEIER vor Ort, eine Absage zu schreiben und den Präsidenten enttäuschen zu müssen. Allein BERTALANFFY sah sich der notwendigen Reiseroute, den Zwischenübernachtungen und der an sich schon unangenehmen Zeitdifferenz zwischen Kanada und Europa sowie „dem komplizierten Transfer von einem Verkehrsmittel aufs andere" physisch nicht gewachsen. Er schlug daher vor, seinen Beitrag verlesen zu lassen, und erklärte sich bereit, das schon übersandte Manuskript nochmals für eine Vortragszeit von 45 Minuten umzuarbeiten. Er sprach die Hoffnung aus, „dass sich das diesjährige Versäumnis später wird gutmachen lassen", und wünschte der Tagung Erfolg.

In der Leopoldina war man durch BERTALANFFYS Absage sehr betroffen. Präsident MOTHES ließ sofort übermitteln: „Da unsere Jahrestagung mit Ihre[m] Vortrag steht oder fällt insbesondere die round-table-discussion bitte ich Sie wenn irgend möglich um Ihr Kommen. Wir bieten Ihnen anschließend Erholungsurlaub in der schönsten Gegend an."[65] Zwei Tage später

---

60 Sekretariat der Leopoldina (ACKERMANN) an BERTALANFFY, o. O. [Halle/Saale] 12. 5. 1967, HAL MM 5455 Ludwig von Bertalanffy.
61 BERTALANFFY an Sekretariat der Leopoldina (ACKERMANN), Edmonton 24. 5. 1967, HAL MM 5455 Ludwig von Bertalanffy.
62 Telegramm BERTALANFFY an MOTHES, 16. 9. 1967, HAL MM 5455 Ludwig von Bertalanffy.
63 E. GRUNDAU für BERTALANFFY an Sekretariat der Leopoldina (ACKERMANN), Edmonton 20. 9. 1967, HAL MM 5455 Ludwig von Bertalanffy.
64 BERTALANFFY an MOTHES, Edmonton 2. 10. 1967, HAL MM 5455 Ludwig von Bertalanffy.
65 Telegramm? MOTHES an BERTALANFFY, o. O. [Halle/Saale] Stempel 9. 10. 1967, Abschrift, HAL MM 5455 Ludwig von Bertalanffy.

ergänzte er zudem noch: „Nach Ankunft in Berlin Tempelhof bitte mit Taxi zum Grenzkontrollpunkt Friedrichstraße fahren. Ab 11 Uhr steht dort Wagen bereit zur Fahrt nach Halle".[66] Doch die Angebote waren vergebens. BERTALANFFY telegrafierte, dass er zu seinem großen Bedauern aus Gesundheitsgründen nicht kommen könne. Allerdings hatte er Alfred LOCKER (1922–2005), einen ehemaligen Schüler, gebeten, seinen Vortrag zu verlesen und ihn in der Diskussionsrunde zu vertreten.[67] LOCKER signalisierte seine Bereitschaft, den vorgesehenen Part zu übernehmen.[68]

Ausführlicher schrieb BERTALANFFY per Brief an Präsident MOTHES: Er danke für das Angebot, ein Auto zur Verfügung zu stellen, müsse aber dennoch „auf die Reise nach Halle und zur Leopoldina-Tagung verzichten".[69] Er gebe „diese Absage nicht ohne grossen Gewissenskonflikt". Jedoch leide er „immer noch an einem Schwächezustand", den er „trotz stärkster Anstrengung" nicht habe überwinden können. Das sei „wahrscheinlich nach einer Pneumonie in höherem Alter nicht zu vermeiden, auch wenn physische Symptome nicht mehr da sind, wie sich bei der Nachuntersuchung erfreulicherweise zeigte". Da er Herrn LOCKER gebeten habe, das Manuskript zu verlesen, werde jedoch keine Lücke in der Tagung auftreten. BERTALANFFY sorgte auch dafür, dass die für den Vortrag vorgesehenen Diapositive an die Leopoldina gesandt wurden. Dort wurden sie an LOCKER weitergeleitet.

In seinem Beitrag betonte BERTALANFFY, dass er den Erfolg seiner mehr als 40-jährigen wissenschaftlichen Arbeit vor allem darin sehe, gewisse Anregungen gegeben zu haben. Gedanken, die er „einführte oder propagierte, wie etwa die einer organismischen Biologie, des Organismus als eines offenen Systems, des Fließgleichgewichts, einer allgemeinen Systemtheorie", seien „heute vielfach anonym geworden". Das sei das größte Kompliment für den Autor.[70] Da er in der Kürze der vorgesehenen Zeit die mathematische Theorie des offenen Systems nicht vollständig darstellen oder die verschiedenen Anwendungen in der Biologie behandeln könne, wolle er vor allem die Grundgedanken umreißen und ungelöste Probleme andeuten. Er war sich durchaus bewusst, dass er damit „natürlich vom Boden der Tatsachen in den Wirbel kontroverser Ideen" gerate, doch sah er für die Leopoldina-Tagung die Auseinandersetzung mit Ideen, die Anlass zu Widerspruch geben, als wichtiger an als ein Referat über Daten und Tatsachen.[71] So beschäftigt sich das gedruckte Referat mit den Themen „Die lebende Maschine und ihre Grenzen", „Einige Eigenschaften offener Systeme", „Offene Systeme und Biologie", „Offene Systeme und Kybernetik" und einer Rubrik „Ungelöste Probleme". Zusammenfassend konnte BERTALANFFY in seinen Darlegungen feststellen: „Das Modell des Organismus als eines offenen Systems hat sich in der Erklärung und mathematischen Formulierung zahlreicher Lebenserscheinungen bewährt; es weist, wie bei einer wissenschaftlichen Arbeitshypothese zu erwarten, auf weitere Problemstellungen hin, die teilweise grundlegender Natur sind. Damit hat es neben der fachwissenschaftlichen eine ‚meta-wissenschaftliche' Bedeutung." Die „bisher herrschende mechanistische Naturauffassung" hatte „in der Auflösung des Geschehens in

---

66 Telegramm? MOTHES an BERTALANFFY, o. O. [Halle/Saale] Stempel 11. 10. 1967, Abschrift, HAL MM 5455 Ludwig von Bertalanffy.
67 Telegramm BERTALANFFY an MOTHES, Edmonton 13. [18.?] 10. 1967, HAL MM 5455 Ludwig von Bertalanffy.
68 Telegramm von LOCKER [hier irrtümlich LUCKER], Wien 16. 10. 1967, Abschrift, HAL MM 5455 Ludwig von Bertalanffy. Eine Teilnahme LOCKERS an der Diskussion ist nicht dokumentiert.
69 BERTALANFFY an MOTHES, Edmonton 13. 10. 1967, HAL MM 5455 Ludwig von Bertalanffy.
70 BERTALANFFY 1968, S. 73.
71 Ebenda.

lineare Kausalketten, einer Konzeption der Welt als Ergebnis von Zufällen oder als physikalisches und darwinistisches ‚Würfelspiel' (EINSTEIN[72])" bestanden. Es erfolgte eine „Reduktion biologischer Vorgänge auf augenscheinlich aus der unbelebten Natur bekannte physikalische Gesetze". In der Theorie offener Systeme („und derer weiterer Generalisierung in der allgemeinen Systemtheorie") traten nun jedoch „Prinzipien der multivariablen Wechselwirkung auf (z. B. Reaktionskinetik, Flüsse und Kräfte in der irreversiblen Thermodynamik), eine dynamische Organisation von Prozessen und eine mögliche Erweiterung der physikalischen Gesetzmäßigkeiten bei Einbeziehung des biologischen Bereichs in Erscheinung". BERTALANFFYS Fazit lautete folglich: „Diese Entwicklungen bilden daher einen Teil einer gegenwärtigen Neuformung des wissenschaftlichen Weltbildes."[73]

Nach der Jahresversammlung schrieb MOTHES an BERTHALANFFY: „Es tut uns wirklich sehr leid, daß Sie erkrankt sind und nicht hierherkommen konnten."[74] Alfred LOCKER habe sich „bestens bemüht", das Manuskript zu verlesen: „aber natürlich wäre Ihre Anwesenheit insbesondere bei der öffentlichen Konferenz besonders wertvoll gewesen". MOTHES sandte seine „herzlichen Wünsche für eine gründliche Genesung" und dankte für BERTALANFFYS Bereitschaft, der Akademie zu helfen.

5. Die Wahl Bertalanffys in die Leopoldina

Da BERTALANFFY an der Jahresversammlung 1967 nicht teilnehmen konnte, blieb die Entscheidung über seine Aufnahme in die Leopoldina weiterhin offen. Nur selten dürfte in der Akademie um eine Personalie derartig hart gerungen worden sein. Im Februar 1968 wandte sich Leopoldina-Präsident MOTHES erneut für eine Stellungnahme zur Zuwahl BERTALANFFYS an einige Mitglieder,[75] und zwar die Zoologen Johann SCHWARTZKOPFF in Bochum, Friedrich SEIDEL (1897–1992, L 1956) in Marburg, Bernhard HASSENSTEIN (*1922, L 1965) in Freiburg und Hansjochem AUTRUM in München. MOTHES schrieb, dass im Präsidium „schon seit langem" die Aufnahme von Ludwig VON BERTALANFFY in die Leopoldina diskutiert werde und dabei „die Auffassungen der befragten Fachkollegen bisher ziemlich auseinandergingen, von begeisterter Befürwortung bis zur strikten Ablehnung". Nun also der erneute Versuch, ein Urteil zu erlangen.

Der Münchener Zoologe Hansjochem AUTRUM[76] bestätigte, dass in der Tat „das Bild von Herrn v. Bertalanffy zwischen Anerkennung und Ablehnung" schwanke und „wohl auch so schwanken [müsse], wenn man seine Arbeiten ansieht". Ohne Zweifel hätte BERTALANFFY „eigene grundlegende Gedanken zum Gebäude der Biologie beigetragen". AUTRUM bemängelte jedoch, dass BERTALANFFY auf der anderen Seite sich „weitgehend auf eine theoretische Darstellung und Auswertung der Ergebnisse anderer" beschränkt habe. Natürlich sei auch das

---

72 Albert EINSTEIN (1879–1955, L 1932).
73 BERTALANFFY 1968, S. 85.
74 MOTHES an BERTALANFFY, o. O. [Halle/Saale] 26. 10. 1967, D, HAL MM 5455 Ludwig von Bertalanffy.
75 MOTHES an SCHWARTZKOPFF, o. O. [Halle/Saale] 5. 2. 1968, D, HAL MM 5455 Ludwig von Bertalanffy; Vermerk gleichlautende Briefe an SEIDEL – Marburg, HASSENSTEIN – Freiburg, AUTRUM – München.
76 Hansjochem AUTRUM an MOTHES, München 16. 2. 1968, Abschrift, HAL MM 5455 Ludwig von Bertalanffy.

legitim, doch habe es dazu geführt, „daß die originellen Ideen von Herrn v. Bertalanffy vor vielen Jahren zurückliegend in den letzten Jahren durch eine rezeptive und kompilatorische Arbeit ersetzt wurden". Aus AUTRUMS Perspektive rechtfertigten aber die „zurückliegenden Verdienste" durchaus eine Leopoldina-Aufnahme. Allerdings hätte die Wahl schon vor vielen Jahren erfolgen sollen, „zu einer Zeit also, als der Widerspruch noch nicht so berechtigt war wie heute".

Als Verteidiger BERTALANFFYS räumte Bernhard HASSENSTEIN ein,[77] dass BERTALANFFY – ähnlich wie seinerzeit auch der Informatiker Karl STEINBUCH (1917–2005, L 1966) – „im Kreuzfeuer der Kritik" stehe. BERTALANFFY gelte „vielfach, vor allem bei älteren Biologen, als Theoretiker, der in quasi vitalistischer Richtung vom mechanistisch naturwissenschaftlichen Denken abweicht". HASSENSTEIN mochte das nicht im Einzelnen bewerten, vertrat aber die Ansicht, dass „die Leistung von Herrn Bertalanffy bei der Begründung einer theoretischen Biophysik so außerordentlich hoch zu bewerten [sei], daß jede weltanschaulich getönte Kritik dagegen unwichtig" würde. Schließlich verdanke man ja BERTALANFFY den Begriff des „offenen Systems" und seine physikalische Untermauerung. HASSENSTEIN wollte daher ohne Einschränkung für eine Aufnahme eintreten, wenn er mitzustimmen hätte.

In der Präsidiumssitzung am 24. Februar 1968 gab Präsident MOTHES die Stellungnahmen der befragten Mitglieder bekannt. Erwähnt werden die Voten von BUTENANDT, BÜNNING, KAESTNER, BARGMANN, DRISCHEL, Richard WAGNER (München), PIRSON, Carl WAGNER (Göttingen), NETTER, WEBER, BAUER, HASSENSTEIN, AUTRUM und BRUNS. Nur zwei der Befragten hätten sich zu dem von SCHARF gestellten Antrag ablehnend verhalten, „die übrigen absolut oder bedingt zustimmend", hält das Protokoll in etwas beschönigender Weise fest.[78] Nunmehr beschloss das Präsidium die Aufnahme BERTALANFFYS.

Präsident MOTHES sah sich allerdings veranlasst, vor allem die Kritiker über die Zuwahl BERTALANFFYS zu unterrichten. An Hans BAUER schrieb er: „Nachdem wir nun zwei Jahre lang mit einer größeren Zahl von Kollegen über den Fall Bertalanffy verhandelt haben, glaubt das Präsidium, den z. T. außerordentlich positiven Stellungnahmen nicht mehr durch einen längeren Aufschub der Entscheidung begegnen zu können und hat in der vergangenen Woche Herrn von Bertalanffy doch zum Mitgliede gewählt, obwohl einige unentschiedene oder zurückhaltende Meinungen vorliegen. Ich bitte um Ihr Verständnis."[79]

Auch der österreichische Botaniker Fritz KNOLL (1883–1981, L 1936) wurde unterrichtet.[80] Im Schreiben hieß es, nach einem zwei Jahre lang geführten Briefwechsel habe sich das Präsidium „auf Grund der großen Zahl ausge[s]prochen positiver Stellungnahmen gezwungen" gesehen, BERTALANFFY aufzunehmen. Er bitte um Verständnis. Auch BÜNNING wurde informiert. MOTHES räumte hier sogar drei Gegenstimmen, nämlich von BÜNNING selbst, BAUER und WEBER, ein.[81]

WEBER kommentierte die Zuwahl von BERTALANFFY: Er „halte es nicht für eine ungeheure Errungenschaft, Herrn Bertalanffy zu wählen", aber er „möchte nicht un-

---

77 Bernhard HASSENSTEIN an MOTHES, Freiburg i. Br. 16. 2. 1968, Abschrift, HAL MM 5455 Ludwig von Bertalanffy.
78 Protokoll der Präsidialsitzung vom 24. Februar 1968, S. 3, HAL Protokollbuch P1 16 (25. 1. 1967 – 7. 12. 1968).
79 MOTHES an BAUER, o. O. [Halle/Saale] 26. 2. 1968, D, HAL MM 5455 Ludwig von Bertalanffy.
80 MOTHES an Fritz KNOLL, o. O. [Halle/Saale] 26. 2. 1968, D, HAL MM 5455 Ludwig von Bertalanffy.
81 MOTHES an BÜNNING, o. O [Halle/Saale] 26. 2. 1968, D, HAL MM 5455 Ludwig von Bertalanffy.

bedingt opponieren".[82] BAUER hielt fest: „Wenn sich eine Mehrheit des Senats für die Mitgliedschaft von Herrn von Bertalanffy ausgesprochen hat,[83] so würde ich mich nicht berechtigt gefühlt haben, ein Veto einzulegen", selbst wenn seine Bedenken durch den Mehrheitsbeschluss „nicht zerstreut" seien.[84] Und auch BÜNNING signalisierte MoTHES Verständnis für die getroffene Entscheidung.[85] BERTALANFFY sei „sicher gescheit, versteht es aber gelegentlich, mehr zu scheinen als zu sein", so BÜNNING abschließend.

Nicht mehr entscheidungsrelevant waren die Stellungnahmen der Zoologen Johann SCHWARTZKOPFF und Friedrich SEIDEL, die erst Ende März 1968 an die Akademie gingen. SCHWARTZKOPFF hatte offensichtlich lange mit seiner Antwort[86] gezögert und kam dennoch zu dem Schluss, dass er „trotzdem nicht in der Lage" war, „eine verantwortbare Auskunft zu erteilen". Er sei erst durch den Wortlaut des Briefes „auf eine gewisse Problematik aufmerksam gemacht worden" und hätte sonst „wahrscheinlich spontan" für BERTALANFFY votiert, den er „zu den großen alten Männern des Faches" rechnete. SCHWARTZKOPFF gestand ein, dass er BERTALANFFYS wissenschaftliche Arbeiten „aus den letzten 20 Jahren viel zu oberflächlich kenne", um ein fundiertes Urteil abgeben zu können. Vor 20 oder 25 Jahren hatte Herr BERTALANFFY „zweifellos an der vordersten Front der Forschung" gestanden und „damals wertvolle Ideen beigesteuert". Mit den späteren Beiträgen hatte SCHWARTZKOPFF „nie so recht etwas anfangen können". Zudem waren seine eigenen Forschungsarbeiten weitab von den Problemen BERTALANFFYS angesiedelt, sodass sich eine ernsthafte kritische Auseinandersetzung nicht ergeben hatte.

Auch für den Marburger Zoologen Friedrich SEIDEL war der „Fall Bertalanffy" problematisch.[87] Es sei ihm „nicht ganz leicht" in dieser schwierigen Frage „ein Urteil zu sagen", heißt es in seinem ausgewogenen Schreiben. Aus SEIDELS Perspektive hatte sich BERTALANFFY „1932 mit dem Entwurf einer ‚Theoretischen Biologie' ein wirklich großes Verdienst erworben", das SEIDEL ausführlich charakterisierte: „Nach mehreren naturphilosophischen Versuchen älterer Autoren erhalten wir zum ersten Male innerhalb des Aufgabenkreises der biologischen Wissenschaften eine der heutigen Forschungsweise angemessene Klärung der biologischen Denkmethoden. Es werden die logischen Hilfsmittel herausgestellt, durch die eine Verarbeitung biologischen Tatsachenmaterials zu einem einheitlichen Theoriengebäude möglich ist. Das Ergebnis solcher Bemühungen führt zu einer Definition des lebenden Organismus, die sich bis heute als tragfähig erweist, um die vielfältigen biologischen Forschungsweisen nach ihrem logischen und erkenntnistheoretischen Ort zu kennzeichnen und wissenschaftstheoretisch zu ordnen. Das Werk ist für die damalige Zeit durchaus souverän geschrieben und hat zweifellos durch vorsichtige und klare Formulierung der Eigengesetzlichkeit des Organismus, soweit die mechanistische Arbeitsweise nicht überschritten werden soll, eine große Wirkung ausgeübt." Andererseits müsse man bedauern, dass das „großangelegte Werk" BERTALANFFYS „unvollendet geblieben ist, daß stattdessen eine Reihe von mehr popularisierenden Schriften entstanden

---

82 WEBER an MOTHES, Heidelberg 5. 3. 1968, HAL MM 4837 Hans Hermann Weber; auszugsweise Abschrift, HAL MM 5455 Ludwig von Bertalanffy.
83 Davon kann keine Rede sein, nur das Präsidium wählte.
84 BAUER an MOTHES, Tübingen 4. 3. 1968, Abschrift, HAL MM 5455 Ludwig von Bertalanffy.
85 BÜNNING an MOTHES, Tübingen 15. 3. 1968, Abschrift, HAL MM 5455 Ludwig von Bertalanffy.
86 Johann SCHWARTZKOPFF an MOTHES, Bochum 26. 3. 1968, Abschrift, HAL MM 5455 Ludwig von Bertalanffy.
87 Friedrich SEIDEL an MOTHES, Marburg 22. 3. 1968, Abschrift, HAL MM 5455 Ludwig von Bertalanffy.

sind, die die Auffassung des Verfassers zwar in vielen Hinsichten erläutern, aber doch nicht eigentlich weiterführen". Dieses Empfinden hatte SEIDEL auch „beim Anhören des ja leider nur verlesenen Vortrages von Herrn von BERTALANFFY bei der letztjährigen Tagung der Akademie in Halle". Nicht nur ihm scheine es so, „daß von Bertalanffy sich die großen Möglichkeiten entgehen ließ, seine ursprüngliche Konzeption in moderner Weise zu wandeln und sie so auch wirklich für die Zukunft fruchtbar zu machen". Daher konnte sich SEIDEL „nicht mit voller Überzeugung positiv zu einer Empfehlung für die Aufnahme in die Akademie entschließen".

MOTHES erwiderte SEIDEL,[88] dass er dessen Beurteilung von Herrn BERTALANFFY persönlich ganz zustimme und meine, dass SEIDELS Ausführungen „genau das Richtige trafen". MOTHES fasste dann die Vorgänge nochmals zusammen: „Wie Ihnen schon angedeutet, ist die seit mehreren Jahren laufende Diskussion über Herrn von Bertalanffy in einer – man darf wohl sagen – seltenen Weise durch stärkste Befürwortung einerseits und Bedenken andererseits ausgezeichnet. Da die Befürworter wie auch die Kritischen zu dem führenden Kreis der Biologen unserer Akademie gehören, sah sich das Präsidium in einer sehr schwierigen Lage. Es hat die Entscheidung verschiedene Male vertagt, ist aber dann doch zu der Überzeugung gekommen, daß man die wiederholtvorgebrachten Anträge zur Aufnahme nicht weiter zurückweisen sollte. Ich bedaure, daß Ihr Brief in dieser Angelegenheit etwas spät kam und daß er nun nicht mehr wirksam werden kann." Er werde das Schreiben aber dem Präsidium vorlegen.

Damit ist der ambivalente Standpunkt von Präsident MOTHES in dieser Angelegenheit umrissen. Gleichzeitig spiegeln sich hier die Schwierigkeiten bei der Bewertung von Leistungen in Grenzbereichen von Fächern und der Beurteilung von Lebensleistungen. Es ist wohl insbesondere den drei im Ostteil Deutschlands wirkenden Wissenschaftlern Joachim-Hermann SCHARF, Günter BRUNS und Hans DRISCHEL zu verdanken, dass die Akademie das herausragende Werk Ludwig VON BERTALANFFYS in angemessener Weise durch die Mitgliedschaft würdigte.

Ludwig VON BERTALANFFY wusste natürlich von all diesen Auseinandersetzungen um seine Person nichts. Unter dem 27. Februar 1968 informierte ihn Leopoldina-Präsident MOTHES von der Aufnahme in die Naturforscherakademie.[89] Wie üblich heißt es in diesem Schreiben: „Das Präsidium unserer Akademie hat in seiner letzten Sitzung einem Vorschlage einiger Ihrer Fachgenossen aus den deutschsprachigen Stammlanden der Akademie entsprochen und Sie zum Mitgliede der Leopoldina gewählt. Da eine solche Wahl nach strengen Maßstäben und nur bei weitgehender Übereinstimmung des Präsidiums und der zu befragenden Senatoren erfolgt, dürfen Sie die Wahl als eine besondere Anerkennung Ihrer wissenschaftlichen Leistung und Ihrer Persönlichkeit ansehen. Ich darf Sie deshalb zu dieser Wahl herzlich beglückwünschen." MOTHES unterrichtete BERTALANFFY auch über den besonderen Charakter der Leopoldina: „Sie ist die älteste, ohne Unterbrechung existierende naturwissenschaftliche Akademie und ist seit über 300 Jahren den Prinzipien treu geblieben, die für ihre Gründung maßgebend waren: Über die Grenzen der Fachgebiete und der Länder hinaus durch eine freie Vereinigung von Gelehrten zum Segen der Menschheit zu wirken. Die Leopoldina hat seit Jahrhunderten einen übernationalen Charakter; die Hälfte ihrer Mitglieder befindet sich in den deutschsprachigen Stammlanden, Deutschland, Österreich und der Schweiz, die andere Hälfte im Auslande." Ludwig VON BERTALANFFY erwiderte[90]: Die Wahl in die Leopoldina sei

---

88 MOTHES an SEIDEL, o. O. [Halle/Saale] 27. 3. 1968, D, HAL MM 5455 Ludwig von Bertalanffy.
89 MOTHES an BERTALANFFY, o. O. [Halle/Saale] 27. 2. 1968, D, HAL MM 5455 Ludwig von Bertalanffy.
90 BERTALANFFY an MOTHES, Edmonton (Kanada) 5. 3. 1968, HAL MM 5455 Ludwig von Bertalanffy.

ihm „eine ebenso grosse Freude wie Ehre", die er „mit grosser Befriedigung annehme". Seine Genugtuung darüber sei „umso grösser, als abgesehen von der so freundlichen Würdigung meiner Arbeit, diese Wahl mir bestätigt, dass trotz zwanzigjährigem Lebens im Ausland die Verbundenheit mit den deutschen Kollegen weiter besteht". Er bedauerte nochmals, durch Erkrankung an der Teilnahme an der Jahresversammlung verhindert gewesen zu sein, und sandte MOTHES die besten Wünsche „für das verdienstvolle und völkerverbindende Wirken der Akademie". MOTHES übersandte BERTALANFFY das Diplom[91] mit dem Bemerken, er hoffe, dass BERTALANFFY „sich allezeit in unserer Mitte wohlfühlen" werde. Nachdem Ende April 1968 das Diplom der Leopoldina glücklich bei BERTALANFFY in Edmonton angelangt war, fand die schwierige Wahlangelegenheit doch noch einen guten Abschluss.[92]

6. Ausblicke

Auf der Jahresversammlung 1969 wurde der mit Veranstaltung 1967 eingeschlagene Weg, nun unter dem Thema „Struktur und Funktion" fortgesetzt. Der Beitrag von Joachim-Hermann SCHARF „Funktionsformen der Morphokinese" nahm auch Bezug auf die Arbeiten BERTALANFFYS.[93] Die Rundtischdiskussion zum Thema „Struktur und Funktion" verarbeitete nicht nur die modernen Ansätze einer Theoretischen Biologie, sondern verwies in den Ausführungen des Mathematikers Bartel Leendert VAN DER WAERDEN (1903–1996, L 1960) zur Frage „Ist der Vitalismus wirklich tot?" zurück auf die Vitalismus/Mechanismus-Debatte in der *Nova Acta Leopoldina* unter ABDERHALDEN in den 1930er Jahren.[94]

Auf der Jahresversammlung 1971 zum Thema „Informatik" wurde dann der Lückenschluss von der Physik und Biologie versucht.[95] Auch hier finden sich zum Beispiel im Beitrag des Physiologen Wolf D. KEIDEL (1917–2011, L 1970) aus Erlangen der Hinweis auf BERTALANFFY[96] und in den Vorträgen von Manfred EIGEN „Evolution und Information"[97] und Ilya PRIGOGINE (1917–2003, L 1970) „Structure, Entropy and Quantum Theory"[98] Probleme einer Theoretischen Biologie und der Mathematisierung der Biologie.

Auf der Jahresversammlung 1975 „Systeme und Systemgrenzen"[99] wurden entsprechende Überlegungen fortgeführt. Hier behandelte Paul Alfred WEISS (1898–1989, L 1966) die „Empirische[n] Grundlagen des Systemdenkens". Über BERTALANFFY heißt es da: „Einer, der das Systemdenken wirklich vorangebracht hat, war Ludwig VON BERTALANFFY. Tatsächlich war er eine Art Schüler von mir. Wir waren beide an der Wiener Universität, er als Student, ich bereits einige Jahre als Doktor und hatte *Tierisches Verhalten als Systemreaktion* schon

---

91 MOTHES an BERTALANFFY, o. O. [Halle/Saale] 14. 3. 1968, D, HAL MM 5455 Ludwig von Bertalanffy.
92 Vgl. BERTALANFFY an MOTHES, Edmonton 17. 4. 1968, BERTALANFFY an MOTHES, Edmonton 24. 4. 1968, HAL MM 5455 Ludwig von Bertalanffy.
93 SCHARF 1970b, S. 242.
94 Round-Table-Gespräch in SCHARF 1970a, S. 341–388, hier S. 354 und 358. Siehe KAASCH 2014 (in diesem Band, S. 153–179).
95 SCHARF 1972.
96 KEIDEL 1972, S. 231.
97 An seiner Stelle gedruckt EIGEN 1972.
98 PRIGOGINE 1972.
99 SCHARF 1978.

publiziert. In Überlegungen mit mir hat er meine Grundideen absorbiert und ausgebaut. Ich habe es ihm dann überlassen, sie in seinem Sinne fortzuentwickeln, was ihm auch hervorragend geglückt ist [...]"[100]

Ludwig VON BERTALANFFY war bereits am 12. Juni 1972 verstorben. In seiner Beileidsbekundung schrieb Akademiepräsident Kurt MOTHES: „Wir sind stolz darauf, den Namen dieses ungewöhnlichen Gelehrten in der Matrikel unserer Akademie führen zu dürfen, denn er hat als ein origineller Denker entscheidend in die Entwicklung der modernen Biologie eingegriffen. Das, was er uns hinterlassen hat, wird überhaupt erst in den nächsten Jahrzehnten richtig ausgewertet werden."[101]

Max HARTMANN hatte mit seinem Verdikt gegen BERTALANFFY jedenfalls nicht recht behalten, handelte es sich bei BERTALANFFYS Überlegungen zum Organismus als offenes System oder zum Fließgleichgewicht doch wohl um solche fruchtbaren Arbeitshypothesen, wie sie Jakob VON UEXKÜLL (1864–1944, L 1932) bereits in den 1930er Jahren gegenüber Leopoldina-Präsident Emil ABDERHALDEN für die Weiterentwicklung der Biologie gefordert hatte.[102]

Literatur

BERTALANFFY, L. VON: Kritische Theorie der Formbildung. Berlin: Borntraeger 1928
BERTALANFFY, L. VON: Theoretische Biologie. Bd. *1*. Allgemeine Theorie, Physikochemie, Aufbau und Entwicklung des Organismus. Berlin: Borntraeger 1932 (2. Aufl. Bern: Francke 1951)
BERTALANFFY, L. VON: Modern Theories of Development. An Introduction to Theoretical Biology. Oxford: Clarendon [Oxford University Press] 1933 (englische Übersetzung von *Kritische Theorie der Formbildung* 1928)
BERTALANFFY, L. VON: Das Gefüge des Lebens. Leipzig u. a.: Teubner 1937
BERTALANFFY, L. VON: Theoretische Biologie. Bd. *2*. Stoffwechsel, Wachstum. Berlin: Borntraeger 1942 (2. Aufl. Bern: Francke 1951)
BERTALANFFY, L. VON (Hrsg.): Handbuch der Biologie. Potsdam: Akad. Verl. Ges. Athenaion 1942–1977 (1954 Darmstadt, 1954ff. Konstanz)
BERTALANFFY, L. VON: Vom Molekül zur Organismenwelt. Potsdam: Athenaion 1944 (2. Aufl. 1949)
BERTALANFFY, L. VON: Das biologische Weltbild. Bern: Francke 1949
BERTALANFFY, L. VON: General System Theory. Baltimore (Maryland): Johns Hopkins Press ca. 1951 [1959?]
BERTALANFFY, L. VON: Biophysik des Fließgleichgewichts. Einführung in die Physik offener Systeme und ihre Anwendung in der Biologie. Braunschweig: Vieweg 1953
BERTALANFFY, L. VON: Das Modell des offenen Systems. In: SCHARF, J.-H., und BRUNS, G. (Hrsg.): Biologische Modelle. Bericht über die Jahresversammlung der Deutschen Akademie der Naturforscher Leopoldina vom 19. bis 22. Oktober 1967 in Halle (Saale). Nova Acta Leopoldina N. F. Bd. *33*, Nr. 184, 73–87 (1968)
BRAUCKMANN, S.: Eine Theorie für Lebendes. Die synthetische Antwort Ludwig von Bertalanffys. Egelsbach, Frankfurt (Main), München, New York: Hänsel-Hohenhausen 1997
BRUNS, G.: Einführung in das Thema „Informatik". In: SCHARF, J.-H. (Hrsg.): Informatik. Vorträge anläßlich der Jahresversammlung vom 14. bis 17. Oktober 1971 zu Halle (Saale). Nova Acta Leopoldina N. F. Bd. *37*/1, Nr. 206, 69–70 (1972)

---

100 WEISS 1978, S. 331.
101 MOTHES an Maria VON BERTALANFFY, o. O. [Halle/Saale] 11. 7. 1972, D, HAL MM 5455 Ludwig von Bertalanffy.
102 KAASCH 2014 (in diesem Band, S. 153–179).

CHEN, H.-a.: Die Sexualitätstheorie und „Theoretische Biologie" von Max Hartmann in der ersten Hälfte des zwanzigsten Jahrhunderts. Stuttgart: Franz Steiner 2003
DAVIDSON, M.: Uncommon Sense. The Life and Thought of Ludwig von Bertalanffy. Los Angeles: J. P. Tarcher 1983
EIGEN, M.: Molekulare Selbstorganisation und Evolution. In: SCHARF, J.-H. (Hrsg.): Informatik. Vorträge anläßlich der Jahresversammlung vom 14. bis 17. Oktober 1971 zu Halle (Saale). Nova Acta Leopoldina N. F. Bd. *37*/1, Nr. 206, 171–223 (1972)
GRAY, W., and RIZZO, N. D. (Eds.): Unity Through Diversity. A Festschrift for Ludwig von Bertalanffy. New York, London, Paris: Gordon and Breach Science Publishers 1973
HARTMANN, M.: Die Welt des Organischen. In: Das Weltbild der Naturwissenschaften. Vier Gastvorlesungen an der Technischen Hochschule Stuttgart im Sommersemester 1931. S. 24–71. Stuttgart: Ferdinand Enke 1931
JAHN, I. (Hrsg.), unter Mitwirkung von KRAUSSE, E., LÖTHER, R., QUERNER, H., SCHMIDT, I., und SENGLAUB, K.: Geschichte der Biologie. Theorien, Methoden, Institutionen, Kurzbiographien. 3. Aufl. Heidelberg, Berlin: Spektrum Akademischer Verlag 2000
KAASCH, M.: Biologen als Mitglieder der Leopoldina im 20. Jahrhundert. In: HÖXTERMANN, E., KAASCH, J., und KAASCH, M. (Hrsg.): Berichte zur Geschichte und Theorie der Ökologie und weitere Beiträge zur 9. Jahrestagung der DGGTB in Neuburg a. d. Donau 2000. Verhandlungen zur Geschichte und Theorie der Biologie Bd. *7*, S. 237–264. Berlin: VWB – Verlag für Wissenschaft und Bildung 2001
KAASCH, M.: Der „ungekrönte König aller Wissenschaftler in Halle" – Der Biochemiker und Leopoldina-Präsident Kurt Mothes (1900–1983). In: Gesellschaft für Pflanzenzüchtung e. V.: Persönlichkeiten aus Pflanzenforschung und -züchtung im Hallenser Raum. Kolloquium am 14. und 15. März 2012 in Halle (Saale) der AG (9) Geschichte der Pflanzenzüchtung gemeinsam mit der Deutschen Gesellschaft für Geschichte und Theorie der Biologie (DGGTB). Vorträge für Pflanzenzüchtung *83*, 89–113 (2012). Quedlinburg: Gesellschaft für Pflanzenzüchtung e. V. 2012
KAASCH, M.: „Was wir brauchen sind fruchtbare Arbeitshypothesen ..." – Uexküll, Driesch, Hartmann und Meyer-Abich in Diskussionen über eine Theorie der Biologie in der Leopoldina in den 1930er Jahren. In: KAASCH, M., und KAASCH, J. (Hrsg.): Ordnung – Organisation – Organismus. Beiträge zur 20. Jahrestagung der DGGTB in Bonn 2011. Verhandlungen zur Geschichte und Theorie der Biologie Bd. *18*, S. 153–179. Berlin: VWB – Verlag für Wissenschaft und Bildung 2014
KAASCH, M., und KAASCH, J.: Für das Leben der Akademie ist ihr Zentrum hier im engeren mitteldeutschen Raum von größter Bedeutung – Die Leopoldina und ihre Mitglieder in Halle, Jena und Leipzig in den Jahren 1945 bis 1961. In: HOSSFELD, U., KAISER, T., und MESTRUP, H. (Hrsg.): Hochschule im Sozialismus. Studien zur Friedrich-Schiller-Universität Jena (1945–1990). S. 762–806. Köln, Weimar: Böhlau Verlag 2007
KAASCH, M., und KAASCH, J.: Die Leopoldina auf den Spuren Darwins. In: GERSTENGARBE, S., KAASCH, J., KAASCH, M., KLEINERT, A., und PARTHIER, B. (Hrsg.): Vorträge und Abhandlungen zur Wissenschaftsgeschichte 2011/2012. Acta Historica Leopoldina Nr. *59*, 435–491 (2012)
KEIDEL, W.-D.: Codierung, Informationsfluß und Decodierung im Organismus. In: SCHARF, J.-H. (Hrsg.): Informatik. Vorträge anläßlich der Jahresversammlung vom 14. bis 17. Oktober 1971 zu Halle (Saale). Nova Acta Leopoldina N. F. Bd. *37*/1, Nr. 206, 225–250 (1972)
LAUBICHLER, M.: Bertalanffy, Carl Ludwig von. In: HOFFMANN, D., LAITKO, H., und MÜLLER-WILLE, S. (Hrsg.): Lexikon der bedeutenden Naturwissenschaftler. Bd. *1*, S. 151–152. Heidelberg, Berlin: Spektrum Akademischer Verlag 2003
NIERHAUS, G.: Ludwig von Bertalanffy 1901–1972. Sudhoffs Archiv *65*, 144–172 (1981)
PARTHIER, B.: Kurt Mothes (1900–1983). Acta Historica Leopoldina Nr. *37* (2001)
PARTHIER, B., und GERSTENGARBE, S.: „Das Schicksal Deutschlands ist das Schicksal unserer Akademie" – Die Leopoldina von 1954 bis 1974. In: PARTHIER, B., und ENGELHARDT, D. VON (Hrsg.): 350 Jahre Leopoldina – Anspruch und Wirklichkeit. Festschrift der Deutschen Akademie der Naturforscher Leopoldina 1652–2002. S. 293–326. Halle (Saale): Leopoldina/Druck-Zuck 2002

PRIGOGINE, I.: Structure, Entropy and Quantum Theory. In: SCHARF, J.-H. (Hrsg.): Informatik. Vorträge anläßlich der Jahresversammlung vom 14. bis 17. Oktober 1971 zu Halle (Saale). Nova Acta Leopoldina N. F. Bd. *37/1*, Nr. 206, 139–150 (1972)

SCHARF, J.-H. (Hrsg.): Struktur und Funktion. Bericht über die Jahresversammlung der Deutschen Akademie der Naturforscher Leopoldina vom 30. Oktober bis 2. November 1969 in Halle (Saale). Nova Acta Leopoldina N. F. Bd. *35*, Nr. 194 (1970a)

SCHARF, J.-H.: Funktionsformen der Morphogenese. In: SCHARF, J.-H. (Hrsg.): Struktur und Funktion. Bericht über die Jahresversammlung der Deutschen Akademie der Naturforscher Leopoldina vom 30. Oktober bis 2. November 1969 in Halle (Saale). Nova Acta Leopoldina N. F. Bd. *35*, Nr. 194, 239–288 (1970b)

SCHARF, J.-H. (Hrsg.): Informatik. Vorträge anläßlich der Jahresversammlung vom 14. bis 17. Oktober 1971 zu Halle (Saale). Nova Acta Leopoldina N. F. Bd. *37/1*, Nr. 206 (1972)

SCHARF, J.-H. (Hrsg.): Systeme und Systemgrenzen. Vorträge anläßlich der Jahresversammlung vom 9. bis 12. Oktober 1975 zu Halle (Saale). Nova Acta Leopoldina N. F. Bd. *47*, Nr. 226 (1978)

SCHARF, J.-H., und BRUNS, G. (Hrsg.): Biologische Modelle. Bericht über die Jahresversammlung der Deutschen Akademie der Naturforscher Leopoldina vom 19. bis 22. Oktober 1967 in Halle (Saale). Nova Acta Leopoldina N. F. Bd. *33*, Nr. 184 (1968)

WEISS, P. A.: Tierisches Verhalten als Systemreaktion. Biologia Generalis Nr. *1*, 167–248 (1925)

WEISS, P. A.: Empirische Grundlagen des Systemdenkens. In: SCHARF, J.-H. (Hrsg.): Systeme und Systemgrenzen. Vorträge anläßlich der Jahresversammlung vom 9. bis 12. Oktober 1975 zu Halle (Saale). Nova Acta Leopoldina N. F. Bd. *47*, Nr. 226, 325–334 (1978)

Dr. Michael KAASCH
Dr. Joachim KAASCH
Arbeitsgruppe Wissenschaftsgeschichte/
Redaktion Nova Acta Leopoldina
Deutsche Akademie der Naturforscher Leopoldina –
Nationale Akademie der Wissenschaften
Postfach 110543
06019 Halle (Saale)
Bundesrepublik Deutschland
Tel.:   +49 345 47239134
Fax: +49 345 47239139
E-Mail: kaasch@leopoldina.org

Zwischen Genotyp und Phänotyp – Erklärung epigenetischer Phänomene in der ersten Hälfte des 20. Jahrhunderts*

Kirsten SCHMIDT (Bochum)

Zusammenfassung

In den letzten Jahren wird zunehmend deutlich, dass eine rein genzentrierte Interpretation der Ontogenese, die von einer Sonderrolle der Gene und einer engen Kopplung zwischen Geno- und Phänotyp ausgeht, den komplexen Entwicklungsprozessen nicht immer gerecht wird. So können auch bei genetisch identischen Individuen oder Zelllinien Entwicklungsdifferenzen auftreten, die heute meist durch epigenetische Regulationsmechanismen erklärt werden.

Der vorliegende Text zeigt am Beispiel des lamarckistischen Ansatzes von Paul KAMMERER (1880–1926) und des selektionistischen Ansatzes von Conrad Hal WADDINGTON (1905–1975), wie epigenetische Phänomene der Entkopplung von Geno- und Phänotyp in der ersten Hälfte des 20. Jahrhunderts diskutiert wurden. Besonders WADDINGTON, der die Begriffe „Epigenetik" und „genetische Assimilation" geprägt hat, erfährt heute eine Wiederentdeckung als Vater der modernen Entwicklungsbiologie. Aber auch KAMMERERS durch Fälschungsvorwürfe diskreditierte Experimente erscheinen vor dem Hintergrund aktueller epigenetischer Forschung in einem positiveren Licht. Der Grund dafür ist jedoch nicht, dass Forschungsergebnisse aus der Epigenetik zur Auferstehung des Lamarckismus führen. Vielmehr trägt gerade das Verständnis epigenetischer Mechanismen dazu bei, scheinbar lamarckistische Befunde nicht-lamarckistisch zu erklären: Eine „Vererbung erworbener Eigenschaften" ist möglich, da der Phänotyp in viel größerem Maße als bisher angenommen selektierbare Variationen zeigen kann, die nicht nur genetisch bedingt sind.

Summary

In recent years, the idea of an exceptional role of genes in the process of ontogenetic development (gene-centrism) has become controversial. One reason for this is that the notion of a strong one-way coupling between genotype and phenotype is incompatible with developmental differences in genetically identical organisms or cell lines which are commonly explained by epigenetic regulatory mechanisms.

The following text discusses two early attempts to deal with the decoupling of genotype and phenotype in the first half of the 20th century: the Lamarckian approach of Paul KAMMERER (1880–1926) and the selectionist approach of Conrad Hal WADDINGTON (1905–1975). WADDINGTON, who coined the terms "epigenetics" and "genetic assimilation", is given credit today for being the father of modern developmental biology. And even KAMMERER'S experimental results that were regarded as fraud until recently are seen more positively in the light of current epigenetic research. However, this does not imply a resurrection of Lamarckism. Quite the contrary, the growing insight into epigenetic mechanisms contributes to a non-lamarckian explanation of seemingly Lamarckian phenomena like transgenerational epigenetic inheritance.

---

* Überarbeitete Fassung eines Vortrages auf der 20. Jahrestagung der *Deutschen Gesellschaft für Geschichte und Theorie der Biologie* vom 16. bis 19. Juni 2011 in Bonn.

Kirsten Schmidt

Einleitung

Eines der ältesten biologischen Rätsel ist die Entstehung der charakteristischen phänotypischen Formen und Eigenschaften eines Lebewesens. Was treibt die Ontogenese an, gibt ihre Richtung vor? Und warum verläuft sie meist mit artspezifischer Regelmäßigkeit, sodass sich Lebewesen einer Spezies in charakteristischer Weise von Mitgliedern anderer Arten unterscheiden? Warum schlüpft etwa aus einem Hühnerei immer ein Huhn und nie eine Ente oder gar ein Elefant?

Mit der Entdeckung von Struktur und Funktion molekularer Gene in den 1950er und 1960er Jahren lag eine genzentrierte Antwort auf diese Fragen nahe: Huhn, Ente und Elefant besitzen eine unterschiedliche genetische Ausstattung und damit ein spezifisches, in ihrer DNA gespeichertes genetisches Programm. Ihre Entwicklung erfolgt durch schrittweise Abarbeitung dieses Programms, das alle notwendigen Informationen über den Bau des Organismus enthält. Kennzeichnend für diese in der zweiten Hälfte des 20. Jahrhunderts in der Biologie vorherrschende genzentrierte Interpretation der Ontogenese ist, dass Genen eine Sonderrolle zugeschrieben wird. Nur Gene besitzen demnach semantische Information, d. h. Instruktionen über den aktuellen oder zukünftigen Zustand des Organismus – darüber, wie das Lebewesen aussehen und sich verhalten sollte. Nicht-genetische Faktoren werden dagegen entweder als notwendige Rahmenbedingungen angesehen, die gegeben sein müssen, um die Entwicklung des Organismus nach dem vorgegebenen genetischen Bauplan zu ermöglichen. Oder sie werden als Störfaktoren interpretiert, als Grund dafür, warum ein bestimmtes Gen nicht die „beabsichtigte" Wirkung hat.

In der genzentrierten Interpretation der Ontogenese sind genetische und nicht-genetische Kausalfaktoren von qualitativ unterschiedlicher Bedeutung für die Entwicklung eines Lebewesens mit einem bestimmten Phänotyp. Die Vorstellung einer Sonderrolle der Gene für die Entwicklung wird jedoch von wissenschaftlicher Seite zunehmend relativiert. Sowohl in der Biologie als auch in der Biophilosophie kann man heute von einem interaktionistischen Konsens sprechen: Es ist unstritten, dass sowohl genetische als auch nicht-genetische Faktoren von entscheidender Bedeutung für den Entwicklungsprozess sind. So schreibt etwa der Entwicklungsbiologe H. Frederik NIJHOUT: „A single genotype can produce many phenotypes, depending on many contingencies encountered during development. That is, phenotype is an outcome of a complex series of developmental processes that are influenced by environmental factors as well as by genes."[1]

Für sich genommen, ohne die biochemische Umwelt der Zelle, kann ein molekulares Gen nichts bewirken. Denn die bemerkenswert reaktionsträge DNA ist selbst nicht aktiv, erst recht nicht in so zielgerichteter Weise, wie es die Programmmetapher nahe zu legen scheint. Molekulare Gene können daher nicht die für die Ontogenese allein bestimmenden Faktoren sein. Die Entwicklung eines Lebewesens ist in hohem Maße kontextabhängig – die Beiträge von DNA und Umwelt für die Entstehung charakteristischer biologischer Formen auf phänotypischer Ebene sind untrennbar miteinander verbunden.

Während die genzentrierte Interpretation von einer engen unidirektionalen Kopplung zwischen Geno- und Phänotyp ausgeht (Genotyp A führt zu einem spezifischen Phänotyp A, Genotyp B zu Phänotyp B usw.), wird in interaktionistischen Ansätzen anerkannt, dass der 1:1-Entsprechung von Erbanlage und Erscheinungsbild Grenzen gesetzt sind. Besonders deutlich wird dies im Fall von Entwicklungsdifferenzen: Auch zwischen Organismen mit gleicher oder

---

1 NIJHOUT 1999, S. 181.

sehr ähnlicher genetischer Ausstattung unterscheidet sich der Phänotyp oft so stark, dass man von einer Entkopplung genetischer und phänotypischer Variation sprechen kann – ein einziger Genotyp A führt zu ganz verschiedenen Phänotypen A1, A2, A3. Offenbar verläuft die Ontogenese nicht immer auf geradem und eindeutigem Weg vom Genom zum Organismus. Neben der genetischen Ebene der DNA muss es noch eine epigenetische, vermittelnde Ebene geben, auf der die komplexen Interaktionen zwischen Genen, Genprodukten und Umweltfaktoren stattfinden, die von Geno- zu Phänotyp führen.

In den letzten Jahren ist in der Entwicklungsbiologie eine Tendenz zur Verschiebung der Aufmerksamkeit von der rein genetischen zur epigenetischen Ebene zu beobachten. David HAIG diagnostiziert eine regelrechte „Epidemie" von Artikeln zur Epigenetik: „We are in the midst of an epidemic of the words ‚epigenetic' and ‚epigenetics'. In the database of ISI Web of Knowledge, more than a 1300 articles published in 2010 contain epigenetic(s) in their title, whereas the corresponding number for each year prior to 2000 is less than a hundred. [...] Roughly speaking, there was little change in relative frequency from the 1950s until 1999, but since then epigenetics has increased in each successive year, with a 10-fold increase from 1999 to 2009."[2]

Einige Autoren deuten das neue Interesse für epigenetische Faktoren als eine Wiederkehr lamarckistischer Vorstellungen.[3] Es kann sicher bezweifelt werden, ob diese konzeptuelle Verbindung von Epigenetik und Lamarckismus im Hinblick auf eine Neubewertung der kausalen Rolle der Gene in der Ontogenese inhaltlich überzeugend und rhetorisch hilfreich ist. Was die heutige Epigenetik-Forschung ebenso wie der Lamarckismus betont, ist der Einfluss der Umwelt und des aktiven Organismus selbst auf seine eigene Ontogenese. Das macht epigenetische Erklärungsansätze noch nicht zwangsläufig zu lamarckistischen. Aber wie ich im Folgenden zeigen möchte, können die hinter den Begriffen „Lamarckismus" und „Vererbung erworbener Eigenschaften" stehenden historischen Ideen und Konzepte durchaus für die moderne Biologie fruchtbar sein.

Ich möchte dafür den Blick zurückwerfen auf die Diskussion epigenetischer Phänomene in der ersten Hälfte des 20. Jahrhunderts, in die Zeit des klassischen Genkonzeptes, aber vor Entdeckung der molekularen Struktur des Gens und damit vor der übermächtigen Welle genzentrierter Erklärungen, die heute langsam wieder abflaut. Ausgangspunkt ist die Frage, durch welche Mechanismen zu dieser Zeit versucht wurde, die zahlreichen bereits bekannten Beispiele für Entwicklungsdifferenzen zu erklären, bei denen genetische und phänotypische Variation entkoppelt sind. Nach einem kurzen Überblick über einige früh entdeckte Beispiele für Entwicklungsdifferenzen stelle ich exemplarisch zwei Strategien vor, mit diesen ungewöhnlichen Beobachtungen umzugehen: den lamarckistischen Ansatz von Paul KAMMERER (1880–1926) und den selektionistischen Ansatz von Conrad Hal WADDINGTON (1905–1975). Abschließend werde ich zeigen, dass KAMMERERS und WADDINGTONS Erklärungsversuche wichtige Impulse zu einer Neubewertung des Zusammenspiels von genetischen und epigenetischen Faktoren auf der Ebene zwischen Geno- und Phänotyp liefern können.

---

2 HAIG 2011, S. 1.
3 Für die Bezeichnung „Lamarckismus" im epigenetischen Kontext argumentieren etwa JABLONKA und LAMB 2006, S. 360ff. Zur Kritik daran vgl. HAIG 2007.

Kirsten Schmidt

Entkopplung von Geno- und Phänotyp

Phänotypische Plastizität

Eine erste Grenze für die eindeutige 1:1-Kopplung zwischen Geno- und Phänotyp ist die phänotypische Plastizität, also die Fähigkeit eines Organismus, auf einen Umweltreiz (z. B. eine Temperaturveränderung oder die Anwesenheit von Fressfeinden) mit einer Veränderung seines Aussehens oder Verhaltens zu reagieren.[4] Wie Massimo PIGLIUCCI (*1964) betont, kann Plastizität nicht mit der für die Entwicklung notwendigen Umweltkomponente gleichgesetzt und der genetischen Komponente gegenüber gestellt werden.[5] Vielmehr ist auch die Plastizität eine Eigenschaft des Organismus, die von genetischen Faktoren abhängt und daher zu ganz spezifischen Reaktionen innerhalb eines bestimmten Umweltkontextes führt. Die alternativen Formen eines Organismus sind nicht beliebig „plastisch" im Sinne unbegrenzter Möglichkeiten, sondern bewegen sich innerhalb vorgegebener Entwicklungswege.

Zwei Haupttypen von Plastizität werden unterschieden. Weit verbreitet sind graduelle Abweichungen individueller Phänotypen innerhalb einer Reaktionsnorm, die PIGLIUCCI wie folgt definiert: „A norm of reaction is a genotype-specific function that relates the range of environments experienced during ontogeny to the range of phenotypes that the particular genotype produces in that range of environments [...]."[6]

Eine zweite Form der Plastizität ist der Polyphänismus, bei der ein Organismus zwei oder mehr diskontinuierliche alternative Phänotypen entwickeln kann. Eines der ältesten Beispiele ist das bereits 1554 im *Cruydeboeck* von Rembert DODOENS (1517–1585) dokumentierte Phänomen der induzierten Heterophyllie (Verschiedenblättrigkeit) beim Wasserhahnenfuß *Ranunculus aquatilis*.[7] Bei dieser semi-aquatischen Pflanze hängt die Form eines Blattes davon ab, ob es sich unter Wasser, an der Luft oder zwischen Luft und Wasser befindet. Während die submersen Unterwasserblätter fein gefiedert und tief geschlitzt sind, sind Schwimm- und Luftblätter flächig gelappt und nur leicht gezähnt. Jean-Baptiste DE LAMARCK (1744–1829) führt *Ranunculus aquatilis* in seiner *Philosophie Zoologique* (1809) als Beispiel dafür an, dass die Umwelt die Erscheinungsform eines Organismus so stark beeinflussen kann, dass die Ausbildung einer neuen Art möglich wird.[8]

Obwohl die phänotypische Plastizität von Organismen schon seit langem bekannt ist, wurde sie meist nicht als Hinweis auf die essentielle Bedeutung von Umweltfaktoren für Ontogenese und Phylogenese angesehen, sondern als bloße „source of nuisance".[9] Mit dem Erstarken genzentrierter Vorstellungen in der 2. Hälfte des 20. Jahrhunderts wurde die Plastizität zunehmend marginalisiert. Scott F. GILBERT und David EPEL stellen für die Zeit nach dem Zweiten Weltkrieg eine regelrechte Abneigung gegen die Vorstellung einer phänotypischen Plastizität fest.[10] In

---

4   Vgl. zur Plastizität z. B. PIGLIUCCI 2010, GILBERT und EPEL 2009, WEST-EBERHARD 2003.
5   PIGLIUCCI 2010, S. 355.
6   PIGLIUCCI 2010, S. 355. Die Bezeichnung „Reaktionsnorm" wurde im Jahr 1909 von Richard WOLTERECK (1877–1944) eingeführt.
7   Vgl. COOK 1969.
8   WEST-EBERHARD 1989 verweist auf Versuche von COOK und JOHNSON, die zeigen, dass bei *Ranunculus flammula* eine Aufspaltung polyphänischer Populationen in aquatische und terrestrische Subspecies durch Fixierung alternativer Phänotypen stattgefunden hat.
9   PIGLIUCCI und MÜLLER 2010, S. 4. Vgl. ähnlich auch WEST-EBERHARD 2003, S. 4.
10 GILBERT und EPEL 2009, S. 8.

den letzten Jahren hat sich diese Einstellung grundlegend geändert. Wie die Vielzahl aktueller wissenschaftlicher Veröffentlichungen zum Thema zeigt, hat das Konzept der phänotypischen Plastizität mittlerweile wieder einen festen Platz in der Entwicklungsbiologie erhalten.[11]

Phänokopien

Wie eingangs erwähnt, ist es unter Biologen heute selbstverständlich, dass Gene und Umwelteinflüsse in der Ontogenese interagieren und zu alternativen Phänotypen führen können. Aber es gibt auch Formen der Entkopplung von Genotyp und Phänotyp, die über diesen grundlegenden Interaktionismus hinausgehen, indem sie den Weg vom Gen zum sichtbaren Merkmal umzukehren scheinen. So ähneln Phänotypen, die aufgrund von Plastizität durch Umwelteinflüsse induziert werden, oft Phänotypen, die auf Mutationen zurückgehen, d. h. physiologische Reaktionen auf Stimuli imitieren erbliche Phänotypen. Richard GOLDSCHMIDT (1878–1958) prägte für dieses Phänomen, das schon Ende des 19. Jahrhunderts von Max STANDFUSS (1854–1917) bei Schmetterlingen experimentell untersucht wurde, den Begriff „Phänokopie".[12] GOLDSCHMIDT stellte fest, dass ein Hitzeschock zu einem bestimmten Zeitpunkt der Entwicklung beim Kleinen Fuchs (*Aglais urticae*) zu einem abweichenden Muster der Flügelpigmentierung führt, das dem genetisch festgelegten Muster bei verwandten Unterarten aus wärmeren Regionen entspricht.

Im Hinblick auf die Entkopplung von Geno- und Phänotyp ist dies vor allem interessant, da es zu einer genetischen Fixierung der Phänokopie kommen kann, wenn der Umweltreiz über mehrere Generationen auftritt. Die durch Umwelteinflüsse induzierten Phänotypen werden in diesem Fall zu erblichen Phänotypen, die sich auch ohne den entsprechenden Stimulus entwickeln. Hier scheint also der alternative Phänotyp zuerst da zu sein und den Genotyp zu „formen", statt umgekehrt. Ein Beispiel dafür ist die von WADDINGTON beschriebene Schwielenbildung beim Strauß.[13] Strauße werden mit dicken Schwielen an Körperstellen geboren, die später beim Sitzen mit dem Erdboden in Berührung kommen. Diese angeborene Kallusbildung entspricht physiologisch der Hornhaut, die sich im Laufe des Lebens durch vielfachen Gebrauch, durch Druck oder Abrieb z. B. an Fingern oder Fußsohlen bilden kann. Wegen ihrer vorgeburtlichen Entstehung ist sie aber nicht durch diese Art von Belastung zu erklären.

Epigenetische Unterschiede auf zellulärer Ebene

Eine weitere Beobachtung, die gegen eine Kopplung von Geno- und Phänotyp im Sinne einer genzentrierten Entwicklungsbiologie spricht, ist die unterschiedliche Entwicklung genetisch identischer Körperbestandteile eines Individuums. Wenn alle Zellen eines Organismus denselben Gensatz tragen, warum entwickeln sich dann im Laufe der Ontogenese – ausgehend von einer einzigen Zelle, der Zygote – ganz unterschiedliche Gewebe, Organe und Zelltypen? Das Problem der Zell-, Gewebe- und Organdifferenzierung steht heute häufig im Mittelpunkt der modernen epigenetischen Forschung. Aber schon in der ersten Hälfte des 20. Jahrhunderts wurde die Bedeutung dieser Fragen für die Entwicklungsbiologie als zentral angesehen. So

---

11 Einen Überblick über aktuelle Bücher zum Thema phänotypische Plastizität geben PIERSMA und VAN GILS 2010, S. 88f.
12 Vgl. GOLDSCHMIDT 1935. Vgl. dazu auch GILBERT und EPEL 2009, S. 374.
13 Vgl. WADDINGTON 1942a.

schreibt etwa WADDINGTON in seinem 1956 erschienenen Werk *Principles of Embryology*: „There are three basic types of phenomena which occur during embryonic development, and for which a causal science has to attempt to find some explanation. The first is the gradual change in the nature of a mass of living matter, which may consist of a part of a cell or more usually of a group of many cells. For instance, we see the columnar epithelial cells of the early neural plate gradually assume the characteristic appearance of the central nervous system, with its elaborate arrangements of nerve fibres; [...]. Such phenomena may be called ‚histological differentiation' [...]. A second type of phenomenon is the arising of differences between the various parts of the embryo. [...] The third basic type of process is the moulding of a mass of tissue [...] into a coherent structure which is recognised as having some unitary character of its own, which is usually acknowledged by giving it a name as an anatomical organ."[14]

Lamarckistische Erklärungen: Paul Kammerer

Lange bevor sich mit dem molekularen Genkonzept eine genzentrierte Erklärung der Ontogenese abzuzeichnen begann, waren also bereits zahlreiche Beispiele für Entwicklungsdifferenzen bekannt, die nicht oder nicht nur auf Unterschiede im Erbgut zurückgeführt werden können. Die Entwicklung eines Organismus oder einer Zelle kann bei gleichem Genotyp in unterschiedlichen Entwicklungskontexten alternative Wege einschlagen. Zur Erklärung solcher scheinbaren Anomalien waren vor allem im 18. und 19. Jahrhundert lamarckistische Erklärungsansätze weit verbreitet. Ich kann hier nicht näher auf die Feinheiten des Lamarckismus eingehen, sondern werde mit einer verbreiteten „Minimaldefinition" arbeiten, die nur einen Teilaspekt der ursprünglichen Ideen LAMARCKs aufgreift.[15] Demnach geht der Lamarckismus davon aus, dass adaptive Eigenschaften im Laufe des Lebens durch verstärkten Gebrauch oder Nichtgebrauch von Organen erworben und vererbt werden können. Die Umwelt hat also aus Sicht des Lamarckismus nicht nur, wie im Fall der phänotypischen Plastizität, einen Einfluss auf den Phänotyp – sie kann auch das Erbgut unmittelbar verändern. Entwicklungsdifferenzen wären aus lamarckistischer Sicht damit zu erklären, dass Organismen oder ihre Vorfahren unterschiedlichen Umwelteinflüssen ausgesetzt waren und sich unterschiedlich verhalten haben.

Bis zum Ende des 19. Jahrhunderts wurde das Konzept der Vererbung erworbener Eigenschaften von den meisten Biologen mangels überzeugender Alternativen als der wahrscheinlichste Vererbungsmechanismus angesehen. Und selbst in den frühen Jahrzehnten des 20. Jahrhunderts war der Lamarckismus für viele Biologen immer noch eine respektable Position.[16] Sander GLIBOFF spricht gar von der Zeit zwischen 1866 und 1926 als dem „Golden Age of Lamarckism".[17] Zwar war der Neodarwinismus, der von einer strikten Trennung von Keimbahn und Soma ausgeht und eine Vererbung erworbener Eigenschaften grundsätzlich ablehnt, bereits auf dem Vormarsch. Aber neben der neodarwinistischen Interpretation konkurrierten zahlreiche weitere darwinistische Positionen und Mischformen zwischen Lamarckismus und Darwinismus miteinander.[18]

---

14 WADDINGTON 1956, S. 11f.
15 Einen Überblick über den ursprünglichen Ansatz von LAMARCK und seine Rezeption im deutschsprachigen Raum gibt GLIBOFF 2011.
16 Vgl. dazu etwa RUDEN et al. 2003, S. 303.
17 GLIBOFF 2011.
18 Vgl. dazu GLIBOFF 2006.

In dieser Phase konzeptueller Spannung in der Biologie vertrat der österreichische Zoologe Paul KAMMERER einen lamarckistischen Ansatz.[19] KAMMERER arbeitete zu Beginn des 20. Jahrhunderts am Vivarium in Wien, einer biologischen Versuchsanstalt, die ganz auf experimentelle biologische Untersuchungen ausgerichtet war, statt auf die damals übliche spekulative Biologie.[20] Er besaß, als zoologisches Gegenstück zum sprichwörtlichen „grünen Daumen", ein außergewöhnliches Geschick bei der Haltung und Reproduktion von Amphibien und Reptilien. Mit seinen Versuchen wollte er zum einen das Ausmaß an phänotypischer Plastizität während der Individualentwicklung demonstrieren. So konnte er etwa zeigen, dass blinde Grottenolme funktionsfähige Augen entwickeln, wenn man sie bei Rotlicht aufzieht. Die entsprechenden Ergebnisse wurden von anderen Biologen meist positiv aufgenommen. Weit kontroverser war, dass KAMMERER darüber hinaus behauptete, experimentell beweisen zu können, dass es eine Vererbung der Merkmale gibt, die ein Lebewesen als Folge seiner natürlichen Anpassung erwirbt.

Anfang des Jahrhunderts überschüttete KAMMERER die Welt förmlich mit Meldungen über durch Umwelteinflüsse induzierte und teilweise erbliche Modifikationen.[21] Sein bekanntestes Versuchstier war die Geburtshelferkröte (*Alytes obstetricans*). Normalerweise paaren sich Geburtshelferkröten im Gegensatz zu allen anderen europäischen Kröten nicht im Wasser, sondern an Land. Das Männchen windet sich die befruchteten Laichschnüre um die Hinterbeine und trägt diese mit sich herum, bis die Kröten im Wasser schlüpfen. Die Eier befinden sich also während ihrer Entwicklung meist an der Luft. KAMMERER motivierte die Tiere durch hohe Temperaturen, sich häufiger im Wasser aufzuhalten und sich auch dort zu paaren, sodass einige der Eier sich von Anfang an im Wasser entwickelten. Die wenigen Kröten, die aus diesen „Wasser-Eiern" schlüpften, zeigten deutliche phänotypische Veränderungen (einen „Wasser-induzierten Phänotyp"), sie entwickelten sich z. B. schneller, und die adulten Tiere waren größer als normal. Diese Beobachtungen könnte man als weiteres Beispiel für phänotypische Plastizität ansehen. Aber KAMMERER berichtete auch, dass nach mehreren Generationen der Verpaarung und Entwicklung im Wasser bei den männlichen Kröten Brunftschwielen entstanden, die sie im Gegensatz zu anderen Kröten im Normalfall nicht entwickeln. Und laut KAMMERER traten diese Veränderungen auch ohne den entsprechenden Wasserstimulus auf – sie waren also erblich geworden.

KAMMERER versuchte, seine Ergebnisse durch einen Mechanismus zu erklären, den er als somatische Induktion bezeichnete und der die alte lamarckistische Vorstellung von der Vererbung erworbener Eigenschaften mit der neuen Mendelschen Genetik zu einem zweistufigen Prozess[22] verknüpfte:

---

19 Obwohl KAMMERER üblicherweise als Lamarckist bezeichnet wird, verstand er sich selbst als Darwinist der alten Schule. Vgl. dazu GLIBOFF 2006, S. 537f.: „[…] Kammerer identified personally and theoretically with the old school. […] This group is commonly labeled ‚Lamarckian', but they rejected any innate tendency to progress and any role for the perceived needs of the organism in mediating evolutionary change. They described responses of organic material to environmental stimuli as strictly mechanistic. Most important, they recognized that individuals inevitably differ in their exposure and responses to the environment, hence that they will vary in fitness. Natural selection therefore still had a role to play in completing the process of adaptation, which only begins with environmental effects." Vgl. kritisch zur Einordnung KAMMERERS als Lamarckist auch SVARDAL 2010.
20 Vgl. dazu GLIBOFF 2006.
21 Einen Überblick über KAMMERERS Versuche gibt GLIBOFF 2006.
22 Vgl. zum Folgenden GLIBOFF 2006, S. 538f.

(*1.*) Umweltinduzierte Entwicklung von Eigenschaften: Umwelteinflüsse und verstärkter Gebrauch von Organen führen auf der phänotypischen Ebene zur Entstehung neuer Eigenschaften. Damit wird die in der neo-darwinistischen Lesart ausschlaggebende eliminativ-selektive Seite der Evolution um eine kreative Seite des Organismus in seinem Lebensvollzug ergänzt.[23]

(*2.*) Vererbung der erworbenen Eigenschaften durch Übertragung auf Chromosomen: Vorteilhafte Neuerungen werden auf Chromosomen übertragen und als Mendelsche Gene vererbt. Die Übertragung der neuen phänotypischen Eigenschaften auf das Erbgut war von KAMMERER ganz mechanistisch gedacht. Im Gegensatz zu LAMARCK ging er nicht von einem inneren Drang des Organismus zur Veränderung aus. Aber wie genau die Übertragung funktionieren sollte, blieb unklar.

KAMMERERS Ergebnisse und seine Interpretation derselben wurden von vielen Kollegen, besonders von William BATESON (1861–1926), heftig kritisiert. Höhepunkt der Kontroverse war der Vorwurf, die vermeintlichen Brunftschwielen seien eine durch Tuscheinjektion hervorgerufene Fälschung. Der „Fall Kammerer" ist bis heute ungeklärt und wird noch immer sehr unterschiedlich beurteilt. Während KAMMERER im Westen bereits vor Bekanntwerden der Fälschungsvorwürfe meist sehr kritisch gesehen wurde und danach lange als Musterbeispiel für einen wissenschaftlichen Betrüger galt, war er in Osteuropa eine Art Märtyrer für die lamarckistische Idee, ein Betrogener, dem ein neidischer Kollege eine manipulierte Kröte untergeschoben hat.

KAMMERER hatte wohl insgesamt nur wenig direkten Einfluss auf die Biologie – aber er beeinflusste sicher indirekt die Entwicklung der Genetik, da sich zahlreiche Biologen durch ihn provoziert fühlten, sich intensiver mit der Möglichkeit der Entkopplung von Geno- und Phänotyp zu beschäftigen und neue, nicht-lamarckistische Mechanismen hinter den von ihm beschriebenen Phänomenen zu suchen.[24] Im folgenden Kapitel soll der selektionistische Erklärungsansatz von Conrad Hal WADDINGTON beschrieben werden.

Selektionistische Erklärungen: Conrad Hal Waddington

Der britische Genetiker und Embryologe Conrad Hal WADDINGTON war einer der ersten, die ab den 1930er Jahren versuchten, Genetik, Evolutionsbiologie und Entwicklungsbiologie wieder zu verbinden.[25] Wie KAMMERER arbeitete WADDINGTON viel experimentell, vor allem mit der Taufliege *Drosophila*. Charakteristisch für WADDINGTONS Ansatz ist die Frage, wie die vermittelnde epigenetische Ebene zwischen Genen und Phänotyp aussieht und warum genetische und phänotypische Variationen oft nicht gekoppelt sind.

---

23 Vgl. GLIBOFF 2006, S. 526.
24 Vgl. dazu GLIBOFF 2006.
25 GILBERT 1991 beschreibt die in den 1890er Jahren einsetzende Trennung von Entwicklungsbiologie (im Sinne der Rouxschen Entwicklungsmechanik) und Evolutionsbiologie, der mit den Arbeiten von Thomas Hunt MORGAN (1866–1945) in den 1920er Jahren die Trennung von Embryologie und Genetik folgte.

Epigenetik als Antwort auf das Problem der Zelldifferenzierung

Als englischsprachiges Äquivalent zur deutschen Entwicklungsmechanik schlug WADDINGTON in den frühen 1940er Jahren den Begriff „Epigenetik" (*epigenetics*) vor, der sprachlich und inhaltlich Entwicklungsbiologie (Epigenesis) und Genetik verbindet.[26] WADDINGTON versteht das Forschungsgebiet der Epigenetik als kausale Embryologie, die die Mechanismen untersucht, durch die Gene im Laufe der Ontogenese phänotypische Eigenschaften hervorbringen. Epigenetik in diesem Sinne umfasst alle drei Hauptprozesse der Embryonalentwicklung: Histogenese, Organogenese und Morphogenese.[27]

Der bereits 1939 von WADDINGTON als Ergänzung zu den vor allem auf Unterscheidungen zwischen ganzen Organismen bezogenen Konzepten Genotyp und Phänotyp eingeführte Begriff „Epigenotyp", der sich in der Biologie im Gegensatz zu „Epigenetik" nicht durchsetzen konnte, bezeichnet alle Interaktionen und Prozesse, die bei der Individualentwicklung zwischen geno- und phänotypischer Ebene ablaufen. „One might say that the set of organizers and organizing relations to which a certain piece of tissue will be subject during development make up its [...] ‚epigenotype'; then the appearance of a particular organ is the product of the genotype and the epigenotype, reacting with the external environment."[28]

An dieser Beschreibung wird deutlich, dass ein wichtiger Ausgangspunkt für WADDINGTONS Entwicklung des Epigenetikkonzeptes die Frage der Zelldifferenzierung ist: Wie entscheidet sich, welchen Weg eine undifferenzierte Zelle in der Ontogenese einschlägt, ob sie etwa zu einer Nerven- oder Muskelzelle wird? Mit seiner berühmt gewordenen Metapher der epigenetischen Landschaft versucht WADDINGTON, dieses Problem bildlich darzustellen und zugleich eine mögliche Lösung anzudeuten. Er beschreibt die epigenetische Landschaft als „symbolic representation of the developmental potentialities of a genotype in terms of a surface, sloping towards the observer, down which there run balls each of which has a bias corresponding to the particular initial conditions in some part of the newly fertilised egg. The sloping surface is grooved, and the balls will run into one or other of these channels, finishing at a point corresponding to some typical organ."[29] Die epigenetische Landschaft wird durch den Epigenotyp, durch die vielfältigen kausalen Interaktionen zwischen Genen, Genprodukten und Umwelt, in charakteristischer Weise geformt.

Aus heutiger Sicht mag es vielleicht überraschend erscheinen, dass Gene für WADDINGTON stets im Mittelpunkt aller Entwicklungsprozesse stehen: „[...] the genotype is continual and unremitting control of every phase of development. Genes are not interlopers, which intrude from time to time to upset the orderly course of a process which is essentially independent of them; on the contrary, there are no developmental events which they do not regulate and

---

26 Vgl. WADDINGTON 1942b, VAN SPEYBROECK 2002. Das Adjektiv „*epigenetic*" ist schon vor WADDINGTON in Gebrauch, am häufigsten in der Diskussion zwischen Anhängern von Präformations- und Epigenesetheorien der Entwicklung, vereinzelt aber auch zur Bezeichnung nicht-genetischer Umweltfaktoren, die einen nicht-erblichen Einfluss auf die Ontogenese haben. Vgl. dazu MITCHELL 1915, S. 84: „In my opinion the most important of the moulding forces that produce the differences in nationality are epigenetic, that is to say that they are imposed on the hereditary material and have to be re-imposed in each generation."
27 Vgl. dazu das oben angeführte Zitat WADDINGTON 1956, S. 11f.
28 WADDINGTON 1939, S. 156.
29 WADDINGTON 1956, S. 351.

guide."³⁰ Durch die Betonung der Bedeutung von Genen für die Regulation der Ontogenese hebt sich WADDINGTON explizit von der in den 1930er und 1940er Jahren vorherrschenden Vorstellung ab, dass Gene lediglich für die Feinheiten des Entwicklungsprozesses zuständig sind. Sein Konzept ist damit im Vergleich mit modernen epigenetischen Ansätzen ein Stück weit genzentrischer. Denn die epigenetische Ebene ist für ihn nicht etwa, wie im heutigen Verständnis, durch ausdrücklich nicht-genetische Regulationsmechanismen gekennzeichnet, sondern umfasst sämtliche kausalen Prozesse, die während der Ontogenese zwischen Genotyp und Phänotyp ablaufen. Wie GILBERT bemerkt, leitet sich der Wortbestandteil „epi" in Epigenetik nicht direkt vom griechischen Präfix für „auf" ab, wie es die molekulare Verwendung des Begriffs zur Bezeichnung einer nicht-genetischen regulativen Ebene nahe legt, sondern vom Konzept der Epigenesis im Sinne einer schrittweisen Entwicklung des Organismus. In der heutigen Terminologie würde WADDINGTONS Epigenetik nach GILBERT daher eher als Entwicklungsgenetik bezeichnet.³¹

Da zu WADDINGTONS Zeit genauere biochemische Kenntnisse zum Verständnis epigenetischer Entwicklungsprozesse weitgehend fehlten, musste sein Konzept zunächst unscharf bleiben. Es lieferte eher eine Richtschnur für zukünftige Forschung als ein konkretes molekulares Forschungsprogramm.³² Hierin liegt wohl ein Hauptgrund dafür, dass das Epigenetikkonzept zeitweilig nahezu in Vergessenheit geriet. Wie ich im abschließenden Kapitel zeigen werde, ist die Offenheit WADDINGTONS für Entwicklungsfaktoren jenseits singulärer Gene aber zugleich einer der Gründe, warum seine Ideen heute, vor dem Hintergrund neuer epigenetischer Forschungsergebnisse, wieder zunehmend diskutiert werden.

Das Konzept der genetischen Assimilation

Von besonderer Bedeutung für die Frage der Entkopplung von Geno- und Phänotyp ist WADDINGTON als Vermittler zwischen Lamarckisten und Darwinisten. Denn einerseits kritisiert er die strenge Trennung zwischen Geno- und Phänotyp, durch die der Neodarwinismus seiner Meinung nach einen Bruch zwischen Organismus und Umwelt einführt, und schreibt dem Organismus eine aktive Rolle in der Evolution zu. Da er sich außerdem mit der Vererbung erworbener Eigenschaften beschäftigt und die neo-darwinistische Vorstellung kritisiert, dass zufällige Mutationen die alleinige Triebkraft der Evolution sind und dass eine einfache Korrespondenzbeziehung zwischen Genen und Phänotyp besteht, wird WADDINGTON zuweilen in eine lamarckistische Ecke gestellt.³³ Andererseits interpretiert er selbst seine Ergebnisse ausdrücklich als nicht-lamarckistische Erklärung nur scheinbar lamarckistischer Phänomene.³⁴ Besonders deutlich wird WADDINGTONS Zwischenposition an dem dreistufigen Mechanismus, den er 1942 zur Erklärung der angeborenen Kallusbildung beim Strauß vorschlägt und später als genetische Assimilation bezeichnet.³⁵

---

30 WADDINGTON 1942b, S. 3.
31 Vgl. GILBERT 2011.
32 Vgl. VAN SPEYBROECK 2002, S. 68.
33 Vgl. dazu etwa RUDEN et al. 2003.
34 Vgl. etwa JABLONKA und LAMB 2006, S. 261; MORANGE 2009.
35 Vgl. WADDINGTON 1942a. Vgl. dazu auch GILBERT und EPEL 2009, S. 375ff.

(*1.*) Adaptive Reaktion auf Umweltreiz:
Ausgangspunkt ist die adaptive Reaktion eines Organismus auf einen Umweltreiz, z. B. die Bildung von Hautschwielen bei mechanischer Beanspruchung. Auch hier betont WADDINGTON, dass diese Reaktion unter genetischer Kontrolle steht: „The capacity to respond to an external stimulus by some developmental reaction, such as the formation of a callosity, must itself be under genetic control. [...] If we suppose [...] that in the early ostrich ancestors callosities were formed by direct response to external pressure, there would be a natural selection among the birds for a genotype which gave an optimum response."[36]

(*2.*) Kanalisierung:
Im zweiten Schritt tritt die regelmäßig induzierte vorteilhafte Reaktion stabil (gepuffert) auf, also auch unter leicht veränderten Umweltbedingungen und bei leichten genetischen Variationen. „[...] developmental reactions, *as they occur in organisms submitted to natural selection*, are in general canalized. That is to say, they are adjusted so as to bring about one definite end-result regardless of minor variations in [environmental and genetic] conditions during the course of the reaction. [...] It seems [...] that the canalization is a feature of the system which is built up by natural selection; and [...] it ensures the production of the normal, that is, optimal, type in the face of the unavoidable hazards of existence."[37]
Die Kanalisierung führt nicht nur zur Stabilität der Reaktion unter Normalbedingungen – sie ermöglicht auch die unbemerkte Ansammlung von genetischer Variation bei phänotypisch ähnlichen Organismen. Die dadurch ermöglichte Komplexität der Interaktionen im Netzwerk genetischer und nicht-genetischer Faktoren auf der epigenetischen Ebene kann in einem dritten Schritt zur genetischen Fixierung der adaptiven Reaktion führen.[38]

(*3.*) Genetische Fixierung:
Ist die Reaktion erst einmal kanalisiert, dann fördert die natürliche Selektion Genotypen, bei denen die adaptive Reaktion besonders leicht auftritt, da die Reizschwelle niedrig ist. Im Extremfall tritt die Reaktion nun auch in Abwesenheit des Reizes auf: Der Umweltreiz (der externe Schalter für die Reaktion) wird vollständig durch einen internen genetischen Faktor ersetzt. „Once the developmental path has been canalized, it is to be expected that many different agents [...] will be able to switch development into it; and the same considerations which render the canalization advantageous will favour the supersession of the environmental stimulus by a genetic one. By such a series of steps, then, it is possible that an adaptive response can be fixed without waiting for the occurrence of a mutation which [...] mimics the response well enough to enjoy a selective advantage."[39]

Durch den Mechanismus der genetischen Assimilation wird also die Plastizität verringert, indem eine vorteilhafte phänotypische Form genetisch fixiert wird.[40] Im Rahmen der Metapher von der

---

36 WADDINGTON 1942a, S. 563.
37 Ebenda, S. 563f.
38 Allerdings können Stressfaktoren wie Hitze, mechanische Beanspruchung oder Mutationen zu einem Zusammenbruch der Kanalisierung führen. Nach WADDINGTON muss es daher in der Zelle etwas geben, was Variationen im Normalfall verbirgt, aber unter Stress demaskiert und der Selektion zugänglich macht. Während WADDINGTON über mögliche molekulare Mechanismen der Maskierung noch keine Vorstellung hatte, wird heute die Rolle des Chaperons Hsp90 diskutiert. Ich komme darauf im abschließenden Kapitel zurück.
39 WADDINGTON 1942a, S. 565.
40 Dies ist ein wesentlicher Unterschied zum so genannten Baldwin-Effekt, der bereits 1896 von James Mark BALDWIN (1861–1934) postuliert wurde und der häufig mit WADDINGTONS Konzept der geneti-

epigenetischen Landschaft könnte man sagen, dass die Wände der Schluchten steiler werden, sodass ein Verlassen der bevorzugten Entwicklungsbahnen unwahrscheinlicher wird.

Die Ansätze von WADDINGTON und KAMMERER scheinen auf den ersten Blick einen grundsätzlichen Unterschied zwischen der lamarckistischen bzw. selektionistischen Einordnung epigenetischer Phänomene im Hinblick auf ihre evolutionäre Bedeutung zu spiegeln. Zentral für das lamarckistische Denken ist die Entstehung von erblichen und adaptiven Entwicklungsvariationen und damit der Aspekt der Kreativität. Im darwinistischen Denken steht dagegen mit der natürlichen Selektion die Eliminierung neuer, aber für das Überleben und die Fortpflanzung eines Lebewesens nachteiliger genetischer Varianten im Vordergrund. Wie Snait B. GISSIS und Eva JABLONKA (*1952) betonen, müssen sich diese beiden Sichtweisen jedoch nicht notwendigerweise gegenseitig ausschließen: „The two approaches, the one which stresses developmental variation, and the other which stresses selection, are complementary rather than mutually exclusive. Yet their different emphases have important implications for the kinds of questions biologists ask and for the type of research they conduct. […] we believe that even critics and skeptics will agree that the Lamarckian problematics, the developmental-variation-focused view, is returning to the center of evolutionary theorizing, complementing the Darwinian focus on gene selection."[41]

Die Möglichkeit einer komplementären Betrachtung kreativer und eliminativer Evolutionsfaktoren deutet sich sowohl im Ansatz WADDINGTONS als auch in dem von KAMMERER an – wenn auch ausgehend von unterschiedlichen konzeptuellen Richtungen. Der Hauptunterschied zwischen den von KAMMERER und WADDINGTON vorgeschlagenen Mechanismen zur Erklärung von Entwicklungsdifferenzen liegt daher nicht so sehr an der Schnittstelle zwischen Onto- und Phylogenese als vielmehr zwischen Genetik und Entwicklungsbiologie. Nur KAMMERER nimmt an, dass sich das Erbgut durch den Umweltreiz gezielt verändert, indem neue Gene gebildet werden. Bei WADDINGTONS Ansatz findet dagegen eine Neukombination bereits vorhandenen genetischen Materials statt, der Anschein eines lamarckistischen Mechanismus entsteht durch die phänotypisch verborgene genetische Variation. Induzierte phänotypische Variationen können zwar eine Quelle erblicher Eigenschaften sein, indem sie den Weg zur genetischen Fixierung adaptiver Reaktionen frei machen. Entscheidend für die transgenerationale Bewahrung einer umweltinduzierten Neuerung ist jedoch nicht ihr verstärkter Gebrauch, der sich dann auf ungeklärte Weise in den Chromosomen niederschlägt, sondern wie bei jeder anderen Eigenschaft auch ihr Selektionswert.[42] So entwickeln sich die angeborenen Straußschwielen nicht, weil Generationen von Straußen immer wieder mechanischer Beanspruchung ausgesetzt waren, sondern weil die natürliche Selektion Strauße „bevorzugt" hat, bei denen sich aufgrund genetischer oder epigenetischer Variationen und Neukombinationen die Schwielen besonders schnell oder gar noch vor ihrer Geburt bilden.

---

schen Assimilation gleichgesetzt wird. WADDINGTON selbst betont jedoch die Unterschiede (vgl. etwa WADDINGTON 1953) und sieht sein Konzept als das grundlegendere an. Vgl. dazu auch CRISPO 2007. Laut WADDINGTON 1953 ähnelt sein Ansatz stärker dem von Iwan I. SCHMALHAUSEN (1884–1963) ebenfalls in den 1940er Jahren vorgeschlagenen Konzept der stabilisierenden Auslese.

41 GISSIS und JABLONKA 2011, S. xii; xiv.
42 Vgl. dazu etwa WADDINGTON 1939, S. 302: „The theory of the inheritance of acquired characters is primarily a theory of the origin of heritable characters, rather than a theory of their preservation, as is the theory of natural selection. In fact, a belief in the inheritance of acquired characters can easily be combined with a belief that all evolutionary advance is limited by natural selection."

Ebenso wenig wie der experimentelle Nachweis der Möglichkeit einer genetischen Assimilation durch WADDINGTON führen aktuelle Forschungsergebnisse aus dem Bereich der Epigenetik zu einer „Auferstehung des Lamarckismus", wie vor allem in populärwissenschaftlichen Publikationen häufig unterstellt wird. Vielmehr trägt gerade das wachsende Verständnis epigenetischer Mechanismen dazu bei, scheinbar lamarckistische Befunde wie die von WADDINGTON oder KAMMERER nicht-lamarckistisch zu erklären. So ist eine „Vererbung erworbener Eigenschaften" möglich, da der Phänotyp in viel größerem Maße als bisher angenommen erbliche Variationen zeigen kann, die nicht nur genetisch bedingt sind, z. B. durch Umweltreize beeinflussbare epigenetische DNA-Markierungen oder Chromatinmodifikationen. Der Vererbungsbegriff muss also über die genetische Vererbung hinaus erweitert werden, er beinhaltet auch flexible epigenetische Vererbungsmechanismen. Aber auch die auf epigenetischem Wege vererbten Eigenschaften unterliegen dem Prozess der natürlichen Selektion. Sie scheinen nur deswegen „neu" bzw. „erworben" zu sein, weil aufgrund stabilisierender Prozesse wie der Kanalisierung eine bereits vorhandene genetische Variation oder eine spezifische Kombination genetischer Faktoren bisher phänotypisch nicht in Erscheinung getreten ist, oder weil durch Umwelteinflüsse induzierte erbliche epigenetische Variationen zu Änderungen in der Genregulation und dadurch zu alternativen Phänotypen führen.[43]

Unabhängig von der Frage, ob die Bezeichnung solcher Phänomene als „lamarckistisch" gerechtfertigt ist oder nicht, ist eine Tendenz zur Erweiterung des genzentrierten Denkens um komplementäre Ideen in vielen Bereichen der Biologie nicht zu übersehen. Schon seit den 1990er Jahren, besonders deutlich aber ab dem Jahrtausendwechsel, kann man ein starkes Interesse für frühe epigenetische Konzepte beobachten.[44] Zum Abschluss meines Textes möchte ich kurz skizzieren, wie die Ideen von WADDINGTON und KAMMERER in der modernen Biologie aufgegriffen werden.

Rückkehr früher epigenetischer Konzepte in der modernen Biologie

WADDINGTONS Offenheit gegenüber neuen Ideen in der Genetik wurde dadurch erleichtert, dass man in den 1940er Jahren die molekulare Struktur der Gene noch nicht kannte. Sobald ab den 1950er und vor allem in den 1960er und 1970er Jahren die Molekular- und Entwicklungsgenetik an Einfluss gewann, gerieten WADDINGTONS ursprüngliche Ideen in Vergessenheit. „[…] the influence of his epigenetic approach was short-lived. As molecular biology became fashionable in the 1960s and 1970s, ideas about development began to be couched in terms of gene action […]. Consequently, as interest in molecular genetics grew, woolly abstractions such as epigenetic landscapes were increasingly seen as old-fashioned and unnecessary, and quite quickly they fell from favor."[45]

---

43 In der Biologie wird Letzteres meist als „transgenerationale epigenetische Vererbung" (*transgenerational epigenetic inheritance*) bezeichnet, vgl. JABLONKA und RAZ 2009. Obwohl dieser Fachbegriff für Nicht-Biologen weniger eingängig ist als die Formulierung „Vererbung erworbener Eigenschaften", sollte dem neutraleren Begriff auch in der öffentlichen Auseinandersetzung mit der epigenetischen Forschung der Vorzug gegeben werden, da er nicht mit irreführenden lamarckistischen Assoziationen belastet ist.
44 Vgl. dazu etwa HALL 1992, HAIG 2004.
45 JABLONKA und LAMB 2006, S. 265.

Der genzentrierte Blick war nun vorherrschend. Ein Forschungsfeld „Epigenetik" existierte praktisch nicht, und der Begriff „Epigenetik" wurde kaum verwendet. Allerdings bekam der Epigenetikbegriff zur selben Zeit eine zweite, molekulare Bedeutungsebene, die WADDINGTONS Konzept im Folgenden immer mehr überlagerte. David L. NANNEY (*1925) definierte 1958 epigenetische Unterschiede als erbliche Unterschiede im Phänotyp von Zellen oder Organismen, die nicht auf Veränderungen der DNA-Sequenz zurückgehen.[46] Da der Einfluss epigenetischer Faktoren auf den Phänotyp vor allem über die Regulation genetischer Prozesse stattfindet, ist die epigenetische Ebene auch in dieser molekularen Interpretation weitgehend von der genetischen abhängig. In einem weiteren Sinn kann die molekulare Epigenetik jedoch als eine metaphysische und epistemologische Herausforderung für den Genzentrismus verstanden werden: „[...] instead of containing the core program or the basic instructions of the living, the genome is viewed as a regulatory system that actively responds to internal and external fluctuations of various kinds and that is embedded in a variety of contexts that can selectively determine its expression. This viewpoint is incompatible with a ‚centrism' of any kind. [...] the genome is viewed as surrounded by constraining and enabling contexts as part of a circular causal system and not as the onset of a linear causal change [...]."[47]

Auch im molekularbiologischen Kontext setzte sich der Begriff „Epigenetik" anfänglich nur langsam durch. Heute ist von diesem Zögern nichts mehr zu spüren: Die molekulare Epigenetik ist mittlerweile zu einem anerkannten Forschungsfeld geworden, das neben der „klassischen" genetischen Forschung durchaus bestehen kann. WADDINGTONS Idee einer epigenetischen Ebene zwischen Gen und Phän wird von modernen Epigenetikern in erster Linie in NANNEYS selektiv-molekularen Sinne interpretiert und zunehmend positiv rezipiert.[48] Meist werden die beiden Bedeutungsvarianten dabei entweder nicht klar getrennt, oder die molekulare Epigenetik wird (wie etwa bei JABLONKA und LAMB) als ein Spezialfall der Epigenetik WADDINGTONS angesehen.[49]

Auch in der modernen Entwicklungsbiologe gewinnen WADDINGTONS Ideen immer mehr an Einfluss.[50] Seit den 1990er Jahren gibt es verstärkte Bestrebungen, die vormals getrennten Disziplinen Genetik, Embryologie und Evolutionsbiologie wieder zu vereinen. Durch seinen frühen Versuch einer Synthese wird WADDINGTON als Urvater von Disziplinen wie der Evolutionären Entwicklungsbiologie (*EvoDevo*) oder dem Entwicklungssystemansatz (*DSA*) angesehen. So schreibt etwa Karola STOTZ: „In seinem Modell der genetischen Assimilation zeigt Waddington eine *epigenetische* Sichtweise der Entwicklung des Phänotyps und versteht sie als globalen Ausdruck der ganzheitlichen Entwicklungsdynamik [...]. Waddingtons Ansatz ersetzt den vereinfachten Kontrast zwischen ‚angeboren' und ‚erworben' durch ein nicht-dichotomes Modell der Entwicklungsmodulierung und phänotypischen Plastizität, das ganz auf der Linie der neuen Modelle der evolutionären Entwicklungsbiologie liegt."[51]

---

46 Vgl. NANNEY 1958, HAIG 2004, 2007.
47 VAN DE VIJVER et al. 2002, S. 4.
48 Zu den Gründen für die Wiederentdeckung WADDINGTONS vgl. etwa JABLONKA und LAMB 2006, S. 265f.
49 Vgl. VAN DE VIJVER et al. 2002, S. 3. Vgl. aber zu unterschiedlichen Verwendungen der beiden Epigenetik-Interpretationen in verschiedenen biologischen Disziplinen MÜLLER und OLSSON 2003.
50 Vgl. etwa GILBERT und EPEL 2009, JABLONKA und LAMB 2006.
51 STOTZ 2005, S. 136.

Zudem wurden WADDINGTONS Thesen zur genetischen Assimilation Ende der 1990er Jahre durch die Identifizierung eines möglichen Mechanismus für die Kanalisierung gestützt.[52] Das Protein Hsp90 ist ein Chaperon, das anderen Proteinen dabei hilft, sich korrekt zu falten. Eine Folge der Anwesenheit dieser molekularen Anstandsdame ist, dass kleinere Abweichungen vom Genotyp der Wildform dem Phänotyp nicht immer anzumerken sind. So können sich genetische Variationen ansammeln, die erst unter Stress (z. B. bei hohen Temperaturen) „demaskiert" werden und der natürlichen Selektion zur Verfügung stehen.[53] Denn die Menge an Hsp90 in der Zelle reicht in einer solchen Extremsituation nicht aus, um alle Proteine, die durch die Hitze aus der Form geraten, bei der Faltung zu unterstützen.

Auch die von WADDINGTON betonte aktive Rolle des Organismus in der Evolution wird zunehmend anerkannt, etwa im Konzept der *niche construction*. Organismen konstruieren demnach ihre Umwelt zu einem großen Teil selbst und verändern so auch den Selektionsdruck, dem sie ausgesetzt sind.[54]

Darüber hinaus wird heute, ganz im Sinne von WADDINGTONS Idee einer Verknüpfung von Onto- und Phylogenese, immer deutlicher, dass Umwelteinflüsse nicht nur evolutionäre Bedeutung für die natürliche Selektion haben, sondern auch für die Bereitstellung neuer Phänotypen: „Phenotype is not just the expression of one's inherited genome. Rather, there are interactions between an organism's genotype and its environment that elicit a particular phenotype from a genetic repertoire of possible phenotypes. [...] Environment is therefore considered to play a role in the generation of phenotypes, in addition to its well-established role in the natural selection of which phenotypes will survive and reproduce. Thus, in addition to helping decide the survival of the fittest, the environment is also important in formulating the arrival of the fittest."[55]

Aber auch KAMMERERS Experimente, etwa seine zusammen mit Eugen STEINACH (1861–1944) durchgeführten Untersuchungen zu temperaturinduzierten Veränderungen in der Keimbahn von Ratten, werden heute wieder verstärkt diskutiert und erscheinen vor dem Hintergrund aktueller epigenetischer Forschung in einem positiveren Licht.[56] In einem 2009 erschienenen Artikel von Alexander VARGAS wird KAMMERER sogar als möglicher Entdecker der epigenetischen Vererbung diskutiert.[57] VARGAS weist darauf hin, dass KAMMERERS Rückkreuzungsversuche mit Geburtshelferkröten zu einer für KAMMERER selbst rätselhaften geschlechtsspezifischen Aufspaltung der Phänotypen führten. Nach VARGAS könnte dieser Befund möglicherweise durch das epigenetische Phänomen der elterlichen Prägung erklärt werden, bei der nur eines der zwei elterlichen Allele aktiv ist. Allerdings stützt sich VARGAS bei seinem Erklärungsmodell nicht auf die Originalarbeiten von KAMMERER, sondern auf eine spätere englischsprachige Zusammenfassung seiner Ergebnisse, die wesentliche Details der Versuche ausklammert. So wurden z. B. die Rückkreuzungsversuche zwischen Wasser- und Landtypen der ersten Generation von Kröten durchgeführt, die den besonderen Umwelteinflüssen ausgesetzt waren, und nicht mit ihren Nachkommen, wie es VARGAS' Erklärung erfordern würde. Sein Ansatz wurde daher im

---

52 Vgl. dazu RUDEN et al. 2003.
53 Wie SOLLARS et al. 2003 gezeigt haben, kann die von Hsp90 maskierte Variation auch epigenetisch sein. GILBERT und EPEL 2009 sprechen dann von *epigenetic assimilation*.
54 Vgl. GILBERT und EPEL 2009, S. 391f.; MORANGE 2009, S. 197.
55 GILBERT und EPEL 2009, S. 32f.
56 Vgl. LOGAN 2007, JABLONKA und RAZ 2009.
57 Vgl. VARGAS 2009.

Folgenden als inkompatibel mit KAMMERERS tatsächlichen Beobachtungen widerlegt.[58] Aber er hat auf jeden Fall die Aufmerksamkeit auf KAMMERERS Nähe zur modernen Epigenetik gelenkt. Eine auf einem epigenetischen Mechanismus aufbauende Erklärung der strittigen Befunde kann nicht mehr grundsätzlich ausgeschlossen werden. Und auch wenn KAMMERERS Versuche kein Beweis für die Vererbung erworbener Eigenschaften im lamarckistischen Sinn sind, unterstreichen sie doch den starken Einfluss, den Umweltfaktoren auf die Ontogenese haben können, und führen das Ausmaß phänotypischer Plastizität vor Augen.[59]

Darüber hinaus ist KAMMERER heute auch deshalb wieder interessant, weil er mit natürlichen Organismen in ihrer spezifischen Umwelt gearbeitet hat. „Statt mit einem einzigen Merkmal eines einzigen auf eine bestimmte Frage hin ausgewählten Organismus experimentiert Kammerer mit Amphibien in ihrem gesamten Lebenszyklus und Verhalten und ihrer Morphologie. Seine Versuche manipulieren nicht Merkmale, sondern evolutive Urszenen […]. [Er] stellt an die Evolution die grundlegendsten Fragen des tierischen und des menschlichen Seins."[60] Dieser Ansatz kommt dem sehr nahe, was heute im Kontext der *Ecological Developmental Biology* gefordert wird, nämlich die Einbindung von entwicklungsbiologischen Fragen in die wirkliche Welt.[61]

Insgesamt machen die aktuellen Forschungsergebnisse aus dem Bereich der Epigenetik die Grenzen des Genzentrismus in der Entwicklungsbiologie deutlich. Die spezifische genetische Ausstattung eines Individuums spielt zwar eine immanent wichtige Rolle in der Ontogenese. Aber eine strenge Trennung zwischen Genen als singulären, essentiellen Kausalfaktoren und nicht-genetischen Einflüssen als akzidentellem Beiwerk wird der Komplexität und kausalen Verwobenheit des Entwicklungsgeschehens nicht gerecht. Die Individualentwicklung muss schon allein aufgrund ihrer inhärenten Kontextabhängigkeit mehr sein, als die Abarbeitung eines genetischen Programms, das in Form von vorgegebenen Informationseinheiten in jeder Zelle eines Organismus vorliegt. Vormolekulare Erklärungsansätze können wichtige Denkanstöße liefern, um dieses „mehr", die vielfältigen Interaktionen auf der epigenetischen Ebene zwischen Genotyp und Phänotyp, besser zu verstehen.

Dank

Der Text ist entstanden im Rahmen des DFG-geförderten Projektes „Was ist und was kann ein Gen nicht? Negativbestimmung des ontologischen Status des Gens als Grundlage einer nicht-essentialistischen Biologie" (SCHM 2638/1-1).

Literatur

COOK, C. D. K.: On the determination of leaf form in *Ranunculus aquatilis*. New Phytologist *68*, 469–480 (1969)

---

58 Vgl. zur Kritik an VARGAS' Modell GLIBOFF 2010, SVARDAL 2010.
59 Gerade bei Amphibien und Reptilien sind plastische Reaktionen auf Umwelteinflüsse weit verbreitet. GILBERT und EPEL 2009 nennen zahlreiche Beispiele, etwa der durch die Anwesenheit von Fressfeinden induzierte Polyphänismus beim Waldfrosch (*Rana sylvatica*) oder die temperaturabhängige Geschlechtsdeterminationbei Krokodilen und Schildkröten.
60 KOESTLER 2010, S. 297.
61 Vgl. etwa GILBERT und EPEL 2009.

CRISPO, E.: The Baldwin effect and genetic assimilation. Revisiting two mechanisms of evolutionary change mediated by phenotypic plasticity. Evolution *61*, 2469–2479 (2007)
GILBERT, S. F.: Epigenetic landscaping: Waddington's use of cell fate bifurcation diagrams. Biology and Philosophy *6*, 135–154 (1991)
GILBERT, S. F.: Commentary: 'The epigenotype' by C. H. Waddington. Int. J. Epidemiol. (2011)
GILBERT, S. F., and EPEL, D.: Ecological Developmental Biology. Integrating Epigenetics, Medicine, and Evolution. Sunderland: Sinauer 2009
GISSIS, S. B., and JABLONKA, E. (Eds.): Transformations of Lamarckism. From Subtle Fluids to Molecular Biology. Cambridge: MIT Press 2011
GLIBOFF, S.: The case of Paul Kammerer: Evolution and experimentation in the early 20th century. J. History Biol. *39*, 525–563 (2006)
GLIBOFF, S.: Did Paul Kammerer discover epigenetic inheritance? No and why not. J. Exp. Zool. *314B*, 616–624 (2010)
GLIBOFF, S.: The golden age of Lamarckism, 1866–1926. In: GISSIS, S. B., and JABLONKA, E. (Eds.): Transformations of Lamarckism. From Subtle Fluids to Molecular Biology; pp. 45–55. Cambridge: MIT Press 2011
GOLDSCHMIDT, R.: Gen und Außeneigenschaft. Z. indukt. Abstammungs- Vererbungslehre *69*, 3–69 (1935)
HAIG, D.: The (dual) origin of epigenetics. Cold Spring Harbor Symposia on Quantitative Biology *69*, 1–4 (2004)
HAIG, D.: Weismann rules! OK? Epigenetics and the Lamarckian temptation. Biology and Philosophy *22*, 415–428 (2007)
HAIG, D.: Commentary: The epidemiology of epigenetics. Int. J. Epidemiol. (2011)
HALL, B. K.: Waddington's legacy in development and evolution. Amer. Zoologist *32*, 113–122 (1992)
JABLONKA, E., and LAMB, M. J.: Evolution in Four Dimensions. Cambridge: MIT Press 2006
JABLONKA, E., and RAZ, G.: Transgenerational epigenetic inheritance. Quart. Rev. Biol. *84*, 131–176 (2009)
KOESTLER, A.: Der Krötenküsser. Der Fall des Biologen Paul Kammerer. Wien: Czernin 2010
LOGAN, C.: Overheated rats, race, and the double gland: Paul Kammerer, endocrinology and the problem of somatic induction. J. History Biol. *40*, 683–725 (2007)
MITCHELL, P. C.: Evolution and the War. London: John Murray 1915
MORANGE, M.: Conrad Waddington and 'The Nature of Life'. J. Biosci. *34*, 195–198 (2009)
MÜLLER, G. B., and OLSSON, L.: Epigenesis and epigenetics. In: HALL, B. K., and OLSON, W. M. (Eds.): Keywords and Concepts in Evolutionary Developmental Biology; pp. 114–123. Cambridge: Harvard University Press 2003
NANNEY, D. L.: Epigenetic control systems. Proc. Natl. Acad. Sci. USA *44*, 712–717 (1958)
NIJHOUT, H. F.: Control mechanisms of polyphenic development in insects. BioScience *49*, 181 (1999)
PIERSMA, T., and VAN GILS, J. A.: The Flexible Phenotype. Oxford: Oxford University Press 2010
PIGLIUCCI, M.: Phenotypic plasticity. In: PIGLIUCCI, M., and MÜLLER, G. B. (Eds.): Evolution. The Extended Synthesis; pp. 355–378. Cambridge: MIT Press 2010
PIGLIUCCI, M., and MÜLLER, G. B.: Elements of an extended evolutionary synthesis. In: PIGLIUCCI, M., and MÜLLER, G. B. (Eds.): Evolution. The Extended Synthesis; pp. 3–17. Cambridge: MIT Press 2010
RUDEN, D. M., GARFINKEL, M. D., SOLLARS, V. E., and LU, X.: Waddington's widget. Hsp90 and the inheritance of acquired characters. Seminars Cell and Developm. Biol. *14*, 301–310 (2003)
SOLLARS, V., LU, X., XIAO, L., WANG, X., GARFINKEL, M. D., and RUDEN, D. M.: Evidence for an epigenetic mechanism by which Hsp90 acts as a capacitor for morphological evolution. Nature Genet. *33*, 70 (2003)
STOTZ, K.: Organismen als Entwicklungssysteme. In: KROHS, U., und TOEPFER, G. (Hrsg.): Philosophie der Biologie. Eine Einführung. S. 125–143. Frankfurt (Main): Suhrkamp 2005

SVARDAL, H.: Can epigenetics solve the case of the midwife toad? A comment on Vargas. J. Exp. Zool. *314B*, 625–628 (2010)

VAN DE VIJVER, G., VAN SPEYBROECK, L., and WAELE, D. DE: Epigenetics: A challenge for genetics, evolution, and development? In: VAN SPEYBROECK, L., VAN DE VIJVER, G., and WAELE, D. DE (Eds.): From Epigenesis to Epigenetics. Ann. New York Acad. Sci. *981*, 1–6 (2002)

VAN SPEYBROECK, L.: From epigenesis to epigenetics. The case of C. H. Waddington. In: VAN SPEYBROECK, L., VAN DE VIJVER, G., and WAELE, D. DE (Eds.): From epigenesis to epigenetics. Ann. New York Acad. Sci. *981*, 61–81 (2002)

VARGAS, A. O.: Did Paul Kammerer discover epigenetic inheritance? A modern look at the controversial midwife toad experiments. J. Exp. Zool. *312B*, 667–678 (2009)

WADDINGTON, C. H.: An Introduction to Modern Genetics. New York: Macmillan 1939

WADDINGTON, C. H.: Canalization of development and the inheritance of acquired characters. Nature *150*, 563–565 (1942a)

WADDINGTON, C. H.: The epigenotype. Endeavour *1*, 18–20 (1942b)

WADDINGTON, C. H.: The 'Baldwin effect', 'genetic assimilation' and 'homeostasis'. Evolution *7*, 386–387 (1953)

WADDINGTON, C. H.: Principles of Embryology. New York: Macmillan 1956

WEST-EBERHARD, M. J.: Phenotypic plasticity and the origins of diversity. Annu. Rev. Ecol. Systemat. *20*, 249–278 (1989)

WEST-EBERHARD, M. J.: Developmental Plasticity and Evolution. Oxford: Oxford University Press 2003

Dr. Kirsten SCHMIDT
Erzstraße 33
44793 Bochum
Bundesrepublik Deutschland
Tel.:   +49 234 17726
E-Mail: kirsten.schmidt@rub.de

21. Jahrestagung der DGGTB in Winterthur 2012 „Objektbiographien, Sammel- und Präsentationsstrategien"

Im Jahr 2012 folgte die DGGTB, wie auf der Jahrestagung 2011 in Bonn beschlossen, der Einladung ihres Mitgliedes Konrad SCHMUTZ, der in diesem Jahr Präsident der Schweizerischen Gesellschaft für Geschichte der Medizin und der Naturwissenschaften (SGGMN) war, nach Winterthur in die Schweiz.

Die 1921 gegründete SGGMN fördert die Medizin- und Wissenschaftsgeschichte in der Schweiz und ist Mitglied der Schweizerischen Akademie der Naturwissenschaften. Sie veranstaltet Jahrestagungen zu verschiedenen Themen, z. B. 2005 „Globalisierung und Gesundheit" in Genf, 2006 „Wissenschaft im Film. Film in der Wissenschaft" in Zürich, 2007 „Medizin und Geschlecht" in Fribourg, 2008 im Rahmen des Internationalen Kongresses „Praktiken des Wissens und die Figur des Gelehrten im 18. Jahrhundert" in Bern, 2009 „Darwin in Science and Society" in Zürich, 2010 „La médicine comme pratique" in Lausanne oder 2011 „Selbstverständnis der Pflege im Wandel" in Basel, und gibt *Gesnerus* als ihre offizielle Zeitschrift heraus. Eine ihrer Hauptaufgaben sieht sie in der Nachwuchsförderung. Dazu organisiert sie Workshops für junge Forscherinnen und Forscher auf dem Gebiet der Naturwissenschafts- bzw. Medizingeschichte und verleiht jährlich den Henry-E.-Sigerist-Preis für Nachwuchsförderung.

Es bot sich daher an, die Jahrestagungen von DGGTB und SGGMN 2012 in Winterthur zu vereinen. Die Veranstaltung wurde dankenswerter Weise vom Präsidenten der SGGNM Konrad SCHMUTZ hervorragend organisiert und geleitet.

Bereits im Vorfeld der Veranstaltung trafen sich am 5. und 6. September 2012 junge Forschende zu einem Workshop des Schweizer Forums für NachwuchswissenschaftlerInnen unter der Schirmherrschaft der SGGNM unter dem Thema „Objekte der Wissenschaft – Wissenschaft der Objekte".

Die gemeinsame Veranstaltung von SGGMN und DGGTB fand am 7. und 8. September 2012 unter der Überschrift „Objektbiographien, Sammel- und Präsentationsstrategien" statt. Sie begann am Vorabend der Tagung mit einem Empfang und einer Führung durch die Ausstellung des Naturmuseums von Winterthur. Das Museum ist 2005 aus den 1916 gegründeten Naturwissenschaftlichen Sammlungen hervorgegangen und zeigt eine didaktisch hervorragend aufbereitete Dauerausstellung zur heimischen Natur und zu Umweltaspekten sowie wechselnde Sonderausstellungen.

Am 7. September 2012 wurde die Tagung, deren Programm überwiegend von der SGGMN verantwortet wurde, mit einer Begrüßung durch die beiden Vorsitzenden, Konrad SCHMUTZ für die SGGMN und Volker WISSEMANN für die DGGTB, sowie Grußworten des Vertreters vom Department Kulturelles und Dienste der Stadt Winterthur eröffnet. Sie fand in einem Hörsaal auf dem Campus der Zürcher Hochschule für Angewandte Wissenschaften (ZHAW) in der Technikumstrasse in Winterthur statt.

Den Auftakt des wissenschaftlichen Programms bildete ein Vortrag von Flurin CONDRAU, Direktor des Medizinhistorischen Instituts und Museums der Universität Zürich, zum Thema

"Objekte der Medizingeschichte: zwischen ärztlicher Todesanzeige und moderner Forschungsstrategie". Für die DGGTB stellte danach Katharina SCHMIDT-LOSKE (Bonn) das Biohistoricum als Museum und Forschungsarchiv für die Geschichte der Biologie vor. François LEDERMANN und Hubert STEINKE (Bern) referierten zur Problematik "Objekte im Wandel: die Berner pharmakognostische Sammlung 1860–1940".

Anschließend fanden in getrennten Sitzungen die Mitgliederversammlungen von SGGMN und DGGTB statt. Danach erfolgten die Verleihungen des Henry-E.-Sigerist-Preises der SGGMN und der Caspar-Friedrich-Wolff-Medaille der DGGTB.

Die nach dem Schweizer Medizinhistoriker Henry Ernst (Ernest) SIGERIST (1891–1957), der, als in Paris geborener Sohn eines aus Schaffhausen stammenden Kaufmanns und späteren Fabrikanten, sein Studium in Leipzig und Zürich (Habilitation dort 1922) absolvierte, ab 1925 als Nachfolger von Karl SUDHOFF (1853–1938) am Institut für Geschichte der Medizin in Leipzig wirkte, 1932 in die USA ging und dort an der *Johns Hopkins University* in Baltimore wirkte sowie 1947 als Mitarbeiter der *Yale University* in New Haven nach Pura in die Schweiz zurückkehrte, benannte Auszeichnung erhielt Heinrich HARTMANN für seine Veröffentlichung *Der Volkskörper bei der Musterung. Militärstatistik und Demographie in Europa vor dem Ersten Weltkrieg* (Göttingen: Wallstein 2011).

Die Caspar-Friedrich-Wolff-Medaille der DGGTB ging an Stefan LUX (Jena) für seine Abschlussarbeit *Der Tiersprachendiskurs des ausgehenden 18. Jahrhunderts im deutschsprachigen Raum*. Der Beitrag von Stefan LUX über seine ausgezeichneten Ausführungen ist auf den folgenden Seiten abgedruckt.

Den Guggenheim-Schnurr-Gedächtnisvortrag, benannt nach Markus GUGGENHEIM-SCHNURR (1885–1970), Leiter der Forschungsabteilung der Pharmafirma Hoffmann-LaRoche und Begründer der Dr.-Markus-Guggenheim-Schnurr-Stiftung für Geschichte der Medizin und der Naturwissenschaften, hielt Anke TE HEESEN (Berlin). Sie behandelte das Thema "Unmittelbarkeit. Über ein aktuelles Objektverständnis in Museen und Ausstellungen" u. a. am Beispiel des umstrittenen Nasspräparatesaals des Berliner Naturkundemuseums.

Der zweite Tagungstag, der 8. September, wurde eröffnet von Igor J. POLIANSKI (Ulm). Er sprach über das "Atheistische Museum als sowjetische Kunstkammer: Natur- und Weltanschauung im Schaukasten". Volker WISSEMANN, für die DGGTB, referierte über Automobilexkursionen als Form von Forschungsreisen. An den Abschluss der Tagung waren zwei Vorträge in französischer Sprache gesetzt. Matthias SOHR (Lausanne) hatte das Thema "L'hallucination comme objet scientifique" gewählt, und Christel GUMY (Lausanne) beschäftigte sich mit "Histoire du cerveau adoslecent".

Einen besonderen Höhepunkt der Veranstaltung bildete am Abend des ersten Tagungstages die halbszenische Aufführung des Singspiels *Omai: Or a Trip round the World* (1785) nach einem Libretto von John O'KEEFFE (1747–1833) und einer Komposition von William SHIELD (1748–1829) in einem Neuarrangement für sechs Gesangssolistinnen und Solisten, Streichquartett, Traversflöte und Hammerflügel nach dem Klavierparticell von Burkhard KINZLER. Die Dauerausstellung des Naturkundemuseums Winterthur lieferte dazu das stimmungsvolle Ambiente.

Im Nachgang zur Tagung führte eine Exkursion noch einige Teilnehmer auf den Spuren von Conrad GESNER (1516–1565) und Johann Jakob SCHEUCHZER (1672–1733) in die Universitätsbibliothek Zürich, wo ausgewählte biologiehistorisch interessante Buchschätze präsentiert wurden.

Michael KAASCH und Joachim KAASCH

Ordnung – Organisation – Organismus. Beiträge zur 20. Jahrestagung der DGGTB

Der Tiersprachendiskurs des ausgehenden 18. Jahrhunderts im deutschsprachigen Raum*

Stefan Lux (Jena)

Zusammenfassung

Das Verhältnis von menschlicher und tierischer Sprache war ein zentraler Gegenstand wissenschaftlicher Auseinandersetzungen des 18. Jahrhunderts. Besonders in der zweiten Jahrhunderthälfte nahm die Anzahl der Publikationen zum Thema auffällig zu. Im Rahmen der Untersuchung wurde versucht, einen Überblick über die wichtigsten Positionen zur Tiersprache des Zeitraums von 1750 bis 1830 zu geben und diese aus wissenschaftshistorischer Perspektive einzuordnen. Dafür wurden zahlreiche wissenschaftliche Publikationen von Autoren ausgewertet, die bisher in diesem Kontext wenig Beachtung fanden. Dabei konnte gezeigt werden, dass diesem Themenfeld vor allem in Bezug auf das Welt- und Menschenbild der Zeit entscheidende Relevanz zukam. Sprache war im betrachteten Zeitraum das Schlüsselkriterium zur Grenzziehung zwischen Mensch und Tier, und diente der Erhaltung der statischen Ordnung. Dieser Gedanke der Grenzsicherung hatte vor allem innerhalb der rationalistischen Strömungen einen so entscheidenden Einfluss, dass empirische Eindrücke schon *a priori* einen Stellenwert zugeschrieben bekamen, der letztlich zur Verteidigung der harten Grenze zwischen Mensch und Tier dienen sollte. Gleichzeitig führte die Untersuchung der tierischen Kommunikationsformen zu einer Loslösung von den tradierten Denkmustern und ebnete so den Weg für den Entwicklungsgedanken.

Summary

The relationship between human and animal language was a central subject of the scientific debate of the 18th century. It is notable that especially in the second half of that century the number of scientific publications in this field increased. During the investigation attempts were made to provide an overview of the important positions towards the animal language during the period from 1750 to 1830 and to classify them from a scientific-historical point of view. In order to do so numerous scientific publications were included for evaluation which had been bestowed only little consideration upon in the past. It could be shown that this subject is of crucial importance notably in respect of the world view and the idea of men of this period. Language was considered to be the key criterion drawing the line between the human species and animals and served to protect static order. The idea of demarcation had a decisive impact especially within rationalism so that a special value was accredited to any empirical impression which finally was used to rigorously defeat the border of the human. At the same time the investigation of the forms of animalistic communication showed the liberation from traditional ways of thinking paving the way for the concept of evolution.

---

* Überarbeitete Fassung des Vortrages anlässlich der Verleihung Caspar-Friedrich-Wolff-Medaille der Deutschen Gesellschaft für Geschichte und Theorie der Biologie auf der 21. Jahrestagung der DGGTB am 7. September 2012 in Winterthur.

Stefan Lux

Wissenschaftshistorischer Kontext

Zwischen Anthropologie und Sprachforschung bestanden im 18. Jahrhundert enge Verknüpfungen. Einerseits waren linguistische Theorien ein tragender Bestandteil für die philosophischen, anthropologischen und naturgeschichtlichen Standpunkte, etwa wenn Rückschlüsse auf die Entwicklung menschlicher Fähigkeiten in Form sprachphilosophischer Fragestellungen gelöst werden. Andererseits hat auch das im Rahmen der Anthropologie ausgearbeitete Menschenbild einen starken Einfluss auf sprachphilosophische Positionen und führte zur Umdeutung sprachtheoretischer Ansichten des 17. Jahrhunderts im Kontext der nun zunehmend säkularisierten Sicht auf den Menschen.[1]

Sprachphilosophische Entwicklungen

War die Sprachphilosophie des 17. Jahrhunderts noch stark theologisch geprägt, setzte mit dem 18. Jahrhundert eine zunehmende Säkularisierung ein. Sprache wurde als ein physiologischer Mechanismus betrachtet, und Fragen der nervlichen Organisation der Sprache und des anatomischen Ursprungs von Sprachfehlern kamen in den Fokus. Gleichzeitig wurde Sprache auch als eine wichtige bzw. die wichtigste Grundlage des Denkens oder für das Erlangen höherer Denkprozesse angesehen.[2] Damit in Verbindung steht die Frage nach dem Verhältnis von Sprache und Gesellschaft – einerseits wurde Sprache als eine Notwendigkeit für Gesellschaft angesehen, andererseits als deren Produkt.[3]

Dieser Komplex aus den untereinander stark wechselwirkenden Bereichen Anatomie, Denken, Gesellschaft und Sprache wurde im Kontext einer Sprachursprungsdebatte erörtert, die sich um die Frage konstruierte, inwiefern Sprache gottgegeben ist oder ob es sich um einen reinen Konsens handelt.[4] Die Kontroverse hatte etwa Mitte des 18. Jahrhunderts begonnen und gipfelte 1769 in der Berliner Preisfrage nach dem Ursprung der Sprache, die Johann Gottfried HERDER (1744–1803) mit seiner *Abhandlung über den Ursprung der Sprache* 1772 zwar für sich entschied, die Debatte jedoch nicht beendete.[5] Von Bedeutung ist, dass die gesamte Auseinandersetzung um den Stellenwert und den Ursprung der Sprache und ihrer Verquickung mit Gesellschaft und Denken innerhalb von zwei unvereinbaren epistemologischen Positionen stattfand: Auf der einen Seite wurden die Fragestellungen im Rahmen einer rationalistischen Position diskutiert. Die geistigen Fähigkeiten einschließlich der Möglichkeit, zu Erkenntnissen zu gelangen, wurden in diesem Fall als angeboren betrachtet. Nach dieser Ansicht war auch die Sprache als Hauptmerkmal und wesensbestimmende Eigenschaft des Menschen von Beginn an vorhanden. Gleichzeitig entspricht das Wort einem Abbild des Denkens – Sprache und Denken wurden analog betrachtet. Diese Ansichten stimmen weitestgehend mit denen René DESCARTES' (1596–1650) überein. Sie waren vor allem zum Ende des 17. und Beginn des 18. Jahrhunderts weit verbreitet und finden sich am schärfsten formuliert bei Johann Peter

---

1 HASSLER und NEIS 2009, S. 16; RICKEN 1984, S. 7f.
2 Eine gute Übersicht zur Vorgeschichte findet sich in ECO 1994, AUROUX 2000.
3 HASSLER und NEIS 2009, S. 17f., 383f., 434f., 440–445; RICKEN 1984, S. 173–175.
4 GARDT 1999, S. 219–229; MEYER 2008, S. 22f.
5 Die Frage lautet: „Haben die Menschen, ihrer Naturfähigkeit überlassen, sich Sprache erfinden können? Und auf welchem Wege wären sie am füglichsten dazu gelangt?" GESSINGER und RAHDEN 1989, S. 302.

SÜSSMILCH (1707–1767).⁶ Neben dieser Tradition findet sich im 18. Jahrhundert auch eine aufgeklärte, sensualistische Sprachphilosophie, die sich auf John LOCKES (1632–1704) *Essay Concerning Human Understanding* von 1690 beruft und explizit gegen die cartesische Lehre der angeborenen Ideen und den Versuch, eine Metaphysik aus abstrakten und theologischen Prinzipien zu begründen, gerichtet ist. Im 18. Jahrhundert war Étienne Bonnot DE CONDILLAC (1714–1780) maßgeblich an dieser Zurückweisung beteiligt. Sprache und Denken wurden bei ihm zum Produkt einer langen wechselseitigen Entwicklung innerhalb eines historischen Prozesses gedacht, an dessen Beginn Onomatopoetika oder andere einfachere Sprachbestandteile stehen, die eine erste Verständigung ermöglichen.⁷

Anthropologischer Kontext – Scala naturae und die Sonderstellung des Menschen

Im Zentrum der biologischen und naturgeschichtlichen Forschung des 18. Jahrhunderts stand der Versuch, die Fülle an Phänomenen der Natur einzufangen, sie zu beschreiben und nach gewissen Prinzipien zu ordnen und zu erklären.⁸ Eine sehr weit verbreitete Systematik zur Ordnung der Dinge war die *Scala naturae*. Mithilfe dieses Ordnungsprinzips wurden die von Gott geschaffenen Wesen und Objekte innerhalb einer Stufenleiter hierarchisch angeordnet. Diese Anordnung war statisch, besaß keine historische Dimension und umfasste in der Regel die drei Reiche der Natur, den Menschen und meist auch höhere Wesen wie Engel und Gott. Die Übergänge waren hierbei lückenlos und kontinuierlich gedacht. Einzelne Arten entsprachen einer Stufe, wobei potentielle Lücken zwischen diesen Arten mithilfe von Zwischenformen geschlossen wurden, sodass die Kontinuität gewährleistet blieb.⁹ Einzig beim Menschen wurde innerhalb dieses Kontinuums eine Ausnahme gemacht. Er nahm in der *Scala naturae* eine Sonderstellung ein. Als gutes Beispiel hierfür kann die Naturgeschichte von Georges-Louis Leclerc DE BUFFONS (1707–1788) gelten: Alle Phänomene der Natur jenseits des Menschen sind nach Graden der Nützlichkeit für ihn geordnet. Physisch gehört der Mensch in das Tierreich – aber durch seine Moral hebt er sich von anderen Lebewesen ab. Das Prinzip der unmerklichen Übergänge gilt für den Menschen innerhalb der traditionellen Natursystematik nicht. Zwischen ihm und den Tieren erstreckt sich stattdessen eine unüberwindbare Kluft.¹⁰

Die Rechtfertigung dieser Sonderstellung erfolgte dabei in der Regel bis ins 18. Jahrhundert entweder wie bei BUFFON über die Moral, oder in Anlehnung an DESCARTES anhand der Sprache. Mit der cartesischen Philosophie wurden mechanistische Prinzipien nicht mehr nur auf biologische Prozesse angewendet, sondern auch auf die Stimmungen, Leidenschaften und Affekte von Mensch und Tier – diese wurden zu Automaten, die auf der körperlichen Ebene analog funktionieren. In Bezug auf die geistigen Fertigkeiten nahm DESCARTES einen qualitativen Unterschied zwischen Menschen und den restlichen Lebewesen an: Während sich alle Aktivitäten der Tiere aus dem mechanistischen Modell erklären ließen, verfüge der Mensch über eine gottgegebene Seele, die ihn zu freien Handlungen und zur Sprache befähigt. Selbst einem noch so ausgeklügelten Automaten sei es niemals möglich, Worte und Zeichen in der

---

6   LONGWORTH 2009, S. 67–74; SÜSSMILCH 1766.
7   GESSINGER und RAHDEN 1989, S. 288–293; MEYER 2008, S. 17f., 66; RICKEN 1984, S. 81–83, 97, 170.
8   INGENSIEP 1994, S. 54–79.
9   DIEKMANN 1992, S. 53f.; GESSINGER und RAHDEN 1989, S. 21f.
10 LEPENIES 1980, S. 24; INGOLD 1994, S. 48.

Weise zu nutzen wie der Mensch, nämlich sie so anzuordnen, dass damit anderen Gedanken mitgeteilt werden können. Das Gleiche – und hier greift wieder die Analogie zwischen Maschine und Tier – gelte auch für Tiere, etwa einen Papagei. Er könne zwar Worte von sich geben, aber sei dennoch nicht in der Lage zu sprechen, weil er nicht denkt, was er sagt. Die Laute der Tiere sind dann kein Zeichen von Verstand, sondern rein körperlich-mechanischer Natur, nichts als gedankenlose Reaktionen auf die Umwelt. Mit diesem cartesischen Bild der Tier-Maschine wurde die Sprache zum zentralen Schlüsselkriterium zur Abgrenzung zwischen Mensch und Tier.[11]

Problemgefüge – Störung der Sonderstellung des Menschen

Verschiedene Phänomene führten dazu, dass die traditionellen Denkweisen der Anthropologie, Naturgeschichte und Sprachphilosophie im Verlauf des 18. Jahrhunderts an ihre Grenzen stoßen. Die Grenze zwischen Mensch und Tier wurde in dieser Phase so stark beschädigt, dass die menschliche Sonderstellung gerechtfertigt werden musste und sich ein großer Teil der wissenschaftlichen Bemühungen auf die Neubestimmung der Grenzen des Menschseins richtete.[12]

Menschliche Affen und stumme Menschen

Im 18. Jahrhundert wurde nicht nur im Hinblick auf die Organisation eine große Ähnlichkeit zwischen Menschenaffen und Menschen festgestellt, sondern auch in Bezug auf deren Physiologie und Verhaltensweisen.[13] Diese Ähnlichkeit wurde stärker wahrgenommen als jene zwischen Affen und anderen Tieren und stellte die Philosophen der Aufklärung vor erhebliche Probleme, da sich der Affe scheinbar genau an der Grenze zwischen Mensch und Tier bewegte und damit die gottgegebene Ordnung unterminierte. Dementsprechend gibt es zahlreiche Schriften, die die Zuordnung der Affen auf der *Scala naturae* thematisieren und sich vor allem um die Trennung von Affe und Mensch bemühten.[14] Entscheidend ist in diesem Zusammenhang, dass analog zu DESCARTES die Sprache als zentrales Abgrenzungskriterium hinzugezogen wurde.

Auf der anderen Seite stellen stumme Menschen, wie wilde Kinder und Taubstumme, die Wissenschaftler vor erhebliche Probleme, da eben hier dieses Sprachkriterium nicht mehr greift. Die Masse an Veröffentlichungen zu den *Enfants sauvages* im 18. Jahrhundert spricht für die Brisanz des Themas.[15] Wilde Kinder wie PETER VON HANNOVER (1724), MARIE LE BLANC (1731) und VICTOR VON AVEYRON (1797) waren eine Möglichkeit, dem natürlichen

---

11 SENIOR 2007a, S. 23–46; MEYER 2008, S. 43f.
12 FUDGE 2004, S. 2.
13 Wie ähnlich Affe und Mensch wahrgenommen wurden, zeigt sich beispielsweise bei SMELLIE: „He has no tail. His face is flat. His arms, hands, toes, and nails, are perfectly similar to ours. He walks constantly on end; and the features of his visage make a near approach to those of the human countenance […]. He knows how to bear arms, to attack his enemies with stones, and to defend himself with a club. Of all the apes, the ourang-outang […] has the greatest resemblance to man both in the structure and in his manners." SMELLIE 1790, S. 437.
14 FUDGE 2004, S. 2; WOKLER 1980, S. 1168f.; LEPENIES 1980, S. 31.
15 Zwar liegen auch schon im 17. Jahrhundert zahlreiche Berichte über ältere Funde wilder Kinder vor, eine wirklich systematische Auseinandersetzung findet sich aber erst im 18. Jahrhundert. Besonders um die Jahrhundertwende lässt sich eine Häufung der Berichte, eine neue Genauigkeit in diesen und

Zustand des Menschen näher zu kommen und herauszufinden, was ihn vom Tier unterscheidet. Einige dieser Kinder wurden ausführlich unterrichtet und verblieben dennoch in Stummheit und scheinbar tierischem Verhalten. Zweifel über ihren menschlichen Status waren die Folge. Besonders in den Werken über PETER VON HANNOVER zeigten sich Unsicherheiten über die Erhabenheit des Menschen. Seine Unfähigkeit zu sprechen, schloss seine Menschlichkeit aus – er wurde als tierische Kreatur oder Maschine beschrieben, die zwar das Äußere eines Menschen besitzt, der aber das Essentielle des Menschseins fehlt.[16] Nahezu analog verhält es sich in Bezug auf die Taubstummen, auch sie wurden im 18. Jahrhundert zunächst als geistig Zurückgebliebene angesehen, den Tieren gleichkommend.[17] Und letztlich stellte sich auch die Frage, wie Menschenkinder einzuordnen sind, da diesen ebenfalls die Sprache fehlt.

Menschliche Automaten – Hallers Irritabilitätslehre

Die Entwicklung der Automaten führte in der Phase, in der der Status der Taubstummen noch immer umstritten war, zu einer Grenzverschiebung zwischen Mensch und Automat und damit gleichzeitig – im Rahmen der cartesischen Analogie – zwischen Mensch und Tier. Nicht nur weil sie sich dem menschlichen Äußeren mehr annäherten, sondern vor allem weil sie verdeutlichten, dass sich bestimmte menschliche und tierische Eigenschaften durch bloße Mechanik nachahmen lassen, rückten Mensch und Maschine hier näher zusammen: Die Automaten des Schweizers Pierre JAQUET-DROZ (1721–1790) waren in den 1760er und 1770er Jahren in der Lage zu musizieren, zu zeichnen und zu schreiben. Mit den sprechenden Maschinen Wolfgang VON KEMPELENS (1734–1804) bestand die Möglichkeit der maschinellen Reproduktion der menschlichen Sprache und einer weiteren Unterminierung der abgrenzenden Funktion der Sprache.[18] In der zeitgenössischen Literatur zeigen sich die daraus entstehenden Unsicherheiten.[19]

In derselben Zeit verdeutlichten Albrecht VON HALLERS (1708–1777) Tierversuche, dass der menschliche Körper sich als Organismus ebenso wie der tierische verhält und in seinem Verhalten physikalischen Gesetzen folgt. Besonders im letzten Drittel des 18. Jahrhunderts war die Anthropologie stark an der physiologischen Irritabilitätslehre ausgerichtet. Das Wesen des Menschen wurde damit auf eine empirische Basis gestellt, welche die Sonderstellung des Menschen gegenüber den übrigen Lebewesen stark relativierte.[20]

Materialistische Weltsicht

Die Entwicklung der Automaten hatte ihr Pendant im Materialismus, welcher nun von theoretischer Seite her die Sonderstellung des Menschen gefährdete. Materialistische Theorien gab es schon in der Antike. Neu an der Phase um Julien Offray DE LA METTRIE (1709–1751) war

---

eine zunehmend experimentelle Prägung derselben feststellen. Vgl. PETHES 2007, S. 9–30, 62–72; DOUTHWAITE 2002, S. 11–69.
16 NEWTON 1999, S. 196–211; DOUTHWAITE 2002, S. 21–69; CALDER 2003, S. 81–85.
17 CALDER 2003, S. 79, 106; HASSLER und NEIS 2009, S. 362.
18 KEMP 2007, S. 116–125; TIETZEL 1984, S. 35–45.
19 Dass diese Maschinen zeitgenössische Gelehrte beunruhigten, wird beispielsweise bei Heinrich M. BRUNNER deutlich. Dessen zentrales Anliegen seiner Abhandlung über die Sprechmaschinen ist es zu beweisen, dass der Bau einer sprechenden Maschine prinzipiell nicht möglich ist und es sich in allen Fällen um Betrug handele. BRUNNER 1798, S. 11f.
20 PETHES 2007, S. 133f., 157f.

jedoch die Radikalität der Theorie und die Ausdehnung der mechanischen Vorstellung auf den Menschen. Nicht nur die körperlichen Prozesse wurden in seiner Vorstellung rein mechanisch gedeutet, sondern auch alle geistigen – der Mensch wurde auf seine physiologische Natur reduziert. Damit richtete sich LA METTRIE explizit gegen den cartesischen Dualismus und das christlich geprägte Weltbild: Sprache war nun kein Zeichen oder Resultat der immateriellen Seele des Menschen mehr, sondern eine Folge der materiellen Beschaffenheit.[21] Auch hier ging in Form der Sprache das zentrale, traditionelle Alleinstellungsmerkmal des Menschen verloren. Die Grenzen zwischen Maschine, Mensch und Tier verschwammen: Beide unterschieden sich nicht mehr wesentlich, sondern nur in Bezug auf ihre Komplexität.[22] Einen ähnlichen Effekt hatte der im 18. Jahrhundert aufkommende Sensualismus. Ausgehend von CONDILLAC setzte sich spätestens seit der zweiten Hälfte des 18. Jahrhunderts damit noch eine weitere theoretische Position durch, die das Verhältnis von Mensch zu Tier relativierte. Auch hier wurde ein gemeinsamer Ursprung der geistigen Fähigkeiten von Mensch und Tier gedacht. Auch hier waren Sprache und Denken ein Produkt der körperlichen Organisation.[23] Dass die materialistischen und sensualistischen Theorien als Bedrohung wahrgenommen wurden, spiegelt sich in den Reaktionen wider: LA METTRIES *L'homme machine* war ein Skandal und führte zur mehrfachen Verbannung des Autors. Zahlreiche sensualistische Thesen der 1751 verteidigten Dissertation des Enzyklopädisten Jean-Martin DE PRADES (1720–1782) wurden verurteilt.

Der Tiersprachendiskurs als Folge der Irritation

Im 18. Jahrhundert kam es also – zeitgleich auf mehreren Gebieten – zu einer Beschädigung der tradierten Grenze zwischen Tier und Mensch. Diese Entwicklung löste vor allem bei christlich denkenden Naturforschern Unruhe aus und führte letztlich dazu, dass die Kritiker die Kluft zwischen Mensch und Tier zu betonen suchten. Da die anatomischen Merkmale nicht für die Bewahrung des Sonderstatus des Menschen geeignet schienen, wurde die Auseinandersetzung mit den geistigen Fähigkeiten des Menschen und der Tiere durch die geschilderten Entwicklungen zu einem notwendigen Mittel für die Neubestimmung der natürlichen Stellung des Menschen.[24] Letztlich sind es eben diese Umstände, die zu einer Beschäftigung mit der Sprache der Tiere führen. Um die Ansichten zur Sprache der Tiere verstehen zu können, ist zunächst ein Blick auf die Definition von Sprache notwendig.

Sprache – Definitionsansätze der Zeit

Bei der Untersuchung der relevanten Literatur,[25] hat sich gezeigt, dass die Aussagen zum Wesen der Sprache durch einen systematischen Unterschied gekennzeichnet sind. Es gibt nicht nur eine Art von Sprache. Stattdessen wurde in der Regel zwischen einer arbiträren und auf

---

21 LA METTRIE 1985 [Orig. 1748], S. 67f.: „Reicht also die Organisation für eine vollständige Erklärung aus? Ja, und nochmals ja! Das Denken entwickelt sich doch ganz offensichtlich mit den Organen. Warum sollte die Materie, aus der sie bestehen, nicht auch Schuldgefühle hervorbringen können [...]?[...] ‚Seele' ist also nur ein leeres Wort [...]."
22 TIETZEL 1984, S. 34–42; HASSLER und NEIS 2009, S. 46.
23 HASSLER und NEIS 2009, S. 45; DOUTHWAITE 2002, S. 71–80; PETHES 2007, S. 67–69.
24 GESSINGER und RAHDEN 1989, S. 24; KEMP 2007, S. 122; RICKEN 1984, S. 185; INGENSIEP 1994, S. 55; DOUTHWAITE 2002, S. 15–17; MEYER 2008, S. 26f.
25 Aufgrund der Fülle an verfügbaren Quellen ließ sich eine Selektion derselben im Rahmen der Untersuchung nicht vermeiden: zeitgenössische Lehrbücher und Zeitungsartikel sowie Werke von Autoren,

Konvention beruhenden, sowie einem sehr weit gefassten Sprachbegriff unterschieden. Diese Zweiteilung der Sprachdefinition tritt zu Beginn des betrachteten Zeitraums mit CONDILLAC in Erscheinung: Er unterscheidet hier erstmals zwischen den natürlichen Zeichen, die dem Ausdruck der Empfindungen dienen, und den institutionellen Zeichen, welche selbst gewählt wurden und eine willkürliche Beziehung zu den Ideen haben. Um die primären Gefühle auszudrücken, genüge die natürliche Sprache bzw. Sprache des Handelns. Dieser Sprache steht eine künstliche, durch den Verstand entwickelte, Sprache entgegen. Eine aus systematischer Sicht ähnlich strikte Differenzierung in künstliche und natürliche Sprache findet sich nicht nur bei HERDER, sondern bei fast allen Autoren – nur meist weniger scharf formuliert und in anderem Wortlaut.[26] Entscheidend ist, dass die Differenz zwischen einer strengen und einer metaphorischen Auffassung von Sprache im Sinne eines Verständlichmachens allgegenwärtig ist.[27]

Die Definition der künstlichen Sprache ist an gewisse Kriterien geknüpft. Die meisten Autoren unterscheiden hier zwischen den Ausdrücken und dem Auszudrückenden innerhalb der Sprache. Insgesamt wird allerdings deutlich, dass dem materiellen Teil der Sprache bei der Sprachdefinition nur eine untergeordnete Rolle zukommt. Das eigentliche zentrale Element der Definition der künstlichen Sprache ist der formelle Teil – das Auszudrückende, bzw. die Gedanken des Sprechenden.[28] Über nahezu das gesamte Spektrum der Arbeiten erstreckt sich die Idee, dass der Verstand oder eine gewisse andere geistige Kraft, wie die Besonnenheit bei HERDER, eine unabdingbare Voraussetzung für Sprache ist.[29] Die Ansichten unterscheiden sich hier nur im Detail. Einige Autoren gehen noch weiter und lassen – in Abgrenzung zu sinnlich wahrnehmbaren Dingen – nur den Ausdruck abstrakter und allgemeiner Ideen, innere Begriffe, für eine Sprache gelten.[30] Daneben sind Willkür und Arbitrarität die häufigsten Kriterien: Das sprachliche Zeichen muss einer Konvention beruhen und entspringt dem freien Willen.[31] Teilweise ist die Fähigkeit zu Sprechen auch an äußere Bedingungen geknüpft.[32]

---

die die Tiersprache vorwiegend im Kontext der antiken Tierfabeln und biblisch-mosaischen Tradition behandeln, wurden explizit ausgeklammert. Obwohl die Arbeit ihren Fokus auf das deutschsprachige Gebiet legt, beschränkt sich die Auswahl der Quellen nicht nur auf deutschsprachige Literatur, sondern bezieht auch englischsprachige und französische Werke ein, die im relevanten Zeitraum im deutschen Sprachraum diskutiert wurden.

26 Beispielsweise bei SÜSSMILCH und SMELLIE. Vgl. SMELLIE 1790, S. 171f.; SÜSSMILCH 1766, S. 55.
27 HASSLER 2009, S. 135–206.
28 Meist werden Töne und hörbare Laute von den meisten Autoren als eine Grundvoraussetzung für Sprache angesehen, Ausnahmen sind eher selten. Manche Autoren beziehen auch mathematische Zeichen oder Gebärden ein. Andere differenzieren noch weiter und sehen artikulierte Töne als eine Notwendigkeit an. Das heißt, der Organismus muss fähig sein, eine kompartimentierte Lautfolge zu produzieren. Weiterhin wurde die Mannigfaltigkeit bzw. ein gewisser Abwechslungsreichtum in den Ausdrücken als Kriterium des materiellen Teils der künstlichen Sprache angesehen. Trotz der Diskussionen um den materiellen Teil, findet sich an zahlreichen Stellen in der Literatur der Hinweis, dass der formelle Teil von entscheidender Bedeutung ist. Beispielsweise bei BUFFON 2008, S. 668f.; BURNET 1784, S. 7–10; REIMARUS 1762, S. 49.
29 BUFFON 2008, S. 668f.; BURNETT 1784, S. 7–10; HERDER 1772, S. 43–48; REIMARUS 1762, S. 49; TETENS 1772, S. 15f.; TIEDEMANN 1772, S. 156.
30 BURNETT 1784, S. 5.
31 BONNET 1772, S. 515; FLÖGEL 1778, S. 191; HENNINGS 1774, S. 440–442, 471f.; SÜSSMILCH 1766, S. 14, 20.
32 Bei BONNET, CONDILLAC und TETENS findet sich der Gedanke, dass die menschliche Gesellschaft eine Voraussetzung ist, bei TIEDEMANN ist es die „ordentliche Gesellschaft". Vgl. BONNET 1772, S. 514; BUFFON 2008, S. 1071f.; CONDILLAC 1780, S. 162–165; TIEDEMANN 1777, S. 340.

Auf der anderen Seite zeigt sich die Natürliche Sprache als Negativkonzept. Für sie gelten die Definitionskriterien der konventionellen Sprache nicht. Sie erfüllt weniger eine kommunikative oder kognitive Funktion, sondern eine affektive: Mensch und Tier können durch sie lediglich ihre Empfindungen, Begierden und Leidenschaften zum Ausdruck bringen. Der Ausdruck der natürlichen Sprache wird mithilfe eines Repertoires an meist gestisch-mimischen Zeichen bewerkstelligt.[33] Im Gegensatz zu den institutionellen Zeichen sind diese Zeichen selbstbedeutend und angeboren. Zudem unterliegen die Ausdrücke der natürlichen Sprache nicht oder weniger der Freiheit des Willens als jene der artikulierten und konventionellen Sprache. Beispielsweise hat HERDER von dieser sinnlich-lautlichen Sprache ein rein mechanisches Verständnis. Diese Natursprache entspricht nicht seiner eigentlichen Auffassung von Sprache und wird als rein physische Sprache verstanden, der die entscheidenden Eigenschaften der Sprache fehlen.[34]

Zur Sprachfähigkeit der Tiere

Die Untersuchung der Publikationen hat verdeutlicht, dass das Konzept der menschlichen Sprache in nahezu allen Fällen von den tierischen Kommunikationsformen scharf abgegrenzt ist, beziehungsweise diesen explizit entgegengesetzt wird. Diese Abgrenzung basiert in der Regel auf der zweigeteilten Sprachdefinition: Zwar wird in nahezu allen Werken deutlich, dass den Ausdrucksformen der Tiere eine kommunikative Funktion im Sinne der natürlichen Sprache oder innerhalb einer metaphorischen Begriffsbestimmung von Sprache zugewiesen wird. Tiere nutzen also Zeichen und besitzen gewisse semantische Fähigkeiten, aber eben nur im Rahmen der natürlichen Sprache. Da aber dieses Konzept von der strengen Definition, welche die Sprache als Analogon der menschlichen Ausdrucksform versteht, scharf abgegrenzt ist, sind auch die Kommunikationsformen der Tiere von der Definition ausgeschlossen.[35]

Die Kriterien, an die die Definition der künstlichen Sprache gebunden ist, werden nach Ansicht der Autoren von den Ausdrucksformen der Tiere nicht erfüllt. Eine der häufigsten Eigenschaften, die den Tieren nicht zugeschrieben wird, entsprechend der Sprachdefinitionen aber notwendig wäre, ist Willkür. Der Gedanke findet sich bei zahlreichen Autoren, tritt aber bei HERDER am schärfsten in Erscheinung, indem dieser den tierischen Ausdruck als rein mechanisch versteht und das Tier als empfindende Maschine beschreibt.[36] Von zahlreichen Autoren wird den Tieren eine notwendige geistige Fähigkeit abgesprochen: So besitzen sie laut Hermann Samuel REIMARUS (1694–1768) keinerlei Vernunft, bzw. die Möglichkeit zur

---

33 Mit den folgenden Worten spiegelt SÜSSMILCH die Ansichten fast aller Autoren wider: „Zu den natürlichen Zeichen gehören die Gliedmassen des Leibes, die Augen, die Hände, Finger, die Füße, die Züge und Farbe des Gesichts, wie auch die Laute, das Lachen, Heulen und die ganze Stellung des Leibes." SÜSSMILCH 1766, S. 55.
34 TETENS 1772, S. 25; HERDER 1772, S. 6–11, 23; HASSLER 2009, S. 155–159.
35 Eine solche strikte Trennung liegt bei den folgenden Autoren vor: BONNET 1772, S. 506–510; BUFFON 2008, S. 1075f.; FLÖGEL 1778, S. 191; HERDER 1772, S. 3–11, 24, 32–35, 72; S. 3f., 314f.; REIMARUS 1762, S. 49f.; SÜSSMILCH 1766, S. 71–73, 100–103; TETENS 1772, S. 15f., 26; TIEDEMANN 1777, S. 164, 336, 338f.
36 Am Beginn seines Essays wird dies besonders deutlich. In seinen Ausführungen zur natürlichen Sprache, setzt er die Ausdrücke der Tiere mit einer angeschlagenen Saite gleich. Auch bei SÜSSMILCH, BUFFON, FLÖGEL und CONDILLAC wird der Mangel an Willkür als eine Ursache der Sprachunfähigkeit der Tiere deutlich. Vgl. HERDER 1772, S. 3–35; BUFFON 2008, S. 670; CONDILLAC 1780, S. 69f.; FLÖGEL 1778, S. 191; SÜSSMILCH 1766, S. 100.

Reflexion, und laut SÜSSMILCH fehlt den Tieren der Witz, bei HERDER ist es die Besonnenheit.[37] Mithilfe dieser qualitativen Unterschiede werden die Tiere von der Fähigkeit zu sprechen ausgegrenzt. Häufig bleiben ihnen im gleichen Zug weitere Fähigkeiten verwehrt: Vorstellungen und Ideen werden den Tieren, wie bei BUFFON, abgesprochen oder kommen ihnen, wie im Fall von Dietrich TIEDEMANN (1748–1803), nicht in dem Maße zu, wie es einer Sprache erforderlich wäre. Daneben wird ihnen, etwa bei REIMARUS, SÜSSMILCH und Justus Christian HENNINGS (1731–1815), die Fähigkeit abgesprochen, allgemeine bzw. abstrakte Begriffe zu gewinnen.[38] Insgesamt lassen sich unter den Autoren nur sehr wenige Ausnahmen finden, welche den Tieren eine künstliche Sprache beilegen oder zumindest ihre Ausdrücke als Analogon der menschlichen Sprache betrachten. Lediglich der Historiker Guillaume Hyacinthe BOUGEANT (1690–1743), LA METTRIE und der Enzyklopädist Charles Georges LEROY (1723–1789) sprechen sich deutlich für eine Sprache der Tiere aus. Damit sind vor allem in der frühen Phase des Diskurses Positionen vorhanden, die das Sprachkriterium untergraben.[39]

Methodische Aspekte des Diskurses

Von zentralem Interesse ist auch die Art und Weise, in der die Autoren ihre Position rechtfertigen. In der Mehrzahl der untersuchten Werke richtet sich die Argumentation direkt gegen die cartesische Maschinen-Hypothese. Die Autoren verweisen meist darauf, dass dieses Modell der allgemeinen Erfahrung widerspreche, und stützen ihre Argumentation mit Beobachtungen.[40] Insgesamt wird bei zahlreichen Autoren wie LEROY und Charles BONNET (1720–1793) der hohe Stellenwert der Erfahrung deutlich – theologische Argumente werden bei ihnen vermieden.[41] HERDER und CONDILLAC verzichten völlig auf theologische Beweise, ihre Argumentation besitzt allerdings einen spekulativen Charakter, in dem weniger tatsächliche Beobachtungen, sondern vielmehr ein hypothetischer Empirismus zum Tragen kommt.[42] Daneben lassen sich einige Autoren ausmachen, deren Argumentation theologisch geprägt ist. Dies ist bei BOUGEANT und besonders bei SÜSSMILCH der Fall.[43] Der Diskurs um die Tiersprache weist damit

---

37 REIMARUS 1762, S. 49; BUFFON 2008, S. 668f.; HERDER 1772, S. 43–48; SÜSSMILCH 1766, S. 103; TETENS 1772, S. 15.
38 TIEDEMANN 1777, S. 334; BONNET 1772, S. 516; FLÖGEL 1778, S. 191f.; HENNINGS 1774, S. 471f., Anm. n).; REIMARUS 1762, S. 49f.; SÜSSMILCH 1766, S. 55f.
39 So geht BOUGEANT prinzipiell davon aus, dass Tiere eine Sprache besitzen. Diese sei allerdings recht arm an abstrakten Begriffen und habe einen kleinen Umfang, d. h., bei ihm findet keine völlige Gleichsetzung von menschlicher und tierischer Sprache statt, auch weil die Kommunikationsformen artspezifisch gedacht werden. Aber BOUGEANT hat ein weites Verständnis von Sprache und unterscheidet nicht strikt zwischen natürlicher und künstlicher Sprache – daher erfüllen die tierischen Ausdrücke prinzipiell auch jene Kriterien, welche mit der menschlichen Sprache verknüpft sind. Zudem wird in seinen Ausführungen deutlich, dass er die Differenz, zwischen menschlicher und tierischer Sprache zu relativieren versucht. Vgl. BOUGEANT 1740, S. 67f., 93–100, 111; LA METTRIE 1985, S. 35; LEROY 1775, S. 85–89, 159–162.
40 Beispielsweise: HENNINGS 1774, S. 440–442; *Anonym* 1804, S. VIII–XIII; TIEDEMANN 1777, S. 314–332.
41 BONNET 1772, S. 506–510; BUFFON 2008, S. 668, 670, 1073–1078; BURNETT 1784, S. 262–265, 281f.; FABRICIUS 1781, S. 334f.; HENNINGS 1774, S. 440–442, 471f.; LEROY 1775, S. 5f., 12f.; SMELLIE 1790, S. 173, 311–342; TIEDEMANN 1777, S. 336.
42 BONNET 1772, S. 514; CONDILLAC 1780, S. 64–70, 209–222. Vgl. HASSLER 2009, S. 471.
43 BOUGEANT 1740, S. 29–66; SCHIRACH 1767, S. 17–20, 72–79; SÜSSMILCH 1766, S. 66–71, 99.

aus methodologischer Sicht die typischen Merkmale der Aufklärung auf: Die Argumentation bewegt sich zwischen Empirie, Spekulation und kirchlichem Einfluss. Im Rahmen des Untersuchungszeitraumes deutet sich eine Entwicklung von vorwiegend theologischen Positionen, über die eher spekulativen Ansätze hin zu vorwiegend empirisch gestützter Argumentation um die Jahrhundertwende.

Verwendete Beispiele innerhalb des Diskurses

Betrachten wir zur Verdeutlichung einige von den Autoren verwendete Beispiele, so zeigt sich, dass innerhalb der Auseinandersetzung bestimmte Tiere vermehrt angeführt werden: Vor allem Beobachtungen an Wölfen und Hunden, aber auch an Haustieren, Affen und Vögeln, sowie an Bibern und Insekten sind in zahlreichen Werken in die Argumentation eingebunden. Jedes dieser Beispiele hat seine eigene Relevanz und bezieht sich auf ein bestimmtes Themenfeld. So werden Insekten und Biber als gemeinschaftliche Wesen vorzugsweise im Kontext der Verbindung zwischen Sprache und Gesellschaft behandelt. Diese Musterbeispiele gleichen sich teilweise so stark, dass selbst die Szenarien, in denen die Tiere auftreten, dieselben sind. Bei näherer Betrachtung einzelner Beispiele zeigt sich, dass ein und dieselben Beobachtungen unterschiedlich in die Argumentation eingebunden werden – sie dienen sowohl den Tiersprachengegnern als auch Befürwortern als Beleg.

Die Beobachtung, dass sich Wölfe bei der Jagd in Ablenkende und tatsächlich Jagende einteilen, stellt eines dieser typischen Szenarien dar. Es ist für BOUGEANT und LEROY ein wichtiges Argument dafür, dass die natürliche Sprache und die Sprache der Gebärden nicht genügt, um solch komplexe Vereinbarungen zu treffen – in der Konsequenz weisen beide den Wölfen eine Sprache zu, beziehungsweise im Fall von LEROY eine artikulierte Sprache. Auch der Zoologe Johann Christian FABRICIUS (1745–1808) führt das Wolfsbeispiel als Argument für eine tierische Kommunikation an. Auf der anderen Seite wird es von BUFFON aufgegriffen, dient hier aber ausschließlich als Argument für eine tierische Verständigung mithilfe der natürlichen Sprache.[44] Der gleiche Effekt zeigt sich in der Diskussion über Biber und Insekten als gesellschaftliche Lebewesen und Verursacher komplexer Bauten. Einerseits sind auch sie für BOUGEANT und einige andere Beweis für die Notwendigkeit von Sprache innerhalb eines gesellschaftlichen Zusammenlebens.[45] Auf der anderen Seite werden die Beobachtungen an Insekten von Gegnern der Tiersprache häufig als Beispiel für ein gemeinschaftliches Zusammenleben ohne Sprache genutzt: Die Leistungen der Tiere werden in diesem Fall auf ihre Kunsttriebe zurückgeführt. Biber sowie Ameisen und andere Insekten sind dann nach Ansicht der Autoren allein schon durch diese Kunsttriebe so gut an ihre Lebensverhältnisse angepasst, dass sie keine weiteren geistigen Fähigkeiten und keine Sprache benötigen. Hinzu kommt, dass die einförmigen Handlungen und die fehlende Mannigfaltigkeit dieser Insekten als Argument gegen die Fähigkeit zur Vervollkommnung bei Tieren angeführt werden.[46] Weiterhin wurde der Hund, wie kein anderes Haustier, im Kontext der menschlichen Gesellschaft betrachtet und als Beweis für oder gegen die tierische Sprache verwendet. So vergleicht Friedrich Ludwig SEGNITZ die Laute von wilden Hunden und Haushunden, und sieht hierin den Beweis für die

---

44 BOUGEANT 1740, S. 93f.; BUFFON 2008, S. 1074; FABRICIUS 1781, S. 335; LEROY 1775, S. 89; vgl. SCHINGS 1994, S. 42.
45 BOUGEANT 1740, S. 71–82; SEGNITZ 1790, S. 18, 44, 130–133; SCHIRACH 1767, S. 72–79.
46 BONNET 1772, S. 514; BURNETT 1784, S. 262; SMELLIE 1790, S. 311–342.

Erziehbarkeit der Tiere. Für Johann Nikolaus TETENS (1736–1807) dient das Beispiel als Beweis dafür, dass Tiere auch in menschlicher Gesellschaft keine Sprache erlernen können.[47]

Inkonsistenzen – Warum Tiere keine Sprache besitzen

Innerhalb der verwendeten Methodik der Autoren und anhand der Nutzung der Beispiele wird deutlich, dass offensichtlich weniger die empirischen Eindrücke über die Ausführungen zur Tiersprache entscheiden, sondern die theoretische Grundposition, in der sich der jeweilige Autor bewegt. In eine ähnliche Richtung deuten die zahlreichen Ausführungen zur Tiersprache, die einen eher inkonsistenten Eindruck machen. Am deutlichsten werden diese Inkonsistenzen bei dem Theologen Adam Gottlob SCHIRACH (1724–1773). Dieser schreibt der Biene einerseits eine Sprache zu und zeigt sich von der Möglichkeit der Tiersprache überzeugt, wobei ihm vor allem das gesellschaftliche Zusammenleben als Argument dient. Anschließend spricht er sie den Bienen wieder ab und verweist auf einen qualitativen Unterschied zwischen Mensch und Tier.[48] Und auch bei Friedrich Ludwig SEGNITZ zeigt sich der Effekt: Einerseits schreibt er den Tieren eine dem Menschen unbekannte Zeichensprache zu und misst dem tierischen Ausdruck Willkür bei, also eine Eigenschaft, die im allgemeinen Verständnis der Zeit als ein typisches Charakteristikum der menschlichen Sprache gilt. Andererseits betont er, dass es die Sprache ist, die den Menschen vom Tier scheidet.[49] Bei zahlreichen weiteren Autoren ist diese Tendenz wahrnehmbar.[50] Gerade hier zeigt sich, dass die empirischen Eindrücke vor der zu sichernden Grenze zwischen Mensch und Tier in den Hintergrund treten.

Wissenschaftshistorische Bedeutung des Tiersprachendiskurses

Anhand dieser Ausführungen wird die gesamte Problematik deutlich. Einerseits muss eine Distanzierung von den traditionellen Denkmustern stattfinden: Die Hypothese von der Tier-Maschine hat sich als unhaltbar erwiesen, und die vom Geist der Aufklärung beflügelte Wissenschaft musste sich von Spekulationen, theologischen Standpunkten und *A-priori*-Annahmen entfernen. Die Autoren richten sich direkt gegen die tradierten Systeme, lehnen DESCARTES' Lösungsansatz ab und betonen die Bedeutung der empirischen Methode – dies wird in fast allen untersuchten Arbeiten deutlich. Auf der anderen Seite rekonstruieren zahlreiche von ihnen dennoch im Rückgriff auf REIMARUS das Bild vom mechanischen Tier und postulieren einen qualitativen Unterschied zum Menschen. Damit zeigt sich, dass sich diese Autoren weiterhin in rationalistischen bzw. traditionellen Denkmustern bewegen.

---

47 SEGNITZ 1790, S. 43; SMITH 1793, S. 137f.; TETENS 1772, S. 26–28; WENZEL 1800, S. 21–23.
48 SCHIRACH 1767, S. 76–78.
49 SEGNITZ 1790, S. 5, 18, 45–48.
50 So fällt auch die Einordnung WENZELS schwer: denn einerseits misst er den Tieren eine Sprache bei, die aus ähnlichen Bestandteilen wie die menschliche besteht, und weist ihren Ausdrücken mit der Willkür ein Merkmal zu, das nach dem allgemeinen Verständnis der Zeit als typisch menschlich angesehen wurde. Er macht selbst deutlich, dass es keinen Grund gibt, die Ausdrücke der Tiere nicht als Sprache zu bezeichnen. Auf der anderen Seite betont er dann aber die Differenz zwischen beiden Kommunikationsformen. Ein ähnlicher Effekt zeigt sich bei HENNINGS und bei FABRICIUS. Vgl. WENZEL 1800, S. 28–30, 48–52; FABRICIUS 1781, S. 334–338; HENNINGS 1774, S. 471f.

Die Ursache dafür ist in der engen Verbindung zwischen Sprache und Denken und Gesellschaft zu suchen.[51] Wurde Sprache als unmittelbares Produkt des Denkens begriffen, ergibt sich im Kontext dieser Verbindung die Möglichkeit, umgekehrt von der Sprache auf das Denken zu schließen. Damit erhielt die Sprache eine entscheidende Funktion als Indikator. Die Annahme einer Tiersprache, die analog zu der menschlichen Sprache beschaffen ist oder deren wesentliche Merkmale in sich verbindet, hätte somit zur Konsequenz gehabt, dass den Tieren geistige Fertigkeiten des Menschen zugeschrieben werden mussten. Dementsprechend durften Tiere keine solche Sprache besitzen. Angefangen mit DESCARTES zieht sich diese Argumentation wie ein Roter Faden bis zum Anfang des 19. Jahrhunderts. Eine ähnliche Funktion kommt der Sprache, aufgrund der engen Verknüpfung zwischen ihr und den gesellschaftlichen Strukturen, bei der Einschätzung der sozialen Fähigkeiten zu. Dabei wird der Beschränktheit der tierischen Sprache die Komplexität und das Potential der artikulierten Sprache des Menschen gegenüber gestellt.[52] Diese korreliert dann sowohl mit den einfachen Lebensverhältnissen unter den Tieren als auch mit der komplexen Gesellschaftsstruktur des Menschen. Der Unterschied zwischen Mensch und Tier im Rahmen dieses eher traditionellen Denkmodells ist ein qualitativer, die Grenze zwischen beiden scharf. Sprache bleibt in diesem Zusammenhang das Hauptunterscheidungsmerkmal zum Tier.[53] Die Bestrebungen zur Grenzsicherung können dabei als Reaktion auf die Werke BOUGEANTS, LA METTRIES und CONDILLACS angesehen werden. Gerade bei REIMARUS, SÜSSMILCH und HERDER wird dies deutlich.

Vor allem gegen Ende des 18. Jahrhunderts wird mit der Durchsetzung des Sensualismus die natürliche bzw. tierische Sprache zunehmend als Vorstufe zur menschlichen Sprache angesehen. Im Rahmen der sensualistischen Definition von Sprache wurde zwar auch scharf zwischen den beiden Arten der Sprache unterschieden – Sprache bleibt das wichtigste Alleinstellungsmerkmal des Menschen.[54] Der Unterschied zwischen Mensch und Tier ist dennoch kein wesentlicher, sondern ein gradueller, da die starre traditionelle Denkweise durch eine historische Dimension ergänzt wird.[55] An die Stelle des menschlichen Verstandes und des freien Willens als harte Unterscheidungskriterien und Haupthinderungsgrund für die Tiersprache traten nun neue Konzepte wie Erziehung und Übung im Kontext der Gesellschaft. Das wird nicht zuletzt daran deutlich, dass der kindliche Spracherwerb dann analog zu der Art und Weise betrachtet wird, wie Tiere Sprache lernen. Der Unterschied zwischen Affen, Taubstummen und Kindern wird geringer.[56] Daran wird deutlich, wie die exklusive Stellung des Menschen seit Mitte des 18. Jahrhunderts weiter schwindet und mit ihr die tradierte statische Ordnung.

---

51 Siehe BONNET 1776, S. 324: „Wir bemerken hienieden, daß die Vollkommenheit der Sprachen mit der Vollkommenheit des Geistes in einem genauen Verhältnisse steht."
52 In dieser Funktion fand Sprache nicht nur bei den Tieren Anwendung, sondern sie diente auch der Bewertung fremder exotischer Völker: Diese wurden aufgrund ihrer Sprache häufig als primitiv angesehen und in der *Scala naturae* unter dem europäischen Menschen verortet. Gleiches trifft auf die wilden Kinder zu. Vgl. CALDER 2003, S. 67, 80–85; HASSLER und NEIS 2009, S. 176f.; SENIOR 2007b, S. 151; MEYER 2008, S. 40–45.
53 CALDER 2003, S. 106; WOKLER 1980, S. 1169.
54 HASSLER 2009, S. 466; INGOLD 1994, S. 3, 47f.
55 HASSLER 2009, S. 9; RICKEN 1984, S. 107, 187f.
56 Am deutlichsten wird dies bei BURNETT 1784, S. 164–166.

Literatur

Anonym: Thierseelen-Kunde auf Thatsachen begründet oder 156 höchst merkwürdige Anekdoten von Thieren. Erster Theil. Mit zwei Kupfern. Berlin 1804

AUROUX, S. (Ed.): History of the Language Sciences – an International Handbook on the Evolution of the Study of Language from the Beginnings to the Present. Vol. *1*. Berlin etc. 2000

BONNET, C.: Herrn Carl Bonnets, verschiedener Akademien Mitglieds, philosophische Untersuchungen der Beweise für das Christenthum. Samt desselben Ideen von der künftigen Glückseeligkeit des Menschen. Aus dem Französischen übersetzt, und mit Anmerkungen herausgegeben von Johann Caspar LAVATER. Frankfurt am Mayn 1776

BOUGEANT, G.-H.: Philosophischer Zeitvertreib über die Thier-Sprache. Franckfurt 1740

BRUNNER, H. M.: Ausführliche Beschreibung der Sprachmaschinen oder sprechenden Figuren mit unterhaltenden Erzählungen und Geschichten erläutert. Nürnberg 1798

BUFFON, G.-L. L. DE: Allgemeine Naturgeschichte. Frankfurt (Main) 2008

BURNETT, J.: Des Lord Monboddo Werk vom Ursprunge und Fortgange der Sprache. Übersetzt und abgekürzt von E. A. SCHMID. 1. Bd. Riga 1784

CALDER, M.: Encounters with the other – a journey to the limits of language through works by Rousseau, Dafoe, Prévost and Graffigny. Amsterdam etc. 2003

CONDILLAC, E. B.: Versuch über den Ursprung der menschlichen Erkenntniß. Aus dem Französischen des Abbé Condillac. In zwei Theilen übersetzt von Mag. Michael HISSMANN in Göttingen. Leipzig 1780

DIEKMANN, A.: Klassifikation – System – ‚scala naturae'. Das Ordnen der Objekte in Naturwissenschaft und Pharmazie zwischen 1700 und 1850. Stuttgart 1992

DOUTHWAITE, J. V.: The Wild Girl, Natural Man, and the Monster – Dangerous Experiments in the Age of Enlightenment. Chicago etc. 2002

ECO, U.: Die Suche nach der vollkommenen Sprache. München 1994

FABRICIUS, J. C.: Betrachtungen über die allgemeinen Einrichtungen in der Natur. Hamburg 1781

FLÖGEL, K. F.: Geschichte des menschlichen Verstandes. Dritte vermehrte und verbesserte Aufl. Frankfurt, Leipzig 1778

FUDGE, E. (Ed.): Renaissance Beasts – of Animals, Humans and Other Wonderful Creatures. Illinois 2004

FUDGE, E., GILBERT, R., and WISEMAN, S. (Eds.): At the Borders of the Human – Beasts, Bodies and National Philosophy in the Early Modern Period. Basingstoke 1999

GARDT, A.: Geschichte der Sprachwissenschaft in Deutschland – vom Mittelalter bis ins 20. Jahrhundert. Berlin u. a. 1999

GESSINGER, J., und RAHDEN, W. VON (Hrsg.): Theorien vom Ursprung der Sprache. *1*. Bd. Berlin und New York 1989

HASSLER, G., und NEIS, C.: Lexikon sprachtheoretischer Grundbegriffe des 17. und 18. Jahrhunderts. *1*. Bd. Berlin u. a. 2009

HENNINGS, J. C.: Geschichte von den Seelen der Menschen und Tiere. Halle 1774

HERDER, J. G.: Abhandlung über den Ursprung der Sprache, welche den von der Königl. Academie der Wissenschaften für das Jahr 1770 gesetzten Preis erhalten hat. Berlin 1772

INGENSIEP, H. W.: Der Mensch im Spiegel der Tier- und Pflanzenseele. Zur Anthropomorphologie der Naturwahrnehmung im 18. Jahrhundert. In: SCHINGS, H.-J. (Hrsg.): Der ganze Mensch – Anthropologie und Literatur im 18. Jahrhundert. S. 54–79. Stuttgart u. a. 1994

INGOLD, T. (Ed.): What is an Animal? London 1994

KEMP, M.: The Human Animal in Western Art and Science. Chicago etc. 2007

LA METTRIE, J. O. DE: Der Mensch als Maschine. Hrsg. von B. A. LASKA. Nürnberg 1985 [Orig. 1748]

LEPENIES, W.: Naturgeschichte und Anthropologie im 18. Jahrhundert. Historische Zeitschrift *231*/1, 21–41 (1980)

LEROY, C. G.: Briefe über die Thiere und den Menschen. Aus dem Französischen übersetzt von Johann Jakob ENGEL. Leipzig 1775

LONGWORTH, G.: Rationalism and empiricism. In: CHAPMAN, S., and ROUTLEDGE, C. (Eds.): Key Ideas in Linguistics and the Philosophy of Language. Edinburgh 2009
MEYER, A.: Zeichen-Sprache – Modelle der Sprachphilosophie bei Descartes, Condillac und Rousseau. Würzburg 2008
NEWTON, M.: Bodies without souls: the case of Peter the Wild Boy. In: FUDGE, E., GILBERT, R., and WISEMAN, S. (Eds.): At the Borders of the Human – Beasts, Bodies and National Philosophy in the Early Modern Period; pp. 196–211. Basingstoke 1999
PETHES, N.: Zöglinge der Natur – der literarische Menschenversuch des 18. Jahrhunderts. Göttingen 2007
REIMARUS, H. S.: Allgemeine Betrachtungen über die Triebe der Thiere, hauptsächlich über ihre Kunsttriebe: Zum Erkenntniß des Zusammenhanges der Welt, des Schöpfers und unser selbst […]. Hamburg 1762
RICKEN, U.: Sprache, Anthropologie, Philosophie in der französischen Aufklärung – ein Beitrag zur Geschichte des Verhältnisses von Sprachtheorie und Weltanschauung. Berlin 1984
SCHINGS, H.-J. (Hrsg.): Der Ganze Mensch. Anthropologie und Literatur im 18. Jahrhundert. Stuttgart, Weimar 1994
SCHIRACH, A. G.: Melitto-theologica – die Verherrlichung des glorwürdigen Schöpfers aus der wundervollen Biene. Nach Anleitung der Naturlehre und heiligen Gottesgelahrtheit, in erbaulichen Betrachtungen, und zur besseren Erläuterung ihrer Natur und Eigenschaft, mit eingestreuten öconomischen Betrachtungen. Dresden 1767
SEGNITZ, F. L.: D. Friedr. Ludw. Segnitz über Naturtrieb und Denkkraft der Thiere. Leipzig 1790
SENIOR, M.: The Souls of men and beasts, 1630–1764. In: SENIOR, M. (Ed.): A Cultural History of Animals in the Age of Enlightenment; pp. 23–46. Oxford etc. 2007a
SENIOR, M. (Ed.): A Cultural History of Animals in the Age of Enlightenment. Oxford etc. 2007b
SMELLIE, W.: The Philosophy of Natural History. Philadelphia 1790
SÜSSMILCH, J. P.: Versuch eines Beweises, daß die erste Sprache ihren Ursprung nicht vom Menschen, sondern allein vom Schöpfer erhalten habe, in der academischen Versammlung vorgelesen und zum Druck übergeben von Johann Peter SÜSSMILCH. Berlin 1766
TETENS, J. N.: Ueber den Ursprung der Sprachen und der Schrift. Wismar 1772
TIEDEMANN, D.: Versuch einer Erklärung des Ursprunges der Sprache. Riga 1772
TIEDEMANN, D.: Untersuchungen über den Menschen. Erster Theil. Leipzig 1777
TIETZEL, M.: L' homme machine – Künstliche Menschen in Philosophie, Mechanik und Literatur, betrachtet aus der Sicht der Wissenschaftstheorie. Zeitschrift für allgemeine Wissenschaftstheorie *15*/1, 34–71 (1984)
WENZEL, Gottfried Immanuel: Neue, auf Vernunft und Erfahrung gegründete Entdeckungen über die Sprache der Thiere. Wien 1800
WOKLER, R.: The ape debates in Enlightenment anthropology. In: Transactions of the Fifth International Congress on the Enlightenment III (Studies on Voltaire and the Eighteenth Century *192*), pp. 1168f. Oxford 1980

Stefan LUX
Friedrich-Schiller-Universität Jena
Ernst-Haeckel-Haus
Institut für Geschichte der Medizin, Naturwissenschaften und Technik
Berggasse 7
07745 Jena
Bundesrepublik Deutschland
Tel.: +49 0176 21624929
Fax: +49 3641 949502
E-Mail: Stefan.Lux@uni-jena.de

**Nachrufe und Gedenken der
Deutschen Gesellschaft für Geschichte
und Theorie der Biologie**

Nachrufe und Gedenken der Deutschen Gesellschaft für Geschichte und Theorie der Biologie

Nachruf

Hans Engländer
(*31. August 1914 – †13. April 2011)

Hans ENGLÄNDER wurde am 31. August 1914 in St. Wendel (Saarland) als Sohn des Dr. med. W. H. ENGLÄNDER und seiner Ehefrau Maria geb. MONHEIM geboren. Am humanistischen Gymnasium Andernach fiel er bereits als Schüler durch seine naturkundlichen Kenntnisse auf. So trägt sein Abiturzeugnis (1934) den Zusatz: „Biologie: sehr gut. Seine Kenntnisse beruhen zum Teil auf eigenen Beobachtungen und gehen über die Lehraufgaben der Schule weit hinaus." Derart motiviert war seine berufliche Laufbahn gleichsam vorgezeichnet.

Der Abiturient begann im Wintersemester 1934/35 in Freiburg ein Studium der Biologie und Medizin, das er ab Sommersemester 1936 in München fortsetzte. Seit August 1939 leistete Hans ENGLÄNDER Wehrdienst bei einer Sanitätskompanie in Russland. Während des Krieges rang er sich Zeit und Kraft für wissenschaftliche Aktivitäten ab. Mit der Dissertation „Die Bedeutung der weißen Farbe für die Orientierung der Bienen am Stand" (1941) promovierte er bei Karl VON FRISCH im Fach Zoologie. Ebenfalls in München promovierte er mit dem Thema „Die Lehre vom Sehen bei A. von Haller" zum medizinischen Doktor (1943). Außerdem publizierte er über *Vogelbeobachtungen in der Ukraine* (1942). Nach Kriegsgefangenschaft (bis Januar 1946) und kurzem Wirken als Assistenzarzt am Institut für Hygiene und Infektionskrankheiten in Saarbrücken (ab April 1946) begann er am 9. Februar 1948 seine Tätigkeit als Assistent am Zoologischen Institut der Universität Köln. Dort habilitierte er sich am 16. Dezember 1953 und wurde am 4. April 1957 zum Diätendozenten, am 15. März 1963 zum Professor ernannt.

Vielen Studentengenerationen hat Hans ENGLÄNDER als Assistent und Dozent am Zoologischen Institut der Universität zu Köln die Ornithologie näher gebracht. Bei sorgfältig geplanten Exkursionen konnte er Interesse und Begeisterung für die Avifauna wecken. Zahlreiche wissenschaftliche Arbeiten, die unter seiner Anleitung entstanden sind, legen eindrucksvoll Zeugnis für seine erfolgreiche Lehrtätigkeit ab. Sie umfasste außer Vorlesungen und Seminaren Bestimmungsübungen, Vogelstimmenwanderungen, Feldbeobachtung von Tieren und Exkursionen zu ausgewählten Zielen, etwa zum Vogelzug in die Scheldemündung.

Sein spezielles Interesse galt der niederrheinischen Avifauna. Der persönlichen Initiative von Hans ENGLÄNDER ist es wohl im Wesentlichen zu verdanken, dass das Zoologische Institut der Universität zu Köln seit 1970 über eine Außenstelle in Grietherbusch verfügt. Sie bildet den Ausgangspunkt für feld-ornithologische Übungen, die nicht zuletzt gezielt das Naturschutzgebiet „Bienener Altrhein" analysieren und den Studenten die Vogelwelt des Niederrheins nahe bringen sollten. Seine sorgfältig geplanten Exkursionen zählten für alle an Freilandzoologie interessierten Studierenden zu einem festen Programmpunkt im Studium.

Seit 1975 hielt Hans ENGLÄNDER außerdem alljährlich ein mehrtägiges Praktikum in Grietherbusch ab, das über Jahrzehnte hinweg nichts von seiner Attraktivität einbüßte. Manche entdeckten hier ihre Liebe zur Ornithologie. Etwa 25 wissenschaftliche Arbeiten, die dort unter Anleitung von Hans ENGLÄNDER entstanden sind, belegen das eindrucksvoll. Der begeisternde Lehrer war auch fleißiger Forscher, wie allein schon seine eigenen Veröffentlichungen zum Bienener Altrhein ausweisen.

Anhand vieler Besuche auf der Bislicher Insel in den 1950er Jahren schuf ENGLÄNDER eine bemerkenswerte Bild- und Filmdokumentation aus der Frühzeit dieses zwar durch den Menschen geschaffenen, inzwischen aber ökologisch höchstwertigen Lebensraumes. In diesem Zusammenhang war er als im Metier bestens bewanderter Praktiker auch Filmreferent der Universität Köln.

Kurz sei auch an seine Lehr- und Forschungstätigkeit in anderen Bereichen der Zoologie erinnert, wo er ebenfalls vielfältige Anregungen für wissenschaftliche Arbeiten gab und fachlichen Rat erteilte. Erwähnt seien zunächst seine faunistischen Untersuchungen. Für den Naturschutz besonders wichtig waren seine Bestandsaufnahmen der Fledermaus-Populationen im Stollensystem der Ofenkaulen im Siebengebirge.

Lange bevor dieses Anliegen zum Allgemeingut wurde, bildeten Natur- und Artenschutz wesentliche Bestandteile von Leben und Lehre des Professors. Dabei übertrugen sich die Begeisterung und der Einsatz des Lehrenden auf die Lernenden. „Verständnis für die Tiere, Schutz für sie und ihren Lebensraum, rücksichtvolles eigenes Verhalten bei der Beobachtung und beim Nachspüren der Tiere waren selbstverständliche und unabdingbare Voraussetzungen für jeden Exkursionsteilnehmer."[1] Nicht wenige der unter seiner Leitung entstandenen

---

1 EBERHARDT 1984.

Dissertationen und Examensarbeiten haben eine über den rein akademischen Rahmen hinaus reichende Bedeutung, die mitunter sogar Grundlagen für politische Entscheidungen bildete.

Vielleicht weniger populär mögen seine Studien zur vergleichenden und funktionellen Anatomie und Entwicklungsphysiologie der Wirbeltiere wirken, vor allem wenn für ihr Verständnis experimentelle Spezialkenntnisse erforderlich waren. Doch verraten beispielsweise Anregungen zu Untersuchungen der Spongiosaarchitektur im Vogelschädel sein Gespür für neue und in diesem Falle sogar interdisziplinäre Fragestellungen.

Durchaus in der Tradition anderer Naturforscher war ENGLÄNDER um eine didaktische sinnvolle Präparatesammlung bemüht, die er für das Zoologische Institut nach den Kriegsverlusten völlig neu aufgebaut hat. Privat trieb ihn überdies bibliophile Leidenschaft zum Aufbau einer vorzüglichen Fachbibliothek. Sie soll demnächst eine besondere Würdigung erfahren. Mag unterschwellig Sammlerstolz mitgewirkt haben, für ENGLÄNDER war sie ständig abrufbare Quelle des Wissens. In Gesprächen erlebte man immer wieder seine erstaunliche Belesenheit, die er bereitwillig Kollegen und Studenten erschloss. Um nur ein Beispiel zu erwähnen, sei Gybertus LONGOLIUS [Gijsbert VAN LANGERACK] (1507–1543) erwähnt, dessen *Dialogus de avibus et earum nominibus graecis, latinis et germanicis*, postum von William TURNER (1544) herausgegeben,[2] „bis heute als wichtige Quelle zur Zoologie der Hühnervögel benutzt wird".[3] Weil LONGOLIUS einst an der Kölner Universität lehrte, hatte sich Hans ENGLÄNDER noch in den letzten Lebensjahren lebhaft für diesen Gelehrten interessiert.

Selbst sehr reisefreudig, beschäftigte er sich mit klassischen Forschungsreisen, etwa mit der Weltumseglung von Friedrich Heinrich Freiherr VON KITTLITZ (1799–1874). Seine letzte Publikation galt der Brasilienexpedition des Prinzen Maximilian ZU WIED-NEUWIED von 1815 bis 1817.[4] Das berühmte Dionysosmosaik in Köln aus der Römerzeit hat er zoologisch gedeutet. Ferner galt seine Aufmerksamkeit der Geschichte des Zoologischen Gartens und des Naturkundemuseums zu Köln.

Völlig unbegabt war Hans ENGLÄNDER darin, sich in Szene zu setzen. Das trug ihm gelegentlich auch Geringschätzung ein, mit der er allerdings gut leben konnte. Dennoch blieb ihm ehrliche Anerkennung nicht versagt. So war er seit 1989 Ehrenmitglied der Gesellschaft Rheinischer Ornithologen (GRO), die ihm 1991 den Günther-Niethammer-Preis verlieh, um seine Verdienste um die rheinische Avifauna zu würdigen. Die größte Anerkennung seiner Person und ihres Wirkens ist allerdings die Hochschätzung durch Kollegen und Schüler, die bis über den Tod hinaus zum Ausdruck kommt.

Hans ENGLÄNDER ging offen und zwanglos auf seine Mitmenschen zu. Als Mitglied in zahlreichen wissenschaftlichen Gesellschaften gewann er zahlreiche Gesprächpartner und Freunde. Man erlebte ihn im Kreise der Deutschen Ornithologen-Gesellschaft (seit 1937), der Bayerischen und verschiedener holländischer und schweizerischer Ornithologen-Gesellschaften. Ferner war er Gründungsmitglied der Deutschen Gesellschaft für Geschichte und Theorie der Biologie.

Einer seiner Schüler bekennt: „Wir alle durften in allen möglichen Lebenslagen die vorbehaltlose Hilfsbereitschaft und die große Bescheidenheit von Hans Engländer erfahren. Seine

---

2 CHANSIGNAU 2009, S. 25–29; FINGER 1990.
3 Wikipedia, Zugriff 28. 6. 2011.
4 ENGLÄNDER 1995.

umfassende Literaturkenntnis und sein präzises Gedächtnis haben wir nicht bloß bewundert, sondern auch eifrig in Anspruch genommen."[5]

Literatur

CHANSIGNAU, V.: The History of Ornithology. London: New Holland Publishers 2009
EBERHARDT, D.: Prof. Dr. Dr. Hans Engländer – 70 Jahre. Charadrius *20*/3, 109–112 (1984)
ENGLÄNDER, H.: Die Säugetierausbeute der Ostbrasilien-Expedition des Prinzen Maximilian zu Wied. In: *Gesellschaft für Naturschutz und Ornithologie Reinland-Pfaltz e. V.* und ROTH, H. J. (Hrsg.): Fauna und Flora in Reinland-Pfalz, Beiheft *17*, 247–280 (1995)
FINGER, H.: Gisbert Longolius. Ein niederrheinischer Humanist. Studia humaniora, ser. minor, 3. Düsseldorf 1990
JOHNEN, A. G.: Charadrius *30*/3, 118 (1994)

Hermann Josef ROTH

---

5 JOHNEN 1984, S. 118.

Schriftenverzeichnis von Prof. Dr. Dr. Hans Engländer

01 ENGLÄNDER, H.: Beobachtungen an Kleinen Hufeisennasen (*Rhynolophus hipposideros* Bechst.) in Gefangenschaft. Der Zoologische Garten N. F. *10*, 221–224 (1939)
02 ENGLÄNDER, H., et al.: Untersuchungen über die Ertragsfähigkeit einiger Seen Oberbayerns. Intern. Rev. Ges. Hydrobiol. *39*, 547–599 (1940)
03 ENGLÄNDER, H.: Die Bedeutung der weißen Farbe für die Orientierung der Bienen am Stand. Ztschr. f. Bienenkunde *22*, 81–99 (1941)
04 ENGLÄNDER, H.: Die Lehre vom Sehen bei A. von Haller, zugleich ein Beitrag zur Geschichte der Sehtheorie. Med. Diss., München (1942a)
05 ENGLÄNDER, H.: Vogelbeobachtungen in der Ukraine. Die gefiederte Welt *71*, 25–26 (1942b)
06 ENGLÄNDER, H.: Säugetiere Südrußlands. Kosmos *39*, 38–40 (1942c)
07 ENGLÄNDER, H.: Ein kleiner Beitrag zur Fauna Borkums. Beitr. z. Natk. Nieds. *1* (1951)
08 ENGLÄNDER, H.: Beiträge zur Fortpflanzungsbiologie und Ontogenese der Fledermäuse. Bonner Zool. Beitr. *3*, 221–230 (1952)
09 ENGLÄNDER, H.: Beutetiere Borkumer Sumpfohreulen (*Asio flammeus*). Orn. Mittl. *5*, 11 (1953a)
10 ENGLÄNDER, H., JOHNEN, A. G., und VAHS, W.: Untersuchungen zur Klärung der Leistungsspezifität verschiedener abnormer Induktoren bei der Embryonalentwicklung der Urodelen. Experientia *9*, 1–6 (1953b)
11 ENGLÄNDER, H.: Die Türkentaube (*Streptopelia decaocta*) in Köln. Orn. Mittl. *7* (1955)
12 ENGLÄNDER, H.: Die Tierdarstellungen des Dionysos-Mosaiks. In: FREMERSDORF, F. (Hrsg.): Das römische Haus mit dem Dionysos-Mosaik vor dem Südportal des Kölner Doms. Berlin: Verlag Gebr. Mann 1957a
13 ENGLÄNDER, H., und JOHNEN, A. G.: Experimentelle Beiträge zu einer Analyse der spezifischen Induktionsleistung heterogener Induktoren. J. Embryol. Exp. Morph. *5*, 1–31 (1957b)
14 ENGLÄNDER, H.: Avifaunistisch bemerkenswerte Beobachtungen im unteren Rheingebiet. Vogelring *29*, 25–30 (1960a)
15 ENGLÄNDER, H., und JOHNEN, A. G.: Untersuchungen an rheinischen Fledermauspopulationen. Bonner Zoolog. Beitr. *11*, Sonderheft, 204–209 (1960b)
16 ENGLÄNDER, H., und JOHNEN, A. G.: Die Vogelfauna des „Entenfangs" bei Wesseling. Decheniana *114*, 61–74 (1961)
17 ENGLÄNDER, H.: Beobachtungen an Fledermäusen in der Eifel. Eifeljahrbuch 1962, (1962a)
18 ENGLÄNDER, H.: Die Induktionsleistungen eines heterogenen Induktors in Abhängigkeit von der Dauer seiner Einwirkungszeit. Roux' Archiv für Entwicklungsmechanik *154*, 124–142 (1962b)
19 ENGLÄNDER, H.: Die Differenzierungsleistungen des *Triturus*- und *Ambystoma*-Ektoderms unter der Einwirkung von Knochenmark. Roux' Archiv für Entwicklungsmechanik *154*, 143–159 (1962c)
20 ENGLÄNDER, H.: Landschaftsaquarelle als Reiseberichte des Naturforschers Friedrich Heinrich von Kittlitz. Natur und Museum *93*, 443–448 (1963a)
21 ENGLÄNDER, H., und AMTMANN, E.: Introgressive Hybridisation von *Apodemus sylvaticus* und *A. tauricus* in Westeuropa. Naturwissenschaften *50*, 312–313 (1963b)
22 ENGLÄNDER, H., und JOHNEN, A. G.: Winterquartiere des Zwergschwans am Niederrhein. Der Niederrhein *30*, 60–65 (1963c)
23 AMTMANN, E., und ENGLÄNDER, H.: Über die Brutgemeinschaft von Flußseeschwalbe und Flußregenpfeifer. Der Niederrhein *30*, 73–75 (1963d)
24 ENGLÄNDER, H., und JOHNEN, A. G.: Ausbreitung und Ansiedlung der Reiher- und Tafelente am unteren Niederrhein. Decheniana *116*, 83–91 (1964)
25 ENGLÄNDER, H.: Singschwäne. Rheinische Heimatpflege N. F. *2*, 109–116 (1966)
26 ENGLÄNDER, H., und JOHNEN, A. G.: Die morphogenetische Wirkung von Li-Ionen auf Gastrula-Ektoderm von *Ambystoma* und *Triturus*. Roux' Archiv für Entwicklungsmechanik *159*, 346–356 (1967a)
27 JOHNEN, A. G., und ENGLÄNDER, H.: Untersuchungen zur entodermalen Differenzierungsleistung des *Ambystoma*-Ektoderms. Roux' Archiv für Entwicklungsmechanik *159*, 357–364 (1967b)

28 ENGLÄNDER, H., und LAUFENS, G.: Aktivitätsuntersuchungen bei Fransenfledermäusen (*Myotis nattereri*, Kuhl 1818). Experientia *24*, 618–619 (1968)
29 ENGLÄNDER, H.: Die Ofenkaulen im Siebengebirge als Winterquartier für Fledermäuse. In: Regierungspräsident in Köln (Hrsg.): Naturpark, Naturschutzgebiet Siebengebirge europäisches Diplom für das Siebengebirge (1971a)
30 ENGLÄNDER, H., und JOHNEN, A. G.: Untersuchungen in einem rheinischen Fledermauswinterquartier. Decheniana-Beiheft *18*, 99–108 (1971b)
31 ENGLÄNDER, H.: Steinböcke in Spanien. Jahrbuch Verein zum Schutze der Alpenpflanzen und -tiere *37*, 1–2 (1972)
32 ENGLÄNDER, H.: Island. Die Vogelwelt. In: LINDEN, F.-K. VON, und WEYER, H. (Hrsg.): Island, S. 3–7. Bern: Kümmerly & Frey 1974a
33 ENGLÄNDER, H., und MILDENBERGER, H.: Die Vogelfauna des Naturschutzgebietes Biener Altrhein. 27 S. unveröffentlicht (1974b)
34 ENGLÄNDER, H., und KÜHN, M.: Materialien zur Avifauna des Entenfangs. 1. Teil. Decheniana *127*, 229–240 (1975a)
35 ENGLÄNDER, H., und MILDENBERGER, H.: Kampfläufer (*Philomachus pugnax*), neuer Brutvogel am unteren Niederrhein. Charadrius *11*, 51–52 (1975b)
36 ENGLÄNDER, H.: *Chlidonias niger* (Linneaus 1758). Trauerseeschwalbe. In: GLUTZ VON BLOTZHEIM, U. N., und BAUER, K. M. (Hrsg.): Handbuch der Vögel Mitteleuropas., Bd. *8*/II, 1013–1054 (1982)
37 ENGLÄNDER, H.: Die Säugetierausbeute der Ostbrasilien-Expedition des Prinzen Maximilian zu Wied. In: *Gesellschaft für Naturschutz und Ornithologie Reinland-Pfalz e. V.* und ROTH, H. J. (Hrsg.): Fauna und Flora in Reinland-Pfalz, Beiheft *17*, 247–280 (1995)
38 ENGLÄNDER, H.: *Capra pyrenaica* (Schinz 1838). Spanischer Steinbock. Druckfertiges Manuskript.

Dissertationen unter Leitung von Prof. Dr. Dr. Hans Engländer

01 GOETTERT, E.: Differenzierungsleistungen von explantiertem Urodelen-Ektoderm (*Amblystoma mexicanum* Cope und *Triturus alpestris* Laur.) nach verschieden langer Unterlagerungszeit. (1959)
02 PFAUTSCH, E.: Quantitative Untersuchungen des Nucleinsäuregehaltes verschiedener Keimregionen bei der frühen Gastrula und Neurula von *Triturus alpestris* Laur. und *Amblystoma mexicanum* Cope. (1959)
03 AMTMANN, E.: Biometrische Untersuchungen zur introgressiven Hybridisation der Waldmaus (*Apodemus sylvaticus* Linné 1758) und der Gelbhalsmaus (*Apodemus tauricus* Pallas 1811). (1965)
04 GRUNZ, H.: Experimentelle Untersuchungen über die Kompetenzverhältnisse früher Entwicklungsstadien des Amphibien-Ektoderms. (1967)
05 JÜSCHKE, S.: Untersuchungen über die Funktion der Rückenmuskulatur quadrupeder Affen und Känguruhs. (1970)
06 BAUSCHULTE, C.: Funktionen anatomische Untersuchungen der Hinterextremitätenmuskulatur von quadrupeden Affen und Känguruhs. (1971)
07 LAUFENS, G.: Freilanduntersuchungen zur Aktivitätsperiodik dunkelaktiver Säuger. (1972)
08 MAGER, W.: Experimentelle Untersuchungen über den Einfluß des pH-Wertes auf die Differenzierungsleistungen des Amphibienektoderms. (1972)
09 WILTAFSKY, H.: Die geographische Variation morphologischer Merkmale bei *Sciurus vulgaris* L. (1973)
10 BREUL, R.: Quantitativ morphometrische und funktionell-automatische Untersuchungen am Bewegungsapparat des Menschen. (1975)
11 PETERS, G.: Vergleichende Untersuchungen zur Lautgebung einiger Feliden. (1975)
12 BECKER, P.: Artkennzeichnende Merkmale, geographische Variation und Funktion des Gesanges von Winter- und Sommergoldhähnchen (*Regulus regulus*, *R. ignicapillus*). (1976)
13 CONRAD, B.: Die Belastung der freilebenden Vogelwelt der Bundesrepublik Deutschland mit chlorierten Kohlenwasserstoffen und PCB und deren mögliche Auswirkungen. (1976)
14 PEREIRA, G.: Über Organschäden bei *Biomphalaria glabrata* und *Bulinus truncaius* durch Befall mit *Schistosoma mansoni* bzw. *Schistosoma haematobium*. (1976)

15 ROMANOWSKI, E.: Der Gesang von Sumpf- und Weidenmeise (*Parus palustris* und *Parus montanus*). Variation. Funktion und reaktionsauslösende Parameter. (1976)
16 BLANA, H.: Die Bedeutung der Landschaftsstruktur für die Verbreitung der Vögel im südlichen Bergischen Land. Modell einer ornithologischen Landschaftsbewertung. (1977)
17 POLTZ, W.: Bestandsentwicklung bei Brutvögeln in der Bundesrepublik Deutschland. (1977)
18 MINUTH, W.: Untersuchungen zur Proteinbiosynthese in induziertem und nicht induziertem Gastrulaektoderm von *Triturus alpestris*. (1977)
19 ERDELEN, M.: Quantitative Beziehungen zwischen Avifauna und Vegetationsstruktur. (1978)
20 ERDELEN, B.: Untersuchungen zum Kartierungsverfahren bei Brutvogel-Bestandsaufnahmen. (1979)
21 KUNKELMANN, H.: Morphologie der chromaffinen Zellen im Herzen des Lungenfisches (*Protopterus annectens* Owen, 1839). (1979)
22 ZENKER, W.: Beziehungen zwischen dem Vogelbestand und der Struktur der Kulturlandschaft. (1981)
23 KOLTER, L.: Soziale Beziehungen zwischen Pferden und deren Auswirkung auf die Aktivität bei Gruppenhaltung. (1984)

In der Außenstelle Grietherbusch unter der Leitung von Prof. Dr. Dr. Hans Engländer angefertigte Arbeiten

01 ANNUT, U.: Untersuchungen zur Molluskenfauna im Bereich der Althreine zwischen Rees und Emmerich. (1973)
02 MEYER, R.: Untersuchungen zum Brutbestand und zur Fortpflanzungsbiologie niederrheinischer Rohrsänger. (1974)
03 BOCK, G.: Beobachtungen an überwinternden nordischen Gänsen im Gebiet des unteren Niederrheins. (1975)
04 OTREMBNIK, U.: Untersuchungen zur Spinnenfauna der Altrheinlandschaft um Grietherbusch/Niederrhein. (1975)
05 FÖLSCH, E.: Untersuchungen zur Fortpflanzungsbiologie von Kreuz- und Erdkröten im Auengebiet des Niederrheins. (1976)
06 KURSCHILDGEN, K.: Untersuchungen zur Biologie des Haubentauchers am unteren Niederrhein. (1976)
07 KÜSTER, G.: Beobachtungen an Bläßrallen im Gebiet der Altrheine bei Grietherbusch. (1976)
08 TOLLE, M.: Das Skelettmaterial der fränkischen Pferdegräber bei Bislich/Niederrhein. (1976)
09 RADERMACHER, H.: Beiträge zur Kleinsäugetierfauna des unteren Niederrheins. (1977)
10 RÜTTGERS, C.: Die Bedeutung eines künstlichen Feuchtbiotops als Brut- und Rastplatz zahlreicher Vogelarten. (1977)
11 POSPICHIL, K.: Untersuchungen zur Ausbreitung und Biologie des *Bisam öndrata zibethicus* am unteren Niederrhein. (1978)
12 OLBRICH, P.: Untersuchungen über die Fischfauna des unteren Niederrheins im Raum Rees-Emmerich. (1979)
13 SCHWEITZER, M.: Beiträge zur Biologie der Trauerseeschwalbe. Untersuchungen in einer Brutkolonie im Bienener Altrhein. (1979)
14 BAUKNECHT, R.: Brutvogelbestandsaufnahme an einem verlandenden Altwasser am unteren Niederrhein. (1982)
15 STYMA, K.: Beiträge zur Brutbiologie von *Emberiza schoeniclus* L. (1982)

Dr. Hermann Josef ROTH
Paracelsusstraße 68
53177 Bonn
Bundesrepublik Deutschland

Tel./Fax: +49 228 3696879
E-Mail: NHVinBonn@aol.com

Nachruf

Arne von Kraft
(*6. Juli 1928 – †24. März 2012)

Am 6. Juli 2012 hätte Arne VON KRAFT seinen 84. Geburtstag gefeiert, wäre er nicht am 24. März, sechs Wochen nach einem schweren Schlaganfall mit halbseitiger Lähmung, gestorben.

Arne VON KRAFT stammte aus österreichischem Militäradel, beide Großväter waren K.u.K.-Offiziere, aber schon sein Vater, Zdenko Edler VON KRAFT, war aus der Art geschlagen und ein seinerzeit bekannter Schriftsteller geworden. Auch Sohn Arne war allem Militärischen abgeneigt. Danach wurde allerdings im Dritten Reich nicht gefragt. Im März 1945 wurde er als Siebzehnjähriger für das letzte Aufgebot einberufen. Als ungemein belesener, aber höchst schmächtiger Knabe unterhielt er sich mit dem offenbar sehr gebildeten Musterungsarzt auf hohem Niveau, worauf dieser wohl fand, dass Arne als Kanonenfutter zu schade sei und ihn ausmusterte.

Seiner Liebe zu Büchern, die ihm vermutlich das Leben gerettet hatte, blieb Arne VON KRAFT zeitlebens treu. Sämtliche Wände seiner Wohnung waren vom Boden bis zur Decke mit Bücherregalen ausgestattet, über 6000 wohl geordnete Bände bei seinem Tod, und da hatte er schon einige Jahre zuvor, beim Umzug aus Marburg in die Seniorenresidenz in Homberg (Efze), vieles aussortiert. Die biologische Fachliteratur befindet sich bereits im Biohistoricum Bonn. Sie machte aber höchstens ein Drittel des gesamten Bücherbestandes aus, denn Arne VON KRAFT war kein „Fachidiot": Seine vielfältigen Interessen galten insbesondere der Geschichte und der Erkenntnistheorie, Themenbereiche, die sicher die Hälfte seiner Bücherwände ausmachten. Und dann spielte die Anthroposophie Rudolf STEINERS in seinem Leben eine große Rolle. Dies zeigt sich nicht nur in seinem Bücherbestand, sondern es schlug sich auch in seinen wissenschaftlichen Arbeiten nieder.

Schon in seiner Dissertation über die Keimesentwicklung von *Tachycines* ging es ihm um die Frage, wie oder besser wodurch in der Keimesentwicklung aus Chaos Ordnung wird. Und dieses Problem, dem er später experimentell bei der Ontogenese von Fischen und Amphibien immer weiter nachgegangen ist, hat ihn zeitlebens umgetrieben. Auch in seinem Vortrag 2011 in Bonn (in diesem Band, S. 139–152) ging es letztlich darum. In seinem Nachlass findet sich ein fast vollendetes umfangreiches Werk mit dem Titel „Grundphänomene organischer Entwicklung", Untertitel „Aspekte einer ganzheitlichen Entwicklungsbiologie", aus dem abschließend Arne VON KRAFT selbst zu Wort kommen möge. Der erste Teil (Kapitel X, 7) schließt mit folgendem Absatz: „In Bezug auf die Kardinalfrage nach dem Verhältnis des Organismus zur ‚Zelle idealiter' kann das Dargelegte nur eine Schlussfolgerung zulassen: Nicht eine noch so kompliziert gedachte Zusammenwirkung oder Wechselwirkung von Zellen bildet den Organismus, sondern der Organismus disponiert und dirigiert ‚ab ovo' (vom Zygoten-Stadium an), wann, wo und wie die Zellen sich in Teilung, Wachstum, Determination und endlicher Differenzierung so verhalten, dass sukzessive aus dem ursprünglichen *Organismus in Potentia* der *Organismus in actu* entsteht, als ausgereifte physisch-reale Endgestalt oder Reifeform."

Michael BRESTOWSKY

Dr. Michael BRESTOWSKY
Muellrain 5
36129 Gersfeld (Rhön)
Bundesrepublik Deutschland

Personenregister

Abderhalden, E. 11, 153–157, 159–166, 168–174, 177–179, 181, 199, 200
Ackermann, C. 193
Agardh, C. A. 52, 59
Alt, W. 20, 43, 53, 59, 72
Altmann, R. 110, 113
Ampère, A.-M. 23
Amtmann, E. 243, 244
André, H. 8, 12, 174, 177
Angermann, H. 138
Annut, U. 245
Apfelbach, R. 37, 43
Aristoteles 10, 48–50, 60, 61, 127, 137, 139–142, 150
Arp, R. 48, 57, 59, 61
Auroux, S. 224, 235
Autrum, H. 188, 195, 196
Avery, O. T. 26
Ayala, F. 57, 59

Bacon, F. 126
Baer, K. E. von 132
Baldwin, J. M. 213, 219, 220
Bamme, A. 15, 24, 27, 43
Bargmann, W. 189, 191, 196
Barnard, C. 30, 43
Bartels, E. D. A. 52, 59
Barth, F. 108, 113
Bastian, A. 104, 105
Bateson, W. 210
Bauch, B. 163, 167
Bauer, E. W. 119–121, 135, 137
Bauer, H. 185, 187–190, 196, 197
Bauer, K. M. 244
Bauknecht, R. 245
Bauschulte, C. 244
Bayertz, K. 20, 35, 43
Beck, E. 30, 43
Becker, P. 244
Beckner, M. 55, 59
Beier, W. 184, 192, 193
Benner, S. A. 33, 43
Benninghoff, A. 189
Berg, A. 96, 101

Berg, G. 178
Berg, W. 177
Bergman, T. 72
Bergson, H. 142
Berkeley, G. 126
Bertalanffy, F. 192
Bertalanffy, L. von 8, 9, 11, 12, 54, 57, 59, 164, 165, 167, 174, 177, 178, 181–201
Bertalanffy, M. von 200
Birnbacher, D. 35, 44
Blana, H. 245
Bleek, W. 104, 105, 113
Blumenbach, J. F. 108, 113, 142
Boas, F. 105, 109, 112, 115
Bock, G. 245
Bock, K. 106, 113
Böhme, H. 101
Bonabeau, E. 72
Bonnet, C. 100, 101, 229–232, 234, 235
Bopp, F. 108, 113
Borelli 60
Bougeant, G. H. 231, 232, 234, 235
Boveri, T. 164, 165, 177, 183
Bowler, P. 109, 113
Brauckmann, S. 183, 200
Brechner, E. 123, 137
Brecht, B. 137
Breidbach, O. 26, 44
Bremer, A. 35, 36, 44
Brestowsky, M. 10, 12, 117, 125, 126, 132, 137, 138, 140, 151, 248
Breul, R. 244
Brock, F. 156, 177
Brodbeck-Sandreuter, J. 101
Brunner, H. M. 227, 235
Bruns, G. 182, 183, 188, 190–192, 196, 198, 200, 202
Buffon, G.-L. L. de 93–96, 101, 142, 225, 229–232, 235
Bukow, G. C. 10, 72, 75, 78, 92

Bunge, M. 147, 151
Bünning, E. 185, 187–190, 196, 197
Burchards, E. 169, 177
Burdach, C. F. 41
Burkamp, W. 164
Burnett, J. 229, 231, 232, 234, 235
Buschinger, W. 126, 138
Butenandt, A. 184, 188, 189, 196

Calder, M. 227, 234, 235
Callebaut, W. 48, 59
Camazine, S. 66, 72
Carnap, R. 89
Carson, R. 27
Carter, H. 47
Carus, C. G. 52, 59, 177
Cavalli-Sforza, L. L. 113
Cello, J. 34
Chansignau, V. 241, 242
Chapman, S. 236
Chargaff, E. 139, 140, 149–151
Chen, H.-a. 163, 177, 187, 201
Cheney, D. L. 72
Cheung, T. 100, 101
Churchland, P. 56, 59
Comte, A. 55, 60
Condillac, E. B. de 225, 228–231, 234–236
Condorcet, J. A. de 106, 113
Condrau, F. 221
Conrad, B. 244
Conrad-Martius, H. 142
Conradi, B. 138
Cook, C. D. K. 206, 218
Cook, S. A. 206
Correns, C. 164, 165, 177, 183
Crick, F. H. C. 9, 26
Crispo, E. 214, 219
Cummins, R. 82, 83, 92
Cuvier, G. 51, 60

Dafoe, D. 235
Dagan, T. 115

Personenregister

Danchin, E. 73
Darwin, C. R. 10, 16, 18, 22, 28, 48, 55, 103–105, 107, 113, 114, 117–119, 125, 126, 132, 134, 135, 138, 201
Davidson, M. 183, 201
Delage, Y. 52, 60
Delbrück, M. 182
Demokrit 140
Deneubourg, J.-L. 72
Descartes, R. 50, 224–226, 233, 234, 236
Des Chene, D. 50, 60
Detel, W. 49, 60
Diekmann, A. 225, 235
Dilthey, W. 10, 117, 119, 123, 125–127, 136–138
Dinkelaker, B. 137
Dipippo, J. L. 115
Disselhorst, R. 179
Dobzhansky, T. G. 20, 28, 44
Dodoens, R. 206
Döhl, J. 37, 43
Dost, H. 188
Douthwaite, J. V. 227, 228, 235
Dreesmann, D. 137
Driesch, H. 8, 9, 11, 12, 53, 54, 57, 58, 60, 139, 141, 142, 144, 145, 153, 155, 157–161, 163–167, 173, 174, 177, 179, 183, 201
Drischel, H. 191, 192, 196, 198
DuBois-Reymond, E. H. 23, 28, 44, 147
Dürken, B. 141, 143, 151
Durkheim, E. 109, 114
Dybo, A. V. 115

Eberhardt, D. 240, 242
Eco, U. 224, 235
Ede, D. A. 148, 151
Eguchi, G. 144, 151
Ehrenberg, R. 8, 12, 174, 177
Ehring, D. E. 88, 90–92
Eibl-Eibesfeldt, I. 25
Eichelbeck, R. 118, 138
Eickstedt, E. Frhr. von 108, 114
Eigen, M. 148, 149, 151, 182, 191, 199, 201

Einstein, A. 23, 195
Endres, H. 142
Engel, J. J. 235
Engelhardt, D. von 177, 178, 201
Engels, E.-M. 15, 16, 18, 24–26, 28, 36, 44
Engels, F. 106, 114
Engländer, H. 6, 12, 239–245
Engländer, M. geb. Monheim 239
Engländer, W. H. 239
Epel, D. 206, 207, 212, 216–219
Erdelen, B. 245
Erdelen, M. 245
Erz, W. 35, 36, 44
Eser, A. 35, 44
Espinas, A. V. 22, 44

Fabricius, J. C. 231–233, 235
Fangerau, H. 114
Farina, W. M. 63, 72
Farinella-Feruzza, N. 146, 151
Ferguson, A. 106, 114
Feuerstein-Herz, P. 10, 93, 94, 99, 101, 102
Fichte, J. G. 108, 114
Finger, H. 241, 242
Fischer, J. 72
Fleming, A. 31
Flögel, K. F. 229–231, 235
Florey, E. 15, 16, 20, 26, 33, 44
Fölsch, E. 245
Foucault, M. 32, 51, 60
Franks, N. R. 72
Fremersdorf, F. 243
Freud, S. 19
Freudig, D. 45
Frewer, A. 178
Friedrich-Freksa, H. 187
Frisch, K. von 240
Fudge, E. 226, 235, 236
Fuente Freyre, J. A. de la 49, 60

Gabathuler, J. 154, 177
Galen 49
Galenos 142
Galilei, G. 137, 141
Galton, F. 29
Gardt, A. 224, 235

Garfinkel, M. D. 219
Garms, H. 128, 138
Gayon, J. 55, 60
Gehlen, A. 127, 138
Geisler, H. 114
Gerland, G. 112
Gerstengarbe, S. 12, 154, 177, 181, 201
Gesner, C. 222
Gessinger, J. 224, 225, 228, 235
Gierer, A. 187
Gilbert, R. 235, 236
Gilbert, S. F. 206, 207, 210, 212, 216–219
Gillispie, C. C. 115
Gissis, S. B. 214, 219
Glaserfeld, E. von 64, 72
Gliboff, S. 208–210, 218, 219
Glisson, F. 96
Glutz von Blotzheim, U. N. 244
Gobineau, A. de 29, 108, 114
Goerttler, K. 141
Goethe, J. W. von 119, 123, 177, 179, 192
Goettert, E. 244
Goeze, J. A. E. 101
Gogarten, J. P. 115
Goldschmidt, R. 8, 12, 174, 177, 207, 219
Gordon, D. M. 63, 72
Graffigny, F. de 235
Graul, E. H. 44
Gray, W. 183, 201
Greene, M. J. 63, 72
Grene, M. 49, 60
Griesemer, J. 57, 60
Griffin, D. R. 25
Grimm, J. 108, 114
Groeben, C. 178
Gruhl, H. 27
Grundau, E. 193
Grunz, H. 244
Grzimek, B. 25, 27
Guatelli-Steinberg, D. 138
Guggenheim-Schnurr, M. 222
Gumy, C. 222
Günther, H. F. K. 108, 114
Gurvič [Gurwitsch], A. G. 141, 142, 151, 191
Gutmann, W. F. 16, 19, 24, 44
Gutzmer, A. 178

Hacking, I. 78, 92
Haeckel, E. 10, 18, 52, 60, 104, 105, 114, 115, 131–136, 138, 159, 160
Hagemann, R. 54, 60
Hagner, M. 61
Haig, D. 205, 215, 216, 219
Haken, H. 33, 66, 72
Haken-Krell, M. 66, 72
Haldane, J. B. S. 22
Haldane, J. S. 167–169, 177
Hall, B. K. 215, 219
Haller, A. von 93, 96–98, 101, 227, 240, 243
Haller, H.-R. 161, 177
Halling, T. 114
Hallmann, H. 177
Hammerschmidt, K. 72
Hartmann, E. von 142
Hartmann, H. 222
Hartmann, M. 5, 8, 11, 12, 153, 157, 159, 163–169, 177, 178, 183, 187, 200, 201
Hartmann, N. 159, 160
Hartmann, O. J. 145, 151
Hartwich, H.-H. 178
Hassenstein, B. 195, 196
Haßler, G. 224, 227–231, 234, 235
Heberer, G. 123
Hegel, G. W. F. 23, 106, 119
Heisenberg, W. 16, 44
Helmholtz, H. von 167
Hemleben, J. 134, 138
Hennings, J. C. 229, 231, 233, 235
Herbig, H. 44
Herder, J. G. 108, 114, 127, 224, 229–231, 234, 235
Herlitzka, A. 142
Herrmann, A. 15, 16, 23, 44
Hertwig, O. 52, 60
Hess, B. 191
Hilger, H. H. 15, 43–45
Hippéli, R. 127, 128, 137
His, W. 134, 135, 138
Hißmann, M. 235
Hobohm, G. 33, 44
Hoffbauer, B. 39, 41, 44
Hoffman, A. 138
Hoffmann, D. 201

Hölldobler, B. 67, 72
Holtfreter, J. 141
Hoppe-Seyler, F. 52, 60
Hoßfeld, U. 178, 201
Höxtermann, E. 15, 29, 43–45, 151, 201
Hublin, J.-J. 138
Hull, D. L. 48, 56, 57, 60
Humboldt, W. von 111, 114
Huxley, T. H. 49, 55, 60

Illies, J. 118, 125, 138–140, 149, 151
Ingensiep, H. W. 225, 228, 235
Ingold, T. 225, 234, 235
Irrgang, B. 35, 36, 44

Jablonka, E. 205, 212, 214–217, 219
Jahn, I. 24, 44, 156, 159, 161, 163, 178, 183, 201
Jakobson, R. O. 112, 114
Janich, P. 19, 20, 23, 44, 147, 151
Jaquet-Droz, P. 227
John, J. 178
Johnen, A. G. 242–244
Johnson, M. P. 206
Johnstone, J. 55, 60
Jonas, H. 36, 44
Jones, W. 108, 114
Junge, W. 24, 44
Jungius, J. 177
Junker, T. 44
Jüschke, S. 244

Kaasch, J. 5, 10–12, 43, 45, 59, 138, 151, 154, 156, 169, 177, 178, 181, 201, 202, 222
Kaasch, M. 5, 8, 10–12, 43, 45, 59, 138, 151, 153, 154, 156, 169, 177–179, 181, 183, 199–202, 222
Kaestner, A. 185, 188, 196
Kaiser, H. 52, 60
Kaiser, T. 201
Kammerer, P. 203, 205, 208–210, 214, 215, 217–220
Kampourakis, K. 57, 60
Kandel, E. 27, 44

Kant, I. 9, 13, 23, 50–52, 55, 60
Kanz, K. T. 20, 40, 41, 44
Karrer, P. 154, 155
Kassowitz, M. 52, 60
Keidel, W. D. 199, 201
Keil, G. 127, 128, 137
Kemp, M. 227, 228, 235
Kempelen, W. von 227
Keul, H.-K. 114
Keuth, H. 17, 44
Kinzler, B. 222
Kittlitz, F. H. Frhr. von 241, 243
Klatt, B. 169
Kleinert, A. 12, 201
Knappitsch, M. P. 10, 63, 68, 70–73
Knoll, F. 196
Koch, R. 30, 163
Koestler, A. 152, 218, 219
Kohs, U. 102
Kolen, F. 61
Kolter, L. 245
Koonin, E. V. 115
Kopitar, J. 111, 114
Kortlandt, A. 18
Kotrschal, K. 33, 44
Kraft, A. von 6, 10, 12, 125, 138, 139, 146, 151, 247, 248
Kraft, Z. von 247
Krauße, E. 178, 201
Krause, G. 142, 151
Krause, J. H. 151
Krebs, A. 35, 36, 44
Kressing, F. 10, 103, 104, 113, 114, 116
Krischel, M. 10, 103, 104, 114, 116
Kroeber, A. L. 109, 112, 114
Krohs, U. 219
Kuckenburg, M. 123, 138
Kühn, A. 145, 151
Kühn, M. 244
Kuhn, T. S. 119, 121, 135, 137, 138
Kuhn-Schnyder, E. 122
Kühnemann, E. 55, 60
Kullmann, W. 49, 60
Kunkelmann, H. 245
Kurschildgen, K. 245
Küster, G. 245

Personenregister

Kutschera, U. 22, 110, 114

Laitko, H. 201
Lake, J. A. 115
Lamarck, J.-B. de 41, 58, 61, 206, 208, 210
Lamb, M. J. 205, 212, 215, 216, 219
La Mettrie, J. O. de 227, 228, 231, 234, 235
Lapouge, G. V. de 108, 114
Laska, B. A. 235
Laubichler, M. D. 52, 61, 187, 201
Lauer, H. E. 140, 151
Laufens, G. 244
Lavater, J. C. 235
Lazzari, V. 138
Le Bon, G. 108, 114
Ledermann, F. 222
Lemuth, O. 178
Lenk, H. 36, 43, 44
Lennox, J. G. 49, 61
Lepenies, W. 51, 61, 225, 226, 235
Lepori, N. G. 142, 151
Leroy, C. G. 231, 232, 235
Leukippos 140
Lévi-Strauss, C. 109
Linden, F.-K. von 244
Linné [Linnaeus], C. von 107, 114
Locke, J. 225
Locker, A. 194, 195
Loew, D. 44
Logan, C. 217, 219
Longolius, G. [Gijsbert van Langerack] 241, 242
Longworth, G. 225, 236
Lorenz, K. 16, 25, 45, 127, 134, 138, 147
Löther, R. 178, 201
Lotka, A. J. 8, 54, 61
Lovelock, J. E. 132, 138
Lu, X. 219
Luhmann, N. 57, 61
Lutz, H. 142, 151
Lux, S. 12, 222, 223, 236
Lyell, C. 28
Lyre, H. 64, 72, 78, 92
Lyssenko, T. D. 29, 44, 45

Mager, W. 244
Mahner, M. 147, 151
Makaremi, M. 138
Malinowski, B. 109, 114
Mangold, O. 142
Margulis, L. 110, 114
Marie Le Blanc 226
Martin, W. F. 110, 114, 115
Marx, K. 106, 107, 115, 123
Matthen, M. 57, 61
Mauss, M. 109, 115
Mayr, E. 15, 19, 20, 25, 45, 48, 51, 61, 109, 115
McRae, C. 49, 61
McShea, D. W. 57, 61
Medwedjew, S. A. 29, 45
Meiner, A. 170
Menozzi, P. 113
Menzel, R. 27, 45
Mereschkowski [Mereschkowsky], K. 110, 115
Mestrup, H. 201
Metzke, E. 141, 151
Mey, J. 118, 138
Meyer, A. 224–226, 228, 234, 236
Meyer, H. 179
Meyer, R. 245
Meyer-Abich, A. 8, 9, 11, 12, 153, 155, 169–179, 201
Michelangelo 128, 130
Miklosich [Miklošič], F. 111, 115
Mildenberger, F. 156, 179
Mildenberger, H. 244
Mill, J. S. 167
Miller, S. L. 34, 136, 148
Millikan, R. 83, 92
Minuth, W. 245
Mitchell, P. C. 211, 219
Mitschurin, I. W. 29
Mocek, R. 159, 179
Mohr, H. 35, 36, 45
Monnoyeur, F. 60
Monod, J. 147, 148, 151
Morange, M. 212, 217, 219
Morgan, L. H. 106, 114, 115
Morgan, T. H. 145, 164, 165, 177, 183, 210
Mormann, T. 88, 89, 92
Morris, D. J. 25

Mothes, K. 11, 163, 177, 181, 183–185, 187–201
Mountain, J. 113
Mudrak, O. A. 115
Müller, G. B. 206, 216, 219
Müller, J. P. 52, 61, 142
Müller-Wille, S. 201

Nachtigall, W. 31, 39, 45
Nanney, D. L. 216, 219
Neis, C. 224, 227, 228, 234, 235
Netter, H. 188, 189, 196
Neumann, J. N. 178
Newton, M. 227, 236
Nierhaus, G. 183, 201
Nijhout, H. F. 204, 219
Niklas, K. J. 110, 114
Noüy, L. du 142

O'Keeffe, J. 222
Occam, W. von 19
Olbrich, P. 245
Oldroyd, D. R. 132, 138
Olejniczak, A. J. 138
Olson, W. M. 219
Olsson, L. 216, 219
Oparin, A. I. 34
Osborn, H. F. 142
Otrembnik, U. 245
Owren, M. J. 72

Paracelsus 142
Parthier, B. 12, 177, 178, 181, 201
Pasteur, L. 30, 34, 136
Paul, A. 22, 34, 45
Pawlow, I. P. 20, 29
Penzlin, H. 7, 11, 13, 38, 45, 54, 55, 61
Pereira, G. 244
Perrault 60
Peter von Hannover 226, 227
Peters, G. 244
Pethes, N. 227, 228, 236
Pfautsch, E. 244
Piazza, A. 113
Pictet, A. 108, 115
Pierer, J. F. 52, 61
Piersma, T. 207, 219
Pigliucci, M. 206, 219

Pirson, A. 190, 196
Planck, M. 23
Platon 140
Plessner, H. 8, 13, 174, 179
Plinius Secundus 94
Plutynksi, A. 57, 61
Polianski, I. J. 222
Poltz, W. 245
Popper, K. R. 18
Portmann, A. 128, 129, 138
Poser, H. 20, 21, 23, 45
Pospichil, K. 245
Pouech, J. 138
Prades, J.-M. de 228
Präve, P. 16, 24, 25, 27, 43–45
Preester, H. de 61
Prévost, P. 235
Prigogine, I. 199, 202
Pütter, S. 44

Quastler, H. 64, 72
Querner, H. 178, 201

Radcliff-Brown, A. R. 109, 115
Radermacher, H. 245
Radovčić, J. 138
Rahden, W. von 224, 225, 228, 235
Ranke, L. von 112
Rask, R. K. 108, 115
Ratzel, F. 112
Raz, G. 215, 217, 219
Régis 60
Reichenbach, E. 184, 185, 188, 192
Reidd, D. J. 138
Reimarus, H. S. 229–231, 233, 234, 236
Reinke, J. 7, 8, 13, 53, 54, 61, 142
Rendall, D. 63, 72
Rensch, B. 122
Reucker, K. 101
Ricken, U. 224, 225, 228, 234, 236
Ridder, L. 81–83, 91, 92
Rignano, E. 164, 165, 177, 183
Rizzo, N. 183, 201

Romanowski, E. 245
Römer, R. 106, 108, 115
Röntgen, W. C. 24
Rosenberg, A. 48, 56, 57, 61
Rosenthal, J. 115
Roth, H. J. 12, 242, 244, 245
Rousseau, J.-J. 235, 236
Routledge, C. 236
Roux, W. 179
Ruden, D. M. 208, 212, 217, 219
Rusch, R. 138
Ruse, M. 48, 56, 57, 60, 61
Russel, E. S. 142
Rüttgers, C. 245
Ryan, M. J. 72

Sachs, J. 110, 115
Sagan, D. 119, 114
Sapp, J. 110, 115
Sarkar, S. 57, 61
Saussure, F. de 109, 115
Scarantino, A. 63, 64, 72
Scharf, J.-H. 10, 13, 182–188, 190, 192, 193, 196, 198–202
Schark, M. 96, 102
Schaxel, J. 8, 9, 13, 52, 61
Scheuchzer, J. J. 222
Schiffner, V. 168, 169
Schimper, A. F. W. 110, 115
Schindewolf, O. H. 123, 138
Schings, H.-J. 232, 235, 236
Schirach, A. G. 231–233, 236
Schlegel, A. W. von 108, 111, 115
Schleicher, A. 10, 104, 108, 115
Schleiden, M. J. 51, 61
Schlick, M. 163, 182
Schliemann, H. 105
Schmalhausen, I. I. 214
Schmid, E. A. 235
Schmidt, I. 178, 201
Schmidt, K. 11, 203, 220
Schmidt, R. 138
Schmidt-Loske, K. 222
Schmuhl, H.-W. 29, 45
Schmutz, K. 12, 221
Schramm, G. 187
Schrödinger, E. 24
Schurig, V. 9, 15, 17, 20, 40, 45

Schwartzkopff, J. 188, 195, 197
Schwegler, A. 140, 141, 151
Schweitzer, A. 35
Schweitzer, M. 245
Scott-Phillips, T. 63, 69, 72
Sebeok, T. A. 73
Sedgwick, W. T. 52, 61
Segnitz, F. L. 232, 233, 236
Segond, L. A. 53, 61
Seidel, F. 141, 142, 151, 195, 197, 198
Seidler, E. 154, 177
Senglaub, K. 178, 201
Senior, M. 226, 234, 236
Seyfarth, R. M. 63, 72
Shannon, C. E. 63–72
Sharov, A. 65, 73
Sheldrake, R. 139–141, 149–151
Shield, W. 222
Sigerist, H. E. 221, 222
Sismour, A. M. 33, 43
Sitte, P. 15–17, 31, 34, 41, 45
Smellie, W. 226, 229, 231, 232, 236
Smith, A. 110, 115
Smith, T. M. 130, 138
Smythies, J. R. 152
Snell, K. 10, 117, 125, 128, 131, 132, 134, 136, 138
Sneyd, J. 72
Sohr, M. 222
Sollars, V. E. 217, 219
Sommerhoff, G. 55, 61
Speck, T. 45
Spemann, H. 141, 142, 146, 152, 164, 165, 177, 183
Spencer, H. 107, 115
Stahl, G. E. 97, 142
Standfuss, M. 207
Starostin, S. A. 112, 115
Stegmüller, W. 56, 61
Steinach, E. 217
Steinbuch, K. 196
Steiner, R. 248
Steinke, H. 222
Stephens, C. 57, 61
Stern, H. 27
Stotz, K. 216, 219
Streck, B. 112, 115

Stringer, C. 138
Stutz, R. 178
Styma, K. 245
Sudhoff, K. 222
Süßmilch, J. P. 225, 229–231, 234, 236
Svardal, H. 209, 218, 220

Tafforeauc, P. 138
te Heesen, A. 222
Tetens, J. N. 229–231, 233, 236
Theraulaz, G. 72
Thunmann, J. 111, 115
Tiedemann, D. 229–231, 236
Tiedemann, F. 52, 61
Tietzel, M. 227, 228, 236
Tinbergen, N. 18, 25
Toepfer, G. 9, 20, 23, 45, 47, 58, 61, 62, 102, 219
Tolle, M. 245
Toussaint, M. 138
Trepl, L. 27, 45
Treviranus, G. R. 41
Trubetzkoy, N. S. 109, 115
Turner, W. 241
Tyson, M. 88

Uexküll, G. von 156, 179
Uexküll, J. J. von 8, 11, 13, 53, 54, 56, 57, 61, 142, 153, 154, 156–165, 167–169, 171–174, 177, 179, 183, 200, 201
Ungerer, E. 9, 13, 163
Urey, H. 34
Usher, M. 44

Vahs, W. 243
van der Waerden, B. L. 199
van de Vijver, G. 58, 61, 216, 220
van Gils, J. A. 207, 219
van Helmont, J. B. 142
van Speybroeck, L. 61, 211, 212, 220
Vargas, A. O. 217, 218, 220
Venter, C. 34

Victor von Aveyron 226
Virchow, R. 18, 52, 61, 104, 105
Vogel, G. 138
Voget, F. W. 105, 112, 115
Voigt, W. 52, 60
Voland, E. 22, 23, 45
Vollmer, G. 15, 18, 21, 24, 29, 45, 147
Vollmert, B. 139, 140, 148, 149, 152
Volterra, V. 8

Waddington, C. H. 203, 205, 207, 208, 210–217, 219, 220
Waele, D. de 61, 220
Wagner, C. 191, 196
Wagner, H. 17, 30, 45
Wagner, M. 112
Wagner, R. 190, 196
Wagner, R. H. 73
Wallin, I. 110, 116
Walther, J. 154, 155, 178, 179
Wang, S.-C. 143, 144, 152
Wang, X. 219
Warburg, O. 164, 165, 177, 183
Watson, J. D. 9, 26
Weaver, W. 68, 72
Weber, H. H. 188, 189, 196, 197
Weigelt, J. 155, 178, 179
Weinberg, S. 47, 48, 61
Weingarten, M. 16, 19, 20, 23, 24, 44
Weismann, A. 20, 219
Weiss, P. A. 9, 13, 139, 140, 142, 146, 147, 149, 150, 152, 199, 200, 202
Weitzner, B. 116
Weizsäcker, C. F. von 73, 182, 184
Wellnhofer, P. 122, 138
Wenzel, G. I. 233, 236
Wessel, A. 68, 72
West-Eberhard, M. J. 206, 220
Weyer, H. 244

Whewell, W. 55, 61
Wickler, W. 25
Wied-Neuwied, M. zu 241, 244
Wiener, N. 11, 64, 65, 73, 186
Wilson 143
Wilson, E. B. 52, 61
Wilson, E. O. 20, 22, 45, 67, 72
Wiltafsky, H. 244
Wimmer, E. 34
Windelband, W. 21, 22
Winkler, R. 149, 151
Winterstein, H. 157
Wiseman, S. 235, 236
Wissemann, V. 221, 222
Wissler, C. D. 112, 116
Wittmann, H. G. 187
Witzany, G. 73
Wöhler, F. 33, 162
Wöhrle, G. 49, 62
Wokler, R. 226, 234, 236
Wolff, C. F. 142
Wolff, G. 11, 144, 153, 159–162, 165, 179
Wolpert, L. 148, 152
Woltereck, R. 8, 13, 161, 174, 179, 206
Woodward, J. 80, 92
Wright, C. 53, 62
Wuketits, F. M. 142, 147, 149, 152

Xiao, L. 219

Yockey, H. P. 64, 73

Zaunick, R. 169, 177
Zenker, W. 245
Zermeno, J. P. 138
Zibulla, S. 138
Zimmermann, E. A. W. 10, 93–102
Zimmermann, J. 94
Zippelius, H. M. 25, 45
Zuckerbühler, K. 72

Verhandlungen zur Geschichte und Theorie der Biologie

Herausgegeben von der
Deutschen Gesellschaft für Geschichte und Theorie der Biologie

Band 1
Eve-Marie Engels, Thomas Junker
& Michael Weingarten (Hg.)
Ethik der Biowissenschaften.
Geschichte und Theorie
Beiträge zur 6. Jahrestagung der DGGTB in
Tübingen 1997
426 Seiten • 1998 • ISBN 978-3-86135-380-6

Band 2
Thomas Junker & Eve-Marie Engels (Hg.)
Die Entstehung der Synthetischen Theorie.
Beiträge zur Geschichte der Evolutionsbiologie
in Deutschland 1930 – 1950
380 Seiten • 1999 • ISBN 978-3-86135-381-4

Band 3
Armin Geus, Thomas Junker,
Hans-Jörg Rheinberger,
Christa Riedl-Dorn & Michael Weingarten (Hg.)
Repräsentationsformen in den biologischen Wissenschaften. Beiträge zur 5. Jahrestagung der DGGTB in Wien 1996 und zur 7. Jahrestagung in Neuburg a.d. Donau 1998
324 Seiten • 1999 • ISBN 978-3-86135-383-0

Band 4
Rainer Brömer, Uwe Hoßfeld
& Nicolaas A. Rupke (Hg.)
Evolutionsbiologie von Darwin bis heute
425 Seiten • 2000 • ISBN 978-3-86135-382-2

Band 5
Ekkehard Höxtermann, Joachim Kaasch,
Michael Kaasch & Ragnar K. Kinzelbach (Hg.)
Berichte zur Geschichte der Hydro- und Meeresbiologie und weitere Beiträge zur 8. Jahrestagung der DGGTB in Rostock 1999
404 Seiten • 2000 • ISBN 978-3-86135-385-7

Band 6
Uwe Hoßfeld & Rainer Brömer (Hg.)
Darwinismus und/als Ideologie
387 Seiten • 2001 • ISBN 978-3-86135-384-9

Band 7
Ekkehard Höxtermann,
Joachim Kaasch & Michael Kaasch (Hg.)
Berichte zur Geschichte und Theorie der Ökologie
und weitere Beiträge zur 9. Jahrestagung der DGGTB in Neuburg a. d. Donau 2000
376 Seiten • 2001 • ISBN 978-3-86135-386-5

Band 8
Ekkehard Höxtermann,
Joachim Kaasch & Michael Kaasch (Hg.)
Die Entstehung biologischer Disziplinen I.
Beiträge zur 10. Jahrestagung der DGGTB in
Berlin 2001
356 Seiten • 2002 • ISBN 978-3-86135-387-3

Band 9
Uwe Hoßfeld & Thomas Junker (Hg.)
Die Entstehung biologischer Disziplinen II.
Beiträge zur 10. Jahrestagung der DGGTB in
Berlin 2001
409 Seiten • 2002 • ISBN 978-3-86135-388-1

Band 10
Ekkehard Höxtermann,
Joachim Kaasch & Michael Kaasch (Hg.)
Von der »Entwickelungsmechanik« zur Entwicklungsbiologie.
Beiträge zur 11. Jahrestagung der DGGTB in
Neuburg a.d. Donau 2002
350 Seiten • 2004 • ISBN 978-3-86135-389-X

Band 11
Christiane Groeben,
Joachim Kaasch & Michael Kaasch (Hg.)
Stätten biologischer Forschung / Places of Biological Research. Beiträge zur 12. Jahrestagung der DGGTB in Neapel 2003
418 Seiten • 2005 • ISBN 978-3-86135-390-3

Band 12
Michael Kaasch,
Joachim Kaasch & Volker Wissemann (Hg.)
Netzwerke. Beiträge zur 13. Jahrestagung der
DGGTB in Neuburg a. d. Donau 2004
376 Seiten • 2006 • ISBN 978-3-86135-391-1

Verhandlungen zur Geschichte und Theorie der Biologie

Herausgegeben von der
Deutschen Gesellschaft für Geschichte und Theorie der Biologie

Band 13
Michael Kaasch,
Joachim Kaasch & Nicolaas A. Rupke (Hg.)
Physische Anthropologie – Biologie des Menschen
Beiträge zur 14. Jahrestagung der DGGTB in Göttingen 2005
318 Seiten • 2007 • ISBN 978-3-86135-392-8

Band 14
Michael Kaasch & Joachim Kaasch (Hg.)
**Natur und Kultur /
Biologie im Spannungsfeld von Naturphilosophie und Darwinismus**
Beiträge zur 15. und 16. Jahrestagung der DGGTB
521 Seiten • 2009 • ISBN 978-3-86135-393-5

Band 15
Michael Kaasch & Joachim Kaasch (Hg.)
Disziplingenese im 20. Jahrhundert
Beiträge zur 17. Jahrestagung der DGGTB in Jena 2008
320 Seiten • 2010 • ISBN 978-3-86135-395-9

Band 16
Michael Kaasch & Joachim Kaasch (Hg.)
Das Werden des Lebendigen
Beiträge zur 18. Jahrestagung der DGGTB in Halle (Saale) 2009
320 Seiten • 2010 • ISBN 978-3-86135-396-6

Supplement-Band
Magdalena Mularczyk
Geschichte des Botanischen Gartens der Universität Breslau/Wrocław 1811–1945
Michael Kaasch & Uta Monecke (Hg.)
276 Seiten • 2009 • ISBN 978-3-86135-394-2

Band 17
Michael Kaasch & Joachim Kaasch (Hg.)
Biologie und Gesellschaft
Beiträge zur 19. Jahrestagung der DGGTB in Lübeck 2010
280 Seiten • 2012 • ISBN 978-3-86135-397-3

Band 18
Michael Kaasch & Joachim Kaasch (Hg.)
Ordnung – Organisation – Organismus
Beiträge zur 20. Jahrestagung der DGGTB in Bonn 2011
256 Seiten • 2014 • ISBN 978-3-86135-398-0

VWB – Verlag für Wissenschaft und Bildung

Amand Aglaster • Postfach 11 03 68 • 10833 Berlin

www.vwb-verlag.com • info@vwb-verlag.com